財務管理

戴欽泉博士　著

三民書局

國家圖書館出版品預行編目資料

財務管理／戴欽泉著.－－初版一刷.－－臺北市：三民，2005
　　面；　公分
ISBN 957-14-4286-0　（平裝）

1.財務管理

494.7　　　　　　　　　　　　　　　　94011536

網路書店位址　http：// www. sanmin. com. tw

© 財　務　管　理

著作人　戴欽泉
發行人　劉振強
著作財
產權人　三民書局股份有限公司
　　　　臺北市復興北路386號
發行所　三民書局股份有限公司
　　　　地址／臺北市復興北路386號
　　　　電話／(02)25006600
　　　　郵撥／0009998-5
印刷所　三民書局股份有限公司
門市部　復北店／臺北市復興北路386號
　　　　重南店／臺北市重慶南路一段61號
初版一刷　2005年9月
編　號　S 493510
基本定價　拾貳元
行政院新聞局登記證局版臺業字第○二○○號

ISBN　957-14-4286-0　（平裝）

序

筆者於負笈來美之前，曾經在臺灣的大學院校兼課。在美取得博士學位後，從未中斷教學生涯，所授課程包括經濟學、統計學、財務管理、投資學、管理數學及管理經濟學。本書乃根據個人多年教學經驗，參照相關書籍和論文，用深入淺出的方法及簡潔文字討論複雜的財務管理理論與應用。

財務管理是動態的，企業的財務決策，受到國內外金融市場、經濟、政治及產業等因素影響。這些因素的瞬息萬變及難測性質對財務管理構成一大挑戰。財務經理不時遭遇到財務處理問題，也隨時都在處理財務相關問題，而由於使用方法的不同，常獲致不同的結果。儘管企業經營策略有異，但經營成果的指標，則由財務表現得知。事實上，企業的每一項決定，都有重要的財務意義。

本書的目的在協助大專學生及企業界人士，容易瞭解財務管理理論、財務分析、財務決策，以及與財務有關的企業經營之內容。讀者可以透過本書瞭解財務經理的責任及所面對的問題與挑戰，從而選擇最適當的財務決策，以達成財務（企業）管理的目標 —— 股東財富極大化。

理論與應用的融合，乃本書特色。在闡述理論之後，均有例題說明其應用，期使讀者明白理論為敘述及解決實際問題的基礎。各章都附有問題及習題，以幫助讀者對財務管理知識及方法的瞭解。

財務管理領域甚為廣泛，限於篇幅本書無法全部涵蓋。不同的財務管理書籍，包含內容不盡相同，任課教授可根據學生程度及教學時間選擇合適章節教學，故本書可作為一或二學期的財務管理課程之用。

本書內容共有十九章。第一章討論財務管理的功能與目標，及其與其他學科的關係。第二章說明不同類型的企業組織之優缺點、我國及美國的公司組織類型、所得稅制，以及主要折舊方法。第三章為我國與美國金融制度的介紹。第四章探討將來值與現值的理論及計算。第五章論述各種主要證券，如債券、特別股及普通股的評價模型。第六章探討風險與報酬的關係，包含風險的定義、

投資組合理論，並介紹證券市場線及資本資產定價模型。

第七章簡介基本財務報表，並利用各種財務比率來評核企業的財務地位及表現，財務比率分析的用途及其限制也包含在內。第八章的財務預測與計劃，說明預測各別財務變數、資產負債表與損益表的方法。第九章討論資本預算的重要性及其種類，和估計現金流量的理論與方法。第十章闡述評估資本預算的不同方法及其優缺點。第十一章介紹投資計劃的風險分析，以及有限資金下資本預算的決定。

第十二章分析各種不同來源資金的成本，以及如何利用加權邊際成本觀念，決定最適資本預算。第十三章為資本結構，內容包括資本結構理論，各種不同槓桿程度的測量，以及最適度資本結構的決定及其有關因素。第十四章說明不同的股利理論，影響股利政策的因素，各種不同型態的股利政策，以及股利支付方式。第十五章長期負債融資與租賃，探討企業以長期貸款和租賃作為長期融資的特質與優缺點，以及投資銀行所占地位。第十七章敘述現金、有價證券、應收帳款及存貨等流動資產管理的理論。第十八章說明企業取得短期資金的方法及其成本之計算。第十九章則論述企業合併的原因、種類，及其重整與清算。

由於教學的繁忙，經過多年的筆耕及無數次修正，本書最後終於定稿，在撰寫期間，多賴內人的支持與鼓勵，在此敬致謝意。幸賴三民書局劉董事長對學人的支持與厚愛，使作者終於完成此書以償宿願，在此謹致謝忱。本書出版期間承蒙三民書局各部門同仁細心費神的排版、校稿與設計，並提供寶貴的建議，和無數次的利用電子郵件聯絡，使本書得以順利出版，他（她）們的辛勞令人感佩。雖然作者傾力而為，並賴三民書局的各方協助，若本書仍有任何疏失，概由作者來承受。

戴欽泉　謹致

2005 年 6 月 10 日

財務管理

序

目　次

第III篇　財務分析與計劃

第七章　財務分析

第八章　財務預測與計劃

第IV篇　資本預算之決策

第V篇　資金成本、資本結構與股利政策

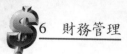

第VI篇　長期資金的來源

第十五章　長期負債融資與租賃

第十六章　公司債、特別股及普通股

第VII篇　流動資產及流動負債的管理

第十七章　流動資產管理

第 I 篇

財務管理導論

第一章

財務管理的功能與目標

任何企業，不論其規模大小，都須做財務決定，而財務決定的品質可以影響企業的成敗。事實上，企業的每一個決定，都含有重要的財務意義。這些決定，如企業的投資是否有利可圖？投資金額多寡？投資所需資金如何取得？資金來自企業本身或是外部？企業是否有足夠現金償還到期債務及其利息？企業是否授信予其客戶？企業**營運資金** (Working capital) 的**最適水準** (Optimum level) 為何？企業的最適當存貨水準為何？企業的盈餘該如何分配？在做財務決定時，風險與報酬如何平衡？如何評估企業的財務地位及表現？

上述諸種問題或其他財務有關問題，經由本書所述的基本財務管理概念和分析工具，讀者可以獲得答案，以做出最佳的財務決定。

本章第一節為財務管理的地位與功能，說明財務管理在企業管理中的地位，以及財務管理的功能——運用資金，籌措資金，和財務分析與計劃。

任何管理都有其所欲達成的目標。財務管理是企業管理的一部份，也應有其目標。歷來對於財務管理的目標時有爭議，本書則假設財務管理的目標為追求股東（或企業所有人）**財富極大化** (Wealth maximization)，第二節詳細討論財務管理的目標。

財務管理不能孤立於其他學科，因此第三節則討論財務管理與其他重要學科，如經濟學，會計學，市場學，生產及數量分析等之關係。

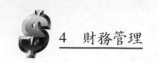 ## 第一節　財務管理的地位與功能

　　1953 年，魯文 (Dewing) 在其《公司財務政策》的經典著作中宣稱「所有決策均是財務決策」❶。此論也許過甚其實，但是也反映了貨幣與財務在個人及企業中的重要性。決策與行動也許不是緣於財務上的考慮，但是它們有貨幣或財務上的影響。再者，財務上的測量工具，諸如資產報酬率、負債比率、每股盈餘、流動比率、存貨週轉率、資產週轉率以及本益比等，也都是用來測量企業表現的尺度；因而每個企業決策最終也影響企業的財務表現。

　　本書主旨在給予讀者瞭解現代企業的財務活動，提供正確實用的財務管理觀念、理論與技巧。財務管理為企業管理的核心，從財務管理的研討，可以促進對經濟的瞭解。企業每年投資數千億元於新資產，此新資產成為經濟成長的原動力。為購置新資產，執行人員必須瞭解財務管理，才能決定何種資產為企業所需，此種資產所需資金多少，以及如何籌措所需資金。這些決策影響個別企業的生產力與效率，也決定了總體經濟的表現。再者，財務管理知識與技巧也幫助管理人員計劃與控制因生產與投資所產生的現金流量。這包括有效管理現金資產，估計未來資金的需要，以及評估資金供給的可能性。

　　除了經濟和企業上的意義外，研習財務管理也可幫助個人的未來就業，和個人的財務管理。由於企業活動具有財務上的涵義，因此財務管理的研習，必定涉及不同種類的企業活動，因而使財務經理人員獲得一般管理的重要基礎。再者，由於財務管理技巧具有高度轉換性，財務管理人員可以很容易地轉換至另一個完全不同的企業。

　　典型的財務經理工作，可用來有效地敘述企業的財務管理。就大部份的公司言，財務管理的功能包括**資金運用** (Allocation of fund)、**資金籌措** (Acquisition of fund)，以及財務分析與計劃。

---

❶　見 Arthur Stone Dewing, *Financial Policy of Corporation*, 5ᵗʰ edition (New York : McGraw-Hill Book Company, 1953), p. 3.

一、資金運用

在 1970 年代，由於資金成本的上漲，財務經理在協調和監督企業活動上的重要性增加了。投資評估乃一集體工作，涉及不同部門，財務經理並非唯一的投資決策者。財務經理的主要職責為分析資金可能用途的財務影響，以及確定投資是否符合經濟標準。

企業資金可用於流動性資產或固定資產上。一般而言，流動性資產的流動性高，但獲利力低；而固定資產的流動性低，但獲利力高。因此在資產管理上，如何兼顧流動性與獲利力，是財務經理在運用資金時，應謹慎加以考慮的。

二、資金籌措

企業經營需要資金，因此財務經理必須根據企業活動，估計企業所需資金數額與需要期間，並決定利用何種方式籌措資金。資金來源方向很多，如向銀行貸款與發行商業票據、公司債、普通股、及特別股等。由於股利發放會影響企業的外部資金需要，故財務經理必須慎重考慮何種股利政策對企業最有利。

資金來源不同，資金成本因而有異，故資金籌措影響企業利潤甚大。企業風險也因資本結構不同而有差別。因而財務經理必須在不同資金來源中，選擇最適度的資本結構，使企業價值達到最大。

三、財務分析與計劃

財務分析與計劃為財務管理的另一重要功能。財務經理必須把企業的財務資料加以整理，用來檢查企業的財務狀況，評估企業是否需要增加生產能量，並決定企業是否需要額外融資。為了瞭解企業是否能夠履行支付到期債務，財務經理也需要預估企業的未來現金流入與流出，據以編擬現金預算，並有效地管理現金。

由上可知，財務管理的好壞，影響企業的成敗。然而，何謂財務管理？財務管理的定義因人而異，下述則為一般所常見者。

(1)財務管理為貨幣管理。「公司財務管理可廣泛地定義為計劃、籌措、控制、

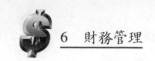

及管理資金在企業內使用的活動❷」，或「財務管理是指個人或企業擁有現金以償付債務的活動❸」。

(2)財務管理是在未來情況不確定下，研究追求利潤極大化的公司，如何決定生產及融資的學科。

(3)財務管理是一般管理的一部份。「財務管理為全部管理的一部份，而非僅僅著重於資金籌措的操作。廣義而言，財務政策的核心為資金的有效運用，以達成廣泛的財務目標❹」。

上述三種定義中，第一種定義太過於褊狹與被動，因它指財務管理人員僅關心資金的提供，與資金的籌措。第二種定義則太過於抽象。經濟學中，有關財務研究的論著甚多，財務研究僅僅是個體經濟學的一部份而已。最後的定義，強調財務管理的廣泛性，和財務管理策略的多元性，充分地說明現代財務經理的積極角色。

本書則將財務管理定義為企業資金的運用、籌措、規劃及控制，亦即企業的財務決策。企業規模決定財務管理功能的大小及其重要性，在中小企業裡，財務管理功能一般由會計部門兼掌。當企業逐漸擴大時，財務管理功能的重要性乃逐漸提高，因而使得財務管理部門獨立成為一個單獨機構。

 ## 第二節　財務管理的目標

財務經理在追求表現時，必須充分瞭解企業的政策和目標。企業的政策和目標由誰決定？企業所欲達成的目標為何？為達成企業目標，如何釐訂政策與執行政策？除非目標確定，否則財務經理很難有效地管理企業財務。

---

❷　見 H. Guthman and H. Daugall, *Corporate Financial Policy* (Englewood Cliffs, N.J.: Prentice-Hall, Inc., 1940), p. 1.

❸　見 Bion B. Howard and Miller Upton, *Introduction to Business Finance* (New York: McGraw-Hill Book Company, 1953), p. 3.

❹　見 Ezra Solomon, *The Theory of Financial Management* (New York: Columbia University Press, 1963), p. 3.

企業政策是指企業為達成目標所採取的策略。企業政策包括應否併購已有企業以加速成長，投資於研究發展的費用應佔售貨額的若干百分比，開發新產品或新市場的風險如何，以及股利發放比率等等。

　　企業目標為企業政策和經營上所擬達成的結果。企業目標經緯萬端，包含經理人員個人的滿足、企業員工的福利、企業的利潤、社會責任、以及股東財富的極大化。

　　理論上，企業政策與目標是由企業所有人（在公司則為股東）決定，股東選舉董事會代表他們，董事會負責決定公司的主要政策和經營人員。事實上，股東授權管理階層決定公司的政策和目標。因為大公司的股東人數眾多而且分散，不可能有效地將每個股東的意見傳達給管理階層。另外，股東也相信訓練有素的管理階層能有效地管理公司業務。如果公司稅後純益和股利能為大多數股東滿意，則這些管理階層通常能為大多數股東接受。

● 一、利潤極大化 (Profit maximization)

　　由於公司是一個牟利機構，因此我們很容易地假定利潤極大化為財務管理所追求的目標。但是這個目標在財務管理上有其缺點。

　　第一、利潤極大化的目標是短期觀點。企業開發新產品的活動，雖然導致短期利潤的降低，但是長期利潤則可望提高。為了使短期利潤極大化，企業可以購買品質低劣的機器和原料，加強行銷活動，增加銷售額，以提高利潤。但是就長期而言，由於顧客不滿意產品的素質和偏高的價格，銷售額將因而減少，營運成本反而提高，進而導致企業利潤的減少，甚至可能因而倒閉。

　　第二、利潤極大化的目標未考慮時間的重要性。以利潤極大化為目標，企業將對能夠獲致高利潤的投資,予以較高的評價。例如,宏泰食品公司有 $100 萬可用於購買甲機器或乙機器，預期這兩種機器在未來六年對**每股盈餘** (Earnings per share) 的貢獻如表 1–1 所示。

　　根據利潤極大化的目標，顯然甲機器優於乙機器。但是因為乙機器的貢獻發生較早，如果資金的**機會成本** (Opportunity cost) 已知，則乙機器可能優於甲機器。

◀表 1-1▶ 甲、乙兩機器未來六年對每股盈餘的貢獻

年期	甲機器	乙機器
1	$ 0	$ 1.50
2	0	2.00
3	0	2.00
4	0	2.00
5	0	1.50
6	12.00	1.00
總計	$12.00	$10.00

如果乙機器的每股盈餘之貢獻為每年 $2，則甲、乙兩種機器對公司總利潤的貢獻相同，但是由於乙機器的貢獻發生較早，其利潤可以再投資，而甲機器僅在最後一年才有貢獻，因此投資於乙機器必然較佳。

第三、利潤極大化的目標，並未給予「利潤」明確的定義。一個企業應該追求總利潤或利潤率的極大化?如果是利潤率的極大，應強調何種利潤率?是與資產有關、銷售額有關，還是與股東權益有關的利潤率?利潤指的是**會計利潤**(Accounting profit)，還是**經濟利潤**(Economic profit)?這些問題在利潤極大化的目標中，甚難尋求共同的答案。

第四、利潤極大化的目標，忽略了風險因素。企業經營必定伴隨著風險。兩種投資計劃所需資金相同，並且報酬率一樣，但是風險可能不同。財務經理在考慮資源配置的適妥性時，不應忽略風險因素。一般言之，風險與報酬有正的相關性，風險高，報酬也高;風險低，則報酬也低。風險的評估在投資中是不可忽略的因素。例如，嘉華機械公司有一筆資金可用於業務擴張，甲、乙兩種方案在未來五年對每股盈餘的貢獻如表 1-2 所示。

在利潤極大化的目標下，若不考慮風險因素，則甲方案必然優於乙方案。但是如果甲方案的風險較高，相對的，此方案的預期報酬率也高，但卻未必是最佳的選擇。

表 1-2 甲、乙兩方案未來五年對每股盈餘的貢獻

年期	甲方案	乙方案
1	$ 3.00	$ 2.50
2	3.00	2.50
3	3.00	2.50
4	3.00	2.50
5	3.00	2.50
總計	$15.00	$12.50

第五、利潤極大化的目標，沒有考慮股利政策對股價的影響。企業為追求利潤極大化，很可能保留所有盈餘，作為未來再投資用，以獲致更高的利潤。但是，不發放股利，長期來說可能不利於股價，股東利益因而受損，蓋股東或多或少希望獲得企業的一部份盈餘。

因為上述種種原因，財務經理必須考慮財務管理的其他目標。本書則假設財務管理的目標為追求**「股東財富極大化」**(Maximization of stockholder's wealth)，而股東財富，則由股價來衡量。若股價上漲，則股東財富增加；反之，股價下跌，則股東財富減少。

● 二、股東財富極大化

就一個公司而言，財務經理的目標，應該是達成公司所有人（股東）的目標。使股東財富達到最大的目標，是指股東期望將來能夠獲得的利益之**現值** (Present value)❺達到最大。相對於利潤極大化目標的缺點，股東財富極大化目標則有下述優點：

第一、股東財富極大化的目標是長期觀點。企業開發新產品，或者增加研究發展費用，雖然使短期利潤降低，但是預期未來的利潤可以增加，因此有利於目前及將來股票價格的上漲，而使股東長期受益。

第二、股東財富極大化的目標，考慮時間的重要性。利潤極大化的目標，

---

❺ 現值的觀念將於第四章詳細討論。

忽略利潤在不同期間的差異性，而股東財富極大化的目標，則重視利潤在不同期間的差異性。上述宏泰食品公司的例子，指出雖然甲機器的總利潤較大，但是乙機器的利潤產生較早，因此乙機器的利潤現值可能較高，而使股票有更高的價格。

第三、股東財富極大化目標考慮了風險。財務管理的基本概念，是風險與報酬間的**取捨** (Trade-off) 關係；在風險較大的投資，股東預期較高的報酬，而在風險較低的投資，股東預期較低的報酬❻。

第四、股東財富極大化目標考慮了股利分配。股利政策可以影響某類投資者是否購買某一公司的股票，進而影響該公司股票的價格。一般而言，股東如果能夠確定獲得預期報酬，將對股價發生有利的影響❼。因此，為了使股東財富達到最大，公司將會支付股利。

根據上述所論，可知股東財富極大化的目標，優於利潤極大化的目標。公司股票的價格乃是股票市場對公司的總評價。股價反映了股東現在及未來可以獲得的報酬、公司的長期展望、報酬的**時間性** (Timing)、風險與報酬的關係、公司的股利政策、和其他任何決定的影響。故反映於股價的股東財富極大化，為財務管理的適當目標。

當然，以股價變動來評估財務決策有其缺點。許多因素，如經濟預測，和其他非經濟因素，可以影響股價。然而本書仍假定公司的主要目標在使股東財富達到最大。是否現代的公司管理階層都尋求此種目標？許多大公司的所有權甚為分散，公司的管理和決策往往都由擁有極小百分比股權的管理階層控制。在此種情形下，管理階層也許更著重於其待遇的提高、權力的擴大、或職位的保持，而非股東財富的極大化。例如，一家公司的管理階層對於另一家公司的收購要求，可能根據其自身利益，而非股東利益，來決定是否將公司出售予另一公司。

---

❻　第六章及其他各章將討論風險與報酬間的關係，而此種關係在財務管理的理論及實務上甚為重要。

❼　有些學者以為現金股利並不影響股價。此種觀點將於第十四章討論。

● 三、社會責任 (Social responsibility)

許多人認為，公司在追求股東財富極大化時，也必須負擔一部份社會責任。問題在股東財富極大化的目標和社會責任的關心是否可以同時達成。有時兩者可以同時達成，有時兩者互相衝突。經營成功的公司，可以使股東財富極大化，並且可以吸引更多的資金，以開發新產品及新技術，和提供更多的就業機會，使經濟的質和量獲得改善。

但是，若干社會所期望於公司的行動，如污染管制、公平僱用、產品安全、工作環境、以及反托拉斯措施等，有時與公司利潤極大化，或股東財富極大化的目標並不一致。因此，公司在決定其政策及行動時，仍應考慮整個社會可能受到的影響。

當一個公司負起更多的社會責任時，成本必然增加，若其他公司沒有增加相似的成本時，則此**社會導向** (Socially oriented) 的公司必陷於不利的競爭地位。因此，一般公司（即使利潤很高）通常不願片面的承擔社會責任。為了使公司盡到社會責任，某些人以為使公司成本增加的大部份社會責任，應該根據法令予以強制執行，而非由企業採自願方式達成。此外，企業必須與政府合作，以建立公司的行為準則，規定公司必須遵行。因此，這些行為變成**遊戲規則** (Rule of game)，公司則在這些限制下，謀求股東財富極大化。

當然有時社會責任目標的達成，也許得經由資源分配的扭曲來達成。但是資源分配的扭曲卻不利於經濟成長，而使人民的經濟慾望難以滿足。不論在任何社會，由於資源有限，而慾望無窮，因此資源的適當分配甚為重要。如何在社會責任目標和股東財富極大化目標之間，求得均衡點，乃是財務經理必須面對的課題。

內線交易 (Insider trading) 的發生表示企業沒有善盡社會責任。內線交易是指某些人利用公司未公開的資料，買賣公司的股票以賺取利潤。這種交易行為違反法律規定，在美國**證券交易委員會** (Security and Exchange Commission, SEC) 可以起訴從事內線交易的人，在臺灣則由證券交易所對疑似涉及內線交易的案件，經初步審核，再送調查局、刑事警察局等進一步調查，待掌握明確證

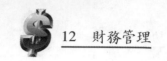

據後依法進行裁判。內線交易無益於經濟，而且有損於股東利益，以及公司形象。股票的公平交易，畢竟也是公司的社會責任之一。

　　許多人以為，股東財富極大化目標和社會責任目標之間的衝突，並非公司管理人員所能解決，唯有政府能對社會責任目標的達成，以及資源有效分配的犧牲之間作一抉擇後，公司才能在政府的若干限制下，追求股東財富的極大化，和有效的資源配置。在這種制度下，公司同時生產私有財和社會財，而追求股東財富極大化，仍為公司的一個重要目標。

 ## 第三節　財務管理與其他學科

　　財務管理並非一完全獨立的學科，而是與其他學科關係密切。其中最重要者為經濟學及會計學。當然，行銷學、生產管理，以及數量決策方法等，也可影響財務管理。下面逐一討論這些相關學科。

● 一、經濟學

　　財務經理必須熟悉經濟學的兩個部門：**個體經濟學** (Microeconomics) 與**總體經濟學** (Macroeconomics)。個體經濟學探討的是個體經濟單位，如**家計部門** (Household) 與**廠商** (Business firm) 的經濟活動，包括生產、消費，以及資源的配置；而總體經濟學則關心整個社會的經濟活動，如總生產、物價水準、就業，以及經濟成長等。

　　個體經濟學中之**邊際收益** (Marginal revenue) 等於**邊際成本** (Marginal cost) 的基本原理，財務經理可以用來研擬財務決策模型。長期投資的決定、現金、存貨、應收帳款、以及信用政策等的管理，都須藉個體經濟學的分析方法，以尋求最佳決策。

　　總體經濟活動可以影響個別企業的表現，而總體經濟則受到政府經濟政策變動的影響。因為公司必須從**貨幣市場** (Money market) 或**資本市場** (Capital market) 籌措所需資金，因此財務經理必須瞭解**貨幣政策** (Monetary policy) 的改變，對**資金成本** (Cost of capital) 及**信用供給可能量** (Credit availability) 的影響。

政府**財政政策** (Fiscal policy) 的變動，對總體經濟的影響，也是財務經理必須瞭解的。未來經濟的預測，是影響銷售預測和任何其他預測的一個重要因素。此外，財務經理也應該瞭解經濟循環在企業活動的重要性。

經濟學知識在財務管理的決策過程中甚為重要。財務經理若不熟悉經濟學，將會遭遇困難。例如，最適度的資產結構和資本結構如何求得，通貨膨脹對財務管理的意義，財政及貿易赤字對財務管理的影響，金融市場波動如何影響公司資金的籌措及運用等，都必須具備經濟學知識才能加以分析來尋求答案。

● 二、會計學

會計學涉及會計資料的收集，而財務經理經常需要利用會計資料來做決策。通常一個公司的會計人員負責編製**財務報表** (Financial statement)，如**資產負債表** (Balance sheet)、**損益表** (Income statement)，與**資金來源用途表** (Statement of sources and uses of funds) 等，以協助其經理人員評估公司的財務地位及財務表現，並預測公司未來的財務狀況。

財務經理主要關心的是**現金流量** (Cash flow)，因其主要職責在公司資金的管理、控制、和計劃。財務經理在評估長期投資的可行性，管理營運資金，決定最適當的資本結構及資金來源以支持公司的投資計劃，和編製現金或資本預算之時，都需要借助於會計資料。公司如果沒有健全的會計制度，和完善的會計資料，則財務分析將遭遇困難，財務經理也就無法做正確的財務決策。由此可知，財務管理和會計學之關係極為密切。

● 三、行銷學、生產管理，與數量分析方法

行銷學、生產管理，與數量分析方法等，與財務經理的決策有間接關係。財務經理必須瞭解開發新產品和行銷計劃對公司財務的可能影響。因為這些計劃需要龐大的資金，對公司未來的現金流量有所影響。同樣的，生產方法、生產數量、和**產品組合** (Product mix) 的改變，都會影響公司的現金流量，財務經理在事前均須加以評估。

由於經濟和企業經營環境變化迅速，財務管理問題日趨複雜，財務決策必

須迅速做成。此外，電腦的普遍應用，使許多數量決策模型，可以應用於財務管理的分析及決策上。故財務經理必須具備數量分析的知識，才能迅速處理複雜的財務資料，並做出最佳的財務決策。

 問 題

1-1 財務管理在企業上和經濟上的意義為何？

1-2 何謂財務管理？其功能為何？

1-3 何謂企業政策？何謂企業目標？

1-4 以利潤極大化作為公司目標有何缺點？以股東財富極大化作為公司目標有何優點？

1-5 如果公司以追求股東財富極大化為目標，則使公司利潤極大化的決策是否會被排除？

1-6 公司有何社會責任？股東財富極大化的目標與社會責任間是否有衝突？

1-7 有時公司從事若干並未使其直接蒙利的計劃，如贊助社會環境保護工作、及支持公共電視廣播，這些計劃是否與股東財富極大化目標相抵觸？解釋之。

1-8 如果你是一個大公司的總經理，你的決策是在追求股東財富的極大化，或是你自己的利益極大化？如果股東想使他們和你的利益一致，他們將會採取什麼樣的行動？

1-9 試論何種方法可使公司善盡其社會責任？

1-10 財務管理與經濟學有何關係？與會計學及數量分析方法之關係為何？

1-11 群良公司有兩種投資計劃。一個計劃是經營牧場，估計每年稅後純益為 $20,000，十年後因為租約到期而必須關閉。另一個計劃是開高爾夫球場，此球場的最初三年之稅後純益為零，但是其後每年的稅後純益為 $21,000，直到第十三年為止，此計劃並於第十三年底結束。根據此項資料，哪個計劃較好？解釋之。

第二章

企業組織的類型與稅制

　　企業在很複雜的政治、經濟與法律環境下經營，為了使股東財富極大化，財務經理必須對甚為複雜的環境有全盤瞭解，才能擬訂最適宜的財務政策。

　　在法律環境中，最重要的為企業組織的類型與稅制。企業的組織型態，可以影響企業管理是否富於彈性，企業所有人所處的風險地位，以及企業所得的稅負。而不同類型的企業組織有不同的優點和缺點，通常，營業範圍及經營規模越大的企業，採用公司形式的組織較為有利；反之，則使用獨資或合夥形式。

　　稅負是不可避免的。企業經營如果有獲利，必須繳納所得稅。為了使企業所有人的財富極大化，企業經理必須瞭解何種形式的企業組織在不同租稅環境下最為有利，稅制如何運作，以使得企業稅負達到最小，及企業稅後所得達到最大。

　　本章第一節討論企業組織的基本類型及各個不同類型企業的優點和缺點。第二節為我國的公司組織類型。第三及四節敘述美國聯邦個人所得稅及聯邦公司所得稅。第五節為我國的所得稅制。本書假設企業形式為公司，故瞭解公司所得的計算及課稅，對於財務經理的財務決策甚為重要。由於折舊影響公司的**課稅所得** (Taxable income)，進而影響公司的稅後所得以及現金流量，因此折舊方法的選擇至為重要。主要折舊方法的討論，則見於第六節。

第一節 企業組織的型態

企業組織的主要型態有三種，即獨資、合夥與公司。以數量言，絕大部份的企業屬於獨資，但是就收益與**淨利** (Net profit) 而言，公司遠比其他兩種型態更為重要。不同型態的企業有其優點和缺點，而此又與企業的大小有關。小型企業以獨資或合夥型態經營較為有利，但是如果企業在擴充中，由於需要更多的資金，則必須轉換成公司型態。本書著重在公司型態的企業之財務管理。

一、獨資 (Sole proprietorship)

獨資企業為一個人所擁有，此人單獨投資並經營此企業。在美國大約 75% 的企業屬於獨資型態，此種獨資企業如小雜貨店、小餐館、小書報雜誌店、小電器行、或木匠等。

獨資企業主，有時僱用少數員工以經營企業。獨資企業的資本主要來自企業所有人，有時也向私人或銀行借款以獲得所需資本。由於個人借款能力有限，因此不利於企業擴充。獨資企業主決定企業的營運，並負擔一切的法律責任。若企業經營獲利，此利潤完全歸於獨資企業主；但若企業經營失敗，則獨資企業主承擔一切損失，甚至必須出售其私人財產以償還債務，故獨資企業主對其事業所產生的債務負無限責任。而且獨資企業為獨資者所擁有，獨資企業的延續性，受到獨資企業資本主生命的限制。

獨資企業規模小，所需資金不多，設立手續簡單，只需獨資資本主向地方政府申請經營執照即可，政府法規限制甚少，因此開辦費用低。由於獨資企業不需要公開經營與財務上的資料，因此容易保守業務機密，有利於企業的競爭地位。在美國，獨資企業的經營視同獨資者的工作，因此獨資企業不需支付公司所得稅，獨資企業的利潤併入獨資者的所得，繳納個人所得稅即可，**雙重課稅** (Double taxation) 的問題可以避免。在臺灣，獨資企業如果獲利仍須繳納營利事業所得稅，但此稅額在實施「兩稅合一」後，可以全額抵繳獨資企業主的個人綜合所得稅。

● 二、合夥 (Partnership)

合夥企業是由二人或二人以上為了追求利潤，而訂立契約，共同出資成立的企業。此種企業大約為美國所有企業的 10%。通常合夥企業的規模大於獨資企業，但是較公司為小。合夥企業通常可見於醫師、會計師、保險業，及房地產業。

在美國，合夥有兩種主要的型態：**一般合夥** (General partnership) 與**有限合夥** (Limited partnership)。臺灣無此區分，但有限合夥則類似臺灣的兩合公司。大部份的合夥為一般合夥，所有合夥人擁有和共同經營企業，每一合夥人負無限償債責任。在有限合夥企業，最少有一個一般合夥人參加企業經營並負無限償債責任，其他不參加企業經營的合夥人，則僅負有限償債責任。

合夥企業由於所有人較多，資金籌措自然比獨資企業容易，故其規模，一般都大於獨資企業；但是合夥企業無法在市場籌措資金，因此其規模大多數比公司為小。合夥企業的開辦費用一般來說比獨資企業為高，但是低於公司的開辦費用。

與獨資企業相同，合夥企業並非大眾企業，不需公佈其營業及財務資料，故業務隱密性高。在美國，合夥企業的所得合併到合夥人的個人所得中課稅，因此也避免了雙重課稅的負擔。在臺灣合夥企業仍須繳納營利事業所得稅，但是可以用來扣抵個人綜合所得稅。另外，如果合夥人欲移轉所有權，則須經其他合夥人同意，使得合夥企業所有權的移轉比獨資及公司型態的企業所有權移轉更為困難。並且，合夥企業可因合夥人死亡或退出而結束。當然，為了使合夥企業不致因合夥人死亡或退出而解散，合夥人可在合夥章程上規定處理辦法。

● 三、公司 (Corporation)

公司是現代化的企業組織，在美國經濟發展過程中，佔有很重要的地位。雖然公司數量在所有企業數量中僅佔約 15%，但是卻佔所有企業收益的 90%，以及所有企業淨利的 80%。幾乎所有不同產業，如運輸業、零售業、公用事業、醫藥衛生業、製造業以及科技業等，都有公司存在。

公司為一個**法人** (Legal person)，在法律上擁有獨立的人格，一如自然人，可以參與訴訟、購買、擁有、或銷售財產，和與他人訂立契約。通常公司的所有權人和經營者分離。公司的**股東** (Stockholder)❶擁有公司，並承擔公司成敗的最後責任。股東選舉**董事會** (Board of directors) 成員來負責公司政策的建立和日常的營運。根據股東的授權，董事會聘任經理人員參與公司的營運，若經理人員的表現不令董事會滿意，董事會有權予以解聘。同樣地，如果股東不滿意董事會的表現，股東可以在董事改選時將他們換掉。在某些公司，一個人可以同時為公司的股東、董事和經理人員。

在臺灣，為了設立公司，發起人，必須擬就**公司章程** (Corporate chapter)，收足股款，並由其中一人具名向經濟部申請公司設立登記名稱及所營事業。

與獨資及合夥企業比較，公司股東所負責任有限，其最大損失為其投資額。並且由於所有權容易轉讓，不因某些公司股東的退出或死亡而使公司消失，股東風險較低，因此公司容易透過市場發行股票，以籌措資金及擴大規模。此外，股東可以授權董事會聘僱專家來經營公司，故公司的營運效率，比獨資或合夥企業為高。

但是，由於公司為根據法律規章而設立的法人，受到政府法規的限制也多。為證明公司營運符合規定，公司需要甚多的文書工作和資料彙集。此外，公司發行股票以籌措資金的成本也高，故公司的開辦費用遠比獨資與合夥企業為高。

其次，由於公司必須公開財務及業務資料予投資大眾，因而使其缺乏隱密性，不利於其競爭地位。甚且由於大公司的股權甚為分散，以致少數人即可控制公司。如果這些少數人的經營能力甚差，或操守有問題，則公司容易失敗，造成其他股東的損失。

最後，在美國公司如果獲利，必須繳納公司所得稅，而稅後純益的一部份或全部分配予股東，成為股東的**股利所得** (Dividend income)，則此股利所得必須併入股東的薪資所得內，繳納個人所得稅，因而造成雙重課稅，以致公司的

---

❶ 公司股東擁有普通股或特別股。有些公司沒有股東，但有所謂會員，他們擁有的權利與股東相同，有權投票及收取公司盈餘。如共同儲蓄銀行、信用合作社、以及共同保險公司。

總稅負，較獨資與合夥企業為高。在臺灣，由於實行「兩稅合一」，營利事業所得稅可以全數扣抵綜合所得稅，因而雙重課稅問題得以消除。

由於本書的財務管理之對象為公司企業，因此下一節簡單敘述我國的公司組織類型。

第二節　我國的公司組織類型

根據我國公司法的規定，公司乃依據公司法登記而成立的社團法人。公司可分為四個種類，即無限公司、有限公司、兩合公司及股份有限公司。本節只略述這些不同類型的公司。

● 一、無限公司

無限公司是指二人以上的股東所組成，全體股東對公司債務負連帶無限清償責任的公司。

● 二、有限公司

有限公司是指一人以上的股東所組成，股東對公司債務的責任，以其出資額為限的公司。

● 三、兩合公司

兩合公司是指一人以上的無限責任股東和一人以上的有限責任股東所組成，而無限責任股東對公司債務負連帶無限清償責任，有限責任股東對公司負債的責任以其出資額為限的公司。

● 四、股份有限公司

股份有限公司是指二人以上股東或政府、法人股東「一人」所組成，全部資本劃分為**股份** (Share)，股東對公司債務的責任，僅限於其認股部份的公司。而股份有限公司的股票如果能夠在公開市場交易，則為**公開發行公司** (Public

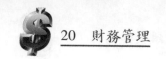

company)，否則為**不公開發行公司** (Private company)。

　　在上述四種不同類型的公司組織中，無限公司與兩合公司均存有無限責任股東，故股東風險甚大，一般均不採用。有限公司類似美國的 S 型公司，責任有限、設立容易，因而個人或家族類的中小企業均願以有限公司組織方式經營。但是由於有限公司的股東對公司債務僅負有限責任，如果股東經營能力與操守有問題導致公司失敗，卻得以置身度外，債權人則缺乏保障，此乃有限公司之主要缺點。

　　大部份的公司以股份有限公司組織類型存在，也最為複雜，公司的資本全部平分為股份，而股東對公司負債的責任，僅止於其認股部份。股東不參與公司經營，但可出席股東會和分配股利。在大公司，由於股權分散，公司往往由少數大股東把持，導致小股東的利益被犧牲。並且，如果公司規模過於龐大，則決策緩慢，人事問題複雜，因而影響經營效率，導致公司盈餘減少，股票價格下降。

　　根據美國所得稅法，公司有盈餘必須繳納公司所得稅，如果公司把稅後純益的一部份或全部分配予股東，則股東必須將股利所得併入薪資收入而繳納個人所得稅。臺灣則將股利併入了個人綜合所得中的「營利所得」而繳納個人綜合所得稅。由於稅負影響公司的財務決策，下述三節先介紹美國的聯邦個人所得稅及聯邦公司所得稅，其後則討論我國的所得稅。

第三節　美國聯邦個人所得稅

　　西諺有云:「人生能夠確定的有兩件事: 死亡與賦稅」。賦稅影響企業的每一個決策，尤其是財務決策。即使是個人的許多決定，也受到賦稅的影響。在美國，州及地方政府可以課徵所得稅、貨物稅、財產稅、和銷售稅。聯邦政府收入的主要來源為聯邦個人所得稅和公司所得稅。由下述表 2-1 可知，聯邦所得稅佔聯邦政府收入的 54.4%，其中個人所得稅為 42.9%，公司所得稅為 11.5%。當然，州及地方政府的賦稅，尤其是所得稅，對個人及企業財務決策的影響，在有關分析中不應該忽略。

◖表 2-1◗ 美國聯邦政府歲入來源

項　　目	金額（$10 億）	百分比
個人所得稅	$ 874	42.9%
社會安全稅	732	36.0
公司所得稅	230	11.5
其他	200	9.6
總額	$2,036	100.0%

資料來源：*Economic Report of the President*, 2005, table B-80, p. 379.

　　自 1913 年至 1986 年，聯邦所得稅稅制越來越複雜。在 1986 年，聯邦個人所得稅有十五個不同稅率，從 11% 至 50%，聯邦公司所得稅則有五個不同稅率，從 15% 至 46%。1986 年 10 月的**賦稅改革法案** (Tax Reform Act)，使美國聯邦所得稅制作一歷史性的改變，這個新稅法簡化和降低了稅率結構，將更多的**直接稅** (Direct tax) 轉移給公司負擔，並大幅地修正**免稅額** (Exemption) 和**扣除額** (Deduction)。大部份新稅法於 1987 年生效。為了減少根據舊稅法作計劃的個人及公司受到不利影響，新稅法的一部份在二至三年的轉換期間才實行，但是全部的新稅法在 1988 年完全生效。本節將先討論聯邦個人所得稅，而聯邦公司所得稅在下節敘述。

　　在美國，舉凡個人的工資或薪水、利息收入、股利、投資所得、租金收入、以及獨資與合夥之利潤，都需繳納聯邦個人所得稅。聯邦個人所得稅的稅率採**累進式** (Progressive) 的，個人所得越高，稅率就越高❷。個人所得稅應繳數額，根據課稅所得以及稅率表計算而得。表 2-2 為美國 2004 年單身個人以及結婚夫妻共同申報時的所得稅率表。

---

❷ 1986 年新稅法通過前，個人所得稅的稅率累進幅度更大，從 11% 至 50%，但是更高所得的納稅人可以藉各種賦稅庇護，如列舉扣除額 (Itemized deduction) 顯著地降低有效稅率。1986 年的稅制改變，消除了大部份的賦稅庇護，因此實際上對稅制的累進程度少有影響。

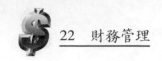

■表 2-2 ■ 2004 年美國聯邦個人所得稅稅額計算表

單身個人	
課稅所得	稅額計算
$0–$7,150	課稅所得 ×10%
$7,151–$29,050	$715.00+(課稅所得超過 $7,150 部份)×15%
$29,051–$70,350	$4,000.00+(課稅所得超過 $29,050 部份)×25%
$70,351–$146,750	$14,325.00+(課稅所得超過 $70,350 部份)×28%
$146,751–$319,100	$35,717.00+(課稅所得超過 $146,750 部份)×33%
$319,101–	$92,592,50+(課稅所得超過 $319,100 部份)×35%
夫妻共同申報	
$0–$14,300	課稅所得 ×10%
$14.301–$58,100	$1,430.00+(課稅所得超過 $14,300 部份)×15%
$58,101–$117,250	$8,000.00+(課稅所得超過 $58,100 部份)×25%
$117,251–$178,650	$22,787.50+(課稅所得超過 $117,250 部份)×28%
$178,651–$319,100	$39,979,50+(課稅所得超過 $178,650 部份)×33%
$319,101–	$86,328.00+(課稅所得超過 $319,100 部份)×38.6%

資料來源：2004 Tax Rate Schedule, 2004 1040 Forms and Instructions, p. 76, IRS, Department of Treasury.

課稅所得由**總所得** (Gross income) 減去免稅額和扣除額而得。求出課稅所得後，利用表 2-2 計算應繳納稅額。例如某一單身個人的課稅所得為 $75,000，則此人的應納稅額為 $14,325.00 加上課稅所得超過 $70,350 部份乘以 28% 而得。其稅額計算如下：

$$稅額 = \$14,325.00 + (\$75,000 - \$70,350) \times 28\%$$
$$= \$15,627.00$$

在此例中的單身個人之最後一元所得，應繳納的稅額按 28% 的稅率計算，此為其**邊際稅率** (Marginal tax rate)。此單身個人的納稅額 ($15,627.00) 除以其課稅所得 ($75,000) 計算出來的**平均稅率** (Average tax rate) 為 20.84% (= $15,627.00/$75,000)。由於個人所得稅稅率具有累進性，因而平均稅率小於邊際稅率。

如果是一對夫婦共同申報個人所得稅，其課稅所得為 $200,000，則此夫婦的納稅額為 $39,979.50 加上課稅所得超過 $178,650 部份乘以 33% 而得。其納稅額計算如下：

$$稅額 = \$39,979.50 + (\$200,000 - \$178,650) \times 33\%$$
$$= \$47,025.00$$

這對夫妻的邊際稅率為 33%，平均稅率為 23.51% (= $47,025.00/$200,000)。

個人由公司所獲得的利息和股利均須併入薪資所得納稅，但是公司股利來自課徵公司所得稅的所得，故造成了公司所得被重複課稅的現象。

美國由於聯邦權與州權的分離，以及為了幫助州政府及地方政府能夠以較低的利率募集所需資金，稅法上規定大部份的州及地方政府發行之債券所付利息，免課聯邦所得稅。因此**獲益率** (Rate of yield) 較低的州及地方政府債券，可以為投資人提供與獲益率較高的公司債券相同的稅後報酬。例如某一納稅人的邊際稅率為 25%，若其購買地方債券之獲益率為 6%，則其購買的公司債券獲益率必須為 8%，才能使其稅後獲益率相等。其公式如下：

$$課稅債券相當的稅前獲益率 = \frac{州及地方債券獲益率}{1 - 邊際稅率}$$
$$= \frac{6\%}{1 - 0.25} = 8\%$$

個人的總所得，包含資本利得。資本利得發生於資產售價高於其購買成本；反之，則為**資本損失** (Capital loss)。如果資產持有期限在一年內出售，則有短期資本利得或損失，如果持有期限超過一年後才出售，則有長期資本利得或損失。

直到 1986 年，短期資本利得按照**普通所得** (Ordinary income) 課稅，而長期資本利得的稅率則遠低於普通所得的稅率。例如，1986 年的長期資本利得，僅有 40% 須按照普通所得的稅率納稅。如果某人的短期資本利得為 $10,000，邊際稅率為 40%，則應納所得稅額為 0.4($10,000) = $4,000，而另一人在同樣的邊際稅率下，有 $10,000 的長期資本利得，則只需納所得稅 0.4($10,000 - $6,000) =

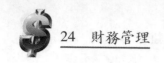

$1,600。但是 1986 年的賦稅改革法案，在 1987 年取消了長期資本利得的稅率優惠，使得長期資本利得與普通所得都按相同稅率課稅。

　　長期資本利得是否應有較優惠的賦稅待遇，自然時有爭議。贊成者以為，如果長期資本利得以較低稅率課稅，企業將會保留較多的盈餘，提供股東長期資本利得，而非須課以較高稅率的股利，並且此**保留盈餘** (Retained earnings) 可以促進投資和經濟成長。1986 年的賦稅改革法案雖然取消了對長期資本利得在稅率上的優待，但是仍然表明如果為了促進經濟成長的需要，長期資本利得的稅率優惠，仍然將會恢復。因此，長期資本利得稅率的高低，影響公司的股利政策，進而影響整個經濟的活動。2000 年開始由於景氣衰退，以及 2001 年 9 月 11 日的恐怖份子攻擊，經濟復原緩慢，美國聯邦政府恢復給予較低的長期資本利得稅稅率，並且對股利所得課以較低稅率，這些措施加上其他減稅方案和低利率政策，確實有助於近年來的景氣恢復。

 ## 第四節　美國聯邦公司所得稅

　　獨資與合夥企業的所得，併入所有者的個人所得，按照個人所得稅的稅率加以課徵；而公司經營如果獲利，則公司須按公司所得稅的稅率繳納公司所得稅。

● 一、公司的普通所得

　　公司的普通所得是公司在銷售其產品或服務時所賺取的所得，此種所得按公司稅率表（表 2–3）課稅。

　　假設某公司的課稅所得為 $300,000，則其應繳納之公司所得稅計算如下：

$$稅額 = \$22,250 + (\$300,000 - \$100,000) \times 39\%$$
$$= \$100,250$$

　　此公司的邊際稅率為 39%，平均稅稅率則為 33.42% (= $100,250/300,000)。為簡化本書的計算起見，假設固定稅率如 30% 或 40% 適用於公司的普通所得及資本利得。

表 2–3 2004 年美國聯邦公司所得稅稅率表

課稅所得	稅額計算
$0–$50,000	課稅所得 ×15%
$50,001–$75,000	$7,500+(課稅所得超過 $50,000 部份)×25%
$75,001–$100,000	$13,750+(課稅所得超過 $75,000 部份)×34%
$100,001–$335,000	$22,250+(課稅所得超過 $100,000 部份)×39%
$335,001–$10,000,000	$113,900+(課稅所得超過 $335,000 部份)×34%
$10,000,001–$15,000,000	$3,400,000+(課稅所得超過 $10,000,000 部份)×35%
$15,000,001–$18,333,333	$5,150,000+(課稅所得超過 $15,000,000 部份)×38%
$18,333,333–	$6,366,666.54+(課稅所得超過 $18,333,333 部份)×35%

● 二、公司的利息和股利收入

公司的利息收入，視同普通所得，按一般公司所得稅稅率課稅。然而公司的股利收入，為了減少雙重課稅的影響，如果公司擁有另一公司的股權少於 20%，則公司的股利收入，70% 可以免繳公司所得稅，其餘 30% 則按一般公司所得稅稅率課稅徵公司所得稅。

假設一家公司的利息所得為 $200,000，股利所得亦為 $200,000，公司的所得稅率為 40%，此公司並適用於 70% 的**股利排除** (Dividend exclusion) 條件，則此公司在利息所得上的應納稅額及稅後所得計算如下：

税額 = $200,000 × 40% = $80,000

稅後所得 = $200,000 − $80,000 = $120,000

公司在股利所得上的應納稅額及稅後所得則為：

税額 = ($200,000 − $200,000 × 70%) × 40% = $24,000

稅後所得 = $200,000 − $24,000 = $176,000

由於只有 30% 的股利所得按照普通所得課稅，因此股利所得的**有效稅率**而 (Effective tax rate) 為 40% × 30% = 12%。因而公司會考慮投資於品質高的股票，

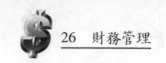

非品質相同但利息所得必須按 40% 的稅率課稅之公司債。

對公司股利所得課稅給予優惠，乃是為了使下述**三重課稅** (Triple taxation) 降至最低：(1)股利發放公司的所得稅，(2)股利收取公司的所得稅，以及(3)從股利收取公司獲得股利的人之個人所得稅。

● 三、公司的利息和股利支出

公司可採取借債（向銀行借款或發行公司債）或發行股票方式募集資金。若是借債，公司必須支付利息，而公司的利息支出，可以當作費用由營運收入中減去，然後計算課稅所得。如果公司發行股票，而且發放股利予股東，則股利是公司所得的分配，不能當作費用予以扣除。因為利息和股利支出在會計上的處理不同，公司在選擇借債或發行股票以籌措資金時，必須非常慎重。

茲舉例說明負債融資與股權融資對投資者所得之不同影響。若一個公司的**息前和稅前所得** (Earnings before interest and tax, EBIT) 為 $500,000。如果公司完全以負債融資，並需支付利息 $500,000，則此公司之稅前所得為 $0，課稅所得和稅負均為 $0，債權人獲得全部的 $500,000。如果公司沒有負債，全部資金來自股票發行，由於沒有利息支出，故公司的課稅所得為 $500,000，如果公司稅稅率為 40%，則此公司的稅負為 $500,000 × 40% = $200,000，公司股東的所得為 $500,000 - $200,000 = $300,000（表 2-4）。

◖表 2-4◗ 負債和股權融資對投資者所得影響之比較

	負債融資	股權融資
息前和稅前所得	$500,000	$500,000
減：利息	500,000	0
稅前（課稅）所得	$ 0	$500,000
減：稅負 (40%)	0	200,000
稅後所得	$ 0	$300,000
債權人所得	$500,000	
股東所得		$300,000

● 四、公司盈餘之不當累積

為了避免公司所得的雙重課稅性質，許多公司，尤其是小公司，不支付股利，而使其股東可以避免繳納股利所生的個人所得稅。為了防止公司累積盈餘以幫助其股東逃避個人所得稅，稅法規定公司有**超額盈餘累積** (Excess earnings accumulation) 時要受處罰。超額盈餘累積是指公司保留盈餘超過「合理的營運需要」。根據稅法，公司累積盈餘若不超過 $250,000，可以免除不當盈餘累積的處罰。雖然有不當盈餘累積處罰的規定，但是許多公司具有合法的理由，使其保留盈餘超過 $250,000。例如，盈餘保留作為償還債務，擴充業務，或應付公司損失可能引起的現金短缺等。當然，公司應保留多少盈餘以應付不時之需，視情況而定。

● 五、資本利得

當資產售價超過其購置成本時，有資本利得發生。1986 年美國賦稅改革法案通過以前，長期資本利得的 60% 可以免稅，剩下的 40% 則按普通所得課稅。此稅法取消了資本利得課稅的優惠待遇，目前所有的資本利得，不論是長期或短期，均按普通所得稅稅率課稅。

若一公司的稅前所得為 $300,000，此外公司於三年前以 $80,000 購買的機器，以 $90,000 出售，則此公司的資本利得為 $10,000 (= $90,000 - $80,000)，此公司的總課稅所得為 $310,000（稅前所得 $300,000 加資本利得 $10,000），如資本利得與普通所得的稅率均為 40%，則賦稅總額為 $310,000 × 40% = $124,000。

● 六、營運虧損

公司經營獲利，必須繳納所得稅。一旦公司經營發生虧損，則此虧損可以**前抵** (Carry-back) 二年及**後延** (Carry-forward) 二十年，以抵消過去及未來年間的課稅所得。例如公司在 1995 年的營運虧損，可以用來減少 1994 及 1993 年的課稅所得，如果此營運虧損在前二年沒有用完，則可延後用於未來的二十年內，直到 2015 年。

　　這種營運虧損前抵及後延的措施，是為了使利潤變動甚大的公司，在稅負上更為公平。例如，一家公司連續三年的課稅所得為 $100,000，若稅率為 40%，則這家公司三年共納所得稅 $120,000。另一家公司的第一年課稅所得 $500,000，其後兩年的每年虧損為 $100,000，如果沒有前抵及後延的措施，則其應納稅額為 $500,000 × 40% = $200,000，遠多於第一家公司所繳納的稅額，但是這兩家公司的平均課稅所得每年均為 $100,000。沒有前抵及後延的措施，有違稅負公平的原則。

　　茲以表 2–5 來說明光大股份有限公司如何使用營運虧損前抵及後延。

表 2–5 光大股份有限公司使用前抵及後延方法於營運虧損後之稅負計算表

| 年別 | 使用前抵及後延法前 | | 使用前抵及後延法後 | |
	課稅所得	稅額*	課稅所得	稅額
1988	$　200,000	$　80,000	$　　　0	$　　　0
1989	300,000	120,000	0	0
1990	(5,000,000)	0	0	0
1991	500,000	200,000	0	0
1992	900,000	360,000	0	0
1993	1,200,000	480,000	0	0
1994	1,000,000	400,000	0	0
1995	800,000	320,000	0	0
1996	500,000	200,000	400,000	160,000
1997	800,000	320,000	800,000	320,000
1998	600,000	240,000	600,000	240,000

*假設公司所得稅稅率固定為 40%。

　　光大公司除了在 1990 年有營運虧損外，其他各年都獲利。1990 年的虧損首先用於抵消 1989 年的課稅所得，然後用來抵消 1988 年的課稅所得，公司在 1990 年前可以獲得 1989 及 1988 年的退稅 $120,000 及 $80,000。1990 年的營運虧損，在抵消 1988 及 1989 年的課稅所得後，尚有剩餘 $4,500,000 (= $5,000,000 – $200,000 – $300,000) 可用於抵消 1991 年及其以後的課稅所得。

$4,500,000的營運虧損，在抵消 1991 年至 1995 年的課稅所得後，尚餘 $100,000 可用來抵消 1996 年的一部份課稅所得，因而 1996 年的調整後之課稅所得為 $400,000，應繳納稅額為 $160,000。

由於不再有營運虧損可以後延，因此 1997 年及 1998 年的課稅所得及稅額不受影響。公司於 1988 年及 1989 年所納稅額 $200,000 (= $80,000 + $120,000) 可以退回，而 1991 年至 1995 年的所得，以及 1996 年的所得 $100,000，均不需繳稅。

七、投資稅額扣抵

美國國會可以根據經濟情況的變動，修訂稅法上設立的**投資稅額扣抵** (In-vestment tax credit) 以減輕企業稅負，激勵企業投資於機器和設備。投資稅額扣抵，是以企業新購置資產的百分比來表示。例如，1986 年的賦稅改革法案通過前，國會給予企業的投資稅額扣抵為 10%，則企業購買價值 100 萬元的設備時，其稅負將可減少 10 萬元，所以投資稅額扣抵使企業為了增加生產力和就業機會而提高投資意願。1986 年的賦稅改革法案雖然取消了投資稅額扣抵，但是未來也許有恢復的一天❸。

八、S 公司

美國**內地稅法** (Internal Revenue Code) 的**附篇** (Sub-chapter S) 允許不超過七十五人，並且符合其他要件❹的小型企業以公司方式組成，享受公司組織的優點，但是可以比照獨資或合夥企業課稅的利益。

 第五節 我國的所得稅制

根據我國所得稅法，所得稅分為綜合所得稅及營利事業所得稅。

---

❸ 事實上，1986 年 1 月 1 日以前已經使用的資產，仍然適用於投資稅額扣抵。

❹ 其他要件包含：(1)股東必須為美國公民或居民，(2)只能發行某一類股票，及(3)公司不能擁有附屬公司股票的 80% 或以上。

● 一、綜合所得稅

根據所得稅法，凡有中華民國來源所得之個人，應就其中華民國來源之所得，繳納綜合所得稅，其課稅所得由綜合所得總額減去免稅額及扣除額而得。臺灣的綜合所得稅稅率有五個級距，由 6% 至 40%，所得稅的稅率亦採累進式，個人所得越高，稅率也越高。個人應繳納之所得稅，根據其課稅所得及稅率表計算而得，如表 2-6 所示。

表 2-6　2005 年臺灣綜合所得稅稅額計算表

課稅所得（新臺幣）	稅額計算
$0–$370,000	課稅所得 ×6%
$370,001–$990,000	$22,200+(課稅所得超過 $370,000 部份)×13%
$990,001–$1,980,000	$102,800+(課稅所得超過 $990,000 部份)×21%
$1,980,001–$3,720,000	$310,700+(課稅所得超過 $1,980,000 部份)×30%
$3,720,001–	$832,700+(課稅所得超過 $3,720,000 部份)×40%

若林聰的課稅所得為新臺幣 100 萬元，按照臺灣的所得稅法，他應該繳納若干綜合所得稅? 其平均稅率及邊際稅率又如何? 根據表 2-6 可計算林聰應繳納的綜合所得稅之計算如下:

$$\$102,800 + (\$1,000,000 - \$990,000) \times 21\%$$
$$= \$104,900$$

由上述計算可知，林聰應繳納新臺幣 $104,900 綜合所得稅，其平均稅率為 10.49% (= $104,900/$1,000,000)，邊際稅率為 21%。

若林聰未婚，目前的外匯匯率為 NT$32.5/$1，則 NT$1,000,000 可折算為美金 $30,769，若按美國聯邦個人所得稅課稅（表 2-2），則他應納稅額為:

$$\$4,000.00 + (\$30,769 - \$29,050) \times 25\%$$
$$= \$4,000.00 + \$429.75 = \$4,429.75$$

故若按美國所得稅法，林聰應繳所得稅為美金 $4,429.75，折合新臺幣為 $143,966.87。平均稅率為 14.40% (＝NT$143,966.87/NT$1,000,000)，邊際稅率為 25%。

● 二、營利事業所得稅

與美國不同，臺灣除了公司外，凡是營利事業若有所得均須繳納營利事業所得稅。本小節概略簡述與公司有關的營利事業所得稅。

1.普通所得

根據我國所得稅法第五條規定，凡在中華民國境內經營之營利事業，應繳納營利事業所得稅。臺灣的營利事業所得稅稅率級距有三個，而美國的聯邦公司所得稅有六個級距（表 2–3）。臺灣公司營利事業所得稅稅率及計算方式如表 2–7 所示。

◤表 2–7 ◢ 臺灣公司營利事業所得稅計算

課稅所得（新臺幣）	稅額計算
$0–$50,000	免稅
$50,001–$100,000	課稅所得<$71,428.57：(可課所得–$50,000)×50%
	課稅所得>$71,428.57：課稅所得×15%
$100,001–	$15,000+(課稅所得–$100,000)×25%

臺灣生化公司的課稅所得為新臺幣 980 萬元，根據表 2–7 可計算此公司在臺灣應繳納之營利事業所得稅計算如下：

$$稅額 = \$15,000 + (\$9,800,000 - \$100,000) \times 25\%$$
$$= \$15,000 + \$2,425,000 = \$2,440,000$$

此公司的平均稅率為 24.90% (＝$2,440,000/$9,800,000)，邊際稅率為 25%。

若外匯匯率為 NT$32.50/$1，則臺灣生化公司的課稅所得折合成美金為 $301,538.46，根據表 2–3 可計算此公司若在美國所需繳納之公司所得稅如下：

$$税額 = \$22,250 + (\$301,538.46 - \$100,000) \times 39\%$$
$$= \$22,250 + \$78,600 = \$100,850$$

此公司在美國的平均稅率為 33.45% (= \$100,850/\$301,538.46)，邊際稅率為 39%。

　　為了消除公司所得雙重課稅的問題，臺灣於 1998 年 1 月 1 日起實行「兩稅合一」制，其中公司繳納的營利事業所得稅可用以抵扣股東的個人綜合所得稅，股東所收到的股利併入其個人所得，若股東適用的邊際稅率較公司的邊際稅率為高者必須補稅；反之則可獲得退稅。兩稅合一的實行，當然影響臺灣企業的財務管理。例如企業將減少負債融資而增加股權融資及增加現金股利的分配。

2. 公司的利息與股利收入

　　在臺灣，公司的利息收入，因來源之不同，而有不同的課稅方式。如公司購買政府公債，依公債發行的規定為免納所得稅的利息收入，則政府公債的利息收入不必納稅。如公司購買短期證券，在屆期兌債時，超過首次發售價格的部分為利息收入，這項利息收入由給付人扣繳稅款 20% 後，以利息收入記帳，在年度結算時，此部分的利息收入不必計入課稅所得，扣繳的 20% 稅款亦不得抵繳；如投資於公司債，貸款予其他營利事業及存放於銀行等所產生的利息收入均必須併入公司所得。

　　實行「兩稅合一」前，臺灣公司的股利收入 80% 免稅，剩下的 20% 則併入營利事業所得。實施「兩稅合一」後，公司投資於其他公司所獲配的股利收入全部免稅。

3. 公司的利息與股利支出

　　根據臺灣的所得稅法第 29 條規定，資本利息為盈餘之分配，不得列為費用。但是，因借款購置固定資產（土地除外）或增建設備等而產生的利息，只有在取得或建築完成後的部分，才能作為費用扣抵。股利為公司所得的分配，不可當作費用予以扣除。

4. 公司盈餘之不當累積

　　1998 年臺灣實施「兩稅合一」後，公司當年度的盈餘未作分配者，加徵 10%

營利事業所得稅，因此公司可以無限制保留其盈餘。此項盈餘在分配時，亦可用來抵繳綜合所得稅，若抵繳有餘也可以退稅。

5.營運虧損

為使稅負公平，我國稅法也允許盈虧互抵。由於前抵而有退稅，稅務行政將趨於複雜，因此臺灣所得稅法第 39 條規定企業的營運虧損僅可以後延五年。

6.投資稅額扣抵

為了鼓勵並促進產業升級，產業區域均衡發展，新興重要策略性產業之創立或擴充等，對於合乎規定的這些投資，我國給予一定比率抵稅權之賦稅獎勵措施，可用以抵繳指定的賦稅（如營利事業所得稅）。

第六節　折　舊

大部份的固定資產不可能無限期使用，例如機器、設備，以及建築物等可以使用許多年，但是終究仍將耗盡或過時，以致其價值損耗殆盡。

折舊 (Depreciation) 是指固定資產的市場價值，在一定期間如一年後所減少的金額。在會計上，固定資產的折舊是將其原有價值減去**殘值** (Salvage value) 後，分由固定資產的使用期間負擔，亦即折舊為分攤固定資產成本的方法。

為了賦稅以及財務報告的目的，相對於收入，企業必須在資產使用期間分攤固定資產成本。由於折舊是一費用項目，不同的折舊方法，對於公司的稅負影響不一樣。若其他條件不變，折舊費用越大，課稅所得越小，稅負因而越小；反之，折舊費用越小，課稅所得越大，稅負因而越大。然而，折舊並非**現金費用** (Cash charge)，因而折舊並不減少現金流量。事實上，因為折舊越大使稅負降低，因此更高的折舊反而增加現金流量。

在美國，固定資產折舊的主要方法有三種：(1)直線法，(2)年數合計法，及(3) MACRS (Modified accelerated cost recovery system) 法。不論使用何種方法，折舊應從固定資產開始使用年間計算。

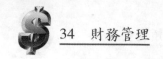

● 一、直線法 (Straight line method)

　　直線法是指固定資產的折舊費用平均分攤於固定資產使用年間。每年的折舊費用，由固定資產成本減去殘值後，除以固定資產的使用年數而得。其計算公式如下：

$$D = \frac{C - S}{n} \qquad\qquad (2\text{--}1)$$

　　公式 2–1 中，D = 固定資產的每年折舊費用

　　　　　　　　C = 固定資產成本

　　　　　　　　S = 固定資產殘值

　　　　　　　　n = 固定資產的使用年數

　　例如一卡車的購置成本為 $20,000，估計其使用年限為五年，五年後的殘值為 $2,000，使用直線法折舊，則此卡車的每年折舊費用為 $3,600，其計算如下：

$$\frac{\$20,000 - \$2,000}{5} = \$3,600$$

　　表 2–8 為此卡車用直線法計算的折舊表，此表指出(1)每年折舊相同，(2)每年的累積折舊以相同金額增加，及(3)卡車價值每年以同等金額減少，直到等於估計的殘值。

■表 2–8 ▶ 卡車折舊費用表（直線法）

	成本	每年折舊	累積折舊	面值
購買日	$20,000	–	–	$20,000
第一年年底	20,000	$3,600	$ 3,600	16,400
第二年年底	20,000	3,600	7,200	12,800
第三年年底	20,000	3,600	10,800	9,200
第四年年底	20,000	3,600	14,400	5,800
第五年年底	20,000	3,600	18,000	2,000

● 二、年數合計法 (Sum of the years digits method)

年數合計法是一種**加速折舊法** (Accelerated depreciation method)，使得固定資產在早期折舊較多，而在晚期折舊較少，因而減輕了企業在使用固定資產的早期稅負。使用年數合計法時，固定資產的使用年限加總起來作為分母，該固定資產預計尚可使用之年數（包括當年）作為分子，以求得每年的折舊率，而後以此折舊率乘以固定資產的**可折舊價值** (Depreciable value)，即成本減去殘值，求得每年的折舊費用。

在上述的卡車例子中，估計卡車使用年限為五年，因此年數之和為：

$$1 + 2 + 3 + 4 + 5 = 15$$

每年的卡車折舊費用則由可折舊價值 $18,000 (= $20,000 - $2,000) 乘以下述分數而得：5/15, 4/15, 3/15, 2/15 及 1/15。表 2–9 為年數合計法下的卡車每年折舊費用。此表顯示第一年的折舊費用最大，其後逐年減少，每年的累積折舊增加數越來越小，以及卡車面值逐年減少直至等於殘值。

◤表 2–9◢ 卡車折舊費用表（年數合計法）

	成本	每年折舊	累積折舊	面值
購買日	$20,000	–		$20,000
第一年年底	20,000	18,000×5/15=$6,000	$ 6,000	14,000
第二年年底	20,000	18,000×4/15= 4,800	10,800	9,200
第三年年底	20,000	18,000×3/15= 3,600	14,400	5,600
第四年年底	20,000	18,000×2/15= 2,400	16,800	3,200
第五年年底	20,000	18,000×1/15= 1,200	18,000	2,000

● 三、MACRS 折舊法

一般而言，公司在計算稅負時，使用一種折舊方法，而在財務報表上則使用另一種折舊方法。為了兩種不同目的而有兩種不同紀錄是法律所許可的。大

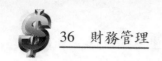

部份公司在分發給股東的財務報表上，使用直線折舊法，而為了稅負上的原因，使用法律上許可的加速折舊法。

1954 年前，企業必須使用直線法計算每年的折舊費用，在 1954 年起企業可以利用加速折舊法計算每年的折舊費用。1981 年則以更簡單的方法——**加速成本復原制** (Accelerated cost recovery system, ACRS) 代替舊的加速折舊法。1986 年的賦稅改革法案則修正了 ACRS，修正後的 ACRS (MACRS) 折舊法，適用於 1986 年 12 月 31 日以後使用的固定財產。

在 MACRS 制下，固定資產的可折舊價值為包含運輸及裝置費用在內的固定資產**總成本** (Full cost)，估計殘值的調整不在考慮之內。

例如全民公司購買了價值 $50,000 的新機器，此新機器的運費為 $3,000，裝置費用為 $2,000，不論其殘值為何，此機器的可折舊費用為 $55,000 (= $50,000 + $3,000 + $2,000)。

固定資產的**可折舊年限** (Depreciable life) 可以影響公司未來的現金流量。可折舊年限越短，由折舊費用可產生的現金流量更早發生，由於財務經理傾向於越早獲得現金流量，因此較喜歡較短的折舊期間。然而，固定資產的可折舊年數，由內地稅局規定。表 2–10 為 MACRS 下的資產分類及其年限。

表 2–10　MACRS 下四種財產分類年限

財產分類（復原期間）	財產類型
3 年	研究設備及若干特定工具。
5 年	電腦、打字機、複印機、複印設備、汽車、模型卡車、合格的技術設備、與類似資產。
7 年	辦公室家具、大部份工業設備、鐵軌、單一用途的農業和園藝設備。
10 年	用於煉油、香菸產品製造，以及若干食品製造的設備。

資料來源：Lawrence J. Gitman, *Principles of Managerial Finance*，表 3.1，(Addison Wesley, 10th edition, 2003), p. 99.

直線折舊法以財產成本減去殘值後的剩餘，除以該財產的使用年限，求得每年的折舊費用。ACRS 法使得早期的財產折舊費用大於直線法下的折舊費用，

新成立的企業因而在早期可以減輕稅負，增強競爭力。MACRS 並沒有規定每一類型的財產之每年折舊率，柯布與李蒙 (Kolb and De Mong) 根據 1986 年的稅法，編製了各類型財產每年折舊率的近似值❺如表 2–11 所示。

◀表 2–11▶ MACRS 下四種財產分類每年折舊率的近似值

年別	財產分類			
	3 年	5 年	7 年	10 年
1	33%	20%	14%	10%
2	45	32	25	18
3	15	19	18	14
4	7	12	12	12
5		12	9	9
6		5	9	8
7			9	7
8			4	6
9				6
10				6
11				4
總計	100%	100%	100%	100%

　　使用 MACRS 法計算每年折舊費用的**資產基礎**(Asset's basis)，為資產成本加上使其能夠操作的費用，如運輸及裝置費用而得。即使資產在折舊期間的最後一年仍有殘值，也不在資產基礎內調整，故折舊資產時，視殘值為零。若資產在服務年限過後仍可以出售，則此售價視為**折舊回收** (Recapture of depreciation)，通常當普通所得課稅。

　　前例中的卡車，按照 MACRS，屬於五年類型的財產，根據表 2–11 可計算其每年的折舊費用如表 2–12 所示。此表指出，在計算 MACRS 下的折舊費用時，資產的殘值及其實際可使用年限完全被忽略了。

❺ B. A. Kolb and R. F. De Mong, *Principles of Financial Management* (Business Publications, Inc., 2nd ed., 1988), p. 38.

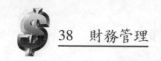

■表 2–12 ■ 卡車折舊費用表（MACRS 法）

	成本	每年折舊	累積折舊	面值
購買日	$20,000	–	–	$20,000
第一年年底	20,000	$20,000×20%=$4,000	$ 4,000	16,000
第二年年底	20,000	20,000×32%= 6,400	10,400	9,600
第三年年底	20,000	20,000×19%= 3,800	14,200	5,800
第四年年底	20,000	20,000×12%= 2,400	16,600	3,400
第五年年底	20,000	20,000×12%= 2,400	19,000	1,000
第六年年底	20,000	20,000× 5%= 1,000	20,000	0

　　根據臺灣所得稅法第 51 條規定，營利事業可以採用平均法、定率遞減法、或工作時間法來折舊固定資產。其中的平均法與直線法與美國的相同，於此不再重複，茲僅就其餘兩種說明如下。

● 四、定率遞減法
(Fixed percentage on decleasing base method)

　　定率遞減法是以每年年初固定資產的面值作為基數，乘以一固定的百分率而得該年度的折舊費用。由於帳面價值遞減，因此每年的折舊費用也遞減。

　　折舊率則根據下列公式求得：

$$R = 1 - \sqrt[N]{\frac{S}{C}} \tag{2-2}$$

　　公式 2 – 2 中，R = 折舊率
　　　　　　　　N = 固定資產耐用年數
　　　　　　　　S = 固定資產殘值
　　　　　　　　C = 固定資產成本

　　福明公司以 $50,000 購買一部機器，估計耐用年數為五年，殘值為 $5,000。根據公式 (2 – 2) 計算此機器的固定折舊率為：

$$R = 1 - \sqrt[5]{\frac{\$5,000}{\$50,000}} = 1 - 0.631 = 0.369 = 36.9\%$$

表 2–13 用來計算此機器的每年折舊費用。

◀表 2–13▶ 福明公司機器的每年折舊費用計算表

年次	年初面值	每年折舊	累積折舊	年底面值
1	\$50,000	\$50,000×36.9%=\$18,450	\$18,450	\$31,550
2	\$31,550	\$31,550×36.9%=\$11,642	30,092	19,908
3	\$19,908	\$19,908×36.9%=\$7,346	37,438	12,562
4	\$12,562	\$12,562×36.9%=\$4,635	42,073	7,927
5	\$7,926	\$7,927×36.9%=\$2,925	44,998	5,002*

* 第五年底的面值（殘值）不等於 \$5,000 乃由於四捨五入之誤差所致。

● 五、工作時間法

工作時間法是以固定資產成本減去殘值後，除以其工作時間，求得每一工作時間所分攤的折舊費用，再乘以每年所使用時間，作為各該年的折舊。其計算公式如下：

$$D_t = \frac{C-S}{\sum\limits_{t=1}^{n} W_t} \times W_t \tag{2–3}$$

公式 (2–3) 中，D_t = 第 t 年的折舊

　　　　　　　W_t = 第 t 年固定資產使用時數

　　　　　　　$\sum\limits_{t=1}^{n} W_t$ = 固定資產在耐用年間 (n) 總共使用時數

福明公司的機器在未來五年間每年的使用時數，估計各為 4,000，3,000，3,000，3,000，及 2,000。總使用時數為 15,000(= 4,000 + 3,000 + 3,000 + 3,000 + 2,000)，故每小時的折舊費用為 3，其計算如下：

$$\frac{\$50,000 - \$5,000}{15,000} = \$3$$

以每小時的機器折舊費用 ($3) 乘以每年的使用時數得每年的折舊費用各為 $12,000(= $3 \times 4,000)，$9,000(= $3 \times 3,000)，$9,000(= $3 \times 3,000)，$9,000(= $3 \times 3,000)，及 $6,000(= $3 \times 2,000)。

問　題

2-1　說明企業組織的三種基本類型,三種類型中以何種最為普遍?在經濟上何種類型最為重要?

2-2　比較三種類型企業的優點與缺點。

2-3　何謂一般合夥? 有限合夥? 兩者間的差異為何?

2-4　公司何以被視為法人?

2-5　一般企業在開辦時採取獨資或合夥形式，在企業規模擴充時，則改為公司形式，試申論其理由。

2-6　裕隆汽車公司若採用合夥方式經營，是否切合實際?

2-7　何謂公司所得的雙重課稅?

2-8　何謂邊際稅率? 何謂平均稅率?

2-9　在累進所得稅制下,個人的平均稅率與邊際稅率有何差別?同樣的情形也存在於公司?

2-10　公司的利息與股利收入在賦稅處理上有何差異?

2-11　公司的利息與股利支出在賦稅處理上有何差異?

2-12　為了避免公司所得的重複課稅，公司可以不支付股利予股東嗎? 試討論之。

2-13　股東持有的股票價格上漲與股東收到現金股利，在賦稅上何種對股東較為有利?

2-14　公司營運有虧損時，賦稅上如何處理?

2-15　何謂投資稅額扣抵? 其目的何在?

2-16　何謂 S 公司? 此種公司的所得如何課稅?

2-17　何謂直線折舊?何謂加速折舊?何種折舊法對於新設立企業較為有利?解釋之?

2–18　試論 MACRS 折舊法的主要內容。

2–19　試說明比較臺灣與美國的個人所得稅及公司所得稅。

2–20　何謂定率遞減法? 工作時間法?

 習　題

2–1　約翰及克雷兩人在 2004 年的課稅所得分別為 \$30,000 及 \$120,000，利用美國單身個人所得稅稅率表，計算:
(1)各人的稅負。
(2)各人的邊際稅率及平均稅率。

2–2　史龍夫婦在美國共同申報 2004 年的所得稅，其課稅所得為 \$170,000，計算他們的稅負，邊際稅率，及平均稅率。

2–3　利用美國單身個人所得稅稅率表 (2004)，
(1)計算下述不同課稅所得下的稅負，稅後所得，以及平均稅率: \$10,000, \$20,000, \$80,000, \$160,000 及 \$250,000。
(2)以 y 軸表示平均稅率，x 軸表示課稅所得，說明這兩種變數之間的關係。

2–4　錢勒的邊際稅率為 35%，他購買的免稅州政府債券之報酬率為 4.2%。如果他購買一般公司債，則此公司債的報酬率應該是多少，才與其免稅州政府債券之稅後報酬率相同?

2–5　富康公司 2004 年的課稅所得為 \$275,000，根據美國聯邦公司所得稅法，
(1)計算公司的所得稅負，邊際稅率，及平均稅率。
(2)如果公司為富康夫婦所有，公司的稅後所得全部以股利方式分配，富康夫婦的邊際稅率為 35%，問股利所得應繳稅額若干?
(3)合併公司所得稅及個人所得稅，計算富康公司的平均稅率。

2–6　全泰公司的銷貨收入為 \$700,000，營運費用為 \$500,000，利息支出為 \$30,000，利用美國聯邦公司所得稅法，
(1)計算公司的課稅所得。

(2)公司的邊際稅率及平均稅率為何?

2-7　威靈公司的營運所得為 $80,000,利息所得為 $5,000,股利所得為 $8,000,假設 70% 的股利排除條件符合,根據美國聯邦公司所得稅法計算公司的:

(1)課稅所得。

(2)所得稅負。

(3)平均稅率。

2-8　王傑的課稅所得為新臺幣 $2,500,000,新臺幣對美元匯率為 $32,計算並比較他在臺灣及美國的稅負、邊際稅率,及平均稅率。

2-9　天信公司的課稅所得為新臺幣 $8,000,000,新臺幣對美元匯率為 $32,計算並比較此公司在臺灣及美國的稅負、邊際稅率,及平均稅率。

2-10　張利公司的稅前所得為 $500,000,公司需要資金 $400,000 以擴充營業。資金可由發行公司債或股票來募集,若發行公司債,其利率為 10%。就下列各種融資組合下,計算債權人及股東所得。假設公司所得稅稅率為 30%。

(1)完全以公司債融資。

(2)80% 以公司債融資,20% 以股權融資。

(3)60% 以公司債融資,40% 以股權融資。

(4)40% 以公司債融資,60% 以股權融資。

(5)完全以股權融資。

2-11　林全的私人財產價值為 $150,000,他投資 $50,000 於某一建築公司,由於經濟衰退,公司留下 $120,000 未清償債務。解釋下述情況下林全的責任。

(1)如公司為林全的獨資企業。

(2)如公司為一合夥企業,林全擁有此企業的 50% 所有權。

(3)如公司為一公司企業。

2-12　裕泰公司購買一汽鍋,其成本為 $50,000,運輸費用為 $4,000,裝置費用為 $6,000,殘值為 $4,000。利用(1)直線法及(2)年數合計法,計算汽鍋的每年折舊費用。假設汽鍋的使用年限為六年。

2-13　李斯成衣公司,以 $250,000 添加設備以應付市場需要的增加。此設備屬於五年類財產,如果公司的邊際稅率為 40%,若此設備在五年底以 $45,000 出售,

計算此設備的每年折舊費用及公司因此所應繳納的稅額。

(1)假設公司使用 MACRS 方法折舊。

(2)假設公司使用直線法折舊，及此設備之使用年限為五年。

2-14 復明公司新購設備，成本為 $45,000，預估使用年限為四年，殘值為 $5,000，利用(1)平均法，(2)定率遞減法，(3)工作時間法計算各年的折舊費用。假定每年的工作時數各為 3,000，3,000，2,000，及 2,000。

2-15 美國的湯臣公司課稅所得如下表所示，這些數字並未反映營業虧損的前抵及後延之影響。如果公司稅稅率為30%，計算各年利用營業虧損的前抵及後延調整後之稅額。如果此公司在臺灣設籍，則調整後的稅負如何？

年別	課稅所得	利用前抵及後延法後的稅額
1985	$　300,000	
1986	400,000	
1987	(3,000,000)	
1988	200,000	
1989	500,000	
1990	600,000	
1991	600,000	
1992	500,000	
1993	400,000	
1994	(2,400,000)	
1995	600,000	
1996	800,000	
1997	700,000	
1998	800,000	

第三章

美國與臺灣的金融制度

　　企業經營與**金融制度** (Financial system) 間的關係至為密切，幾乎沒有一家企業可以脫離金融制度而生存。

　　金融制度包括**金融機構** (Financial institution) 與**金融市場** (Financial market)。企業在銷售商品或勞務時，獲取現金或其他類型的金融資產，如**應收帳款** (Accounts receivable)。另外，企業藉發行各種不同的**金融工具** (Financial instrument) 以取得所需資金，或經由購買各種有價證券使其閒置資金獲得適當安排，因而企業的資金使用或取得與金融市場取得聯繫。

　　在金融市場中，金融媒介機構作為**資金供給者** (Fund supplier) 與**資金需要者** (Fund demander) 間的橋樑，使得企業資金的籌措和使用過程可以順利完成。企業的證券發行因健全的金融市場得以完成，而其證券的市場價格，為企業成敗的指標。在競爭激烈的金融市場下，財務經理必須密切觀察和瞭解金融制度的變遷，才能使企業的財務管理目標順利達成。

　　如果沒有健全的金融制度，莫客製藥公司、微軟公司、英特爾公司、豐田公司，國泰公司，以及其他的大公司，無法獲得社會的閒置資金，以擴充其企業，其規模也將比目前的為小。大型公司不但透過金融機構籌措所需資金，也透過**報酬─風險機能** (Return-risk mechanism) 以有效配置資金。風險較低的企業，提供較低的報酬予資金供給者；而風險較高的企業，則提供較高的報酬予資金供給者，以補償其所冒的較高風險。

　　廣泛及深入瞭解金融制度，可以使讀者熟悉企業經營的金融環境。本章第

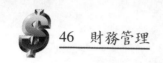

一節為金融市場的功能，第二節討論資金的流通，第三、四節敍述美國及臺灣主要的金融機構，第五節敍述美國及臺灣的貨幣市場，第六節申述美國及臺灣的資本市場，最後一節探討投資銀行在金融市場的功能。

 ## 第一節　金融市場的功能

在**金融資產** (Financial asset) 產生以前，儲蓄和投資行為都必須以**實質資產** (Real asset)，如房屋、建築物、設備、存貨，或**耐用財** (Durable goods) 等來進行。由於儲蓄和投資都是實質資產，因此個別經濟單位的投資剛好等於其自身的儲蓄，而呈**自我融資** (Self-financing) 現象。即使偶而有**外部融資** (External financing) 形式出現，由**儲蓄赤字單位** (Savings-deficit unit) 向**儲蓄有餘單位** (Savings-surplus unit) 借入實質資產，以供其投資，但是由於金融資產並不存在，使得資源無法有效使用。其後由於金融資產的產生，儲蓄赤字單位才得以向儲蓄有餘單位借入資金或發行證券來融通之。

● 一、金融市場效率

金融市場的存在，是為了有效地將儲蓄分配予資金的最後使用者，即投資者。如果儲蓄者與投資者同屬一人，則不需要金融市場，經濟也能成長。但是在現代經濟，家計部門的總儲蓄大於其總投資，而企業部門的總投資則大於其總儲蓄。為了使儲蓄者及投資者可以藉最低成本結合在一起，有效率的金融市場必須建立起來才能實現。

即使資金需要者能夠發行金融資產以籌措所需資金，但如果金融市場不存在，儲蓄者的資金仍無法導引至最有利的投資機會上，資金也無法作最有效的配置。因為缺乏金融市場，缺乏有效投資機會的經濟個體，只有不斷地累積貨幣，而有很好投資機會的經濟個體，無法得到足夠的資金，以實現投資計劃。結果，較差的投資計劃可能獲得機會得以實現，而較佳的投資計劃則被放棄或延擱。由此可知金融資產需要有效率的金融市場，才能夠使儲蓄導向最佳的投資機會。

一國的金融市場愈進步，資金移轉的效率也愈高。甚多機構都設法促進金融移轉效率的提高，其中之一為**貸款經紀人** (Loan broker)，其功能為以最低成本來使資金需要者與資金供給者結合在一起。另一個促進資本流通效率的機構為**次級市場** (Secondary market)，此市場提供已發行證券的交易場所，使資金流通容易。健全的次級市場，可以增強新發行證券的交易市場，即**初級市場** (Primary market) 的功能。**投資銀行** (Investment bank) 也可以促進資金的有效流通，它在金融市場的地位在本章稍後將予以討論。

● 二、金融媒介機構的功能

　　儲蓄者與投資者間的直接融通方式有其缺點，如資金的供需雙方不易找到，即使雙方能夠互相找到，但資金融通條件也不易一致，因為儲蓄者對初級市場證券的信用狀況不夠瞭解，而且初級證券也缺乏流動性，這些因素都使資金流量不易提高。

　　金融媒介機構 (Financial intermediary) 扮演儲蓄者與投資者間的橋樑，藉發行該機構本身的債務，自儲蓄者取得資金，而後將所獲資金購入資金需要者所發行的證券，如此上述直接融通的各項缺點都可以消除。因此，金融媒介機構的基本功能，為加強儲蓄者與投資者間的聯繫，提高金融市場的效率，和擴大儲蓄及投資的機會。

　　美國的金融媒介機構，包括**商業銀行** (Commercial banks)，**儲蓄貸款協會** (Savings and loan associations)，**互助儲蓄銀行** (Mutual savings banks)，**人壽保險公司** (Life insurance companies)，**信用聯會** (Credit unions)，**退休基金** (Pension funds)，與**共同基金** (Mutual funds) 等。這些金融媒介機構，作為借款者與貸款者間的橋樑，將他們創造的金融工具，如**活期存款** (Demand deposits)，**儲蓄存款** (Saving deposits)，**定期存單** (Certificate of deposit)，及人壽保險單等，出售予儲蓄者，而將所獲資金貸予投資者，或投資於金融資產，如債券、股票，和其他金融證券。

　　金融媒介機構僱有專門金融人才對顧客的信用予以分析，因此提高了金融市場效率。為了投資多餘資金，儲蓄者僅需選擇金融媒介機構，而金融媒介機

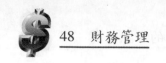

構的貸款人員，則決定何種客戶可以得到貸款。

另外，透過金融媒介機構對客戶的選擇，投資風險可以分散或減少。若金融媒介機構的貸款無法收回，則金融媒介機構的所有者而非儲蓄者承擔風險，甚至當金融媒介機構因經營不善而倒閉時，儲蓄者的儲蓄仍然有保障。因為在美國商業銀行的存款，**聯邦存款保險公司** (Federal Deposit Insurance Corporation, FDIC) 對每一存戶的存款給予保險至 \$100,000。儲蓄貸款協會和信用聯會的存款者，也受到類似的保障❶。

臺灣的金融媒介機構可分為兩類，即貨幣機構與非貨幣機構。貨幣機構包含商業銀行 (本國銀行及外國銀行在臺分行)，專業銀行 (如開發銀行，輸出入銀行，工業銀行，及中小企業銀行)，與基層金融機構 (如信用合作社，農會及漁會信用部)。非貨幣機構包括信託投資公司、保險公司，與郵政儲金匯業局。一如美國，為了保障儲蓄者的存款，臺灣也設立了中央存款保險公司。

如同一般企業經營，金融媒介機構的存在是為了賺取利潤，而其主要利潤來自存款利率與貸款利率間的**差額** (Spread)。例如商業銀行或信用合作社付給存款者的利率為 1.5%，而房屋貸款者借款時支付 6.8% 的利率，其間的差額 5.3%則作為營運費用以及金融媒介機構的利潤。

 # 第二節　資金的流通

前一節論及資金流通的重要性，與金融媒介機構在資金流通中扮演的角色。本節則討論資金流通在經濟各部門，即個人、企業、政府，與金融機構的地位。

一、個　人

個別消費者的所得大於消費，則有儲蓄。個人儲蓄可以在商業銀行或其他貨幣機構以活期存款、儲蓄存款、或定期存款的方式為之。個人亦可用儲蓄來

---

❶ 儲蓄貸款協會的存款者受到聯邦儲蓄貸款保險公司 (Federal Savings and Loan Insurance Corporation) 的保護，而信用聯會的存款者，則受到全國信用聯會管理局 (National Credit Union Administration, NCUA) 的保護。

購買人壽保險或退休基金等。個人在金融機構的儲蓄，使金融機構可以從事貸款或投資活動。個人不但是金融機構的資金供應者，有時也由金融機構獲得所需資金。總體而言，個人的資金供應大於資金需要，而為資金的**淨供給者** (Net supplier)。

● 二、企　業

企業的經營如果有盈餘，則一部份或全部可以保留作為未來投資之用。此保留盈餘在使用前，可存放於金融機構，主要為商業銀行的活期存款。企業經營如內部資金不足，則須向金融機構獲取所需資金。總體而言，企業的投資大於儲蓄，故企業必須發行金融資產，以籌集所需資金，而為資金的**淨需要者** (Net demander)。

● 三、政　府

政府將暫時性的閒置資金及稅收存放在商業銀行。政府並不直接從金融機構借款，而是經由發行債券在金融市場獲取所需資金。政府預算如有剩餘，則政府成為資金的供給者，能夠經由存放於商業銀行而對企業予以融資。但是政府預算如有赤字，則政府成為資金的需要者，必須藉發行債券來彌補預算赤字。

● 四、金融機構

金融機構扮演**中間人** (Middleman) 的角色，以促進資金迅速而有效的流通，使資金獲得最適當的運用。個人儲蓄透過金融市場提供企業所需資金，美國**聯邦準備** (Federal reserve) 或我國的中央銀行在採取不同的貨幣政策，以改變貨幣供給量時，也會影響金融體系供應資金的能力。同時，外國投資者也在金融市場提供或取得資金。

大部份的個人儲蓄存放在金融機構，而金融機構再把資金轉予政府及企業。在美國資金由個人流向企業的方式，可由圖 3–1 表示。個人儲蓄可直接或間接地轉移給企業，經由證券發行者，或經由投資銀行直接購買證券。

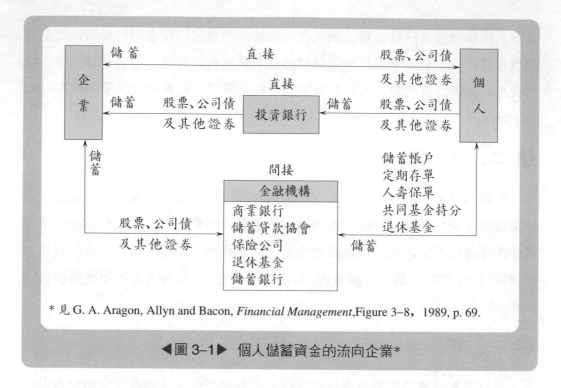

* 見 G. A. Aragon, Allyn and Bacon, *Financial Management*,Figure 3–8，1989, p. 69.

◀圖 3–1▶ 個人儲蓄資金的流向企業*

例如，國際紙業公司發行公司債或股票，則有儲蓄的個人，可以直接向公司，或透過投資銀行購買。不論經由何種方式儲蓄者都可以持有國際紙業公司的公司債或股票，並且可以獲得該公司的利息及本金，或股利。

如果個人的儲蓄存放在金融機構，如商業銀行，儲蓄貸款協會，共同基金，及信用合作社時，資金則可藉這些金融機構購買證券，如國際紙業公司債券，而轉移給企業。這時，個人擁有金融機構所創造的證券，而非國際紙業公司的債券。亦即金融機構是以其發行的證券，如定期存單，代替資金使用者發行的證券。

在臺灣，若干金融機構之名稱稍有不同，但是如同美國個人儲蓄亦可直接或間接地轉移給企業。個人可經由證券發行者或透過證券承銷商直接購買證券。個人儲蓄如存放在金融機構，如商業銀行及信用合作社時，資金可藉這些金融機構購買證券而轉移給企業。此時，個人擁有金融機構創造的證券，如定期存單，而非資金使用者發行的證券。

第三節　美國主要的金融機構

　　美國有許多不同型態的金融機構，各種型態的金融機構有其特質，但是都有一個共同點，即所有金融機構均發行對其自身請求權與購買儲蓄赤字單位發行的請求權。本節擬討論美國的主要金融機構。

● 一、存款型的金融機構

　　在所有金融機構中，最重要的為**存款型金融機構** (Deposit-type institution)。這類金融機構藉發行活期與儲蓄存款帳戶來吸收資金，而以此資金用於貸款和購買證券。活期與儲蓄存款具有高度**流動性** (Liquidity)，因為它們很容易提取，而且其名目價值不變，因此沒有市場風險，利率自然很低❷。

1.商業銀行

　　金融機構中最大及最重要者為商業銀行。商業銀行的活動非常廣泛，因此被稱為金融界的「百貨公司」。商業銀行對個人、企業，及政府發行活期存款與定期存款，並提供可使用支票及有利息收入的儲蓄帳戶，即**可轉讓提單帳戶** (Negotiable order of withdrawal account, NOW account)，以吸取資金，然後將此資金直接或藉金融市場貸放予資金需要者。商業銀行對企業的貸款，可為抵押貸款、中長期貸款、季節性貸款，或者短期貸款。除了發揮銀行功能外，商業銀行也可以經由其信託部門，將資金用於購買公司債及股票來影響其他企業。傳統上，由於只有商業銀行提供支票存款的服務，因此聯邦準備制度才能有效地控制貨幣供給額。然而，現在的其他金融機構也提供支票存款的服務，因此聯邦準備制度有效控制貨幣供給額的能力受到很大的影響。

2.儲蓄貸款協會

　　儲蓄貸款協會主要經由儲蓄及可轉讓定期存單帳戶存款吸收資金，而後將此資金對個人提供房屋抵押貸款，或投資於金融市場。有時儲蓄貸款協會也在

---

❷　傳統的活期存款，又稱支票帳戶，一般銀行不給利息，但是後來發展的儲蓄存款，存款人有利息收入，並且可以使用支票。

金融市場發行證券以籌措資金。由於儲蓄貸款協會在房屋抵押貸款上的重要地位，有些聯邦機構時常貸款予儲蓄貸款協會，以融通某些種類的房屋抵押貸款。

3.互助儲蓄銀行

互助儲蓄銀行除了不能接受支票存款外，與商業銀行的營業範圍甚為相似。它們接受個人的儲蓄，而後將資金長期貸放給消費者與企業，或在金融市場上投資於證券。

4.信用聯會

信用聯會主要從事聯會會員間的資金移轉，會員的儲蓄只貸放給其他會員。信用聯會的會員通常為同一公司的員工，或同一機構的職員。信用聯會所吸收的會員儲蓄，主要用於貸款給其他會員於購買汽車、家具、其他家用耐久財，或改善住家所需的貸款。如果聯會無法將會員儲蓄貸放予其他會員，其餘資金則在金融市場從事短期投資。如果會員所需貸款超過聯會所能提供者，則聯會可向商業銀行借款來應付。

5.貨幣市場共同基金

貨幣市場共同基金 (Money market mutual fund) 的蓬勃發展起源於 1970 年代末期利率的迅速上漲。此基金吸收眾多儲蓄者的儲蓄，以購買獲利甚高的貨幣市場工具，諸如可轉讓定期存單、國庫券，以及**商業本票** (Commercial paper)。與商業銀行，儲蓄貸款協會，互助儲蓄銀行，以及信用聯會的存款不同之處，在於貨幣市場共同基金的存款沒有保險，然而這些存款的風險很小，因為此基金所吸收的存款主要投資於商業銀行與信用良好公司所發行的高度流動性短期證券。

● 二、契約性的儲蓄機構

契約性的儲蓄機構經由與儲蓄者的長期契約取得資金，然後將此資金投資於資本市場。這些機構包括人壽保險公司，火災與損害保險公司，及退休基金等。這些機構的共同特性為，投保人與退休基金的參與者必須定期付款，因此取得的資金甚為穩定及容易預測，而不必太注重其資產的流動性。

1.人壽保險公司

人壽保險公司發行人壽保單，投保者則定期支付保費。因保費甚為穩定及容易預測，這些人壽保險公司可將收到的保費投資於長期證券及抵押貸款。若投保人死亡，則人壽保險公司必須付款予受益人。

2. 火災與損害保險公司

　　火災與損害保險公司銷售保險使受保人的財產因火災、竊盜、意外及疏忽等引起損失時，能夠獲得補償。這些公司的資金，大部份來自保費收入，其餘則來自保留盈餘和股票銷售，然後公司則將資金投資於免稅的地方政府公債、公司債、以及股票。

3. 退休基金

　　退休基金乃政府或企業為其員工所設的退休計劃。員工在工作期間，由本人及僱主支付一定金額存放於員工的退休基金，基金在員工退休時按期支付退休金予退休員工。因為基金屬於長期債務，因此可用於長期投資，大部份的退休基金投資於債券、股票、房地產、及抵押貸款。

● 三、其他種類的金融機構

　　其他種類的金融機構包括投資公司及財務公司。

1. 投資公司

　　一般的小額儲蓄者，沒有足夠資金購買不同的證券以分散風險，也沒有足夠的能力和時間從事證券組合的工作，因而一些財務專家設立分散風險的**投資公司** (Investment company)，使得小額儲蓄者能夠購買風險分散的股份。

　　投資公司有三種不同的型態：⑴開放型投資公司，⑵封閉型投資公司，以及⑶信託基金。

⑴開放型 (Open-ended) 投資公司

　　開放型投資公司亦即通稱的共同基金，其特質為不斷地銷售或贖回股份。

　　共同基金發行股份予一般小額儲蓄者，而後將所吸取的資金購買多種不同的股票，使投資者的風險能夠分散。每個投資者擁有共同基金的百分比表示此投資者對共同基金的資產和負債擁有相同的百分比。投資者可以在任何時候將其持有的共同基金股份按每股的**資產淨值** (Net asset value) 出售以取得現金。而共同基金的每股資產淨值，為共同基金的資產減去負債後，除以其流通股數而得。

⑵封閉型 (Closed-ended) 投資公司

封閉型投資公司與開放型投資公司都是大眾擁有的投資組合，但是封閉型投資公司具有下述特質：第一、封閉型基金在第一次上市後不能增加股份發行，故其資本化是固定的；第二、封閉型基金的股份不能按每股資產淨值出讓，因其股份在證券市場上按照市價交易，而市價則可能高於或低於每股資產淨值。

⑶信託基金 (Trust fund)

信託基金由商業銀行的信託部門操作。因為信託基金的資金運用是否妥當，關係信託人的利益甚大，故法令上對此類基金的資金運用限制甚嚴。通常，信託基金的資金運用，首重安全性，而非報酬率。

2.財務公司

財務公司 (Finance company) 之資金籌措以發行商業本票、股票、公司債、或向銀行借款等方法為之，然後將資金貸放予企業或個人。對個人的貸款主要用於幫助個人購買汽車或其他耐久性消費財。而財務公司按照其營業範圍，可區分為：

⑴銷售財務公司 (Sales finance company)

主要業務為貸款予消費者購買汽車及耐久性消費財等，有時也貸款予企業。

⑵個人財務公司 (Personal finance company)

主要業務為對個人給予小額貸款。

⑶商業財務公司 (Business finance company)

主要業務為對個人及企業予以巨額貸款。風險性高的顧客，因為甚難向商業銀行獲得貸款，因而轉向商業財務公司獲得所需資金。

表 3-1 簡要說明美國各類金融機構的主要資產及負債，由此可以瞭解不同金融機構的業務。

表 3-1 美國各類金融機構的主要資產及負債

金融機構	主要資產（請求權的持有）	主要負債（請求權的發行）
商業銀行	貸款，美國聯邦及地方政府債券	支票及儲蓄存款
儲蓄貸款協會	房屋抵押貸款	儲蓄存款
互助儲蓄銀行	房屋抵押貸款及公司債	儲蓄存款
信用聯會	會員的消費性貸款	儲蓄存款
貨幣市場共同基金	可轉讓定期存單及商業本票	股票
人壽保險公司	公司債及抵押貸款	人壽保單及年金憑證
火災與損害保險公司	地方政府公債、公司債及股票	保險單
退休基金	公司債及股票	退休基金準備
投資公司	股票	股票
財務公司	消費者貸款及商業貸款	商業本票、公司債及股票

第四節　我國主要的金融機構

由於國情不同，臺灣的金融機構型態與美國的不盡相同，但其在貨幣流通中所扮演的角色相似。本節擬簡述臺灣主要的貨幣與非貨幣機構。

● 一、貨幣機構

與美國的存款型金融機構相似，臺灣的貨幣機構也藉發行活期與儲蓄存款帳戶來吸收資金，而用此資金予以貸款和購買證券。活期與儲蓄存款具有高度流動性，沒有市場風險，故利率甚低。

1.商業銀行

所有金融機構中，最大、最重要並提供最廣泛金融服務的為商業銀行。根據我國銀行法第 71 條的規定，商業銀行可以從事收受活期存款、支票存款、定期存款，提供中期及短期放款，與投資各種不同金融債券。1990 年代，由於開放銀行的設立，許多新的商業銀行紛紛應運而生。除了本國的商業銀行外，許多外國商業銀行亦在臺灣設有分行。

2. 專業銀行

根據我國銀行法第 87 條的規定,「為便利專業信用之供給,中央主管機關得許可設立專業銀行,或指定現有銀行,擔任該項信用之供給。」根據同法第 88 條,專業信用分為六類:農業信用、工業信用、中小企業信用、輸出入信用、不動產信用及地方性信用。

3. 基層金融機構

臺灣的基層金融機構地區性色彩甚濃,包括信用合作社與農、漁會信用部。信用合作社乃「依平等原則,在互助組織之基礎上,以共同經營方法,謀社員經濟之利益與生活之改善」為宗旨而成立。信用合作社的主要資金來源為社員存款,而資金則主要用於對社員的放款以協助滿足及改善其生活所需。

農、漁會信用部為農漁民根據農會法和漁會法之規定而成立的金融機構。農漁民會員的存款為資金主要來源,資金用途主要為對會員的農漁產銷有關所需資金的放款。基層金融機構若有過多的資金,可以存放在合作金庫,如果需要資金,則可向其融通。

● 二、非貨幣機構

臺灣的非貨幣機構包含信託投資公司、保險公司及郵政儲金匯業局。

1. 信託投資公司

我國信託業法規定「信託投資公司乃以受託人之地位,按照特定目的,收受、經理及運用信託資金與經營信託財產,或以中間人之地位,從事與資本市場有關特定目的投資之金融機構。」由此可知信託投資公司之資金來源為各種信託資金,而後將此資金用於購買各種有價證券、投資於國民住宅與工業區的開發,或對生產事業提供中長期信用。

2. 保險公司

保險公司根據風險分散原則,將可能發生的損害,透過保險分散於多數人來承擔。保險公司的資金來源為投保人交付的保險費,由於甚為穩定,因此其資金運用不太顧及流動性,而可用於購買證券或中長期放款。保險公司可分人壽保險公司、產物保險公司,以及再保險公司。

3.郵政儲金匯業局

郵政儲金匯業局之業務為儲金與匯兌，其資金主要來源為存簿儲金、支票儲金、定期儲金及劃撥儲金。而其所吸收的儲金，則轉存於中央銀行或其他指定的金融機構從事抵押貸款，及投資於政府公債。在 2003 年 1 月 1 日，郵政總局改名成為中華郵政公司，郵政儲金匯業局則改為儲匯處。

表 3–2 可以用來綜合說明臺灣各種金融機構的主要資產及負債，由此也可瞭解不同金融機構的業務。

表 3–2 臺灣各類金融機構的主要資產及負債

金融機構	主要資產（請求權的持有）	主要負債（請求權的發行）
銀行	貸款、證券投資	活期、定期及支票存款
基層金融機構	貸款、轉存於其他金融機構	會員存款
信託投資公司	證券投資、非證券投資、貸款	信託基金
保險公司	證券投資、貸款	保費
郵政儲金匯業局	轉存於中央銀行或其他金融機構、證券投資、抵押貸款	郵政儲金

第五節　貨幣市場

金融市場與金融機構相互依存，不能各自獨立。由於金融市場的存在，金融機構才能成功地扮演資金需要者與資金供給者間的中介人角色。經由金融機構與金融市場，企業、個人，和政府間的資金流通才能更迅速和更有效率。金融市場可分為貨幣市場及資本市場。本節討論貨幣市場，包含此市場的主要活動，參與者，以及美國與臺灣的主要貨幣市場工具。

● 一、貨幣市場的主要活動

貨幣市場為一年期內短期證券進行交易的市場，亦即貨幣市場是為短期資金的需要者與供給者提供交易的場所。事實上，貨幣市場並沒有為短期證券買

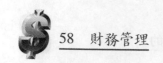

賣雙方提供有形的集合場所，只是一群參與買賣的經紀人、個人，或機構利用電話、電報、電腦、及其他通訊設施，進行短期證券買賣的市場，其主要功能為聯繫短期資金的需要者與供給者。故貨幣市場的形式並不重要，重要的是短期證券的種類，能使短期資金的供需雙方，根據自身需要，作最佳的選擇。

　　在美國，典型的貨幣市場為短期資金的需要者與供給者透過紐約的大銀行、**政府證券經紀商** (Government securities dealers)，或**聯邦準備銀行** (Federal reserve bank) 進行短期證券的交易。一些證券經紀公司在貨幣市場購買貨幣市場工具以轉賣予顧客，有些金融機構則購買貨幣市場工具於其投資組合中，使其存款者和股東能夠獲得更高的報酬。此外，聯邦準備銀行也介入一般銀行之間的貸款，這種貸款亦即**聯邦基金** (Federal fund) 的交易。

　　在貨幣市場，需要短期資金的政府及企業發行貨幣市場工具以籌措，而能夠提供短期資金者，則可直接或間接透過中間人購買貨幣市場工具。貨幣市場工具在初級市場發行後，其交易則在次級市場進行。個人雖不發行貨幣市場工具，但他們可在貨幣市場買賣貨幣市場工具。

　　貨幣市場內的短期證券，由於發行者為政府機構或信用甚佳的企業，因此風險也低。當然，這些短期證券的利率受到短期資金供需變動所影響。因為貨幣市場內的最低交易額甚大，提供了大企業資金運用的方便。當大企業缺少短期資金時，可以發行貨幣市場工具以獲得所需資金；當大企業有過多的短期資金時，可以在貨幣市場購買貨幣市場工具以獲取利潤。

● 二、貨幣市場的參與者

　　企業、個人、政府，與金融機構都是貨幣市場的參與者。企業、政府、和金融機構可以為短期證券的原始發行者，他們也在貨幣市場從事短期證券的購買，使其短期閒置資金能夠獲得報酬。

　　個人並不發行貨幣市場工具，但是個人可以為貨幣市場工具的買者和賣者，他們買賣貨幣市場工具是為了賺取利潤。

● 三、美國的貨幣市場工具

因為有效率的貨幣市場之存在，經濟各部門對資金的需要可以得到滿足，最適度的資產組合可以達成，數額巨大的短期證券可以在價格變動幅度很小的交易中完成。在美國，貨幣市場工具包括**國庫券** (Treasury bill)、**商業本票** (Commercial paper)、**銀行承兌匯票** (Bank's acceptance)、可轉讓定期存單、聯邦基金、**購回協定** (Repurchase agreement, Repo)，和**歐洲美元** (Euro-dollar) 等。這些不同貨幣市場工具的共同特色為流動性甚高，但是各有特色，各自可以構成單獨的市場。這些工具的報酬率反映政府貨幣政策的方向，而不同工具有其不同的報酬率，是因為風險有別之故。

1.國庫券

在美國，國庫券為最主要的貨幣市場工具，期限可為 91 天，182 天，274 天，及一年。國庫券很受一般短期投資者歡迎，因其具有安全性、市場性、與獲利益率穩定性。國庫券在發行時，以競標方式認購，主要的競標者包含政府證券經紀商，銀行，及企業。有些國庫券被指定作為**預付稅券** (Tax Anticipation Bill, TAB)，以吸引企業或個人為支付稅款而暫時保留的資金。TAB 的到期日為付稅截止日的下一週。由於財政部在付稅截止日期按照 TAB 的面值作為付稅額，因此 TAB 頗受一般公司歡迎。

2.商業本票

商業本票為信用甚佳的大企業為籌集日常營運資金所發行的**承兌票據** (Promissory note)。大企業發行的商業本票可以透過經紀商或直接售予金融機構或非金融機構。商業本票市場被大企業視為向銀行借款之外的另一種短期融資途徑。因而當銀行缺乏短期資金以貸放給企業，或短期資金成本高時，商業本票的發行數量隨之增加。商業本票的獲益率，可以作為貨幣市場情況的指標。

3.銀行承兌匯票

銀行承兌匯票為個人或企業簽發由銀行承諾在未來某一特定日期付款的一種**銀行匯票** (Bank draft)。這種匯票一般用在國際貿易上。例如一家日本進口商擬從美國進口商品以在日本市場銷售，此一日本進口商乃簽發銀行匯票，並由

日本銀行在此匯票上註以承兌字樣。日本銀行要求日本進口商支付這種服務費用，並在承兌匯票到期前在日本銀行帳戶內存入足夠的金額。日本進口商然後將此銀行承兌匯票寄給美國出口商，因而對美國出口商提供了付款保障。銀行承兌匯票由於有銀行的支持，因此沒有風險，而具有高度轉讓性。美國出口商可以在承兌匯票到期前以貼現方式予以出售。

4.可轉讓定期存單

定期存單是商業銀行對存款所發行的一種憑證，此憑證註明其持有者在到期日能夠收到的利息和本金。此種存單在到期前不能向銀行要求付現，但是在1960年代初期開始，定期存單在期滿前可以在貨幣市場轉讓。

銀行發行定期存單是為了吸收更多的資金，來提供給借款者。1960年代初期，因為貨幣市場的利率上漲，許多企業乃從銀行提取存款以購買獲益率高的商業本票、國庫券，及其他貨幣市場工具，銀行為了競爭資金來源以減少銀行存款的提取而發行定期存單。

5.聯邦基金

聯邦基金為美國聯邦準備銀行的會員銀行在聯邦準備銀行的存款。聯邦準備的會員銀行按規定必須存放一定數額的資金於聯邦準備銀行，如果會員銀行的存款沒有達到要求水準則會受到處罰，然而會員銀行在聯邦準備銀行的超額準備沒有利息收入。

聯邦基金市場是指商業銀行在聯邦準備銀行就其超額存款進行交易的市場。當會員銀行在聯邦準備銀行的存款未達到要求者，可以購買聯邦基金，而超過要求者，則可以出售聯邦基金。

6.購回協定

購回協定是政府、公司，或其他大型機構以短暫的閒置資金，對商業銀行、證券經紀商，或其他金融機構提供短期貸款。大公司如通用電器公司持有數千百萬元的現金，在未來幾天內不需要用到，它可以用來向銀行購買政府證券，銀行則保證通用電器公司在需要資金時，以較高的價格買回政府證券，通常此種短期資金的報酬率低於聯邦基金的利率。然而大公司的短期資金與其存入沒有利息收入的支票帳戶，不如從事安全又方便的投資以賺得利息收入。

7.歐洲美元

歐洲美元是指在美國境外（大部份在歐洲）的外國銀行或美國銀行的外國分行，以美元為計算單位的存款。歐洲美元亦可視為貨幣市場工具之一，因為美國銀行在需要資金時，可向外國銀行或其在外國的分行借入，而當歐洲美元市場的利率較高時，美國企業則將資金投入歐洲美元市場。

1960 年代開始，由於不易經由傳統途徑獲得資金，因此美國銀行轉向歐洲美元市場獲得資金。主要原因在：第一、歐洲美元市場不受美國聯邦準備制度定期存款利率的上限所限制。當貨幣市場利率高於定期存款利率上限時，美國銀行只有透過歐洲美元市場獲得資金，第二、歐洲美元存款沒有法定存款準備率的負擔，也不繳付聯邦存款保險公司的保險費，資金成本較低。因此美國銀行在外國設置分行的數目乃逐漸增加。1980 年代初，美國聯邦準備取銷了定期存款利率上限的規定，以及銀行使用購回協定獲得資金的數量大增，歐洲美元市場的重要性乃逐漸降低。

● 四、臺灣的貨幣市場工具

臺灣的貨幣市場規模遠小於美國的貨幣市場規模，其所擁有的貨幣市場工具之種類也較少，包括國庫券、商業本票、承兌匯票、可轉讓定期存單，以及金融業拆款。這些貨幣市場工具的流動性甚高，可以各自構成單獨的市場。當然由於風險有別，各個不同貨幣市場工具的報酬率也不同。

1.國庫券

臺灣於 1973 年公佈「國庫券發行條例」，此法其後經過三次的修正，根據此條例政府可以發行公債以調節國庫收支或維持金融穩定。國庫券可分為甲、乙兩種，甲種按照面額發行，乙種則採用貼現方式。財政部發行國庫券是為了調節國庫收支；中央銀行發行國庫券則是為了穩定金融。甲種國庫券僅曾於 1985 年發行過一次（90 天期，金額 20 億元）；乙種國庫券於 1983 年以後，成為中央銀行緊縮信用的工具，1985 年後則逐漸為中央銀行可轉讓定期存單取代。

由於國庫對資金需求越來越龐大，並且為了規範國庫短期借款，「國庫券發行條例」於 1999 年 7 月被改為「國庫券及短期借款條例」。目前流通的國庫券，

都是財政部為調節國庫收支所發行的。新法規定財政部只能發行乙種國庫券，並採貼現方式發行。國庫券期限可為 91 天，182 天，273 天，以及 364 天等四種。因為國庫券由政府發行，故具有安全性、流動性，及獲益率穩定性，甚為一般投資者所歡迎。

2. 商業本票

商業本票在歐洲的貨幣市場有悠久的歷史，美國的大企業利用發行商業本票，作為向銀行借款之外的另一種短期融資途徑。在臺灣，商業本票的發行始自 1975 年，其後並成為最重要的貨幣市場工具，後來由於可轉讓定期存單的興起，其重要性乃降低。

3. 承兌匯票

匯票為發票人簽發一定的金額，委託付款人於指定到期日，無條件支付予受款人或執票人的票據。而承兌為匯票付款人承諾根據票據上所記載的委託，擔負付款義務的行為。承兌人若為企業，匯票稱為商業承兌匯票；承兌人為銀行，則稱為銀行承兌匯票。貨幣市場上的承兌匯票多為銀行承兌匯票，因為有銀行的支持，風險甚低，並有高度流通性。銀行承兌匯票一般盛行於國際貿易上。

4. 可轉讓定期存單

為增加資金來源，臺灣的銀行在 1975 年起開始發行附有利息但不得中途解約的可轉讓定期存單，期限可為三個月、六個月，及九個月三種，面額則為十萬元的倍數。可轉讓定期存單頗受一般投資者歡迎，因為利率較高，流動性佳。近年來銀行的可轉讓定期存單成長迅速，已成為臺灣最重要的貨幣市場工具。

此外，臺灣的中央銀行為了調節國內金融，可根據中央銀行法第二十七條的規定，發行定期存單，並可以在市場上買賣。中央銀行可轉讓定期存單，以標售方式發行，對象限於在中央銀行有準備金帳戶的銀行業。中央銀行可轉讓定期存單首次於 1985 年 10 月發行，期限有半年期、一、二及三年期四種。後來根據市場需要，中央銀行更發行期限更短如一月及一天的定期存單。

5. 金融業拆款

1980 年 4 月臺灣成立類似美國聯邦基金市場的「同業拆款中心」以利於調節金融業間的準備與撥補票據交換的差額。根據規定只有辦理存款業務並在中

央銀行設立存款準備金帳戶的銀行，才能成為同業拆款中心的會員。

1991 年「同業拆款中心」改名為「金融業拆款中心」，參與會員擴大為銀行、信託投資公司、票券金融公司及證券金融公司。1994 年郵政儲金匯業局及大型信用合作社可以參與金融業拆款市場，但是證券金融公司則被排除在外。

 ## 第六節　資本市場

資本市場為一年期以上或未定期限的有價證券進行交易之市場。資本市場扮演中長期資金供需的橋樑，中長期資金需要者按其需要發行不同的中長期證券，中長期資金供應者則按其本身需要，購買中長期證券。中長期資金市場的健全與否，影響一國經濟資源的利用與經濟發展，因此資本市場的發展，在一國經濟佔有極為重要的地位。

由於資本市場中的交易為中長期債券和股票，因此投資風險遠較貨幣市場中的短期證券為大。為了補償較大的風險，資本市場的必要或預期報酬率也較高。此外，資本市場內為了因應資金供需雙方的多樣要求，而有甚多不同種類的中長期證券。

資本市場工具的交易場所，通稱為**證券交易所** (Stock exchange)，其功能、種類，與資本市場工具，在本節有詳細討論。

● 一、證券交易所的功能

經由貨幣市場，企業可以獲得短期資金，而資本市場則為企業提供籌募長期資金的場所。經由資本市場所獲得的中長期資金，企業可以用於購買資本財，以提高其生產能量，促進經濟發展。構成資本市場的證券交易所有數項重要功能：第一、創造連續性市場。以減少證券價格的變動幅度，因而增加其流動性。第二、有效分配資金。因為證券價格公開，證券上市公司必須公佈財務資料，投資人因此可以評估各種不同證券的風險及獲益率，使資金用於最有利的投資。第三、決定與公佈證券價格。個別證券的價格，決定於該證券的市場需要與供給，證券交易所集合許多買者與賣者，使證券價格能夠真實反映證券的實際價

值。第四、協助新融資。由於證券市場的連續性與效率化，企業可以經由發行新證券以籌集新資金，若證券交易所不存在，則企業必須與資金供給者直接交涉以獲得資金，這種直接融資則甚為困難。

● 二、美國證券交易所的種類

證券交易所有兩種類型，即有組織的證券交易所 (Organized security exchange) 與店頭市場 (Over the counter market, OTC)。

1.有組織的證券交易所

為了使證券交易更有效率，買賣證券的雙方一般均透過中間人進行交易。證券交易所的主要中間人為**中間商** (Broker) 及證券**經紀商** (Dealer)。證券中間商為證券買賣雙方的代理人，在為買賣雙方進行交易時，收取服務佣金；而證券經紀商則是用自己的名義為顧客買賣證券，買價與賣價之間的差額為其收入。

有組織的證券交易所是一有形的市場，證券買賣的代理人在此透過拍賣程序進行證券買賣。在美國有為數眾多的有組織的證券交易所，其中兩個屬於全國性的，其他則為地區性的。全國性的為**紐約股票交易所** (New York Stock Exchange, NYSE) 及**美國股票交易所** (American Stock Exchange, AMEX)，這兩個證券交易所之公司總部都在紐約，每個交易所都有一個大建築物、董事會、會員、以及證券交易規則。

地區性的有組織證券交易所，規模很小，證券交易量不到紐約股票交易所總交易量的 10%。地區性的證券交易所剛開始時僅從事地區性公司的證券交易，當這些公司成長後，它們的證券也在全國性證券交易所上市。許多美國的大城市，如芝加哥、洛杉磯、休士頓、底特律、舊金山、辛辛那提、巴爾地摩，以及其他城市都有地區性的證券交易所。許多公司的股票，同時在地區性和全國性的交易所上市。

⑴紐約股票交易所

紐約股票交易所為美國最大有組織的證券交易所，成立於 1817 年。1953 年起，會員總數為 1,366，會員席次固定，但是會員席次經過 NYSE 的批准可以出租或轉賣。大約有 2,800 家公司的證券在 NYSE 上市，這些公

司為美國的大公司，甚至小公司，大約 500 家為外國公司。一家公司的
證券擬在有組織的證券交易所上市，必須申請並合乎登錄要件才可，而
NYSE 對於上市公司的要求條件，為所有有組織證券交易所中最為嚴格
的。如果上市公司不合乎要求條件，則 NYSE 會取消此公司的登錄。
電子通訊設備的發展，證券交易從填好訂單到完成交易，僅需一兩分鐘。
由於證券市場的高度效率，所有證券交易都可由拍賣方式為之，買方可
以最低價買入，賣方可以最高價賣出。上市交易的證券資料，有不同的
傳播媒體報導，如**消費者新聞與商業信用電視公司** (Consumer News &
Business Credit, CNBC)，**有線電視公司** (CNN)，《**華爾街商報**》(*The Wall
Street Journal*)，許多大證券公司或投資公司有網頁，大部份城市的報紙
也都報導主要證券交易所的每日活動，使投資人對證券市場有所瞭解。
為使讀者瞭解股價資料，茲以 2005 年 6 月 10 日星期五《華爾街商報》
中，在 NYSE 上市的股票之一部份予以說明如表 3–3。第(1)欄的 **YTD**
(Year-to-date) 表示股票從今年年初到交易日的變動百分率。第(2)、(3)欄
標有「高」(Hi)、「低」(Lo) 字樣，顯示股票在最近 52 週的最高及最低
價。第(4)欄 STOCK (SYM) 為股票發行的公司名稱及代表發行公司的**符
號** (Symbol)，第(5)欄 DIV 的數字為公司每年的每股股利，第(6)欄 YLD 為
獲益率 (Yield rate)，由第(5)欄的每股股利除以第(9)欄的股票**收盤價格**
(Closing price) 而得。第(7)欄 PE 為**本益比** (Price-earnings ratio)，由股價
除以每股盈餘求得。本益比表示相對於每一元的盈餘，投資者所付的價
格，可以用來反映投資者對公司的信心。信心越高，則本益比越高；反之，
則越低。但是高本益比也許表示股價太高，而低本益比也許表示股票便
宜。此欄沒有數字時，表示股票為特別股，或公司沒有盈餘，或股票本
益比超過兩位數。第(8)欄 VOL 100s 表示以 100 股為單位的股票交易量。
第(9)欄 CLOSE 為股票當日的收盤價格。最後一欄 NET CHG 則為當日收
盤價格與前一日收盤價格的差額。
茲以 Lowes 公司的股票為例說明之。此股票在 2005 年初到 2005 年 6 月
9 日為止的股價上升 10.0%，過去 52 週的最高價為 $76.85，最低價為

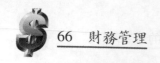

表 3–3 美國 NYSE 上市股票之價格及其他資料——2005 年 6 月 10 日*

YTD %CHG	52-WEEK HI	LO	STOCK (SYM)	DIV	YLD %	PE	VOL 100s	CLOSE	NET CHG
−19.9	29.51	17.50	LindsayMfg LNN	.22	1.1	46	429	20.74	0.27
−5.0	29.55	21.42	LinenThings LIN		...	18	2789	23.55	−0.05
3.6	11.82	6.20	LnGtEntn LGF		...	dd	6022	11.00	−0.01
2.6	29.95	20.04	LithiaMtr A LAD	.32	1.2	12	469	27.53	0.58
−2.5	43.82	33.40	LizClaib LIZ	.23	.6	14	19359	41.14	1.23
−8.6	39.51	29.40	LloydsGp ADS LYG	2.54	7.6	...	1388	33.64	−0.06
17.4	65.46	49.40	LockhdMartin LMT	1.00	1.5	22	17350	65.20	0.52
10.0	76.85	53.35	LoewsCp LTR	.60	.8	11	5382	77.35	0.95
35.1	47.30	20.85	LoneStarTch LSS		...	10	4301	45.21	1.55
61.0	44.63	20.45	LongsDrg LDG	.56	1.3	41	2777	44.40	0.84

* 此表事實上反映 2005 年 6 月 9 日的股票市場。
資料來源：*The Wall Street Journal*, June 10, 2005, p. C6。

$53.35。公司的代表符號為 LTR，股利為 $0.60，股票獲益率為 0.8%，本益比為 11，6 月 9 日的交易量為 538,200 股，收盤價為 $77.35，與前一日的收盤價比較，股價上升 $0.95。

表 3–4 則為說明同日（2005 年 6 月 10 日）《華爾街商報》內，在 NYSE 上市的一部份公司債之市場（6 月 9 日）資料。表中第(1)欄的 COMPANY(TICKER) 為發行公司的名稱及其代表符號；第(2)欄的 COUPON 為公司債的息票利率，第(3)欄 MATURITY 表示公司債到期日；第(4)欄 LAST PRICE 為公司債收盤價格，一般均以其面額 ($1,000) 的百分率來表示；第(5)欄 LAST YIELD 為收盤時的獲益率；第(6)欄 EST SPREAD 為估計的差額，表示公司債與到期日相當的財政部債券之差價。第(7)欄的 UST 表示公司債期限相當於美國財政部債券之期限。最後一欄為公司債成交數額，以 $1,000 為單位。

就福特汽車公司 (Ford Motor Co) 言，公司的代表符號為 F，其所發行的公司債息票利率為 7.450%，即公司債所有人一年可收到利息 $74.50(= $1,000×7.450%)，到期日為 2031 年 7 月 16 日。6 月 9 日時公司債的收盤價格為 86.500，相當於 $865(= $1,000×86.500%)。收盤時的獲益率為

8.774%，高於息票利率 (7.450%) 乃因其市價 ($865) 低於面額 ($1,000) 之故。此公司債比期限相當的美國財政部債券（三十年）之價格超過 454 基點 (Basic point)。由於 100 基點等於 1%，因此 454 基點等於 4.54%，表示福特公司債的價格比期限相當的美國財政部證券價格高 4.54%，即 $45.40%(= $1,000 × 4.54%)。在 6 月 9 日，此福特公司債的成交量為 $140,349,000。

表 3-4 美國 NYSE 上市公司債市場資料──2005 年 6 月 10 日*

COMPANY (TICKER)	COUPON	MATURITY	LAST PRICE	LAST YIELD	EST SPREAD	UST	EST $VOL (000's)
Ford Motor Co (F)	7.450	Jul 16, 2031	86.500	8.774	454	30	140,349
HSBC Finance Corp (HSBC)	4.750	Apr 15, 2010	101.223	4.465	70	5	119,190
Ford Motor Credit (F)	7.000	Oct 01, 2013	97.063	7.479	351	10	107,751
Goldman Sachs Capital I (GS)	6.345	Feb 15, 2034	107.083	5.833	160	30	100,880
Exelon (EXC)	4.900	Jun 15, 2015	99.373	4.980	102	10	90,625
Pacific Gas and Electric (PCG)	6.050	Mar 01, 2034	110.029	5.361	113	30	90,034
Countrywide Home Loans (CFC)	4.125	Sep 15, 2009	98.371	4.549	79	5	82,344
General Electric Capital (GE)	3.125	Apr 01, 2009	96.419	4.153	39	5	80,160
Morgan Stanley (MWD)	6.600	Apr 01, 2012	110.986	4.692	74	10	77,816

*此表事實上反映 2005 年 6 月 9 日的股票市場。
資料來源：*Wall Street Journal*, Jane 10, 2005, p. B5。

(2)美國股票交易所

　　通常證券在美國股票交易所上市的公司，小於在紐約股票交易所上市的公司。因為 AMEX 的小公司不能符合**集團投資人** (Institutional investor) 的流動性要求，故此 AMEX 主要的是個人投資者的市場。為了與 NYSE 有所區別，AMEX 率先從事**認股權證** (Warrant) 的交易，也從事**買入權** (Call option) 及**賣出權** (Put option) 的交易。雖然 AMEX 有數百種的公司債，但是並非公司債的主要市場。

2.店頭市場

　　有組織的證券交易所是有形的，店頭市場則為無形的營業場所。在店頭市場，買賣證券都是經由電話或電子設備進行。證券經紀商可根據市場情況，以

叫價 (Bid price) 買進證券，以**要價** (Asked price) 賣出證券。叫價與要價之間的差價則為證券經紀商的利潤。若證券價格太低，使得證券需要量大於供給量，除非證券經紀商提高價格，否則證券經紀商的證券存貨將會告罄；如果證券價格太高，則證券供給量大於需要量，為了出售庫存證券，證券經紀商必須降低價格；因此只有市場的證券需要量等於供給量時，證券價格才會處在均衡狀態。

店頭市場透過**全國證券經紀人協會自動報價系統** (National Association of Securities Dealers Automated Quotations System, NASDA) 用電腦聯絡證券經紀商，以提供店頭市場的證券買賣價格。在店頭市場交易的證券，有公司債、聯邦政府證券、地方政府債券、股票、商業本票、共同基金，及其他各種證券。由於證券種類甚多，店頭市場乃成為全國最大的證券市場，五千種以上的證券在此市場交易，但在此市場的上市公司，其規模一般都比 NYSE 與 AMEX 的上市公司為小。

● 三、我國證券市場的種類

臺灣的證券市場可分為集中市場與店頭市場。

1.集中市場

集中市場為在集中交易場所進行證券買賣的市場，此市場類似於美國有組織的證券交易所。集中市場的證券及其交易都有很高的規範及標準化，交易採取集中競價方式進行，以確保證券交易的效率化、透明化，及公平性。為了提供投資人能夠在集中市場進行證券買賣，於 1962 年設立臺灣證券交易所股份有限公司，簡稱臺灣證交所。

臺灣證交所採用公司制而非美國的會員制而成立，其主要業務為提供證券交易的場所、人員和設備，使證券商能夠以集中競價方式進行已上市證券的交易。它也提供證券成交、清算和交割的服務。早期的證券交易是經由人工撮合買賣雙方的需要，後來則採用電腦使交易能夠迅速完成。臺灣證交所另一功能為負責新股票公開上市的申請與審核，經過核准的上市公司股票，才得在集中市場買賣。

經過 1980 及 1990 年代的高度經濟成長，臺灣股市發展極為迅速。1962 年

時，上市公司僅有十八家，目前則超過五百家。為使讀者瞭解臺灣的股市動態，下面以 2005 年 1 月 25 日《經濟日報》上的一部份證券行情表予以說明如表 3–5。

表 3–5 臺灣的股票價格及其他資料──2005 年 1 月 25 日

證券種類	公司名稱	收盤	漲跌△×	開盤	最高	最低	次一日漲停	跌停	成交數量(千股)	成交筆數	5日RSI	10日平均值	10日乖離率	證交所本益比	期末股本(百萬元)
化學工業	中化	13.55	× 0.20	13.75	13.80	13.55	14.45	12.65	1,209	306	17.38	14.07	−3.69	4.33	2,709
	南僑	6.55	× 0.05	6.60	6.75	6.55	7.00	6.10	343	87	25.23	6.78	−3.39	19.26	2,941
	榮化	15.20	−	15.20	15.30	15.00	16.20	14.15	1,692	234	36.99	15.42	−1.42	11.43	4,931
	葡萄王	8.65	× 0.80	8.90	8.90	8.40	9.25	8.05	176	53	11.58	9.06	−4.57	37.61	1,308
	東鹼	7.90	× 0.05	7.90	8.00	7.90	8.45	7.35	340	46	26.22	7.97	−0.94	17.95	2,104
	和益	11.10	× 0.30	11.30	11.30	11.10	11.85	10.35	43	116	23.47	11.40	−2.67	22.20	2,179
	東聯	33.20	× 0.50	33.90	34.00	32.90	35.50	30.90	4,064	1,102	23.35	33.97	−2.26	9.30	6,764
	永光	11.80	× 0.15	11.95	12.00	11.80	12.60	11.00	308	91	21.15	12.12	−2.64	11.57	3,742

表中的證券資料事實上反映前一日（即 1 月 24 日）的證券行情。第(1)欄為證券種類，第(2)欄為公司名稱，第(3)欄為交易日的收盤價格，第(4)欄表示交易日與前一天收盤價間的差額，第(5)欄的「開盤」是指交易日的第一筆成交價格，第(6)欄的「最高」為交易日成交的最高價格，第(7)欄的「最低」為交易日成交的最低價格。第及(8)欄的次一日「漲停」及「跌停」為股票在下一個交易日能夠上漲的最高價格及下跌的最低價格，此種股價漲跌幅度的限制一般為 7%，而次日的漲停價則以前一收盤價來決定。如某一股票的當日收盤價為 $40.80，最大漲跌幅度為 7% 時，則次日的漲停價為 $43.66 (= $40.80 × 1.07)，跌停價則為 $37.94 (= $40.80 × 0.93)。第(9)欄的「成交數量」是指交易日的股票成交數量，以一千股為計算單位，亦即「一張」股票所有股數。第(10)欄的「成交筆數」為交易日的成功交易筆數。第(11)欄的「5 日 RSI」是指股價漲跌幅的 5 日**相對強弱指數** (Relative strength index)，由下述公式計算而得：

$$5\ 日\ RSI = \frac{5\ 日來股價上漲平均數}{5\ 日來股價上漲平均數 + 5\ 日來股價下跌平均數} \times 100\%$$

(3–1)

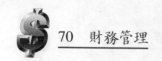

一般而言，若 RSI 大於 50%，表示過去五天來此股票在市場傾向於「**多頭**」(Bullish)；若 RSI 小於 50%，表示過去五天來此股票在市場傾向於「**空頭**」(Bearish)。例如某公司股票過去五天來平均上漲 20%，平均下跌 30%，則此股票的

$$5 \text{ 日 RSI} = \frac{20\%}{20\% + 30\%} \times 100\% = 40\%$$

由於 RSI 小於 50%，故此股票過去幾天在市場傾向於「空頭」。第⑿欄表示過去十天的股票收盤價格之平均值，此平均值可用來預測股價的走勢。

另一種技術分析中常用的指標為第⒀欄的「10 日**乖離率**」(Bias)，表示股票交易日收盤價與 10 日平均股價的相對落差，其計算公式如下：

$$10 \text{ 日乖離率} = \frac{\text{交易日收盤價} - 10 \text{ 日平均股價}}{10 \text{ 日平均股價}} \times 100\% \qquad (3\text{--}2)$$

乖離率越大表示股價與平均股價間的差額甚多，回升或回跌的機會甚大，可能是買進或賣出時機。如某公司的股票在 2005 年 1 月 12 日的收盤價格為 $24.50，過去 10 日平均股價為 $21.75，則此股票價格的

$$10 \text{ 日乖離率} = \frac{\$24.50 - \$21.75}{\$21.75} \times 100\% = 12.64\%$$

第⒁欄的「證交所本益比」是指公司股價與每股盈餘估計值的比例。最後一欄為公司普通股面額的總值，可用來估計當公司發表年度盈餘時，每股盈餘之概值。

以南僑化工公司為例，此公司屬於化學工業類，2005 年 1 月 24 日的公司股票收盤價格為 $6.55，與前一交易日比較，股價下跌 $0.05。1 月 24 日公司股票的開盤價格為 $6.60，當日最高的成交價格為 $6.75，最低的成交價格為 $6.55。此股票在下個營業日（即 1 月 25 日）的漲停價為 $7.00，跌停價為 $6.10。當日南僑股票成交數量為三十四萬三千股，每千股為一張，則成交張數為 343 張，成交筆數為 87 筆。南僑股價的相對強弱指標為 25.23%，因為小於 50%，故此股票在市場傾向於空頭。南僑股價的 10 日平均值為 $6.78，10 日乖離率為 −3.39%，

表示收盤價低於 10 日平均股價，但是差額不大，股價回升機會不大。本益比 19.26 表示投資者對南僑公司的每股 $1 盈餘願意支付 $19.26。最後南僑公司的期末普通股面額之總值為 $2,941 百萬元。

2. 店頭市場

在**初級市場** (Primary market) 或**發行市場** (Issue market) 首次發行的有價證券，必須有供證券投資者進行證券交易的場所，此即**次級市場** (Secondary market)。次級市場中的集中市場如前所述為在「臺灣證券交易所」集中交易證券的場所，交易所的會員、證券自營商，及證券經紀商在證券市場從事證券的買賣，以促進舊證券的流動性，並間接提高公司發行新證券的意願。然而並非所有證券都必須在公開市場買賣，許多未符合上市資格的公司發行之證券，係在無組織的店頭市場，即櫃臺買賣中心交易。

臺灣的集中市場證券買賣以股票為主，債券為輔；而店頭市場交易則以債券為主，股票為輔。店頭市場由於沒有標準化，無法採取競價方式交易，而是由證券經紀商及證券自營商在其營業場所從事上櫃證券的交易活動。

 第七節　投資銀行

由於數以百計的投資銀行之存在，初期證券市場才能有效率的操作。投資銀行扮演金融中間人的角色，協助政府與企業籌措長期資金，它們購買政府與企業新發行的證券，而後將之售予投資大眾。

● 一、承銷功能

投資銀行之主要功能為**承銷** (Underwriting) 新發行證券，它們也對客戶提供諮詢服務。投資銀行承諾證券發行者在設定價格下購買新發行證券，使發行者免除了無法銷售全部證券以及取得預期資金的風險，投資銀行再以較高價格出售所購證券，以獲取利潤。

證券承銷方式有二，一為**協商承銷** (Negotiated underwriting)，一為**競爭出價** (Competitive bidding)，以營利為目的的公司通常以協商承銷方式出售證券，

而政府則以競爭出價方式出售債券。

1.協商承銷

協商承銷之主要特徵為證券發行公司與投資銀行商議證券發行條件，以達成證券銷售目的。協商步驟如下：

(1)選擇投資銀行

證券發行公司必須選擇願意協商證券承銷條件的投資銀行，這些條件包括資金籌措數額、證券種類、證券是否容易銷售，以及發行公司的財務狀況與擬融資數額及種類的關係。

(2)組成**承銷集團** (Underwriting syndicate) 與**銷售集團** (Selling group)

投資銀行承擔證券價格下跌和未能出售的風險，除非發行金額小，一般的投資銀行不會單獨承銷證券。若證券發行數額大，為降低風險，投資銀行業組成承銷集團，共同負擔風險，並達成證券分散的目的。承銷集團然後將數百個公司組織起來成為一個銷售集團，銷售集團的每一個成員同意購買一定比例的證券，再出售予最後投資人。銷售集團包括其他投資銀行，以及證券經紀商。承銷集團的成員一如批發商，而銷售集團的成員則一如零售商。

(3)發行登記

承銷集團與銷售集團組成後，證券合法出售前，新發行證券必須向證券交易管理委員會登記，並且有關公開發行要件必須符合，才能正式銷售予投資人。

(4)**設定價格** (Setting price)

證券發行公司及銷售集團的主要成員，在登記後集會設定價格，及公開發行日期。定價是否妥當，影響證券銷售的速度，以及發行者的資金籌措。

(5)分銷證券

新證券在正式出售前，必須予以公佈，在出售時，銷售集團可以接受投資大眾的申購。如果市場條件好，新證券可以很快售完，否則銷售集團或承銷集團必須承購未售完證券。有時未售證券可以退還發行公司。

(6)穩定價格

　　一旦證券公開出售，承銷商希望價格能夠穩定，以利於證券按原擬價格出售。投資銀行有必要時，可以在證券市場購買證券，以維持證券需要，使證券價格維持在預期水準。

(7)解散承銷集團

　　一旦證券發行後很快售完，則承銷集團可以解散，若經過幾天仍未售完，則承銷集團可以較低價格將未售完證券在證券市場出售，以減少損失。

2.競爭出價

　　按照美國法律規定，公用事業與州及地方政府發行的證券，須以競爭出價方式承銷。在此方式下，發行者利用廣告徵求承銷集團出價競標，得標者成為承銷商。當然，發行者有權拒絕所有的出價。

　　利用競爭出價方式發行證券時，發行者在投資銀行的協助下，決定價格以外的所有條款，並將擬發行證券向聯邦證券交易委員會登記。資料傳送予投資銀行業，希望某些承銷集團提出標價。得標的承銷集團，則按協商承銷的相同方法將證券售予投資大眾。

● 二、個別出售證券

　　有時證券發行公司選擇不公開的個別出售證券方式籌措資金。公司將新發行證券，售予金融機構，如共同基金、退休年金，及保險公司等，或是透過投資銀行業尋找願意購買大量新發行證券的投資者。個別出售證券的優點為免除承銷費用，避免準備登記文件等所造成的時間延誤，以及借貸雙方在契約條款上有更大的彈性。其缺點則為利率較透過承銷方式出售證券為高。

● 三、諮詢服務與風險承擔

　　投資銀行由於對財務分析與證券市場的專門學識與經驗，也對客戶提供財務需要分析、籌措資金途徑、公司合併，以及換債融資等意見。由於承銷證券，投資銀行業者承擔購買與銷售間證券價格變動以及證券無法售完的風險。

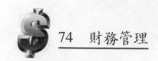

四、投資銀行服務的費用

投資銀行以證券預擬售價的折扣購買證券獲得報償,此折扣稱為差價。其大小決定於審查、印刷、登記等的費用,以及給予承銷集團和銷售集團的折扣。通常證券發行數量越大,管理和承銷費用相對的越小。證券發行成本以普通股最高,特別股次之,債券為最低。

 問 題

3–1 討論金融制度與企業間,以及金融機構與經濟之間的關係。

3–2 金融市場的效率有何重要性?

3–3 金融媒介機構在資金流通中扮演何種地位?

3–4 何謂金融媒介機構?美國及臺灣有哪些主要的金融媒介機構?

3–5 個人、企業、政府與金融機構在資金流通中有何地位?

3–6 貨幣市場基金與人壽保險公司在資金流通中扮演何種角色?

3–7 論述幾種投資公司在資金流通中的地位。

3–8 簡述不同種類的財務公司之業務範圍。

3–9 金融機構與金融市場有何關係?此關係為何存在?

3–10 何謂貨幣市場?簡述其主要工具。

3–11 何謂資本市場?其與貨幣市場有何差異?

3–12 證券交易所在資本市場內扮演何種角色?

3–13 店頭市場如何運作?其與有組織的證券交易所有何不同?

3–14 店頭市場的證券經紀商如何聯繫起來?何謂叫價?何謂要價?

3–15 投資銀行在金融市場上的主要功能為何?

3–16 比較協商承銷與競爭出價的差別。

3–17 說明協商承銷的過程。

3–18 何謂個別出售證券?

3–19 何謂「強弱相對指標」?何謂「乖離率」?兩者在股票市場有何重要性?

第II篇

財務管理數學與
資產評價

第四章

將來值與現值

　　本書假定財務管理的目標，在使公司的股價達到最大，因此財務經理在做任何財務決定時，必須朝向這個目標。但是，由於財務決策所涉及的現金流量分散於不同期間，因此財務決策工作甚為困難，但也至為重要。財務經理在做財務決策時，有一重要分析工具，使其在導引現金流量過程中，能夠達到股價極大化，這個工具就是**貨幣的時間價值** (Time value of money)。如果兩種現金流量的總額相同，我們會選擇現金流量發生較早者，因為貨幣的時間價值使發生較早的現金流量更有價值。例如，現在的一元較之一年後的一元更有價值，因為現在的一元可以立即投資以獲取報酬，因而其價值較一年後的一元之價值為高。

　　上述例子甚為簡單易解，因為兩種現金流量都相同。但是財務經理在做決策時，兩種現金流量發生的期間和大小均可能不同，欲作比較必須把兩種現金流量轉換成相同時點的價值，然後比較其大小，才有意義。例如一年後的 $1,000 與兩年後的 $1,080，哪個有較高的價值？除非把這兩個現金流量，根據時間的貨幣價值或利率，換算成將來某一時點的價值，或現在的價值，否則無法作一比較。

　　徹底瞭解本章的概念及理論，將有助於未來各章的學習。本章開始時，先討論在單一收入或支出情況下，一年中有不同複利次數時，將來值公式如何形成，同時列舉例題加以演算並比較之。如果未來期間每期期初或期末有固定的現金流量時，此種年金的將來值計算，則於第二節討論。第三節為說明一系列不均勻現金流量的將來值之計算。

　　將來值的反面，即為現值。現值的應用範圍比將來值更為廣泛，諸如資產

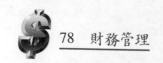

評價、資本預算、及融資決定等，都必須利用現值觀念。第四節探討單一現金流量，在不同複利期間下，如何計算現值。第五節討論各種年金的現值計算，一系列不均勻現金流量的現值計算，則於第六節說明之。

以上各種將來值與現值的計算，簡單者可用計算機求得，較為複雜者則必須借助於現成的各類利息因子表或電腦來求得。有時為了迅速獲得所需利率或期數，第七節提供了兩種簡易規則。

第一節　複利與將來值

在評估或比較投資計劃時，我們必須估計投資年間投資報酬的貨幣價值。投資是犧牲**目前的消費** (Current consumption) 以換取未來更多的報酬，因此，投資報酬乃是對目前犧牲的一種補償，故貨幣具有**時間價值** (Time value)，亦即目前的貨幣價值，較之將來同樣數量的貨幣之價值為大。

利息 (Interest) 為一個人犧牲目前消費或其他機會，把貨幣給予他人所獲得的報償。**本金** (Principal) 為貸予他人或投資的金額，**貸款期限** (Term of loan) 是指借款人能夠使用本金的期間，**利率** (Rate of interest) 則為利息佔本金的百分比。利息有兩種計算方式，一為**單利** (Simple interest)，一為**複利** (Compound interest)。

以單利法計算利息，在目前的經濟社會上甚為少見。一般的金錢來往均按複利計算利息，此法將每期的利息加入本金作為後期利息的計算基礎。在這種方法下，將來值或**複利值** (Compound value) 是指用複利法計算目前的投資（或存款）於 n 期（年）後可以收到的金額。不論多久複利一次，計算將來值的原理都是一樣，本節擬討論單一投資（或存款）每年複利一次及多次的將來值。

● 一、每年複利一次

複利方式有許多種，有每年、每半年、每季、每月、每週、或每天複利一次者，其中，每年複利一次最為普遍。每年（期）的利息，是把以往各年（期）的利息加在本金內計算而得。

1.將來值的計算

單一存款(或投資)的將來值之計算,可用一簡單例子來說明。若你將 $1,000 存入銀行, 年利率為 8%, 每年複利一次, 則此存款一年後的將來值 (FV_1) 可計算如下:

$$FV_1 = PV_0(1 + i) \tag{4-1}$$

其中, FV_1 = 第一年（期）後的將來值

　　　 PV_0 = 期初金額（或現值）

　　　 i = 每期利率

故 $FV_1 = \$1,000(1 + 8\%) = \$1,080$, 此例可由圖 4-1 說明之。

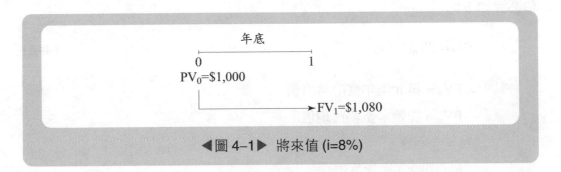

◀圖 4-1▶　將來值 (i=8%)

如果你將本金 $1,000 以及第一年所賺利息 $80 (= \$1,000 \times 8\%) 仍然存放於銀行, 則第二年年底的將來值為:

$$FV_2 = FV_1(1 + i) = \$1,080(1 + 8\%) = \$1,166.40 \tag{4-2}$$

用時間直線圖表示如下:

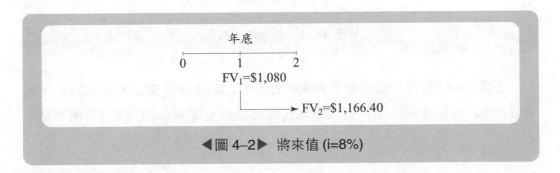

◀圖 4-2▶　將來值 (i=8%)

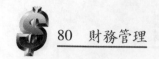

在第三年年底，你的存款帳戶將有下列金額：

$$FV_3 = FV_2(1 + i) = \$1,166.40(1 + 8\%) = \$1,259.71 \qquad (4\text{--}3)$$

公式 (4–2) 代入公式 (4–3)，得：

$$FV_3 = FV_1(1 + i)(1 + i) = FV_1(1 + i)^2 \qquad (4\text{--}4)$$

公式 (4–1) 代入公式 (4–4)，得：

$$FV_3 = PV_0(1 + i)(1 + i)^2 = PV_0(1 + i)^3 \qquad (4\text{--}5)$$

公式 (4–5) 予以一般化後，可求得年利率 i，每年複利一次，n 年後的將來值公式如下：

$$FV_n = PV_0(1 + i)^n \qquad (4\text{--}6)$$

其中，FV_n = 第 n 年年底的將來值

PV_0 = 起始本金，或現值

i = 年利率

n = 期數（通常為年）

公式 (4–6) 可用時間直線圖表示如下：

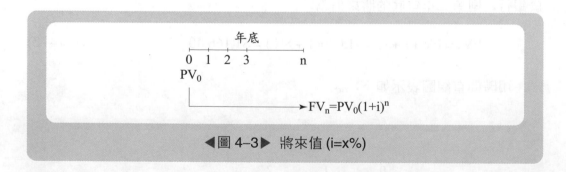

◀圖 4-3▶ 將來值 (i=x%)

公式 (4–6) 可用一簡單例子來說明其應用。如詹森存 \$2,000 於銀行，年利率為 8%，每年複利一次，第八年年底時其帳戶上應有金額為若干？將 $PV_0=$

$2,000, i = 8\%$，及 $n = 8$ 代入公式 (4-6)，得：

$$FV_8 = \$2,000(1 + 8\%)^8 = \$3,701.80$$

2.將來值利息因子表

公式 (4-6) 為計算將來值的基本公式，如果期間 (n) 短，計算尚無困難，但是如果期間長，則甚為花費時間，為了節省計算時間，可以利用**將來值利息因子** (Future value interest factor, FVIF) 表來幫助簡化將來值的計算時間。此表假定原始存款（或投資）為 $1 時，在不同利率情況下，每期複利一次時的每期期末之將來值。

表 4-1 及本書附表 1 提供了公式 (4-6) 中 $(1 + i)^n$ 的值❶，此數值我們稱為將來值利息因子。如果目前存入 $1，利率為 i，則第 n 期期末之將來值利息因子可寫成：

$$FVIF_{i,n} = (1 + i)^n \qquad (4-7)$$

如果 i 及 n 的值已知，則從將來值利息因子表，可以很容易地找到 $FVIF_{i,n}$ 的值。例如，年利率為 6%，期限為五年的將來值利息因子，可由將來值利息因子表的期間欄找到 5，然後從這一橫列處可發現利率為 6% 時的將來值利息因子為 1.3382。

由公式 (4-7) 可知，若期間相同，則利率 (i) 愈高時，將來值利息因子愈大；若利率固定，則將來值利息因子與時俱增。圖 4-4 顯示利率愈高時，將來值利息因子增加愈快，將來值利息因子曲線愈陡；當利率為零時，將來值利息因子，不論期數多少，其數值均不變，因而將來值利息因子線成為水平線。

將公式 (4-7) 代入公式 (4-6)，則將來值的一般公式可改寫成：

$$FV_n = PV_0(FVIF_{i,n}) \qquad (4-8)$$

---

❶ 將來值利息因子表，有人稱為「複利值表」或「目前 $1 的將來值表」。如果瞭解此表中的數值來源，則不論使用何種名稱，應該不至於造成困擾。

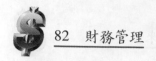

表 4–1 部份將來值利息因子表
$$FVIF_{i,n}=(1+i)^n$$

					利率					
期數	1%	2%	3%	4%	5%	6%	7%	8%	9%	10%
1	1.0100	1.0200	1.0300	1.0400	1.0500	1.0600	1.0700	1.0800	1.0900	1.1000
2	1.0201	1.0404	1.0609	1.0816	1.1025	1.1236	1.1449	1.1664	1.1881	1.2100
3	1.0303	1.0612	1.0927	1.1249	1.1576	1.1910	1.2250	1.2597	1.2950	1.3310
4	1.0406	1.0824	1.1255	1.1699	1.2155	1.2625	1.3108	1.3605	1.4116	1.4641
5	1.0510	1.1041	1.1593	1.2167	1.2763	1.3382	1.4026	1.4693	1.5386	1.6105
6	1.0615	1.1262	1.1941	1.2653	1.3401	1.4185	1.5007	1.5869	1.6771	1.7716
7	1.0721	1.1487	1.2299	1.3159	1.4071	1.5036	1.6058	1.7138	1.8280	1.9487
8	1.0829	1.1717	1.2668	1.3686	1.4775	1.5938	1.7182	1.8509	1.9926	2.1436
9	1.0937	1.1951	1.3048	1.4233	1.5513	1.6895	1.8385	1.9990	2.1719	2.3579
10	1.1046	1.2190	1.3439	1.4802	1.6289	1.7908	1.9672	2.1589	2.3674	2.5937

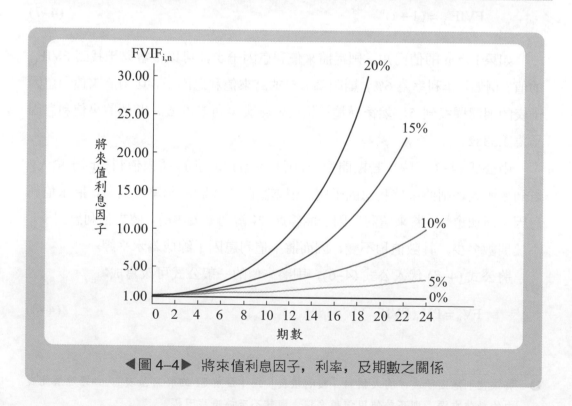

◀圖 4–4▶ 將來值利息因子，利率，及期數之關係

公式 (4–8) 表示，若我們想求出第 n 期期末的將來值，只要將原始存款（或投資）乘以相關的將來值利息因子即可。例如，馬華以 $3,000 購買六年期的定期存單，年利率為 7%，每年複利一次，則六年後他可以收到多少金額？利用公式 (4–6) 可求得 $4,502.19 [= $3,000(1 + 7\%)^6]，如果利用將來值利息因子表，可以找到 $FVIF_{7\%,6} = 1.5007$，將此數值乘以原始存款 $3,000，可得六年後的將來值 $4,502.19 [= $3,000(1.5007)]。依同樣方法，如果目前存入 $5,000，年利率為 8%，每年複利一次，則二十年後的將來值為 $23,305 [= $5,000(4.6610)]。

再如某人預期六年後能夠累積 $35,000 以支付房屋貸款的首期款，如果年利率為 6%，則目前應存款若干？將 $FV_6 = \$35,000$, $i = 6\%$，及 $n = 6$ 代入公式 (4–8) 中，可得：

$$\$35,000 = PV_0(FVIF_{6\%,6}) = PV_0(1.4185)$$

$$PV_0 = \frac{\$35,000}{1.4185} = \$24,673.95$$

故此人目前應存款 $24,673.95，以期六年後有 $35,000 以支付房貸的首期款。

● 二、一年複利多次的將來值

前面我們利用複利法計算將來值時，假定每年複利一次，但在現實的經濟社會中，經常可見一年複利一次以上者，如每半年、每季、每月、每週、每日，甚至連續性的複利方法以計算利息。以下討論一年複利多次的一般公式及其應用，藉此得知複利次數對將來值的影響。

1. 每半年複利一次

每年複利一次時，將來值的一般公式為：

$$FV_n = PV_0(1 + i)^n \tag{4-6}$$

或

$$FV_n = PV_0(FVIF_{i,n}) \tag{4-8}$$

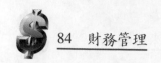

如果每**半年** (Semiannual) 複利一次，則一年計算利息兩次，亦即每半年的利率為 $i/2$。因此計算第 n 年年底的將來值時，公式 (4-6) 及公式 (4-8) 可改寫為：

$$FV_{2n} = PV_0(1 + \frac{i}{2})^{2n} \tag{4-9a}$$

或

$$FV_{2n} = PV_0(FVIF_{i/2, 2n}) \tag{4-9b}$$

假如馬克將 \$2,500 存入首都銀行，年利率為 12%，每半年計算利息一次，如果存款兩年，則兩年後馬克有多少錢在銀行? 將 $PV_0 = \$2,500$, $i/2 = 12\%/2 = 6\%$ 以及 $2n = 2 \times 2 = 4$ 代入公式 (4-9b)，可以計算二年後馬克能夠收到的款額為：

$$FV_4 = \$2,500(FVIF_{6\%, 4}) = \$2,500(1.2625) = \$3,156.25$$

2. 每季複利一次

如果**每季** (Quarterly) 或每三個月複利一次，則一年內複利四次，每季利率為 $i/4$，將來值的計算公式為：

$$FV_{4n} = PV_0(1 + \frac{i}{4})^{4n} \tag{4-10a}$$

或

$$FV_{4n} = PV_0(FVIF_{i/4, 4n}) \tag{4-10b}$$

上例中，如果馬克的銀行採用每季複利一次，則在第二年年底，他可以收到的款額為：

$$FV_8 = \$2,500(FVIF_{3\%, 8}) = \$2,500(1.2668) = \$3,167$$

3. 每月複利一次

如果**每月** (Monthly) 複利一次，或一年內複利十二次，則每月利率為 $i/12$，

將來值的計算公式為:

$$FV_{12n} = PV_0(1 + \frac{i}{12})^{12n} \qquad\qquad (4\text{--}11a)$$

或

$$FV_{12n} = PV_0(FVIF_{i/12,12n}) \qquad\qquad (4\text{--}11b)$$

如果馬克的銀行採每月複利一次，則他在第二年年底的銀行款額為:

$$FV_{24} = \$2,500(FVIF_{1\%,24}) = \$2,500(1.2697) = \$3,174.25$$

4. 一年複利多次的將來值

如果一年複利 m 次，則第 n 年年底的將來值之一般公式為:

$$FV_{mn} = PV_0(1 + \frac{i}{m})^{mn} \qquad\qquad (4\text{--}12a)$$

或

$$FV_{mn} = PV_0(FVIF_{i/m,mn}) \qquad\qquad (4\text{--}12b)$$

m = 1 表示每年複利一次，m = 2 為每半年複利一次，m = 4 為每季複利一次，m = 12 為每月複利一次，m = 52 為每週複利一次，m = 365 則為每日複利一次。

如果**連續複利** (Continuous compounding)，即以每秒或更微小的時間單位來計算利息，當 m 值趨近於無限大時，$\lim\limits_{m\to\infty}(1 + \frac{i}{m})^m = e^i$，則:

$$FVIF_{i,n} = \lim\limits_{m\to\infty}(1 + \frac{i}{m})^{mn} = e^{in} \qquad\qquad (4\text{--}13)$$

故連續複利時，將來值的一般公式為:

$$FV_n = PV_0(e^{in}) \qquad\qquad (4\text{--}14)$$

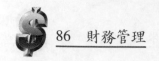

其中，e = 2.71828

如果馬克的存款，採用連續複利來計算利息，則兩年後的銀行款額為：

$$FV_2 = \$2,500(e^{0.12 \times 2}) = \$2,500(2.71828^{0.24}) = \$3,178$$

表 4–2 用來比較首期存款（或投資）為 $2,500，年利率為 12% 時，每年複利次數不同下，第二年年底的將來值。此表顯示複利次數愈多，將來值則愈大；但是將來值以遞減率增加，其極限為連續複利。

表 4–2 存款 $2,500，年利率為 12% 時，複利次數不同對將來值的影響

每年複利次數	第二年年底的將來值
1	$3,136.00
2	3,156.25
4	3,167.00
12	3,174.25
連續	3,178.00

三、有效年利率

企業或投資者在複利期間比較資金成本或投資報酬率時，必須把不同利率置於相同的基礎上，才有意義，亦即**名目年利率** (Nominal annual rate) 與**有效年利率** (Effective annual rate, EAR) 必須有所分別。名目年利率是銀行在契約上對借款人承諾的利率，而有效年利率則是實際上所付或所收的利率。名目年利率不受複利次數的影響，而有效年利率則受到複利次數所影響。複利次數越多，有效年利率越高。

有效年利率可由下述公式求得：

$$EAR = (1 + \frac{i}{m})^m - 1 \tag{4–15}$$

例如凱莉欲知名目年利率為 6% 時，一年複利一次，兩次，及四次下之有

效年利率。只要將這些數值代入公式 (4–15) 即可求得。

每年複利一次時，

$$EAR = (1 + \frac{6\%}{1})^1 - 1 = (1 + 6\%)^1 - 1 = 6\%$$

每半年複利一次時，

$$EAR = (1 + \frac{6\%}{2})^2 - 1 = (1 + 3\%)^2 - 1 = 6.09\%$$

每季複利一次時，

$$EAR = (1 + \frac{6\%}{4})^4 - 1 = (1 + 1.5\%)^4 - 1 = 6.14\%$$

為了提高有效年利率，許多金融機構縮短複利期間，事實上，在美國有些金融機構，已經採取連續複利法計算利息。

 ## 第二節　年金的將來值

第一節的將來值計算基礎為首期期初的單一金額而非**年金** (Annuity)。年金是指在一特定期間，按期收入或支出固定金額的一系列款項。

固定收入或支出金額發生在每期期末者，稱為**普通年金** (Ordinary annuity)，如圖 4–5 所示。若固定收入或支出金額發生在每期期初，則此種年金稱為**期首年金** (Annuity due)，如圖 4–6 所示。

大部份的保費支出和租賃支出，屬於期首年金，但是在一般財務管理中，普通年金較為普遍。因而，除非特別指明，本書中之年金皆假設為普通年金。

在五年期的普通年金，最後一次收入（支出）發生在第五年年底，而在五年期的期首年金，最後一次收入（支出）發生在第五年年初（或第四年年底）。

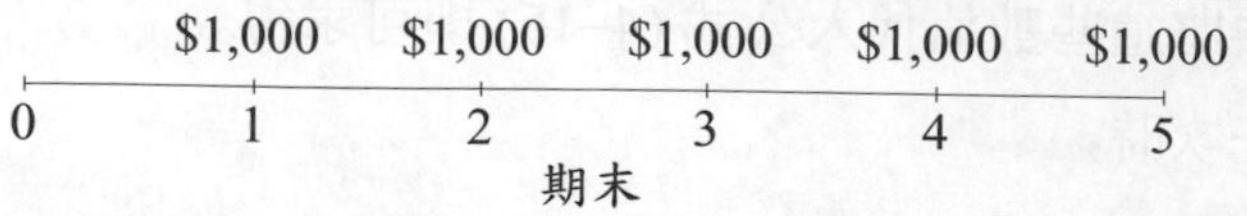

$1,000　$1,000　$1,000　$1,000　$1,000

```
0      1      2      3      4      5
              期末
```

◀圖 4–5▶　每期 $1,000 的普通年金之時間直線圖

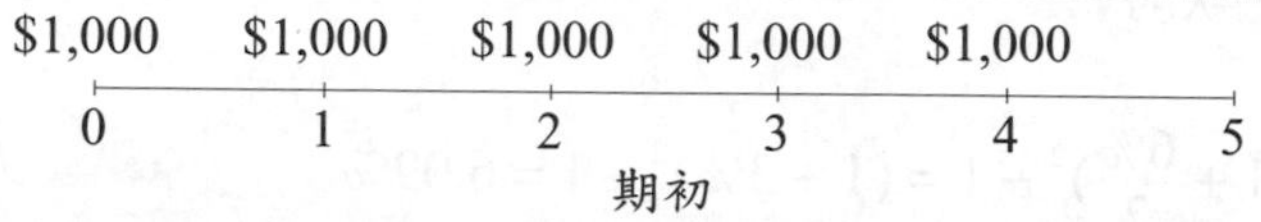

$1,000　$1,000　$1,000　$1,000　$1,000

```
0      1      2      3      4      5
              期初
```

◀圖 4–6▶　每期 $1,000 的期首年金之時間直線圖

● 一、普通年金

　　普通年金的將來值，是指在某一特定期間，每期期末存入或投資一個固定金額，在期滿後，可得之本利和。例如，韓森在未來四年的每年年底存款為 $1,000，年利率為 8%，則第四年年底，他總共可以收到多少金額？表 4–3 可以用來說明每次存款的複利年數，將來值利息因子 (FVIF)，以及每次存款在第四年年底的將來值。因為存款發生在年底，因而第一次存款有三年利息，第二次存款有二年利息，第三次存款有一年利息，第四次存款則無利息，這些可由第⑵欄得知。第⑶欄的 FVIF 乃由第⑵欄的複利年數及年利率 8% 合併後，查附表 1 求得。第⑷欄表示每次存款在第四年年底的將來值，此可由第⑴欄的存款額乘以第⑶欄的 FVIF 而得。將各個存款在第四年年底的將來值加總起來，可得四年期普通年金在第四年年底之將來值為 $4,506.10。

　　表 4–3 中，每一個 FVIF 與相同金額相乘，然後加總起來即為普通年金的將來值。故所需計算可以簡化如下：

　　四年期普通年金 $1,000 在第四年年底的將來值
　　= $1,000(1.2597) + $1,000(1.1664) + $1,000(1.0800) + $1,000(1.0000)
　　= $1,000(1.2597 + 1.1664 + 1.0800 + 1.0000)
　　= $1,000(4.5061) = $4,506.10

表 4–3 每年年底存款 $1,000，年利率為 8% 的四年期普通年金之將來值

年底	存款額 (1)	複利年數 (t) (2)	$FVIF_{8\%,t}$ (3)	第四年年底的將來值 (4)=(1)×(3)
1	$1,000	3	1.2597	$1,259.70
2	1,000	2	1.1664	1,166.40
3	1,000	1	1.0800	1,080.00
4	1,000	0	1.0000	1,000.00
四年期 $1,000 普通年金在第四年年底的將來值				$4,506.10

上述普通年金的將來值之計算，可以數學式表示。設 FVA_n 為 n 期普通年金的將來值，A 為各期期末收入（或支出），$FVIFA_{i,n}$ 為 n 期 $1 **普通年金在利率為 i 時的將來值利息因子** (Future value interest factor for an annuity, FVIFA)，則普通年金的將來值為：

$$FVA_n = A(1+i)^{n-1} + A(1+i)^{n-2} + \cdots + A(1+i)^1 + A(1+i)^0$$
$$= A[(1+i)^{n-1} + (1+i)^{n-2} + \cdots + (1+i)^1 + (1+i)^0]$$
$$= A[\sum_{t=0}^{n-1} (1+i)^t]$$
$$= A(FVIFA_{i,n}) \tag{4-16}$$

其中 $FVIFA_{i,n}$ 為 $1 普通年金當利率為 i 時，n 期後的將來值。若利率 (i) 及期數 (n) 已知，則 $FVIFA_{i,n}$ 的值可由表 4–4 查得，詳細的 $FVIFA_{i,n}$ 則可參閱附表 2❷。上述的韓森例子，A = $1,000，由 i = 8% 及 n = 4，查附表 2，得知 $FVIFA_{8\%,4}$ = 4.5061，因此

$$FVA_4 = \$1,000(FVIFA_{8\%,4})$$
$$= \$1,000(4.5061)$$
$$= \$4,506.10$$

---

❷ 附表 2 表示的 $1 普通年金的將來值利息因子，可應用於普通年金的問題，稍加修正後，亦可適用於期首年金的將來值之計算上。

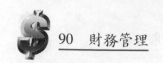

◖表 4–4▶ 部份 n 期 \$1 普通年金的將來值利息因子

$$FVIFA_{i,n} = \sum_{t=0}^{n-1} (1+i)^t$$

期數	利率									
	1%	2%	3%	4%	5%	6%	7%	8%	9%	10%
1	1.0000	1.0000	1.0000	1.0000	1.0000	1.0000	1.0000	1.0000	1.0000	1.0000
2	2.0100	2.0200	2.0300	2.0400	2.0500	2.0600	2.0700	2.0800	2.0900	2.1000
3	3.0301	3.0604	3.0909	3.1216	3.1525	3.1836	3.2149	3.2464	3.2781	3.3100
4	4.0604	4.1216	4.1836	4.2465	4.3101	4.3746	4.4399	4.5061	4.5731	4.6410
5	5.1010	5.2040	5.3091	5.4163	5.5256	5.6371	5.7507	5.8666	5.9847	6.1051
6	6.1520	6.3081	6.4684	6.6330	6.8019	6.9753	7.1533	7.3359	7.5233	7.7156
7	7.2135	7.4343	7.6625	7.8983	8.1420	8.3938	8.6540	8.9228	9.2004	9.4872
8	8.2857	8.5830	8.8923	9.2142	9.5491	9.8975	10.260	10.637	11.028	11.436
9	9.3685	9.7546	10.159	10.583	11.027	11.491	11.978	12.488	13.021	13.579
10	10.462	10.950	11.464	12.006	12.578	13.181	13.816	14.487	15.193	15.937

　　如同公式 (4–8)，公式 (4–16) 中亦有四個變數，FVA_n, A, i，及 n。如果其中三個變數的值為已知，則第四個變數的值可以計算得之。

　　在**償債基金** (Sinking fund) 問題中，我們擬知在固定利率 (i) 下某一公司的每年年底應該投資若干相同金額 (A)，以累積一定金額，用來償債，此即求解年金 (A) 的問題。由公式 (4–16)，可解 A 值如下：

$$A = \frac{FVA_n}{FVIFA_{i,n}} \tag{4–17}$$

　　如果康億公司擬於十年後累積 \$350,000 以償還債務，若年利率為 8%，則未來十年的每年年底該公司應投資多少才足夠償還債務？當 i = 8%, n = 10，及 FVA_{10} = \$350,000 時，查附表 2，得 $FVIFA_{8\%,10}$ = 14.487，因此

$$A = \frac{\$350,000}{14.487} = \$24,159.59$$

　　此即若康億公司想在十年後償還 \$350,000 的債務，公司在年利率為 8%

時，必須於未來十年的每年年底投資 $24,159.59。

又若某人擬在十五年退休後累積 $200,000 以作為環球旅行之用，因此他在銀行開立一個儲蓄帳戶，若此帳戶之利率為 5%，則其未來十五年的每年年底應存入多少？此題中，已知 i = 5%, n = 15, FVA_{15} = $200,000，查附表 2，得 $FVIFA_{5\%,15}$ = 21.579，因此未來十五年每年年底他應該存入銀行的金額為：

$$A = \frac{\$200,000}{21.579} = \$9,268.27$$

公式 (4–16) 亦可用來計算唯一的未知數 i。例如王明在未來二十年的每年年底投資 $5,000，預期二十年後能夠累積 $280,000 作為退休之用。問其預期的每年投資報酬率為若干？將 A = $5,000, n = 20，及 FVA_{20} = $280,000 代入公式 (4–16) 中，得：

$$\$280,000 = \$5,000(FVIFA_{i,20})$$

$$FVIFA_{i,20} = \frac{\$280,000}{\$5,000} = 56$$

由附表 2 知，當 n = 20, i = 9% 時，則 $FVIFA_{9\%,20}$ = 51.160；i = 10%，則 $FVIFA_{10\%,20}$ = 57.275。因此利用下述插補法，

$$
\begin{array}{ccccc}
& & 6.115 & & \\
51.160 & 4.84 & & 56 & 57.275 \\
9\% & & & ? & 10\% \\
& & 1\% & &
\end{array}
$$

可以求得王明的預期投資年報酬率為：

$$i = 9\% + 1\%(\frac{56 - 51.160}{57.275 - 51.160}) = 9.79\%$$

● 二、期首年金

附表 2 的 $1 年金之將來值利息因子，適用於普通年金，亦即每期的 $1 年

金發生在每期期末之時。然而期首年金的收入（或支出）都發生在每期期初，因此附表 2 的 \$1 普通年金之將來值利息因子必須加以修正。如果前述的韓森在未來四年的每年年初存入銀行儲蓄帳戶 \$1,000，年利率為 8%，每年複利一次，則在第四年年底，他總共應有多少金額？

表 4–5 說明此期首年金的將來值問題。第一次存款有四年利息，第二次存款有三年利息，第三次存款有二年利息，第四次存款有一年利息，這可由第(2)欄得知。第(3)欄的 FVIF 乃由第(2)欄的複利年數及年利率 8% 合併後，查附表 1 求得。第(4)欄的每次存款在第四年年底的將來值，則由第(1)欄的存款額乘以第(3)欄的 FVIF 而得。將各個存款在第四年年底的將來值加總起來，則為四年期期首年金在第四年年底的將來值 \$4,866.60。

表 4–5 每年年初存款 \$1,000，年利率為 8% 的四年期年金之將來值

年初	存款額 (1)	複利年數 (t) (2)	$FVIF_{8\%,t}$ (3)	第四年年底的將來值 (4) = (1) × (3)
1	\$1,000	4	1.3605	\$1,360.50
2	1,000	3	1.2597	1,259.70
3	1,000	2	1.1664	1,166.40
4	1,000	1	1.0800	1,080.00
四年期期首年金 \$1,000 在第四年年底的將來值				\$4,866.60

此題的正確 \$1 期首年金之將來值利息因子，可由附表 2 的 $FVIFA_{8\%,4}$ = 4.5061 乘以 (1 + 8%) 求得，因此 \$1 期首年金的 $FVIFA_{8\%,4}$ 等於 4.8666。期首年金的將來值利息因子之一般公式為：

$$FVA_n（期首年金）= A[FVIFA_{i,n}(1 + i)] \tag{4-18}$$

利用此公式，則韓森未來四年每年年初存款 \$1,000，年利率為 8% 時，按每年複利一次計算，其第四年後將有之金額為：

$$FVA_4（期首年金）= \$1,000[FVIFA_{8\%,4}(1 + 8\%)]$$

$$= \$1,000[4.5061(1+8\%)]$$
$$= \$4,866.60$$

第三節 一系列不均勻現金流量的將來值

　　本章第一節討論單一收入或支出的將來值，第二節則討論每期期末或期初都有固定收入或支出的將來值。但是我們經常面臨一系列不均勻的收入或支出，此時必須先計算各個收入或支出的將來值，然後把這些將來值加總起來，得到一系列不均勻收入或支出的將來值。

　　如果在 n 期中的每期期初之**現金流量** (Cash flow) 為 CF_1, CF_2, $\cdots$, CF_n，年利率為 i，按每年複利一次計算，則在第 n 期期末這些現金流量的將來值可根據表 4–6 求得。

表 4–6 一系列不均勻現金流量的將來值計算表 $FVIF_{i,t}$

期初	現金流量 (1)	複利期數 (t) (3)	$FVIF_{i,t}$ (4)	第 n 期期末的將來值
1	CF_0	n	$FVIF_{i,n}$	$CF_0 \cdot FVIF_{i,n}$
2	CF_1	n–1	$FVIF_{i,n-1}$	$CF_1 \cdot FVIF_{i,n-1}$
3	CF_2	n–2	$FVIF_{i,n-2}$	$CF_2 \cdot FVIF_{i,n-2}$
$\vdots$	$\vdots$	$\vdots$	$\vdots$	$\vdots$
n	CF_{n-1}	1	$FVIF_{i,1}$	$CF_{n-1} \cdot FVIF_{i,1}$
第 n 期期末的將來值				$FV_n = \sum_{t=0}^{n-1} CF_t(FVIF_{i,n-t})$

　　由表 4–6 可以導出在 n 期中，每期期初的現金流量不均勻情況下，年利率為 i，按每年複利一次計算時，第 n 期期末這些現金流量的將來值之一般公式為：

$$FV_n = CF_0 \cdot FVIF_{i,n} + CF_1 \cdot FVIF_{i,n-1} + \cdots + CF_{n-1} \cdot FVIF_{i,1}$$

$$= \sum_{t=0}^{n-1} (CF_t \cdot FVIF_{i,n-t}) \tag{4-19}$$

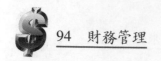

假如黃洪公司在第一年年初之現金流量為 $1,000，第二年年初為 $2,000，其後三年每年年初各為 $1,500, $1,000 及 $2,000，如公司預期投資之年報酬率為 9%，則在第五年年底，該公司預計可累積的金額為：

$$\$1,000(FVIF_{9\%,5}) + \$2,000(FVIF_{9\%,4}) + \$1,500(FVIF_{9\%,3})$$
$$+ \$1,000(FVIF_{9\%,2}) + \$2,000(FVIF_{9\%,1})$$
$$= \$1,000(1.5386) + \$2,000(1.4116) + \$1,500(1.2950)$$
$$+ \$1,000(1.1881) + \$2,000(1.0900)$$
$$= \$9,672.40$$

表 4–7 解釋如何計算黃洪公司未來五年每年年初的現金流量在第五年年底之將來值。

表 4–7 黃洪公司五年現金流量的將來值計算表

年初	現金流量 (1)	複利年數 (t) (2)	$FVIF_{9\%,t}$ (3)	將來值 (4) = (1) × (3)
1	$1,000	5	1.5386	$1,538.60
2	2,000	4	1.4116	2,823.20
3	1,500	3	1.2950	1,942.50
4	1,000	2	1.1881	1,188.10
5	2,000	1	1.0900	2,180.00
不均勻現金流量的將來值				$9,672.40

如果 n 年中，不均勻的現金流量均發生在年底，年利率為 i，每年複利一次，則第 n 年年底這些現金流量的將來值之一般公式為：

$$FV_n = CF_1 \cdot FVIF_{i,n-1} + CF_2 \cdot FVIF_{i,n-2} + \cdots + CF_{n-1} \cdot FVIF_{i,1} + CF_n \cdot FVIF_{i,0}$$
$$= \sum_{t=1}^{n}(CF_t \cdot FVIF_{i,n-t}) \tag{4–20}$$

若黃洪公司的每年現金流量均發生在年底，則按公式 (4–20) 計算其第五年

年底之累積金額為：

$$\$1,000(\text{FVIF}_{9\%,4}) + \$2,000(\text{FVIF}_{9\%,3}) + \$1,500(\text{FVIF}_{9\%,2})$$
$$+ \$1,000(\text{FVIF}_{9\%,1}) + \$2,000(\text{FVIF}_{9\%,0})$$
$$= \$1,000(1.4116) + \$2,000(1.2950) + \$1,500(1.1881)$$
$$+ \$1,000(1.0900) + \$2,000(1.0000)$$
$$= \$8,873.75$$

下述表 4-8 則用來解釋如何計算黃洪公司的現金流量均發生在年底時，第五年年底之將來值。

表 4-8 黃洪公司五年現金流量的將來值計算表

年底	現金流量 (1)	複利年數 (t) (2)	$\text{FVIF}_{9\%,t}$ (3)	將來值 (4)=(1)×(3)
1	\$1,000	4	1.4116	\$1,411.60
2	2,000	3	1.2950	2,590.00
3	1,500	2	1.1881	1,782.15
4	1,000	1	1.0900	1,090.00
5	2,000	0	2.0000	2,000.00
不均勻現金流量的將來值				\$8,873.75

第四節　現　值

迄今，我們僅討論收入或支出在某一利率下，按複利計算，在將來某一特定期間可以累積多少，亦即其將來值為若干。但是在財務管理上，經常會面臨諸如此類的問題：如果利率已知，將來可以收到某一固定數額貨幣的現值為多少？如果投資報酬率已知，你現在應投資若干，才能在將來某一特定時間，獲得一定數額的貨幣？許多投資在目前必須支付一筆現金，以獲得未來一系列的現金流入，為了作出正確的決定，財務經理必須將未來一系列的現金流入換算

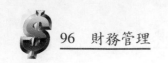

成現值，以之與目前的現金支出作一比較。如果現值超過投資成本，則這項投資應予採納，否則不予採用。故財務經理在做投資決定時，必須瞭解現值概念，以作出最佳抉擇，俾達到股價極大化的目標。

因為現值觀念在財務管理上至為重要，本書其餘篇幅的討論，許多都與現值概念有關。本節先討論將來的單一收入或支出如何換算成現值，其後兩節則討論年金的現值，與不均勻現金流量的現值。

● 一、每年（期）複利一次

現值與將來值恰好相反。將來值說明目前某一數額的投資，經過若干年(期)後會有多少價值；而現值則指出將來預期獲得的金額，目前應投資若干。因此，計算現值的過程，為計算將來值的逆向過程。

非常典型的問題為：如果年利率為 i，n 年後我可以獲得 FV_n 的數額，則我現在應該投資多少？這時的利率或報酬率 i，稱為**貼現率** (Discount rate)，**必要報酬率** (Required rate of return)，資金成本，或機會成本。

1.現值的計算

若班傑明在一年後可以獲得 $1,100，投資預期報酬率為 10%，問他現在必須支付的最高價格為若干？根據求將來值的公式，n = 1, i = 10%, FV_1 = $1,100, PV_0 為未知數。將已知數代入公式 (4–1)，得：

$$\$1,100 = PV_0(1 + 10\%)$$

求解上式，得：

$$PV_0 = \frac{\$1,100}{1.10} = \$1,000$$

此表示機會成本為 10% 時，一年後可以收到 $1,100 的現值為 $1,000。故目前的 $1,000 與一年後的 $1,100，兩者對班傑明都沒有差異。

此例題可用時間直線圖表示如下：

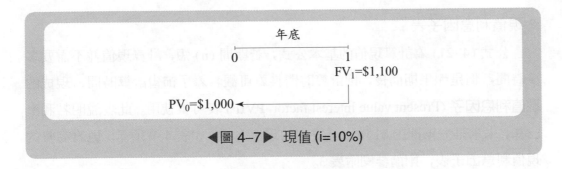

◀圖 4-7▶ 現值 (i=10%)

單一收入或支出下的將來值之一般公式重寫如下：

$$FV_n = PV_0(1+i)^n \qquad (4-6)$$

如果機會成本 (i) 已知，n 期（年）後可以得到的將來值 (FV_n) 可以用下述公式換算成現值 (PV_0)：

$$PV_0 = \frac{FV_n}{(1+i)^n} = FV_n\left[\frac{1}{(1+i)^n}\right] \qquad (4-21)$$

上述公式用時間直線圖表示如下：

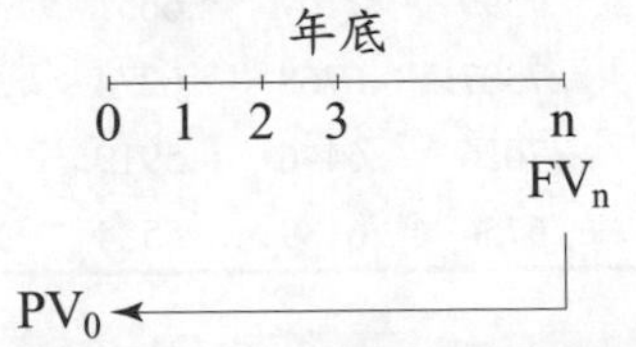

年底

0 1 2 3 　　 n

FV_n

PV_0

◀圖 4-8▶ 現值 (i=x%)

若雷諾在五年後可以從某一信託基金獲得 $200,000，貼現率為 8%，問五年後的 $200,000 之現值為多少？將 n = 5, i = 8% 及 FV_5 = $200,000 代入公式 (4-21)，可得：

$$PV_0 = \frac{\$200,000}{(1+8\%)^5} = \frac{\$200,000}{1.4693} = \$136,119.24$$

2.現值利息因子表

公式 (4–21) 為計算現值的基本公式，若期間 (n) 短，計算現值並不需要多少時間，但是如果期間長，則計算時間甚為可觀。為了節省計算時間，現成的**現值利息因子** (Present value interest factor, PVIF) 表可供使用。此表說明若利率已知，未來某一期間的 $1 收入或支出的現值為何，如表 4–9 所示，更為完整的現值利息因子表，則請參閱附表 3。

表 4–9 部份現值利息因子表

$$PVIF_{i,n} = \frac{1}{(1+i)^n}$$

期數	\multicolumn{10}{c}{利率}
	1%	2%	3%	4%	5%	6%	7%	8%	9%	10%
1	.9901	.9804	.9709	.9615	.9524	.9434	.9346	.9259	.9174	.9091
2	.9803	.9612	.9426	.9246	.9070	.8900	.8734	.8573	.8417	.8264
3	.9706	.9423	.9151	.8890	.8638	.8396	.8163	.7938	.7722	.7513
4	.9610	.9238	.8885	.8548	.8227	.7921	.7629	.7350	.7084	.6830
5	.9515	.9057	.8626	.8219	.7835	.7473	.7130	.6806	.6499	.6209
6	.9420	.8880	.8375	.7903	.7462	.7050	.6663	.6302	.5963	.5645
7	.9327	.8706	.8131	.7599	.7107	.6651	.6227	.5835	.5470	.5132
8	.9235	.8535	.7894	.7307	.6768	.6274	.5820	.5403	.5019	.4665
9	.9143	.8368	.7664	.7026	.6446	.5919	.5439	.5002	.4604	.4241
10	.9053	.8203	.7441	.6756	.6139	.5584	.5083	.4632	.4224	.3855

表 4–9 及 附表 3，提供公式 (4–21) 中 i 及 n 在不同組合下 $\frac{1}{(1+i)^n}$ 的值，此值我們稱為現值利息因子，而以 $PVIF_{i,n}$ 代替之。故利率為 i，第 n 期期末 $1 的現值利息因子乃可改寫成：

$$PVIF_{i,n} = \frac{1}{(1+i)^n} = \frac{1}{FVIF_{i,n}} \tag{4–22}$$

上述公式指出現值利息因子，為將來值利息因子的倒數。

如果 i 及 n 值為已知，則從現值利息因子表可以很容易地找到 PVIF$_{i,n}$ 的值。例如利率為 6%，五年後收到 \$1 的現值，由表 4–9 或附表 3 的期數欄找到 5，然後從這一橫列處可找到利率為 6% 的現值利息因子為 0.7473。

由公式 (4–22) 可知，若期數 (n) 相同，則利率 (i) 愈高時，現值利息因子愈小；若利率固定，則現值利息因子與時遞減。圖 4–9 顯示利率愈高，現值利息因子減少得愈快，現值利息因子曲線愈陡；當利率為零時，現值利息因子的值不受影響，現值利息因子曲線成為水平線。

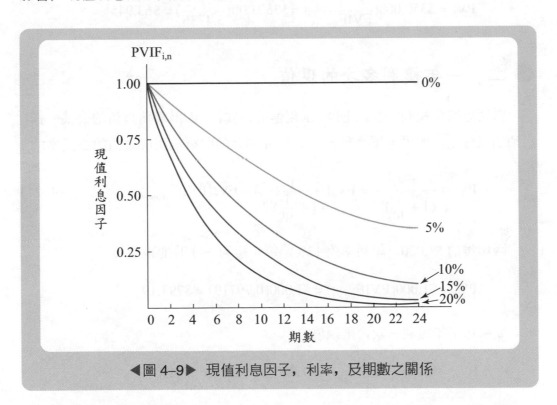

◀圖 4–9▶ 現值利息因子，利率，及期數之關係

將公式 (4–22) 代入公式 (4–21)，則未來金額的現值可以下面公式求得：

$$PV_0 = FV_n(PVIF_{i,n}) \tag{4–23}$$

茲以一簡單例子，說明公式 (4–23) 之應用。若羅斯於十五年後可以繼承 \$350,000 的財產，資金的機會成本為 12%，問此財產的現值為何? 附表 3 可以提供利率為 12%，年數為 15 的現值利息因子之值：PVIF$_{12\%,15}$ = 0.1827，此數乘以

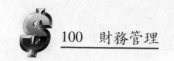

$350,000 可得財產的現值為 $63,945。其計算如下：

$$PV_0 = \$350,000 \times (PVIF_{12\%,15}) = \$350,000 \times 0.1827 = \$63,945$$

因為現值利息因子與將來值利息因子之間有倒數的關係，因此，上述例子可以先求得 $FVIF_{12\%,15}$ 之值，然後，以 $350,000 乘以 $FVIF_{12\%,15}$ 的倒數而得，其計算為：

$$PV_0 = \$350,000(\frac{1}{FVIF_{12\%,15}}) = \$350,000(\frac{1}{5.4736}) = \$63,945$$

● 二、一年複利多次的現值

當利息每年複利一次以上時，求現值的公式，一如計算將來值的公式一樣，必須加以修正。如果每年複利 m 次，則 n 年底的將來值折成現值的公式為：

$$PV_0 = \frac{FV_n}{(1+\frac{i}{m})^{mn}} = FV_n[\frac{1}{(1+\frac{i}{m})^{mn}}] = FV_n(PVIF_{i/m,mn}) \tag{4-24}$$

兩年後的 $1,000，年利率為 12%，每年複利一次時的現值為：

$$PV_0 = \$1,000(PVIF_{12\%,2}) = \$1,000(0.79719) = \$797.19$$

如果每半年複利一次，則現值為：

$$PV_0 = \$1,000(PVIF_{6\%,4}) = \$1,000(0.79209) = \$792.09$$

如果每季複利一次，則現值為：

$$PV_0 = \$1,000(PVIF_{3\%,8}) = \$1,000(0.78941) = \$789.41$$

由上述可知，每年複利次數愈多，現值愈小。此關係恰與將來值的情形相反。表 4–10 的各種不同現值，是假定兩年後收到 $1,000，年利率為 12% 的情況下，每年複利一次以上時計算出來的。由此表可知，現值隨著複利次數的增

加（即複利期間縮短）而減少，並且是以遞減率減少，其極限為連續複利下的現值。

表 4–10　年利率為 12%，兩年後收到 $1,000 的現值

複利期間	現值
一年	$797.19
半年	792.09
一季	784.91
一月	787.57
一日	786.65
連續	786.63

 第五節　年金的現值

上節的現值計算基礎，為未來某一期期末的單一金額而非年金。本節則討論在未來各期有一固定收入或支出時，這一系列相同款額的現值計算，此即年金的現值問題。茲就普通年金，期首年金，與無限期年金不同情形下，年金的現值計算逐一討論。

● 一、普通年金

普通年金的現值，是指在某一特定期間，每期期末的相同金額，按複利計算，折合成現在的價值。

如果你想購買四年期的年金，此年金可以使你在未來四年的每年年底收到 $10,000，假定資金投資於債券市場，可以賺取 8% 的報酬，則對此四年期年金，你所願意支付的最高價格為何？利用本章第四節的方法，把每年年底收到的 $10,000 乘以其相對的現值利息因子後，加總而得此年金的價格為 $33,120，其計算可由表 4–11 說明。

表 4–11 普通年金 $10,000 的現值計算

年底	複利次數 (t) (1)	金額 (2)	$PVIF_{8\%,t}$ (3)	現值 (4) = (2) × (3)
1	1	$10,000	0.9259	$ 9,259
2	2	10,000	0.8573	8,573
3	3	10,000	0.7938	7,938
4	4	10,000	0.7350	7,350
年金的現值				$33,120

事實上，求此普通年金的現值，只需把有關數字代入公式 (4–23) 即可求得。

$$普通年金的現值 = \$10,000(0.9259) + \$10,000(0.8573)$$
$$+\$10,000(0.7938) + \$10,000(0.7350)$$
$$= \$10,000(3.312)$$
$$= \$33,120$$

因而此普通年金的現值，可由普通年金乘以四年期每年的現值利息因子之和而得。

上述年金的現值計算，可以數學式簡化之。設 PVA_0 為 n 年期年金的現值，每年的年金為 A，$PVIFA_{i,n}$ 為 n 期 $1 **普通年金在利率為 i 時的現值利息因子** (Present value interest factor of $1 annuity, PVIFA)，故 n 年期年金的現值為：

$$PVA_0 = A[\frac{1}{(1+i)^1}] + A[\frac{1}{(1+i)^2}] + \cdots + A[\frac{1}{(1+i)^{n-1}}] + A[\frac{1}{(1+i)^n}]$$
$$= A(PVIF_{i,1}) + A(PVIF_{i,2}) + \cdots + A(PVIF_{i,n-1}) + A(PVIF_{i,n})$$
$$= A(PVIF_{i,1} + PVIF_{i,2} + \cdots + PVIF_{i,n-1} + PVIF_{i,n})$$
$$= A\sum_{t=1}^{n} PVIF_{i,t} = A(PVIFA_{i,n}) \tag{4–25}$$

如果 i 及 n 的值已知，則 $PVIFA_{i,n}$ 可由表 4–12 或附表 4 查得。上述四年期普通年金 $10,000 的例子中，A = $10,000，$PVIFA_{8\%,4} = 3.3121$，因此：

$$PVA_0 = \$10,000(PVIFA_{8\%,4})$$

$$= \$10,000(3.3121) = \$33,121$$

表 4–12 n 期 \$1 普通年金的現值利息因子

$$PVIFA_{i,n} = \sum_{t=1}^{n} \frac{1}{(1+i)^t} = \sum_{t=1}^{n} PVIF_{i,t}$$

期數	利率									
	1%	2%	3%	4%	5%	6%	7%	8%	9%	10%
1	0.9901	0.9804	0.9709	0.9615	0.9524	0.9434	0.9346	0.9259	0.9174	0.9091
2	1.9704	1.9416	1.9135	1.8861	1.8594	1.8334	1.8080	1.7833	1.7591	1.7355
3	2.9410	2.8839	2.8286	2.7751	2.7232	2.6730	2.6243	2.5771	2.5313	2.4869
4	3.9020	3.8077	3.7171	3.6299	3.5460	3.4651	3.3872	3.3121	3.2397	3.1699
5	4.8534	4.7135	4.5797	4.4518	4.3295	4.2124	4.1002	3.9927	3.8897	3.7908
6	5.7955	5.6014	5.4172	5.2421	5.0757	4.9173	4.7665	4.6229	4.4859	4.3553
7	6.7282	6.4720	6.2303	6.0021	5.7864	5.5824	5.3893	5.2064	5.0330	4.8684
8	7.6517	7.3255	7.0197	6.7327	6.4632	6.2098	5.9713	5.7466	5.5348	5.3349
9	8.5660	8.1622	7.7861	7.4353	7.1078	6.8017	6.5152	6.2469	5.9952	5.7590
10	9.4713	8.9826	8.5302	8.1109	7.7217	7.3601	7.0236	6.7101	6.4177	6.1446

普通年金的現值利息因子，可以用來解決**貸款攤銷** (Loan amortization) 的問題。此問題發生於借款者在某一利率下向銀行借入一筆款項，承諾於未來期間分期償還本利。因為附表 4 假設 \$1 年金發生於期末，因此我們僅討論每期期末支付同等金額的貸款攤銷。

假設海倫為了購買新車而向銀行借入年利率為 6% 的款額 \$20,000，並承諾於未來四年的每年年底支付相同款額來償還。為求此分期償還的相同金額，我們必須計算年利率為 6% 下，四年期的普通年金為若干時，其現值等於 \$20,000，亦即如何求解普通年金 (A) 的問題。

由公式 (4–25) 可求解 A 值（即分期償還款額）如下：

$$A = \frac{PVA_0}{PVIFA_{i,n}} \tag{4–26}$$

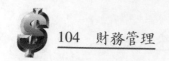

在前述海倫例子中，$i = 6\%$, $n = 4$, $PVA_0 = \$20,000$，查附表 4 得 $PVIFA_{6\%,4} = 3.4651$，因此：

$$A = \frac{\$20,000}{3.4651}$$
$$= \$5,771.83$$

故海倫為償清汽車貸款 $20,000，必須在未來四年的每年年底付給銀行 $5,771.83。

分期付款的每一筆數額包括了本金和利息。表 4-13 的貸款攤銷表指出，第一年的利息負擔最重，然後逐年減少，因為本金越來越少。第一年年底的付款 $5,771.83 中，$1,200 (= \$20,000 \times 6\%) 用於利息支出，其餘的 $4,571.83 用於償還本金，故第一年年底付款後，海倫尚欠銀行 $15,428.17(= \$20,000 - \$4,571.83)。

表 4-13 貸款攤銷表

年底	付款額	利息 (6%)	本金減少額	本金餘額
0	–	–	–	$20,000.00
1	$5,771.83	$1,200.00	$4,571.83	15,428.17
2	5,771.83	925.69	4,846.14	10,582.03
3	5,771.83	634.92	5,136.91	5,445.12
4	5,771.83	326.71	5,445.12	0

二、期首年金

附表 4 的 $1 普通年金之現值利息因子，適用於普通年金，亦即每期的 $1 年金發生在期末之時。如果每期年金發生在期初，則附表 4 的 $1 年金之現值利息因子須加以修正。如你在未來四年的每年年初付款 $10,000，年利率為 8%，則此四年期付款的現值為何？

表 4-14 可用來說明此期首年金的現值問題。每年年初的付款額乘以有關的現值利息因子而後加總即可求得此固定付款的現值。

表 4-14 每年年初付款 $10,000，利率為 8% 時的現值

年初	付款額 (1)	PVIF (2)	現值 (3) = (1) × (2)
1	$10,000	1.0000	$10,000
2	10,000	0.9259	9,259
3	10,000	0.8573	8,573
4	10,000	0.7938	7,938
年金的現值			$35,770

此例題正確的 $1 期首年金之現值利息因子，可由附表 4 的 $PVIFA_{8\%,4}=$ 3.3121 乘以 $(1+8\%)$ 求得，故 $1 的期首年金之 $PVIFA_{8\%,4}=3.5770$。期首年金的現值之一般公式為：

$$PVA_0（期首年金）= A[PVIFA_{i,n}(1+i)] \tag{4-27}$$

利用此公式，則未來四年每年年初付款 $10,000，複利率為 8% 的現值可以計算如下：

$$PVA_0（期首年金）= \$10,000[PVIFA_{8\%,4}(1+8\%)]$$
$$= \$10,000[3.312(1.08)] = \$35,770$$

● 三、無限期年金

無限期 (Infinite life) 年金是指每期期末年金的收入或支出沒有期限，亦即 n 為無限大。無限期年金的現值，定義如下：

$$PVA_0（無限期年金）= A[\sum_{t=1}^{\infty}\frac{1}{(1+i)^t}] = A(PVIFA_{i,\infty}) = A(\frac{1}{i}) \tag{4-28}$$

由公式 (4-28) 可知，$PVIFA_{i,\infty}$ 可由 i 的倒數求得。

如果某一種無限期債券每年付息 $100，當利率為 5% 時，此債券的價值或

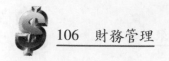

無限期利息的現值為:

$$PVA_0（無限期年金）= \$100(\frac{1}{0.05}) = \$2,000$$

 # 第六節　一系列不均勻現金流量的現值

本章第四節討論將來單一收入或支出的現值，第五節則討論未來期間每期期末或期初有固定金額的現值計算方法。由於財務管理經常涉及不均勻的現金流量，如資本預算和證券投資的討論中，時常需要分析此種不均勻收入或支出的現值，以作出最佳的財務決策。本節則論述一系列不均勻現金流量的現值之計算。

如果在 n 期中的每期期末之現金流量為 CF_1, CF_2, ……，及 CF_n, 利率為 i, 按每年複利一次計算，則這些現金流量的現值可以根據表 4–15 求得。

表 4–15　一系列不均勻現金流量的現值

期末 (t)	現金流量 (1)	$PVIF_{i,t}$ (2)	現值 (3) = (1) × (2)
1	CF_1	$PVIF_{i,1}$	$CF_1 \times PVIF_{i,1}$
2	CF_2	$PVIF_{i,2}$	$CF_2 \times PVIF_{i,2}$
3	CF_3	$PVIF_{i,3}$	$CF_3 \times PVIF_{i,3}$
⋮	⋮	⋮	⋮
n	CF_n	$PVIF_{i,n}$	$CF_n \times PVIF_{i,n}$
現值			$PV_0 = \sum_{t=1}^{n} [CF_t \cdot PVIF_{i,t})$

由表 4–15 可以導出在 n 期中，每期期末的現金流量不均勻情況下，年利率為 i，按每年複利一次計算時，這些現金流量的現值之一般公式為:

$$PV_0 = CF_1 \cdot PVIF_{i,1} + CF_2 \cdot PVIF_{i,2} + \cdots + CF_n \cdot PVIF_{i,n}$$

$$= \sum_{t=1}^{n} (CF_t \cdot PVIF_{i,t}) \tag{4-29}$$

假如羅勃在未來四年的每年年底可收到 $1,000, $2,000, $3,000 及 $2,000，若利率為 10%，則這些款項的現值為：

$$PV_0 = \$1,000(PVIF_{10\%,1}) + \$2,000(PVIF_{10\%,2}) + \$3,000(PVIF_{10\%,3})$$
$$+ \$2,000(PVIF_{10\%,4})$$
$$= \$1,000(0.9091) + \$2,000(0.8264) + \$3,000(0.7513) + \$2,000(0.6830)$$
$$= \$6,181.80$$

下述表 4–16 可用來說明上例的現值計算。

表 4–16　羅勃四年收到款項的現值計算表

年底	收款 (1)	複利年數 (t) (2)	$PVIF_{10\%,t}$ (3)	現值 $(4) = (1) \times (3)$
1	$1,000	1	0.9091	$909.10
2	2,000	2	0.8264	1,652.80
3	3,000	3	0.7513	2,253.90
4	2,000	4	0.6830	1,366.00
現值				$6,181.80

如果 n 期中，不均勻的現金流量均發生在每期期初，按每年複利一次，則這些現金流量的現值之一般公式為：

$$PV_0 = CF_0 \cdot PVIF_{i,0} + CF_1 \cdot PVIF_{i,1} + \cdots + CF_{n-1} \cdot PVIF_{i,n-1}$$
$$= \sum_{t=0}^{n-1} (CF_t \cdot PVIF_{i,t}) \tag{4-30}$$

假如羅勃收到的未來款項均發生在每年年初，則這些款項的現值為：

$$PV_0 = \$1,000(PVIF_{10\%,0}) + \$2,000(PVIF_{10\%,1}) + \$3,000(PVIF_{10\%,3})$$
$$+ \$2,000(PVIF_{10\%,2})$$
$$= \$1,000(1.0000) + \$2,000(0.9091) + \$3,000(0.8264) + \$2,000(0.7513)$$
$$= \$6,800.00$$

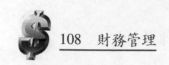 ## 第七節　貨幣加倍之簡易規則

有些**拇指規則** (Rule of thumb) 在複利情況下，可以求得如利率已知，大約需要多少期數，貨幣可以加倍；或者期數已知，大約利率應多少，貨幣可以加倍。本節討論兩種簡易規則：**72 規則** (Rule of 72) 及 **7-10 規則** (7-10 rule)。

● 一、72 規則

72 規則是指以 72 除以利率，得到大約所需期數，或以 72 除以期數，得到大約所需利率，可以使貨幣加倍。如果定期存款的年利率為 4%，現在存入 $500，大約在 18(= 72/4) 年後，本利和為 $1,000；如果年利率為 6%，則大約需要十二年，本利和為 $1,000；以此類推，為使貨幣加倍，當年利率為 8%，大約需要九年；年利率為 12%，大約需要六年。由附表 1 可知，目前的 $1，按每年複利一次計算，年利率為 8%，則九年後的本利和為 $1.999；年利率為 12%，六年後的本利和為 $1.9738。

相反的，如果以 72 除以期數，則可得到使貨幣加倍大約所需利率。如果為十二年，則年利率約為 6% (72/12) 下，貨幣可以加倍；若為九年，則年利率約為 8%；若為六年，則年利率約為 12%。72 規則甚為簡單，但是所求得的期數或是利率只是近似值而已❸。

● 二、7-10 規則

7-10 規則是指如果年利率 10%，大約需要七年以使貨幣加倍；如果年利率為 7%，則大約需要十年才能使貨幣加倍。由附表 1 知，每年複利一次，年利率為 7% 時，存款 $1 在十年後的本利和為 $1.9672；如果年利率為 10% 時，則七

---

❸ 更正確的方法為 69 規則 (Rule of 69)。貨幣加倍所需期數 $= 0.35 + \dfrac{69}{\text{年利率}}$。69 規則與 72 規則之比較，可參閱 J. P. Gould and R. L. Weil, "The Rule of 69," *Journal of Business*, 49 (3) (July 1974), pp. 397 – 398.

年後的本利和為 $1.9487。由此可知，7-10 規則亦僅提供近似值而已。然而，如果改採每季複利一次，則現在的 $1，年利率為 7% 時，十年後的本利和為：

$$FV_{40} = \$1(FVIF_{1.75\%,40}) = \$1(2.002) = \$2.002$$

年利率為 10% 時，七年後的本利和為：

$$FV_{28} = \$1(FVIF_{2.5\%,28}) = \$1(1.996) = \$1.996$$

因此，如果用每季複利一次，7-10 規則可以得到比較正確的結果。

 問　題

4-1　說明何以貨幣有時間價值？

4-2　何謂單利？何謂複利？如果兩種存款，一個以單利計息，另一個則以複利計算，你將選擇哪一種？試解釋之。

4-3　在財務管理上，將來值與現值的觀念，何以甚為重要？

4-4　如果存款可按每年、每半年、每季、每月、或每週複利一次計息，你將選擇哪一種？為何？

4-5　說明將來值、利率、與期數的關係。

4-6　複利次數愈多，將來值愈大，因此如果每千萬分之一秒複利一次，將來值會趨於無限大，是否正確？說明之。

4-7　如何使普通年金的將來值公式，轉換成期首年金的將來值公式？

4-8　何謂有效年利率？它與複利次數有何關係？

4-9　如果利率增加，年金的將來值和年金的現值都受到相同影響？

4-10　複利次數與將來值及現值有何關係？

4-11　說明現值、利率、與期數的關係。

4-12　如何利用將來值利息因子，求得不均勻現金流量的將來值？

4-13　如何利用現值利息因子，求得不均勻現金流量的現值？

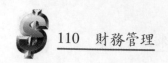

4–14 何謂 72 規則？7–10 規則？這些規則在財務管理上有何用途？

4–15 貸款攤銷表如何設立？

 習 題

4–1 如果你現在存入銀行 $4,000，利率為 6%，每年複利一次，則(1)二年後，(2)五年後，及(3)二十年後的本利和為多少？如果每半年複利一次，本利和為多少？

4–2 黃復和於六年前以每股 $10 的價格購買某一製藥公司的股票 500 股，經過八年後此股票已經過兩次的 2 換 1 股票分割，目前以每股 $7 出售，試問此股票的年投資報酬率為何？

4–3 某公司的目前股利為每股 $1.48，預期未來四年每年成長 20%，而後每年成長 12%，試問八年後的每股股利為多少？

4–4 你現在投資 $16,000 於某公司股票，希望五年後能夠擁有 $33,000 以購買跑車，如果投資報酬率為 18%，則五年後你是否有足夠的錢以購買此跑車？

4–5 洪國生擬於十年後擁有 $100,000 以作為其兒子的教育基金，如果利率為 8%，問他目前應存款若干？

4–6 若名目年利率為 10%，求下列一年複利不同次數下的有效年利率：(1)一次，(2)兩次，(3)四次。

4–7 你目前存入銀行 $2,000，利率為 8%，每半年複利一次，問若干年後你的本利和為 $3,500。

4–8 劉建生目前存入銀行 $5,000，預計五年後可以有 $12,000，若每年複利 4 次，問他的預期年利率為多少？

4–9 計算下述普通年金的將來值：

(1)每年 $2,000，利率 10%，五年之年金。

(2)每年 $5,000，利率 12%，六年之年金。

(3)每年 $8,000，利率 8%，十年之年金。

(4)若上述為期首年金，則其將來值為何？

4-10 張宏生希望在二十年後存有 $300,000 作為退休之用,如果利率為 8%,問他每年年底應存有多少錢才能達到目的?

4-11 你剛贏了樂透彩券,因而可以在下述三種選擇中挑選其中之一:
(1)現在拿 $300,000。
(2)未來十年每年年底拿 $40,000。
(3)第十年年底拿 $580,000。
如果每年報酬率為 6% 及 9%,你選擇哪一種?

4-12 如果 1995 年紐約平均房價為 $200,000,假設房價上漲率等於通貨膨脹率,問每年通貨膨脹率多少可使其平均房價在 2006 年達到 $380,000?

4-13 孫同山目前有儲蓄 $250,000,他擬投資於報酬率為 14% 的油礦公司,問需要多少年,才能使他成為百萬富翁?

4-14 投資 $20,000,每年報酬率為(1) 6%,(2) 8%,(3) 12% 時,需要若干年,投資額可以加倍?

4-15 下述四年期的現金流量均發生於每年年底,計算利率為 7%,每年複利一次時的將來值。若現金流量發生於每年年初,將來值又如何?

年期	現金流量 A	現金流量 B
1	$3,000	$4,000
2	5,000	4,000
3	4,000	3,000
4	6,000	5,000

4-16 由於在另一城市有了新工作,你必須將住了十四年的房子賣掉,房子賣價為 $235,000,如果房價上漲率為 7%,試問十四年前你付了多少錢買這房子?

4-17 各種普通年金已知若干資料如下,求解未知數: (1) $A = \$300$, $i = 12\%$, $n = 4$, $FVA_4 = ?$ (2) $FVA_{15} = \$85,000$, $i = 9\%$, $n = 12$, $A = ?$ (3) $A = \$4,000$, $i = 10\%$, $FVA_n = \$48,000$, $n = ?$ (4) $A = \$100$, $FVA_6 = \$885$, $n = 6$, $i = ?$

4-18 某公司在十五年後必須償還債務 $35,000,000,公司決定於(1)每年年底,或(2)每年年初於銀行存入固定金額,如利率為 12%,問此存款金額為多少?

4-19 喬治向銀行借款 $250,000 購買濱海別墅，利率為 6%，如果以十年分期付款方式償還，問每年應償還本利和為多少?編一貸款攤銷表說明每年付款的利息部份、本金部份，以及每年的貸款餘額。

4-20 王大年向一保險公司購買年金，此年金使其可以在未來二十年的每年年底收到 $5,000，如果利率為 8%，問他應付多少以購買此年金?

4-21 你剛考上大學，為了使四年的大學教育可以順利完成，每年開始時借$15,000，預計大學畢業後分八年平均償還借款，若利率為 7%，則每年償還數額若干?（第一次的還款日為第五年年底）

4-22 麥可再過八年即入大學，大學四年的第一年費用為 $20,000，其後每年增加 8%。若每年的大學費用在開學時必須準備好，且利率為 6%，問他的父母在未來八年的每年年底應該存多少，麥可的大學費用才有著落?

4-23 若一人壽保險公司有兩種不同的保險：(1)未來十年每年年初付款 $1,800，(2)現在支付 $12,000，未來十年皆有保險。如果資金的機會成本為 8%，問哪種保險比較划算?

4-24 你的祖父即將退休，公司提供他一次給付的退休金 $180,000，或每年年底給付 $18,000 的終身年金。如果你的祖父預期可以再活二十年，資金的機會成本為 7%，問他應該選擇哪一種?

4-25 泛亞製衣公司發行無限期公司債，此公司債持有人每年可獲得利息 $250，若市場利率為 9%，則此公司債的價值為何?

4-26 某公司擬購買一設備，此設備在未來七年可為公司帶來如下的現金流量：

年別	現金流量
1	$20,000
2	20,000
3	20,000
4	20,000
5	40,000
6	30,000
7	20,000

若利率為 8%，則此設備的現值為何？

4-27　用簡易規則計算在利率為(1) 8%，(2) 10%，及(3) 12% 時，大約需要多少年可以使你現在的投資 $3,000 變成 $6,000？

4-28　某一投資機構提供下述投資機會：未來五年每年年底收入 $2,000，第六至第十年每年年底收入 $4,000，第十一至第十五年每年年底收入 $3,000。(1)若投資酬率為 10%，則投資者所願支付的最高價格為何？(2)若投資收入發生在每年年初，則投資者所願支付的最高價格為何？

4-29　你剛過 40 歲生日，有兩個孩子。大的孩子將在六年後進入大學，大學四年每年需要費用各為 $20,000, $22,000, $23,000, 及 $25,000，小的孩子將於十二年後進入大學，所需大學教育費用各為 $32,000, $34,000, $35,000, 及 $36,000。此外你計劃在二十五年後退休，退休後的二十年，你希望每年年底可以從帳戶收到 $90,000，如果投資報酬率為 12%，則未來二十五年的每年年底，你應該儲蓄多少錢，才能達成這些目標？

4-30　你現在擁有 $15,000 的現金，你的孩子在八年後將入大學，大學學費在每年年初準備，第一年的大學費用為 $25,000，此後每年增加 7%，四年後可以畢業，然後五年內每年給予 $5,000 作為禮物，試問利率為 8% 下，你在未來八年的每年年底應該儲蓄多少以達成目標？

4-31　兩種債券面值均為 $1,000，利率變動時，債券價格隨之變動。這兩種債券為：甲債券——三年期，息票利率為 10%，每半年付息一次。乙債券——六年期，息票利率為 10%，每半年付息一次。如果市場年利率為(1) 8% 及(2) 12%，則上述債券的價值為何？

4-32　一部車子的價格為 $24,000，甲經銷商要求顧客支付首期款 $2,000，其餘的分五年付款，每年年底付款額為 $5,500。乙經銷商則給予 9.25% 的折扣優待，但不能分期付款。如果利率為 10%，問應該向哪個經銷商購買？

4-33　你在未來三年的每年年底從某一投資可以獲得 $3,000，第四年至第七年的每年年底可以獲得 $5,000，從第八年至第十年的每年年底可以獲得 $4,000，如果利率為 6%，則你願意支付的最高價格為何？如果這些款額發生在每年年初，則你願意支付的最高價格為何？

4-34　你的房屋貸款數額為 $150,000，但銀行必須收取 3% 的手續費，如果貸款利率為7%，期限為二十年，每年年底償還固定金額，問每年償還金額多少? 並計算最初三年付款中，多少用於支付利息及本金。

4-35　你剛過 25 歲生日，預訂在過 65 歲生日時退休，其後你想在未來二十年的每年年初有$90,000，第一次的金額在六十五歲生日時獲得，這個目標必須在六十五歲生日時實現。如果投資報酬率為10%，則未來四十年的每年年底你必須投資若干?如果你現在有儲蓄 $15,000，則未來四十年的每年年底你必須投資若干?

4-36　你希望十二年後有 $50,000 作為環球旅行之用。你現在有 $5,000，為了實現旅行願望，必須在未來十二年的每年年初投資同等金額。如果最初四年的投資報酬率為8%，其後每年為10%，則未來十二年的每年年底你應該投資若干?

第五章

基本評價理論

　　第四章討論的現值理論及其計算，可以使用在各種資產的價值評估過程。資產可為金融資產或非金融資產，金融資產包括股票及債券等，而非金融資產包括機器、廠房、不動產、土地、甚或整個企業。如果在做投資決定時，不瞭解資產的評價方法，財務經理容易做出錯誤的投資決定，如果投資金額甚大，則可能導致企業經營的失敗。

　　本章探討資產和證券評價的基本概念以及主要評價模型。**評價過程** (Valuation process) 的知識可以幫助財務經理在做財務管理的決定時，達成公司股價極大化的目標。評價過程涉及如何決定產生現金流量的資產之價值，而現值則為評價過程中最重要的因素。

　　為了籌措長期資金，公司發行各種長期證券，如公司債、特別股、和普通股。公司的財務經理、公司債持有人、股東、證券分析人員，和可能的投資者都必須瞭解各種證券的價值。財務經理應該知道各種投資、融資、和股利政策對公司證券價格的影響。公司的股東和可能投資者，應該能夠比較公司證券的市場價格及其價值，以決定買進或賣出證券。證券分析師在對客戶做出投資建議時，必須知道如何利用評價理論，分析公司的證券價值。

　　本章第一節討論一般資產的評價理論，第二節說明一般公司債和永續債券的評價方法，以及預期報酬率的決定，第三節敘述特別股的價值和報酬率的決定，第四節提供一般各種不同的普通股評價模型，第五節則探討各種不同的股利成長下，如何決定普通股的價值。

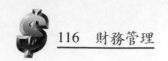 第一節　資產之評價

　　資產的價值，決定於資產所有人對此資產於未來使用年限內，所能獲得的預期收益。例如某一新機器的價值，為此新機器在使用期限所產生的預期現金流量，而此現金流量為使用此新機器後，所引起的收益增加、或成本減少，加上此機器在使用年限結束後的**殘值** (Salvage value) 而得。

　　金融資產，如公司債或股票，其價值決定於其持有人在持有期間所能獲得的現金流量，亦即利息或股利加上出售金融資產後的所得。

　　利用資產所有人的必要報酬率，計算預期現金流量的現值，可以得到資產目前的價值，這種方法稱為**所得資本化** (Capitalization of income)，以公式表示如下：

$$V_0 = \frac{CF_1}{(1+k)^1} + \frac{CF_2}{(1+k)^2} + \cdots + \frac{CF_n}{(1+k)^n} \tag{5-1}$$

上式用**加總符號** (Summation notation) 表示如下：

$$V_0 = \sum_{t=1}^{n} \frac{CF_t}{(1+k)^t} = \sum_{t=1}^{n} [CF_t(PVIF_{k,t})] \tag{5-2}$$

式中，V_0 = 資產的現值，亦即資產在第 0 期時的價值

　　　　CF_t = 資產在第 t 期的預期現金流量

　　　　$CF_1, CF_2, \cdots , CF_n$ = 資產在第一期，第二期，……第 n 期的現金流量

　　　　k = 必要報酬率（或貼現率）

　　　　n = 資產的持有（或使用）期間

　　如果某一資產在未來十年的每年年底可為其持有人帶來 $5,000 的收入，十年後此資產的殘餘價值為零，若必要報酬率為 10%，此資產的價值為何？利用所得資本化方法，此資產價值可以計算如下：

$$V_0 = \$5,000(PVIFA_{10\%,10}) = \$5,000(6.1446) = \$30,723$$

資產的必要報酬率與風險的關係密切，由於一般投資者均欲避免風險，因此風險愈高的投資，必要報酬率也愈高；風險愈低的投資，必要報酬率也愈低。我國及美國政府公債由於沒有違約風險，因此其報酬率稱為**無風險報酬率** (Risk-free rate)。一般公司發行的證券，風險較高，因此其必要報酬率也隨之增加。由於風險提高而增加的報酬率稱為**風險貼水** (Risk premium)。

　　必要報酬率與風險間的關係可由圖 5–1 說明之。若某一資產的風險為零，則其必要報酬率為 k_f，即無風險報酬率，若風險提高至 A，則必要報酬率為 k_A，$k_A - k_f$ 為風險從零提高至 A 後，所增加的必要報酬率，亦即對風險 A 的貼水。如果風險由 A 提高至 B，則必要報酬率增加至 k_B，$k_B - k_A$ 則為風險由 A 提高至 B 所需之風險貼水。風險的測度以及風險報酬函數的討論則詳見於下章。

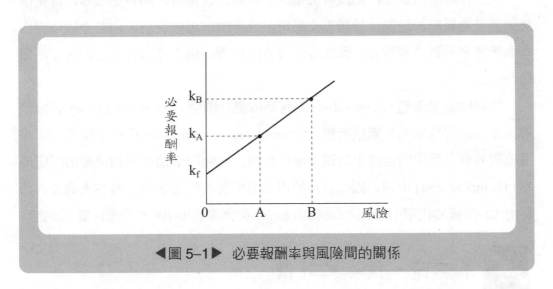

◀圖 5–1▶ 必要報酬率與風險間的關係

　　如同任何商品價格的決定一樣，資產的價格由市場的供需來決定。圖5–2 中的資產需要曲線表示在各個不同資產數量下，資產需要者所願意支付的最高價格，或在不同資產價格下，資產需要者所願購買的數量。資產供給曲線則表示對於各個不同資產數量下，供給者所要求的最低價格，或在不同資產價格下，供給者所願供給的數量。在自由市場下，資產的價格則由資產的需要曲線和供給曲線相交之處來決定，即 P_e。如果資產價格不等於 P_e，則資產價格將向下或向上調整，直到資產的需要量等於資產的供給量。

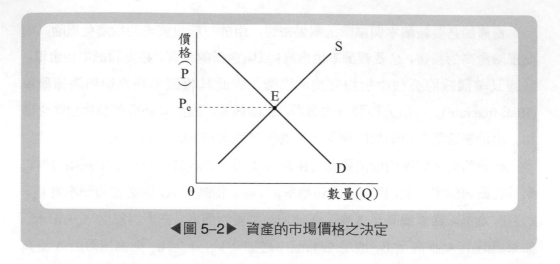

◀圖 5–2▶　資產的市場價格之決定

　　大部份的金融資產，如政府公債、公司債、特別股、和普通股等，在全國性的證券交易所、地區性的證券交易所，或店頭市場內交易。由於金融市場內有為數眾多的買方和賣方，因此金融資產的市價，幾乎可以代表金融資產的價值。

　　資產的**帳面價值** (Book value) 為資產的**會計價值** (Accounting value)，或資產的原來購買成本減其**累積折舊** (Accumulated depreciation) 而得。資產的市場價值與其未來預期所能產生的現金流量有關，而帳面價值係根據資產的**歷史成本** (Historical cost) 而來，因此資產的市場價值與其帳面價值沒有甚大關聯，而是由市場的**資本化率** (Rate of capitalization) 與資產的預期未來現金流量來決定。

 第二節　債券之評價

　　債券為政府或企業為籌措長期資金所發行的承兌票據，承諾對債券持有人支付**定期利息** (Periodic interest)，並在債券**到期日** (Maturity date) 按照債券**面值** (Face value 或 Par value) 償還本金，如果違約，則發行者及其持有人將會受害，甚而導致發行者破產或被迫重整。

　　非政府發行的債券，由於**違約風險** (Default risk) 的存在，債券投資者要求的報酬率，較政府債券的無風險報酬率為高。因為債券發行者的違約風險不同，

各種債券的報酬率因而有別，違約風險愈高的債券，其必要報酬率也愈高。

在說明債券價值如何決定以前，必須先瞭解與債券有關的一些術語。

⑴面值

債券面值是債券發行者在債券到期日必須償還的金額，臺灣的債券面值多為新臺幣 $10 萬。在美國通常公司發行的債券面值為 $1,000，政府債券的面值為 $5,000。

⑵息票利率 (Coupon rate)

此利率為債券發行者據以計算每年應付利息予債券持有者。將債券面值乘以息票利率，即為債券發行者每年應該支付的利息。債券利息通常每年或每半年支付一次。如威爾遜公司發行的債券面值為 $1,000，息票利率為 8%，則每年的債券利息為 $80 (= $1,000 × 8%)，如果公司必須每半年支付債券利息，則此債券持有人每半年可收到利息 $40 (= $80/2)。債券發行時或發行後，市場利率與息票利率可能並不相同，而債券市場的價值乃由市場利率來決定。

⑶到期日

債券上通常都有註明某一特定日期為到期日，屆時債券發行人必須對持有人支付債券面值。如威爾遜公司發行的債券到期日為 2015 年 3 月 1 日，在該日威爾遜公司對其債券持有人必須支付本金 $1,000。通常，債券的到期時間為十年至四十年間。

● 一、基本的債券評價模型

由於債券發行者必須在設定年限內按期支付固定利息，並且在債券到期日支付面值。因此在某一時點的債券價值，為債券發行者到債券到期日所應支付的金額，以投資人的必要報酬率貼現而得之現值。

債券的價值，可由下述公式求得：

$$P_0 = \frac{I_1}{(1+k_d)^1} + \frac{I_2}{(1+k_d)^2} + \cdots + \frac{I_n}{(1+k_d)^n} + \frac{M}{(1+k_d)^n} \tag{5-3}$$

公式 (5-3) 中，P_0 = 債券的現值

$I_1, I_2, \cdots, I_n$ = 每年支付的債券利息

M = 債券面值

n = 債券到期之年數

k_d = 債券投資者對此債券的必要報酬率

一般債券每年支付的利息都相等，亦即 $I_1 = I_2 = \cdots = I_n = I$，因此公式 (5-3) 可以改寫成：

$$P_0 = \frac{I}{(1+k_d)^1} + \frac{I}{(1+k_d)^2} + \cdots + \frac{I}{(1+k_d)^n} + \frac{M}{(1+k_d)^n}$$

$$= \sum_{t=1}^{n} \frac{I}{(1+k_d)^t} + \frac{M}{(1+k_d)^n} \qquad (5-4)$$

公式 (5-4) 右邊的 $\sum_{t=1}^{n} \frac{I}{(1+k_d)^t}$ 為 n 年內每年年金為 I 的現值，$\frac{M}{(1+k_d)^n}$ 為第 n 年單一金額為 M 的現值。因此公式 (5-4) 可以簡化為：

$$P_0 = I(PVIFA_{k_d,n}) + M(PVIF_{k_d,n}) \qquad (5-5)$$

若福特公司的公司債面值為 \$1,000，息票利率為 6%，必要報酬率為 7%，公司債的期限為二十年，問此公司債的目前價值為何？將 I = \$1,000 × 6% = \$60，M = \$1,000，和由附表 4 及附表 3 查得的 $PVIFA_{k_d,n}$ 及 $PVIF_{k_d,n}$ 在 k_d = 7% 及 n = 20 時的值代入公式 (5-5) 計算如下：

$$P_0 = \$60(PVIFA_{7\%,20}) + \$1,000(PVIF_{7\%,20})$$

$$= \$60(10.5940) + \$1,000(0.2584) = \$894.04$$

若必要報酬率為 6%，則：

$$P_0 = \$60(PVIF_{6\%,20}) + \$1,000(PVIF_{6\%,20})$$

$$= \$60(11.4699) + \$1,000(0.3118) = \$1,000$$

若必要報酬率為 5%，則：

$$P_0 = \$60(PVIF_{5\%,20}) + \$1,000(PVIF_{5\%,20})$$
$$= \$60(12.4622) + \$1,000(0.3769) = \$1,124.63$$

由上述不同的必要報酬率所求得的福特公司的公司債目前價值得知，若必要報酬率高於息票利率，則債券須折價 (Discount) 出售；若必要報酬率等於息票利率，則債券按面值 (Par) 出售；若必要報酬率低於息票利率，則債券可溢價 (Premium) 出售。

如果債券沒有違約風險，則債券持有者在債券到期日可以收到面值 \$1,000。故在必要報酬率及息票利率不變情況下，債券價值將隨到期日的來到而接近面值 \$1,000。圖 5–3 說明折價、按面值、和溢價出售的債券價值在趨近於到期日時的變動情形。當然，按面值出售的債券，不管離開到期日還有多久，其價值都不變，因為債券的息票利率等於其必要報酬率。

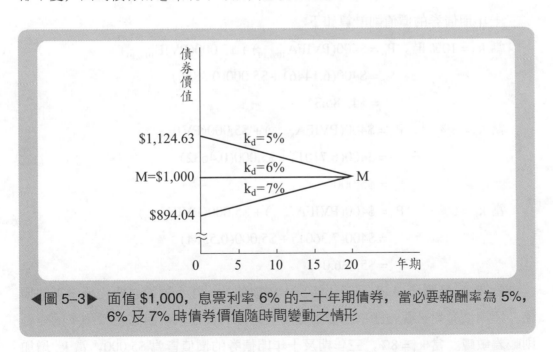

◀圖 5–3▶　面值 \$1,000，息票利率 6% 的二十年期債券，當必要報酬率為 5%，6% 及 7% 時債券價值隨時間變動之情形

債券的息票利率在債券發行時即已設定，在債券存在期間不受任何因素影響，但是必要報酬率則隨經濟情況的變動而變動，債券價值也因而隨著變動。

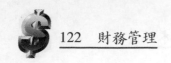

在其他條件不變情況下，較長期的債券價值所受必要報酬率變動的影響，大於較短期的債券價值。此顯示長期債券的利率風險高於短期債券的利率風險。

茲就三年期面值 $5,000，息票利率 8% 的債券，與十年期的債券加以比較。在不同的必要報酬率下，三年期債券的價值可計算如下：

當 $k_d = 10\%$ 時，$P_0 = \$400(PVIFA_{10\%,3}) + \$5,000(PVIF_{10\%,3})$

$\qquad\qquad = \$400(2.4869) + \$5,000(0.7513)$

$\qquad\qquad = \$4,751.26$

當 $k_d = 8\%$ 時，$P_0 = \$400(PVIFA_{8\%,3}) + \$5,000(PVIF_{8\%,3})$

$\qquad\qquad = \$400(2.5771) + \$5,000(0.7938)$

$\qquad\qquad = \$5,000$

當 $k_d = 6\%$ 時，$P_0 = \$400(PVIFA_{6\%,3}) + \$5,000(PVIF_{6\%,3})$

$\qquad\qquad = \$400(2.6730) + \$5,000(0.8396)$

$\qquad\qquad = \$5,294.20$

十年期債券的價值則計算如下：

當 $k_d = 10\%$ 時，$P_0 = \$400(PVIFA_{10\%,10}) + \$5,000(PVIF_{10\%,10})$

$\qquad\qquad = \$400(6.1446) + \$5,000(0.3855)$

$\qquad\qquad = \$4,385.34$

當 $k_d = 8\%$ 時，$P_0 = \$400(PVIFA_{8\%,10}) + \$5,000(PVIF_{8\%,10})$

$\qquad\qquad = \$400(6.7101) + \$5,000(0.4632)$

$\qquad\qquad = \$5,000$

當 $k_d = 6\%$ 時，$P_0 = \$400(PVIFA_{6\%,10}) + \$5,000(PVIF_{6\%,10})$

$\qquad\qquad = \$400(7.3601) + \$5,000(0.5584)$

$\qquad\qquad = \$5,736.04$

表 5–1 及圖 5–4 表示三年期及十年期債券，在不同的必要報酬率下的價值。短期債券對必要報酬率的變動較不敏感，而長期債券對必要報酬率的變動則較為敏感。當 $k_d = 8\%$，三年期及十年期債券的價值皆為 $5,000，當 k_d 增加至 10%，三年期債券下跌 4.9748% 至 $4,751.26，而十年期債券則下跌 12.2932% 至 $4,385.34。當 k_d 減少時，十年期債券價值增加的幅度，大於三年期債券增加

的幅度。由此可知，到期日愈長的債券，在必要報酬率變動時，其價值的變動幅度愈大。

◀表 5-1▶　面值 $5,000，息票利率 8%，在不同必要報酬率下的長短期債券價值

k_d	三年期債券	十年期債券
6%	$5,294.20	$5,736.04
8	5,000.00	5,000.00
10	4,751.26	4,385.34

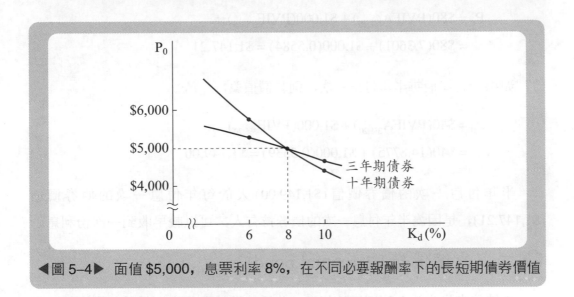

◀圖 5-4▶　面值 $5,000，息票利率 8%，在不同必要報酬率下的長短期債券價值

　　許多債券每年付息一次，但是大多數債券每半年付息一次。在評價每半年付息一次的債券時，對公式 (5–4) 及 (5–5) 稍加修正如下即可：

(1)將每年支付利息 (I) 除以 2，得每半年利息 (I/2)。

(2)將到期年數 (n) 乘以 2，得每半年為一期的期數 (2n)。

(3)將按年計算的必要報酬率 (k_d) 除以 2，得按半年計算的必要報酬率 ($k_d/2$)。

　　將上述三種改變，代入公式 (5–4)，得每半年支付利息一次的債券評價模型如下：

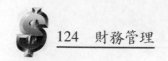

$$P_0 = \sum_{t=1}^{2n}\left[\frac{I/2}{(1+\frac{k_d}{2})^t}\right] + M\left[\frac{1}{(1+\frac{k_d}{2})^{2n}}\right] \tag{5-6}$$

公式 (5-5) 可以改寫成每半年付息一次的債券評價模型如下：

$$P_0 = \frac{I}{2}(PVIFA_{\frac{k_d}{2},2n}) + M(PVIF_{\frac{k_d}{2},2n}) \tag{5-7}$$

若華爾科技公司發行十年期的公司債，其息票利率為 8%，面值為 \$1,000，此公司債投資人的必要報酬率為 6%，若一年付息一次，此公司債的價值為：

$$P_0 = \$80(PVIFA_{6\%,10}) + \$1,000(PVIF_{6\%,10})$$
$$= \$80(7.3601) + \$1,000(0.5584) = \$1,147.21$$

如果此公司債每半年付息一次，則其價值為：

$$P_0 = \$40(PVIFA_{3\%,20}) + \$1,000(PVIF_{3\%,20})$$
$$= \$40(14.8775) + \$1,000(0.5539) = \$1,149.00$$

半年付息一次的債券價值 (\$1,149.00) 大於每年付息一次的債券價值 (\$1,147.21)，是因為半年付息一次的債券持有人，可以較早收到一部份利息。

● 二、永續債券 (Perpetual bond)

永續債券是指沒有到期日的債券，此種債券的發行者，保證無限期給付利息，但是沒有義務償還面值。如果永續債券持有人永遠在每年年底收到固定利息 I，則此永續債券的價值為：

$$P_0 = \sum_{t=1}^{\infty}\frac{I}{(1+k_d)^t} \tag{5-8}$$

上式可簡化為下述公式❶：

---

❶ 經由下述演算，公式 (5-8) 可以簡化成公式 (5-9)。

　公式 (5-8) 重寫成：

$$P_0 = \frac{I}{k_d} \qquad\qquad (5-9)$$

若富國生物科技公司發行息票利率為 8% 的永續債券，面值為 $1,000，投資者的必要報酬率為 10%，問此永續債券的價值為何？

因為 I = \$1,000(8\%) = \$80, k_d = 10%，利用公式 (5-9) 可求得此永續債券的價值為：

$$P_0 = \frac{\$80}{10\%} = \$800$$

三、債券到期日殖利率 (Yield to maturity, YTM)

債券到期日殖利率是指在某一價格下購買債券，並一直持有至到期日所賺得的報酬率。如果債券的目前價格為 P_0，年息為 I，**到期日價值** (Maturity value) 或面值為 M，則還有 n 年期限的債券到期日殖利率 (r)，可由下述公式解 r 值以獲得。

$$P_0 = \sum_{t=1}^{n} \frac{I}{(1+r)^t} + \frac{M}{(1+r)^n} \qquad\qquad (5-10)$$

上述公式可改寫成：

$$P_0 = I[\frac{1}{(1+k_d)^1} + \frac{1}{(1+k_d)^2} + \cdots + \frac{1}{(1+k_d)^n}] \qquad (1)$$

上式兩邊各乘以 $(1+k_d)$，得：

$$P_0(1+k_d) = I[1 + \frac{1}{(1+k_d)^1} + \frac{1}{(1+k_d)^2} + \cdots + \frac{1}{(1+k_d)^{n-1}}] \qquad (2)$$

式(2)減式(1)，得：

$$P_0 k_d = I[1 - \frac{1}{(1+k_d)^n}] \qquad (3)$$

當 $n \to \infty$ 時，$\frac{1}{(1+k_d)^n} \to 0$，式(3)乃成為：

$$P_0 k_d = I$$

因此，$P_0 = \frac{I}{k_d}$

$$P_0 = I(PVIFA_{r,n}) + M(PVIF_{r,n}) \tag{5-11}$$

公式 (5-10) 及公式 (5-11) 與公式 (5-4) 及公式 (5-5) 極為類似。公式 (5-4) 及公式 (5-5) 使用於 I, M, 及 k_d 值已知下,求得債券價值 (P_0),而公式 (5-10) 及公式 (5-11) 則為已知 P_0, I, 及 M 值下決定債券到期日殖利率 (r) 之值。

　　若史密斯公司有一張十五年以後到期的債券,此債券面值為 \$1,000,息票利率為 10%,目前的售價為 \$890,則此債券的到期日殖利率為何?

　　由於此債券售價低於債券面值,此債券的必要報酬率,即到期日殖利率,必定高於息票利率 (10%)。由債券的面值 (\$1,000) 及息票利率 (10%),可求得債券年息為 \$1,000 × 10% = \$100。為了求得債券到期日殖利率,可以下列方程式求解 r 值:

$$P_0 = \$890 = \$100(PVIFA_{r,15}) + \$1,000(PVIF_{r,15})$$

我們必須決定 r 值,使得 PVIFA 及 PVIF 之值,能讓上式右邊的數值等於 \$890。因為債券的目前售價低於面值,故債券到期日殖利率高於息票利率。如果 r = 12%,則:

$$\$100(PVIFA_{12\%,15}) + \$1,000(PVIF_{12\%,15})$$
$$= \$100(6.8109) + \$1,000(0.1827) = \$863.79$$

以 r = 12% 計算出來的債券價值低於 \$890,故此債券到期日殖利率不是 12%。為了提高債券價值,必須降低到期日殖利率。將 r = 11% 代入,可得:

$$\$100(PVIFA_{11\%,15}) + \$1,000(PVIF_{11\%,15})$$
$$= \$100(7.1909) + \$1,000(0.2090) = \$928.09$$

以 r = 11% 計算出來的債券價值 (\$928.09) 則高於此債券的當前市價 (\$890),故 11% 也不是債券到期日殖利率。

　　從上述計算可知,債券到期日殖利率,必定在 11% 與 12% 之間。利用插補法,如圖 5-5 所示,可以求得此債券到期日殖利率如下:

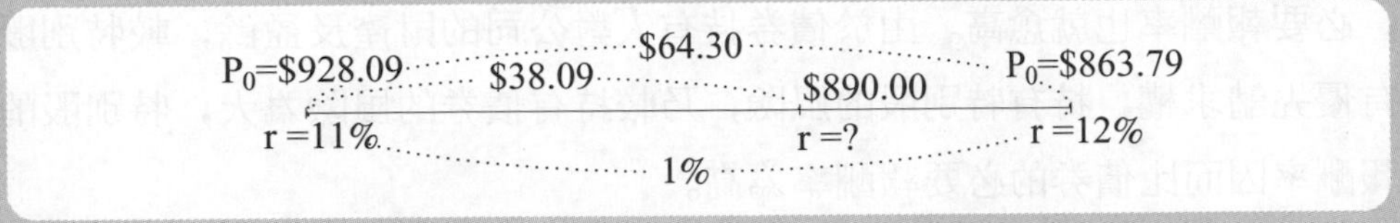

$P_0=\$928.09$　　$\$38.09$　　$\$64.30$　　　$P_0=\$863.79$

　　　　　　　　　　　　　　$\$890.00$

$r=11\%$　　　　　　　　　$r=?$　　　$r=12\%$

　　　　　　　　　　1%

◀圖 5–5▶　到期日收益率不同下的債券價值

$$r = 11\% + 1\% \times \frac{\$928.09 - \$890.00}{\$928.09 - \$863.79} = 11\% + 0.59\% = 11.59\%$$

為了方便，下述公式可用來求得債券到期日殖利率的近似值：

$$r' = \frac{I + \dfrac{M - P_0}{n}}{\dfrac{M + P_0}{2}} \tag{5--12}$$

公式中，$r'=$ 債券到期日殖利率近似值

上述史密斯公司的例子中，$I = \$100, M = \$1,000, P_0 = \$890$，及 $n = 15$ 代入公式 (5–12)，可求得：

$$r' = \frac{\$100 + \dfrac{\$1,000 - \$890}{15}}{\dfrac{\$1,000 + \$890}{2}} = 11.36\%$$

第三節　特別股之評價

　　大部份的特別股定期支付固定金額的股利。一般而言，特別股股利不會因為公司盈餘的增加而增加，除非公司遭遇嚴重的財務問題，否則特別股股利不會減少或停止。如果因為財務問題使得特別股股利減少或停止，則公司在給付普通股股利前，必須補發以前少付或止付的特別股股利❷。

　　特別股的必要報酬率為公司無法支付特別股股利的風險之函數。風險愈高

---

❷　此種特別股的特性，稱為可累積股利的特性 (Cumulative dividend feature)。

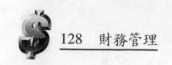

時，必要報酬率也就愈高。由於債券持有人對公司的財產及盈餘，較特別股股東有優先請求權，持有特別股的風險，乃較持有債券的風險為大，特別股的必要報酬率因而比債券的必要報酬率為高。

　　大部份的特別股沒有到期日，因而特別股股東定期收到的固定股利，可視為永續年金。特別股的評價模型為：

$$P_0 = \sum_{t=1}^{\infty} \frac{D_p}{(1 + k_p)^t} \tag{5-13}$$

公式 (5-13) 中，D_p = 特別股每年股利

　　　　　　　k_p = 特別股的必要報酬率❸

公式 (5-13) 可以如永續債券的模型簡化如下公式：

$$P_0 = \frac{D_p}{k_p} \tag{5-14}$$

　　若羅傑公司發行沒有到期日的特別股，每年年底支付股利 \$12，如果投資者對此特別股的必要報酬率為 8%，則此特別股的價值為：

$$P_0 = \frac{\$12}{0.08} = \$150$$

 ## 第四節　普通股之評價——一般模型

　　普通股股東為公司的真正所有人，他們購買普通股是為了獲得股利，以及期望普通股股價上漲。若普通股股價被低估，則投資人會購買此普通股；若股價被高估，則拋售普通股❹。普通股的評價方法，比債券及特別股的評價方法為

---

❸　若干特別股在發行時附有贖回條款 (Call provision)，允許公司在某些情況下贖回。如果投資者擬購買在未來預期會被贖回的特別股，則此種特別股的評價為贖回價格的現值，與贖回前收到的股利現值之和。

❹　一般人以為股票甚為分散，並且交易甚為頻繁，故其市場價格很適當，亦即股票市價等於其真實價值。

多，本節與下一節將詳細討論主要的普通股評價方法。

● 一、常用方法

普通股評價的常用方法，包括使用每股帳面價值、每股**清算價值** (Liquidation value)，以及本益比 (Price-earnings ratio)。

1.每股帳面價值

普通股每股帳面價值為公司總資產減去總負債和特別股以後的**殘值** (Residual value)，除以總股數而得。

$$普通股每股帳面價值 = \frac{總資產 - 總負債 - 特別股}{普通股總股數} \qquad (5-15)$$

此種方法並不精確，因為資產負債表資料的可信賴度並不甚高，而且忽略了公司未來的獲利能力。

若韓森公司資產負債表中的總資產為 \$30,000,000，總負債為 \$13,000,000，特別股為 \$2,000,000，已發行的普通股為 1,000,000 股，則普通股的每股帳面價值為：

$$\frac{\$30,000,000 - \$13,000,000 - \$2,000,000}{1,000,000} = \$15$$

一般而言，每股帳面價值可能高於或低於普通股的市價。

2.每股清算價值

普通股每股的清算價值，為公司出售資產，滿足了債權人和特別股股東的請求權後之剩餘，除以普通股股數而得❺。

$$普通股每股清算價值 = \frac{資產售價 - 總負債 - 特別股}{普通股總股數} \qquad (5-16)$$

若韓森公司的資產在清算後可得 \$28,000,000，則公司的每股清算價值為：

---

❺ 在清算公司的資產時，債權人的請求權最先獲得滿足，然後是特別股股東，如果還有剩餘，普通股股東才能獲得分配。

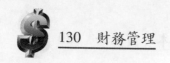

$$\frac{\$28,000,000 - \$13,000,000 - \$2,000,000}{1,000,000} = \$13$$

如果沒有清算費用，則 $13 為普通股的最低價值。普通股每股清算價值的評價方法較之帳面價值的評價方法更為實際，但是也沒有考慮公司的獲利能力。

3. 本益比

若一家公司的獲利能力與其產業中的一般公司相同，則可用產業的平均本益比來評估此公司的普通股價值。即以此公司的每股盈餘乘以產業的平均本益比，用來估計此公司的普通股價值。

$$普通股價值 = 普通股每股盈餘 \times 本益比 \qquad (5-17)$$

若南方蔬果公司 2005 年的每股盈餘為 $2.50，如果產業的平均本益比為 10，則南方公司的普通股價值為：

$$\$2.50 \times 10 = \$25$$

這種評估普通股價值的方法，其準確性決定於產業的平均本益比之可靠性，但是這種方法或多或少地考慮了公司的盈餘。

二、一般模型

上述三種普通股的評價方法非常簡單，然而它們缺乏理論基礎。普通股的評價方法，與前面兩節債券及特別股的評價方法都是基於相同的原理，然而普通股的評價方法較為複雜。債券與特別股的報酬固定，投資者很容易估計它們的未來收益，但是普通股股東則很難估計其未來所能獲得的現金流量，如普通股持有期間的股利，以及出售股票時的預期價格。普通股股利及其預期未來價格，與公司的財務表現和股利政策多少有些關係，由於公司的財務表現很難預測，因而不易估計公司股利以及可能的價格，故此債券和特別股的簡單評價模型，不能應用於普通股的評價。本節擬由簡而繁地討論各種普通股評價模型。

1. 單期評價模型

如果投資者購買股票，預期持有一年，投資者在年底收到股利 D_1 後，以價格 P_1 出售此股票，此股票的必要報酬率為 k_e 時，按照所得資本化評價法，則此股票的每股價值為：

$$P_0 = \frac{D_1}{1+k_e} + \frac{P_1}{1+k_e} = (D_1 + P_1)\frac{1}{1+k_e} \tag{5-18}$$

公式 (5-18) 可改寫成：

$$P_0 = D_1(PVIF_{k_e,1}) + P_1(PVIF_{k_e,1}) = (D_1 + P_1)(PVIF_{k_e,1}) \tag{5-19}$$

假定莎莉化妝品公司的普通股，預期在第一年年底時支付股利 \$2，並且可以價格 \$30 出售，投資者對此股票的必要報酬率為 12%，則此股票的價值為何？

將 $D_1 = \$2$，$P_1 = \$30$，$k_e = 12\%$，及 $n = 1$ 代入公式 (5-19) 可得此投資者對此股票所願意支付的最高價格為：

$$P_0 = (\$2 + \$30)(PVIF_{12\%,1}) = \$32(0.8929) = \$28.57$$

據此可知，投資者以 \$28.57 購買莎莉股票，第一年年底收到股利 \$2 後，若以 \$30 的價格出售，其報酬率為 12%，如果此股票的市價高於 \$28.57，則此股票的價值被高估，投資報酬率將低於 12%；反之，若股價低於 \$28.57，則此股票的價值被低估，投資報酬率將高於 12%。

2.兩期評價模型

如果投資者購買股票，預期持有兩年，並預期在第一及第二年年底各收到股利 D_1 及 D_2，然後以 P_2 的價格出售此股票，如股票的必要報酬率為 k_e，則此股票的價值為：

$$\begin{aligned}
P_0 &= \frac{D_1}{1+k_e} + \frac{D_2}{(1+k_e)^2} + \frac{P_2}{(1+k_e)^2} \\
&= D_1 \cdot \frac{1}{1+k_e} + (D_2 + P_2)\frac{1}{(1+k_e)^2}
\end{aligned} \tag{5-20}$$

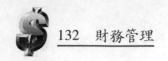

上述公式 (5–20) 可改寫成：

$$P_0 = D_1(PVIF_{k_e,1}) + (D_2 + P_2)(PVIF_{k_e,2}) \qquad (5–21)$$

假如上述莎莉公司的股票，在第二年年底的股利為 $2.25，股價為 $33，則此股票的每股價值可計算如下：

將 $D_1 = \$2$, $D_2 = \$2.25$, $P_2 = \$33$, $k_e = 12\%$，及 $n = 2$ 代入公式 (5–21)，可得此股票的現在價值為：

$$P_0 = \$2(PVIF_{12\%,1}) + (\$2.25 + \$33)(PVIF_{12\%,2})$$
$$= \$2(0.8929) + (\$35.25)(0.7972) = \$29.89$$

此即投資者以 $29.89 購買莎莉股票，並持有兩年，則其投資報酬率為 12%。

3. n 期評價模型

如果投資者購買股票，預期持有 n 年，並預期每年年底的股利為 D_1, D_2, ……及 D_n，第 n 年年底的股價為 P_n，如果股票的必要報酬率為 k_e，則此股票的評價模型為：

$$P_0 = \frac{D_1}{(1 + k_e)} + \frac{D_2}{(1 + k_e)^2} + \cdots + \frac{D_n}{(1 + k_e)^n} + \frac{P_n}{(1 + k_e)^n} \qquad (5–22)$$

上述公式可以簡寫成：

$$P_0 = \sum_{t=1}^{n} \frac{D_t}{(1 + k_e)^t} + \frac{P_n}{(1 + k_e)^n} \qquad (5–23)$$

或

$$P_0 = \sum_{t=1}^{n} D_t(PVIF_{k_e,t}) + P_n(PVIF_{k_e,n}) \qquad (5–24)$$

如果莎莉公司第三年至第六年年底的股利均為 $2.85，在收到第六年年底的股利後，投資者預期以 $45 的價格出售，則此股票的每股價值為何？

將 $D_1 = \$2$, $D_2 = \$2.25$, $D_3 = D_4 = D_5 = D_6 = \$2.85$, $P_6 = \$45$, $k_e = 12\%$，及 $n = 6$ 代入公式 (5–24) 可得莎莉公司的股票價值為：

$$P_0 = \$2(PVIF_{12\%,1}) + \$2.25(PVIF_{12\%,2}) + \$2.85(PVIF_{12\%,3}) + \$2.85(PVIF_{12\%,4})$$
$$+ \$2.85(PVIF_{12\%,5}) + \$2.85(PVIF_{12\%,6}) + \$45(PVIF_{12\%,6})$$
$$= \$2(0.8929) + \$2.25(0.7972) + \$2.85(0.7118) + \$2.85(0.6355)$$
$$+ \$2.85(0.5674) + \$2.85(0.5066) + \$45(0.5066)$$
$$= \$33.28$$

故投資者以 $33.28 購買莎莉公司股票，並持有六年，其投資報酬率為 12%。

4. 一般評價模型

前述的各種評價模型中，目前股價 (P_0) 受到預期持有期期末股價的影響，然而欲正確預測第 n 期期末的股價至為困難，故此假定投資者欲永久持有股票，則當前股票的價值，為未來的股利，以必要報酬率 (k_e) 貼現後的現值加總而得，其評價模型為：

$$P_0 = \sum_{t=1}^{\infty} \frac{D_t}{(1 + k_e)^t} \qquad (5\text{–}25)$$

此一般評價模型把**股利源流** (Stream of dividend) 視為永續不斷的，如果公司一直存續下去經營，這種假設甚為合理，然而如果公司清算，或為其他公司所併購，則應該使用短期的股票評價模型。

有些公司雖然獲利，但是從未發放股利，而將全部盈餘保留用於未來的再投資之用。在此情況下，必須假定公司在某特定的未來會開始定期支付股利，才可應用此一般評價模型來估計股票價值。

 第五節　普通股之評價——成長模型

一家公司的股利可能有一趨勢可循，在這種情況下，前一節的股票評價模型稍微加以修正即可應用。本節分三種不同的股利成長模型予以討論，即**零成**

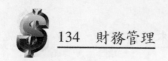

長 (Zero growth)，**固定或常態成長** (Constant or normal growth)，以及**超常態成長** (Super growth)。這三種不同的股利成長趨勢圖示如下：

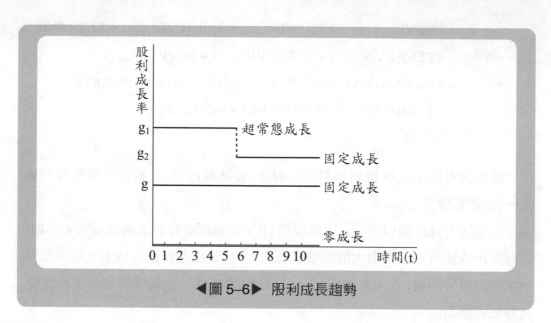

◀圖 5–6▶ 股利成長趨勢

● 一、零成長模型

零成長股票乃假定此種股票的預期未來股利成長率為 0，即股利永遠不變，而固定於同一數額，亦即：

$$D_1 = D_2 = D_3 = \cdots = D_\infty = D$$

其中 D 為每年股利，因此公式 (5–25) 可改寫為：

$$P_0 = \sum_{t=1}^{\infty} \frac{D}{(1 + k_e)^t} \tag{5–26}$$

公式 (5–26) 與永續債券或特別股的評價模型相似，因此可以簡寫為：

$$P_0 = \frac{D}{k_e} \tag{5–27}$$

假定海倫女服公司的普通股股利，預期未來每年都是 $2.50，此股票的必要報酬率為 8%，則此股票的價值為：

$$P_0 = \frac{\$2.50}{0.08} = \$31.25$$

公式 (5–27) 可以用來求解股票的預期報酬率 $(\hat{k}_e)$ 如下：

$$\hat{k}_e = \frac{D}{P_0} \qquad\qquad (5–28)$$

如果你以 $50 購買杜爾公司的股票，並預期每年收到固定的股利 $4，則此股票的預期報酬率為：

$$k_e = \frac{\$4}{\$50} = 8\%$$

● 二、固定成長模型

固然有些公司的股票價值可以用零成長模型來評估，但是大多數公司的股利都逐年增加。如果某一公司的未來股利，每年按一固定成長率增加❻，則 t 年後的股利為：

$$D_t = D_0(1 + g)^t \qquad\qquad (5–29)$$

公式 (5–29) 中，D_t = 第 t 年的股利

D_0 = 第 0 年的股利

g = 股利的預期年成長率

公式 (5–29) 表示第 0 年 (即當前) 的股利為 D_0，第一年的股利為 $D_0(1 + g)$，第二年的股利為 $D_0(1 + g)^2$，第三年的股利為 $D_0(1 + g)^3$，以下類推，則第 n 年的股利為 $D_0(1 + g)^n$，當 $t = \infty$ 時，第 ∞ 年的股利則為 $D_0(1 + g)^\infty$，將公式 (5–29) 代入公式 (5–25)，可得：

---

❻ 固定成長模型假定公司的盈餘和股利以同樣的成長率增加。

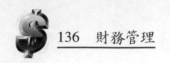

$$P_0 = \sum_{t=1}^{\infty} \frac{D_0(1+g)^t}{(1+k_e)^t} \qquad\qquad (5\text{--}30)$$

如果股票的必要報酬率 (k_e) 大於股利成長率 (g)，則公式 $(5\text{--}30)$ 可以簡化成公式 $(5\text{--}31)$❼ 如下：

$$P_0 = \frac{D_1}{k_e - g} \qquad\qquad (5\text{--}31)$$

此即通稱的 **高登** $(Gordon)$ 模型。

當利用公式 $(5\text{--}31)$ 來評價某一股票時，必須估計此股票的未來股利成長率 (g)，如果未來股利為過去股利趨勢的延伸，則可以過去股利成長率，作為未來股利成長率。

---

❼ 公式 $(5\text{--}30)$ 經過展開後，得：

$$P_0 = \frac{D_0(1+g)}{(1+k_e)^1} + \frac{D_0(1+g)^2}{(1+k_e)^2} + \cdots + \frac{D_0(1+g)^\infty}{(1+k_e)^\infty} \qquad (1)$$

上式兩邊各乘以 $\frac{1+k_e}{1+g}$，得：

$$P_0\left(\frac{1+k_e}{1+g}\right) = D_0 + \frac{D_0(1+g)}{(1+k_e)^1} + \frac{D_0(1+g)^2}{(1+k_e)^2} + \cdots \qquad (2)$$

式(2)減式(1)，得：

$$P_0\left(\frac{1+k_e}{1+g}\right) - P_0 = D_0 - \frac{D_0(1+g)^\infty}{(1+k_e)^\infty} \qquad (3)$$

由於 $k_e > g$，因此 $\frac{D_0(1+g)^\infty}{(1+k_e)^\infty}$ 趨近於 0，結果：

$$P_0\left(\frac{1+k_e}{1+g} - 1\right) = D_0 \qquad (4)$$

式(4)可以簡化成：

$$P_0\left[\frac{1+k_e - (1+g)}{1+g}\right] = D_0 \qquad (5)$$

$$P_0(k_e - g) = D_0(1+g) \qquad (6)$$

所以：

$$P_0 = \frac{D_0(1+g)}{k_e - g} = \frac{D_1}{k_e - g} \qquad (7)$$

假設安德魯公司普通股目前的每股股利 (D_0) 為 \$1.50，預期未來股利成長率為 10%，如果此股票的必要報酬率為 15%，則此股票的價值為何?

根據公式 (5–31)，將一年後的股利 D_1 = \$1.50(1 + 10%) = \$1.65, k_e = 15% 及 g = 10% 代入之可求得此股票的價值為:

$$P_0 = \frac{\$1.65}{0.15 - 0.10} = \$33$$

如果股利成長率固定，則公式 (5–31) 可以用來求解股票的預期報酬率 ($\hat{k}_e$) ❽ 如下:

$$\hat{k}_e = \frac{D_1}{P_0} + g \tag{5–32}$$

上述公式表示股票的預期報酬率等於**預期的股利獲益率** (Expected dividend yield) D_1/P_0，加上預期的股利成長率 (g) 而得。

假定美孚石油公司在 2003 年 12 月 31 日發放股利 \$3.00，該日的股價為 \$80，若預期股利年成長率為 8%，問此公司股票的預期報酬率為何?

一年後美孚公司的股利 (D_1) 為 \$3.00(1 + 8%) = \$3.24，將此 D_1 值，P_0= \$80，以及 g = 8% 代入公式 (5–32) 可以求得此公司股票的預期報酬率為:

$$\hat{k}_e = \frac{\$3.24}{\$80} + 8\% = 12.05\%$$

---

❽ 公式 (5–32) 可以由公式 (5–31) 導出如下:

$P_0 = \dfrac{D_1}{k_e - g}$

$P_0 k_e - P_0 g = D_1$

$P_0 k_e = D_1 + P_0 g$

求解 k_e 得:

$k_e = \dfrac{D_1}{P_0} + g$

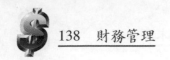

三、超常態成長模型

儘管有些公司的盈餘及股利成長率為零或固定，但是許多公司並非如此。一般而言，公司在 **生命週期** (Life cycle) 的階段中，常常在早期經歷快速成長，而後達到成熟期，盈餘及股利成長率將降低，並維持在一固定水準。

在這種股利趨勢下，我們也可以發展出簡單的股票評價模型。如果在第 m 年間股利有超常態成長率 g_1，第 m + 1 年起股利維持在較低的固定成長率 g_2 下增加，則股票的現值為：

$$P_0 = \sum_{t=1}^{m} \frac{D_0(1 + g_1)^t}{(1 + k_e)^t} + \frac{P_m}{(1 + k_e)^m} \tag{5-33}$$

或

$$P_0 = \sum_{t=1}^{m} \frac{D_0(1 + g_1)^t}{(1 + k_e)^t} + (\frac{D_{m+1}}{k_e - g_2})[\frac{1}{(1 + k_e)^m}] \tag{5-34}$$

上述兩個公式，若引用現值利息因子，則可改寫成：

$$P_0 = \sum_{t=1}^{m} [D_0(1 + g_1)^t(PVIF_{k_e,t})] + \frac{D_{m+1}}{k_e - g_2}(PVIF_{k_e,m}) \tag{5-35}$$

或

$$P_0 = \sum_{t=1}^{m} [D_0(1 + g_1)^t(PVIF_{k_e,t})] + P_m(PVIF_{k_e,m}) \tag{5-36}$$

上述公式中，m = 股利超常態成長之年數

$\quad\quad\quad D_{m+1}$ = 股票在第 m + 1 年底之股利

$\quad\quad\quad P_m$ = 股票在第 m 年底之價格

$\quad\quad\quad g_1$ = 股票股利在超常態成長期間的年成長率

$\quad\quad\quad g_2$ = 股票股利在超常態成長期間後的年成長率

公式 (5–33) 至公式 (5–36) 表示股票的目前價值，為股票在超常態成長年間所獲股利的現值，加上股票在超常態成長年年底的價格之現值。因為股利在第 m + 1 年起按固定成長率 g_2 增加，故第 m 年年底的股票價格可用固定成長模型 $\dfrac{D_{m+1}}{k_e - g_2}$ 來求得。

假定菲利浦公司預計未來四年的盈餘及股利成長率為 12%，其後每年成長率為 7%。若目前股利 $D_0 = \$2$，投資者的必要報酬率為 13%，則菲利浦公司在超常態成長年間股利現值總和為 \$7.83，如表 5–2 之說明。

◖表 5–2◗ 菲利浦公司股利現值計算表

年底 (t)	股利 $D_t = \$2(1 + 12\%)^t$	現值利息因子 $PVIF_{13\%,t}$	股利的現值
1	$2(1 + 12\%)^1 = \$2.24$	0.8850	\$1.98
2	$2(1 + 12\%)^2 = \$2.51$	0.7831	1.97
3	$2(1 + 12\%)^3 = \$2.81$	0.6931	1.95
4	$2(1 + 12\%)^4 = \$3.15$	0.6133	1.93
超常態成長年間股利現值總和			\$7.83

根據固定成長模型求得公司第四年年底的的股價為 \$56.17，其計算如下：

$$P_4 = \frac{D_5}{k_e - g_2} = \frac{D_4(1 + g_2)}{k_e - g_2} = \frac{\$3.15(1 + 0.07)}{0.13 - 0.07} = \$56.17$$

第四年年底的股價 (P_4) 之現值為：

$$P_4(PVIF_{13\%,4}) = \$56.17(0.6133) = \$34.45$$

將超常態成長期間的股利現值總和 \$7.83，加上第四年年底的股價現值 \$34.45，即為菲利浦公司股票的目前價值 \$42.28，其計算如下：

$$P_0 = 第一至第四年股利現值總和 + 第四年年底股價現值$$
$$= \$7.83 + \$34.45 = \$42.28$$

問　題

5–1　應用所得資本化來評估金融資產與實質資產時，應考慮哪些因素？

5–2　說明風險與報酬間的關係。

5–3　資產的帳面價值與實際價值間有何差異？

5–4　債券價值如何決定？

5–5　債券價格隨利率的變動而變動，但是長期債券的價格比短期債券的價格對利率變動更為敏感。試解釋之。

5–6　每年付息一次與每半年付息一次的債券，其評價模型有何不同？

5–7　永續債券、特別股和股利零成長的普通股之評價模型非常類似，試用公式說明之。

5–8　息票利率與債券到期日收益率有何不同？

5–9　債券發行後，經濟情況的變化，使得利率因而上升或下降，則債券到期日殖利率是否因而改變？

5–10　何以普通股的評價，較之債券及特別股的評價更為困難？

5–11　根據普通股的評價模型，如果公司一直將盈餘保留作為再投資之用，不分配股利予股東，該公司的股票價值仍然大於0，是否可能發生？

5–12　普通股的帳面價值與清算價值是否相同？試解釋之。

5–13　以公式說明普通股的一般評價模型。

5–14　敘述固定成長模型的理論基礎。在此模型裡，股利成長率的變動對股價有何影響？

5–15　在其他條件不變下，下列各因素對公司股票有何影響？

(1)一般利率水準下降，投資者對股票的必要報酬率降低。

(2)由於外國公司的競爭增強，減少了公司未來盈餘及股利的成長。

(3)能源危機引發通貨膨脹率的上升。

5–16　如何評價股利有超常態成長的股票？

習　題

5-1　祥林公司最近添新設備，此設備預期使用年限為八年，在八年間公司預期此設備所帶來的現金流量增加如下表所示：

年底	1	2	3	4	5	6	7	8
現金流量增加	$3,000	2,500	4,000	2,000	3,000	2,000	1,000	1,500

　　此設備在第八年年底預期出售後的稅後所得為 $1,000，如果此投資的必要報酬率為 12%，試問此設備的價值為何？

5-2　玉山食品公司最近購買某一資產，預估未來十四年的每年年底可以為公司帶來額外的利益 $3,000，十四年後此資產的殘餘價值為 $500，如果此資產的必要報酬率為 10%，則此資產的價值為何？

5-3　(1)凱森公司發行的十年期債券，息票利率 12%，債券面值為 $1,000，每年付息一次，在下列不同利率下，其債券價格為何？① 14%，② 12%，③ 10%。

　　(2)凱森公司發行的另一種十五年期債券，息票利率為 12%，債券面值為 $1,000，每年付息一次，在下列不同利率下，此債券的價格為何？① 14%，② 12%，③ 10%。

　　(3)試說明在利率變動時，何以十年期債券價格的變動幅度較十五年期債券價格的變動幅度為小？

5-4　**零息債券** (Zero coupon bond) 的債券持有人沒有利息收入，但是發行人在到期日以債券面值付給債券持有人，因而此種債券通常以極低價格出售。若某公司發行十五年期的零息債券，其面值為 $5,000，當此債券的必要報酬率為 12% 時，你所願意付的最高價為何？

5-5　迅雷公司發行十年期的公司債，面值為 $1,000，息票利率為 7%，每年付息一次，則購買價格為(1) 950，(2) $1,000，及(3) $1,080 時的債券到期日殖利率為何？如用近似值法，此公司的債券到期日殖利率為何？

5-6 慕名公司於 1995 年 3 月 1 日發行新的債券，此債券的面值為 $1,000，而以 $1,050 出售，息票利率為 10%，每年付息一次，二十年到期。

(1)若債券投資人於 1995 年 3 月 1 日購買此債券後，一直持有至到期日，則此債券的 YTM 為何？

(2) 1999 年 3 月 1 日，如利率降低至 8%，則債券價格為多少？

(3)如果你在 2005 年以 $920 購買此債券，並持有至到期日，則你的債券 YTM 為何？

(4) 2008 年 3 月 1 日，利率上升至 12%，則此債券的價格為何？

5-7 史高特公司於 2000 年 1 月 1 日發行三十年期面值為 $1,000，息票利率為 8%，每年付息一次的債券。債券的發行價格為 $960，公司可於此債券發行後十年，以面額的 105% 贖回此債券。

(1)此債券的 YTM 為何？

(2)若此債券發行十年後，公司贖回此債券，則債券持有人的報酬率為何？

(3)投資者於 2004 年 1 月 1 日購入此債券，發行公司於十年後贖回此債券，如果投資者的必要報酬率為 10%，問此投資者所願付的最高價格為何？

5-8 商佳公司發行特別股，持有人每年年底可以收到股利 $60，如果利率為 15%，問此特別股的價格為何？如利率下跌至 12%，則其價格為何？

5-9 貝蒂百貨公司 2004 年 12 月 31 日的資產負債表如下：

資產		負債與淨值	
現金	$ 150,000	應付帳款	$ 200,000
有價證券	200,000	應付票據	250,000
應收帳款	80,000	應付薪資	100,000
存貨	370,000	經常負債	$ 550,000
流動資產	$ 800,000	長期負債	250,000
固定資產淨額	600,000	總負債	$ 800,000
		特別股	100,000
		普通股	350,000
		保留盈餘	150,000
		淨值	$ 600,000
資產總額	$1,400,000	負債與淨值總額	$1,400,000

如果 1. 公司發行普通股 100,000 股

　　 2. 特別股按帳面值清償

　　 3. 應收帳款按帳面值 90% 出售

　　 4. 存貨按帳面值 80% 出售

　　 5. 固定資產淨額按帳面值 70% 出售

　　 6. 所有負債項目均按帳面值清償

　　 7. 沒有清算管理費用

　　 8. 所有利息與股利均已付清

根據所知資料：

(1) 計算每股帳面價值。

(2) 計算每股清算價值。

(3) 如果未來每股盈餘為 $1.25，目前的本益比為 12，則每股價值為何？

(4) 試比較上述不同結果。

5-10　同一產業內的三家公司預測每股盈餘如下表，如果產業的平均本益比為 12，估計每家公司的股票價值。

公司	預估每股盈餘
A	$1.50
B	2.80
C	2.25

5-11　若你以 $26 的價格買進某一公司的股票，預期未來四年的每年年底可以收到股利 $1.00, $1.15, $1.35，及 $1.55，估計四年後可以 $40 價格出售。

(1) 計算股利成長率。

(2) 計算你的投資報酬率。

5-12　全民保險公司剛發放股利 $2.35，投資者對此公司股票的必要報酬率為 13%，如果投資者預期股利每年成長 (1) 0%，(2) 5%，及 (3) 10%，則此股票之目前價值為何？

5-13　耐久公司預期未來五年內的盈餘及股利可以加倍，目前的盈餘及股利各為 $6

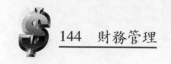

及 $2。

(1)求未來五年間的每年股利成長率。

(2)利用(1)來預估未來五年的每年股利。

(3)如果未來股利每年都按照(1)所求得的股利成長率增加，必要報酬率為 18% 時，則此股票的目前價值為何？

(4)如果未來五年的股利年成長率如(1)所示，然後每年成長 7%，求必要報酬率為 18% 時的目前股價。

5-14 強森球鞋公司目前股利為 $1.50，預計未來三年每年成長 12%，其後二年每年成長 10%，然後每年成長 6%，如果必要報酬率為 10%，則此股票的目前價值為何？

5-15 某公司目前的每股盈餘為 $6，預期每股盈餘每年增加 10%，股利發放比率為 80%，股價為每股盈餘的 15 倍。如果投資者的必要報酬率為 14%，並在五年後將股票賣掉，試問此股票的目前價值為何？

5-16 亞曼尼公司擬發行面值 $1,000 的十二年期債券，如果息票利率每四年變動一次，第一個四年為 10%，第二個四年為 12%，第三個四年為 14%。如果此債券的必要報酬率為 13%，則投資者對此債券所願支付的最高價為何？

第六章

風險與報酬

　　我們在日常生活中，經常遭遇到很難預測的不確定狀況，諸如氣候、健康、政治、經濟、及投資等，無法完全正確的預測。風險是指某一事件發生的機會。不確定與風險有時不易有清楚的界線，一般而言，如果決策者對某一事件可能發生的各種結果 (Outcome)，沒有足夠資料以賦予機率，則為不確定情況。如果決策者有充足的資料，對某一事件的各種可能結果，能夠賦予機率，則為風險情況。風險是沒有辦法完全消去的，但是瞭解它，利用適當方法予以測量，並將之與報酬連接起來，在做財務決策時，非常有用。

　　因為企業的目標為追求股東財富極大化，或股價極大化，故財務經理在做財務決策時，必須考慮影響股價的兩個重要因素——風險與報酬。亦即財務經理在做財務決策時，必須先預測風險，而後預測可能報酬，進而預測風險與報酬對股價可能發生何種影響。

　　在第五章，我們討論各種證券的價值決定於其未來的現金流量以及投資者對此證券的必要報酬率。未來的現金流量並不確定，具有風險，而大部份的投資者都欲規避風險，因此風險愈大的投資，必要報酬率也愈高，亦即報酬率為風險的增函數。而任何投資都有風險，故此瞭解風險與報酬間的關係，在財務管理上極為重要。

　　本章第一節為風險的定義，指出一般的定義與本書的定義之差別。第二節利用機率分配的概念，討論如何計算風險。第三節說明投資組合的理論，著重於投資組合的預期報酬率與風險，及其測量方法。第四節指出有兩種以上的投

資時，**非系統性風險** (Unsystematic risk) 可經由分散投資予以消除，而**系統性風險** (Systematic risk) 則為各個企業所共有，無法經由分散投資予以消除。第五節利用證券市場線，說明各種證券在某一系統性風險水準下的必要報酬率。第六節討論資本資產定價模型的重要假定及其構成因素，此模型可用來解釋證券投資的風險與報酬間之關係，進而幫助決策人員做正確的投資決定，但是在利用這種模型時有其限制，這方面的討論則屬於最後一節。

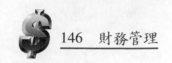 # 第一節　風險的定義

《韋氏字典》將風險定義為「損失、傷害、危險」發生的可能性。因此，風險是指不利事件或損失發生的機會。玩賽車非常刺激，但有喪失生命或受傷的風險；至拉斯維加斯賭博，有輸錢的風險；經營商店及購買證券有虧損的風險。在財務管理上，有些學者則以為風險是指**實際報酬** (Actual return) 低於**預期報酬** (Expected return) 的可能性。

購買政府債券，面值為 $1,000，息票利率為 5%，則投資者每年可以收到利息 $50，債券到期時可以收到面值 $1,000 的款額，投資者不必擔心政府不支付定期利息和無法支付債券到期時應付款額，因為實際報酬確定，則此政府債券投資**沒有風險** (Risk-free)。如果購買公司債，則發行公司有無法支付利息，或支付債券到期時應付款額的可能性存在，故投資公司債有損失利息或無法收到公司債面值的風險。若購買公司的股票，公司經營良好，則股價上漲，投資報酬可觀，但若公司經營不善，則股價下跌、公司倒閉則股票價值變為零，股票投資者有損失金錢的風險。由此可知，當投資報酬越確定時，風險越小；投資報酬越不確定，則風險越大。

在財務管理上，風險不僅表示實際報酬低於預期報酬，也表示實際報酬高於預期報酬，亦即風險是指實際報酬與預期報酬間的差異程度，或者實際報酬的**機率分配** (Probability distribution)。

風險與不確定常為一般人交換使用，而無任何區別。統計學上此兩種則有不同的定義。風險是指決策者可根據足夠的資料，將各種情況作一**客觀的機率**

分配 (Objective probability distribution)。在不確定下，決策者則沒有足夠的資料，因而必須根據個人經驗或判斷，來發展出各種情況的**主觀機率分配** (Subjective probability distribution)。例如在開發新產品時，決策者因為沒有資料、或資料不足，因此必須根據主觀的判斷，對各種可能結果，主觀地決定機率分配。本章對此兩者並不予以區別，而交互使用於風險情況下的決策。

 ## 第二節　機率分配

統計學上，機率是指某一**事件** (Event) 或**結果** (Outcome) 發生的機會或可能性❶，如果某一事件發生的機率為 30%，則可以預期每 100 次裡，該事件會發生 30 次。如果該事件發生的機率為 100%，則該事件確定將發生；如果該事件發生機率為 0，則該事件確定不會發生。機率分配則是指所有可能的事件，及各個事件發生的機率而言。而所有各個事件的機率加總起來，必定等於 1 或 100%。

下表 6–1 用來說明各種不同經濟情況下，克雷公司四種投資的報酬率之機率分配。

表 6–1 克雷公司四種投資的報酬率之機率分配

經濟狀況	機率	投資報酬率			
		國庫券	公司債	甲方案	乙方案
惡性衰退	0.1	6%	10%	−2%	−4%
溫和衰退	0.2	6	9	4	8
正常	0.4	6	8	9	11
景氣溫和	0.2	6	7	14	15
景氣過熱	0.1	6	6	20	24

---

❶ 機率可用分數、小數、或百分比來表示。

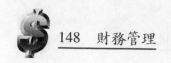

一、預期報酬率

在數學上，如果把每一可能結果及其相對應的機率相乘，而後把這些乘積加總起來，所得到的，稱為**加權平均**（Weighted average）或**期望值**（Expected value），權數則為各種結果的機率。期望值也許永遠不會實現，但它表示在長期間預期可能出現的數值。表 6–1 中各種投資報酬率之期望值，即**預期報酬率**（Expected rate of return），為各種投資在不同經濟狀況下的報酬率，乘以其相對應的機率後加總而得。

數學上，各種投資的預期報酬率之計算公式可表示如下：

$$\bar{k} = \sum_{i=1}^{n} k_i P(k_i) \qquad\qquad (6\text{--}1)$$

公式中，$\bar{k}$ = 預期報酬率

$\qquad\quad k_i$ = 第 i 個可能報酬率

$\qquad\quad P(k_i)$ = 第 i 個可能報酬率的機率

$\qquad\quad n$ = 可能發生的報酬率之數目

根據公式 (6–1)，可以求得克雷公司各種不同投資的預期報酬率如表 6–2 所示。可知國庫券的預期報酬率最低，其風險相對也低；乙方案的預期報酬率最高，其風險相對也高。風險的測量方法則於下面一小節討論。

表 6–2 克雷公司各種投資的預期報酬率

國庫券			公司債			甲方案			乙方案		
k_i	$P(k_i)$	$k_iP(k_i)$	k_i	$P(k_i)$	$k_iP(k_i)$	k_i	$P(k_i)$	$k_iP(k_i)$	k_i	$P(k_i)$	$k_iP(k_i)$
6%	0.1	0.6%	10%	0.1	1.0%	−2%	0.1	−0.2%	−4%	0.1	−0.4%
6	0.2	1.2	9	0.2	1.8	4	0.2	0.8	8	0.2	1.6
6	0.4	2.4	8	0.4	3.2	9	0.4	3.6	11	0.4	4.4
6	0.2	1.2	7	0.2	1.4	14	0.2	2.8	15	0.2	3.0
6	0.1	0.6	6	0.1	0.6	20	0.1	2.0	24	0.1	2.4
		$\bar{k}=6\%$			$\bar{k}=8\%$			$\bar{k}=9\%$			$\bar{k}=11\%$

● 二、標準差：風險指標

風險是指出現結果的分散程度。將來報酬率的分佈愈集中，投資風險愈低；反之，投資風險愈高。測度將來報酬率的分散情形，可用**標準差** (Standard deviation) 的概念來說明。將來報酬率的標準差愈小，風險愈低；反之，則風險愈高。

標準差的計算過程如下：

(1)計算預期報酬率 ($\bar{k}$)。

$$\bar{k} = \sum_{i=1}^{n} k_i P(k_i) \tag{6-1}$$

(2)計算每一個可能報酬率與預期報酬率間的差額。

$$d_i = k_i - \bar{k} \tag{6-2}$$

　d_i = 第 i 個可能報酬率與預期報酬率之差

(3)計算每一個可能報酬率與預期報酬率間的差額之平方，然後乘以相對應的報酬率之機率，最後將這些乘積加總起來而得將來報酬率的變異數。

$$\sigma^2 = \sum_{i=1}^{n} (k_i - \bar{k})^2 P(k_i) \tag{6-3}$$

　σ^2 = 將來報酬率的變異數

(4)計算將來報酬率的變異數之平方根，可得將來報酬率的標準差。

$$\sigma = \sqrt{\sigma^2}$$
$$= \sqrt{\sum_{i=1}^{n} (k_i - \bar{k})^2 P(k_i)} \tag{6-4}$$

　σ = 將來報酬率之標準差

根據上述步驟可計算國庫券將來報酬率的標準差如下表 6–3 所示。

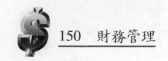

◖表 6–3◗ 國庫券報酬率的標準差計算

k_i	$\bar{k}$	$k_i-\bar{k}$	$(k_i-\bar{k})^2$	$P(k_i)$	$(k_i-\bar{k})^2 P(k_i)$
6%	6%	0%	0%	0.1	0
6	6	0	0	0.2	0
6	6	0	0	0.4	0
6	6	0	0	0.2	0
6	6	0	0	0.1	0
					$\sigma^2=0$

因此國庫券將來報酬率的標準差 (σ) 為 $\sqrt{0}=0$。

公司債的將來報酬率之標準差計算如下表 6–4。

◖表 6–4◗ 公司債報酬率的標準差計算

k_i	$\bar{k}$	$k_i-\bar{k}$	$(k_i-\bar{k})^2$	$P(k_i)$	$(k_i-\bar{k})^2 P(k_i)$
10%	8%	2%	4%	0.1	0.4%
9	8	1	1	0.2	0.2
8	8	0	0	0.4	0
7	8	−1	1	0.2	0.2
6	8	−2	4	0.1	0.4
					$\sigma^2=1.2\%$

因此公司債將來報酬率之標準差 (σ) 為 $\sqrt{1.2\%}=1.095\%$。

利用相同的計算方式，可得甲方案將來報酬率之標準差 (σ) 為 5.848%，乙方案將來報酬率之標準差為 6.693%。

由上述四種不同投資的將來報酬率之標準差，可知國庫券報酬率的標準差為 0，故其投資風險為 0；公司債報酬率的標準差較大，故其投資風險較高；甲方案的投資風險更高，而乙方案的投資風險最高。

如果投資報酬率的機率分配為**常態分配** (Normal distribution)，則**標準常態機率函數** (Standard normal probability function) (見附表 5) 可以用來計算任何報

酬率發生範圍的機率。從附表 5 可知，68.26% 的報酬率介於預期報酬率加減一個標準差 ($\overline{k} \pm \sigma$) 之間；95.45% 的報酬率介於預期報酬率加減兩個標準差 ($\overline{k} \pm 2\sigma$) 之間；99.72% 的報酬率介於預期報酬率加減三個標準差 ($\overline{k} \pm 3\sigma$) 之間。

　　若報酬率的機率分配為常態分配，則報酬率的標準差可以用來說明某一特定報酬率與預期報酬率 ($\overline{k}$) 間的關係，亦即某一特定報酬率與預期報酬率之間有多少個標準差，此可由下述 Z 值公式計算而得：

$$Z = \frac{k_i - \overline{k}}{\sigma} \tag{6-5}$$

　　若某一投資的預期報酬率為 13%，標準差為 2%，則某一特定報酬率 10% 與預期報酬率間的差額為 1.5 個標準差：

$$Z = \frac{10\% - 13\%}{2\%} = -1.5$$

此關係可由圖 6–1 表示。

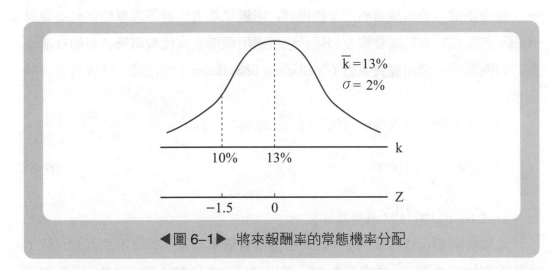

◀圖 6-1▶ 將來報酬率的常態機率分配

　　由公式 (6–5) 及附表 5，可以求得投資報酬率在某一範圍的機率。如預期報酬率為 13%，標準差為 2%，則投資報酬率高於 16% 的機率可以求得如下：

$$Z = \frac{16\% - 13\%}{2\%} = 1.5$$

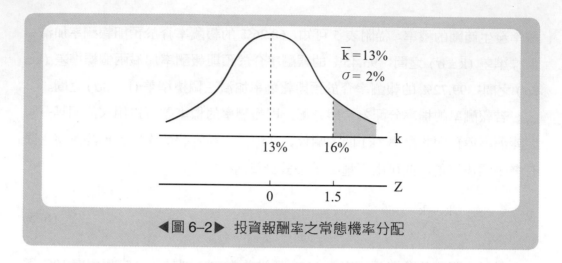

◀圖 6-2▶ 投資報酬率之常態機率分配

這表示投資報酬率 (16%) 較預期報酬率 (13%) 大 1.5 個標準差。從附表 5 可知投資報酬率高於 16% 的機率為 6.68%，亦即投資報酬率低於 16% 的機率為 93.32%。

● 三、變異係數

標準差的單位與原資料的單位相同，用標準差來比較不同單位資料的變異情況不甚妥當，有時即使單位相同，也很難用標準差來比較兩種資料的分散情況，因而我們必須用**變異係數** (Coefficient of variation) 來比較不同資料的分散程度。

報酬率分配的變異係數可用下列公式求得：

$$CV = \frac{\sigma}{\overline{k}} \times 100\% \tag{6-6}$$

公式 (6-6) 中，CV 為變異係數。

如果有兩種投資方案丙及丁，丙的預期報酬率為 40%，標準差為 12%，丁的預期報酬率為 14%，標準差為 7%。若以標準差來比較兩種方案的風險，則丙的標準差較大，因此其風險較高。但是丁的預期報酬率為丙的預期報酬率之 35%，而丁的標準差為丙的標準差之 58.3%。因此，相對而言，丁的風險較高。這兩種方案報酬率的變異係數計算如下：

丙投資方案的報酬率之變異係數為：

$$CV = \frac{12\%}{40\%} \times 100\% = 30\%$$

丁投資方案的報酬率之變異係數為：

$$CV = \frac{7\%}{14\%} \times 100\% = 50\%$$

由此可知丁投資方案的報酬率之變異係數較大，因此其風險也較高。

 第三節　投資組合的理論

在前一節裡，我們討論單一投資的風險測量。一般而言，個人或企業不會將資金只用於一種投資，而會從事各種不同的投資，以分散風險。個人擁有各種債券、股票、和其他資產，企業擁有各種的實質和金融資產，都是想利用資產組合來減少風險。本節擬說明投資組合的預期報酬率、投資組合的風險，及其測度方法。

● 一、投資組合的預期報酬率

兩種或兩種以上投資的預期報酬率為各個投資預期報酬率的加權平均，權數則為每種投資在投資組合中所佔的比例：

$$\overline{k}_p = w_1\overline{k}_1 + w_2\overline{k}_2 + \cdots + w_n\overline{k}_n = \sum_{i=1}^{n} w_i\overline{k}_i \tag{6-7}$$

公式 (6-7) 中，$\overline{k}_p$ = 投資組合的預期報酬率

$\quad\quad\quad\quad\quad$ w_i = 第 i 種投資的權數，以其投資在投資組合中的比例來

$\quad\quad\quad\quad\quad\quad\quad$ 表示，各種投資的權數總和為 1 或 100%

$\quad\quad\quad\quad\quad$ $\overline{k}_i$ = 第 i 種投資的預期報酬率

$\quad\quad\quad\quad\quad$ $\sum_{i=1}^{n} w_i\overline{k}_i$ =各種投資的權數與其預期報酬率的乘積之總和

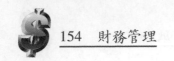

如果一筆資金有 M 及 N 兩種投資途徑，M 及 N 的預期報酬率各為 15% 及 10%，投資比例各為 40% 及 60%，則此投資組合的預期報酬率為：

$$\bar{k}_p = 0.4(15\%) + 0.6(10\%) = 12\%$$

● 二、投資組合的風險

投資組合的預期報酬率，固然是個別投資預期報酬率的加權平均，但是，投資組合的風險，並非個別投資風險（以標準差表示）的加權平均。

資金分置於各種投資的目的，在於分散風險，使可能損失降低至最小。兩種投資，個別投資的標準差或風險可能很大，但是形成投資組合時，風險可能變成零。這說明了為瞭解投資組合的風險，投資者必須有**相關** (Correlation) 的概念。相關是指兩組數值間的關係，若兩組數值呈同方向變動，則他們之間有**正相關** (Positive correlation)；若呈相反方向變動，則為**負相關** (Negative correlation)。

統計學上，兩個變數間的關係，可以用**相關係數** (Coefficient of correlation) 來表示。相關係數的數值在 +1 與 –1 之間，+1 表示兩個變數間有**完全正相關** (Perfectly positively correlated)，–1 則為兩個變數間有**完全負相關** (Perfectly negatively correlated)，0 則表示兩個變數間沒有任何關係。

若 A 及 B 兩種投資的報酬率有完全正相關（圖 6–3a），A 投資的報酬率高時，B 投資的報酬率也高；相反地，A 投資的報酬率低時，B 投資的報酬率也低。但是在完全負相關中（圖 6–3b），A 投資的報酬率高時，B 投資的報酬率低；當 A 投資的報酬率低時，B 投資的報酬率則高。

當兩種投資有完全正相關時，一筆資金平均分配於此兩種投資，風險無從降低，如圖 6–4a 之 A + B 曲線所示。若兩種投資有完全負相關，且資金平均分配於此兩種投資，則投資組合的風險為 0，亦即投資組合的報酬率固定不變，如圖 6–4b 之直線 A + B 所示。

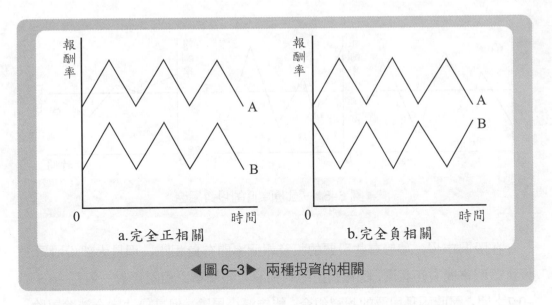

◀圖 6–3▶ 兩種投資的相關

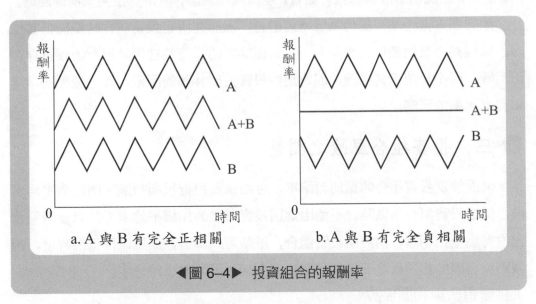

◀圖 6–4▶ 投資組合的報酬率

一般而言，兩種投資報酬率的相關係數在 +1 與 −1 之間，經由分散投資，風險可以減少，如果兩種投資具有負相關，則投資組合的風險可以減少更多。由圖 6–5 可知，A 投資的報酬率與 B 投資的報酬率有負相關時，若兩種投資各為 50%，投資組合的報酬率如最右圖所示。投資組合的平均報酬率不變，但是其變動幅度大為降低，亦即風險顯著降低。

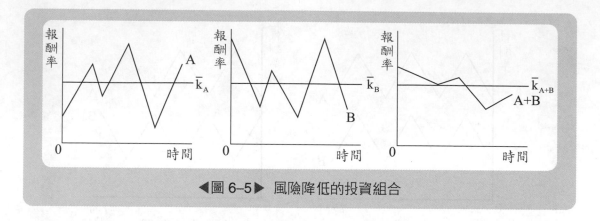

◀圖 6–5 ▶　風險降低的投資組合

　　在股票市場，儘管有些股票的投資報酬率間有負相關，但是大部份股票的投資報酬率間有正相關，隨機選出的兩種股票報酬率之相關係數一般在 +0.5 與 +0.7 之間，因此兩種股票的投資組合，能夠減少風險，但是無法完全消除風險。

　　如同個人，企業一般均為風險規避者，因而在決定投資時，均擬降低其風險，以提高企業的價值。實際上，企業擬議中的投資往往與其已有的投資存在正相關，而不易降低其風險，因為這些投資受到共同的因素，如一般經濟環境和利率水準的影響。

● 三、投資組合風險之測量

　　前面述及投資組合的預期報酬率，可由個別投資預期報酬率的加權平均求得，但是投資組合的風險，不能由個別投資風險的加權平均求得。只要兩種投資沒有完全正相關，則經由投資組合，風險可以降低，而風險降低的程度，視個別投資間的相關程度而定，相關程度愈低，風險減少得愈多。

1.共變異數與相關係數

　　分析投資組合的風險時，應先瞭解共變異數 (Covariance) 與相關係數的計算。共變異數可用來測度兩個變數的數值相對於其平均數間變動之關係。如有兩種投資 x 及 y，這兩種投資的報酬率之共變異數，可以指出在 x 投資報酬率增加時，y 投資報酬率是增加、減少、或維持不變。下面公式 (6–8) 可以用於計算 x 及 y 投資報酬率間的共變異數。

$$Cov(x, y) = \sum_{i=1}^{n} (k_{x_i} - \bar{k}_x)(k_{y_i} - \bar{k}_y)P(k_{x_i}, k_{y_i}) \qquad (6-8)$$

公式 (6–8) 中，$Cov(x, y) = x$ 及 y 投資報酬率的共變異數

$\quad k_{x_i} = x$ 投資在第 i 種情況下的報酬率

$\quad k_{y_i} = y$ 投資在第 i 種情況下的報酬率

$\quad \bar{k}_x = x$ 投資的預期報酬率

$\quad \bar{k}_y = y$ 投資的預期報酬率

$\quad P(k_{x_i}, k_{y_i}) = x$ 及 y 投資報酬率在第 i 種情況下的機率

　　如果 x 及 y 投資報酬率呈相同方向變動，則 $Cov(x, y)$ 為正值；如果呈相反方向變動，則 $Cov(x, y)$ 為負值；如果互為獨立，則 $Cov(x, y)$ 為 0。

　　假設 x 及 y 兩種投資報酬率的機率函數如表 6–5 所示，則 x 及 y 投資報酬率間的共變異數可以計算如下：

表 6–5　投資 x 及 y 報酬率的機率函數

機率	報酬率	
	x 投資	y 投資
0.1	4.0%	2.0%
0.2	8.0	6.0
0.3	10.0	10.0
0.3	12.0	12.0
0.1	14.0	20.0

x 投資的預期報酬率為：

$$\bar{k}_x = 4.0\%(0.1) + 8.0\%(0.2) + 10.0\%(0.3) + 12.0\%(0.3) + 14.0\%(0.1)$$
$$= 10\%$$

y 投資的預期報酬率為：

$$\bar{k}_y = 2.0\%(0.1) + 6.0\%(0.2) + 10.0\%(0.3) + 12.0\%(0.3) + 20.0\%(0.1)$$
$$= 10\%$$

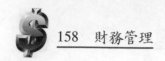

因此 x 及 y 投資報酬率的共變異數可以計算如下：

$$\begin{aligned}
\text{Cov}(x, y) = &(4.0\% - 10.0\%)(2.0\% - 10.0\%)(0.1) + \\
&(8.0\% - 10.0\%)(6.0\% - 10.0\%)(0.2) + \\
&(10.0\% - 10.0\%)(10.0\% - 10.0\%)(0.3) + \\
&(12.0\% - 10.0\%)(12.0\% - 10.0\%)(0.3) + \\
&(14.0\% - 10.0\%)(20.0\% - 10.0\%)(0.1) \\
= &11.6\%
\end{aligned}$$

由於 Cov(x, y) 大於 0，因此 x 及 y 投資報酬率按相同方向變動，亦即它們之間呈正相關。

x 及 y 投資報酬率的相關係數可由下面公式 (6–9) 求得：

$$r_{xy} = \frac{\text{Cov}(x, y)}{\sigma_x \sigma_y} \qquad (6\text{–}9)$$

公式 (6–9) 中，r_{xy} = x 及 y 投資報酬率的相關係數

σ_x = x 投資報酬率的標準差

σ_y = y 投資報酬率的標準差

r_{xy} 與 Cov(x, y) 的符號相同：正值表示 x 及 y 投資報酬率呈相同方向變動，負值則表示它們呈相反方向變動。r_{xy} 的值則介於 +1 與 –1 之間。

σ_x 值可計算如下：

$$\sigma_x = \sqrt{(4\% - 10\%)^2(0.1) + (8\% - 10\%)^2(0.2) + (10\% - 10\%)^2(0.3) + (12\% - 10\%)^2(0.3) + (14\% - 10\%)^2(0.1)}$$
$$= 2.68\%$$

σ_y 值則可計算如下：

$$\sigma_y = \sqrt{(2\% - 10\%)^2(0.1) + (6\% - 10\%)^2(0.2) + (10\% - 10\%)^2(0.3) + (12\% - 10\%)^2(0.3) + (20\% - 10\%)^2(0.1)}$$
$$= 4.56\%$$

因此 x 及 y 投資報酬率的相關係數為：

$$r_{xy} = \frac{11.6}{(2.68)(4.56)} = 0.95$$

因為 r_{xy} 為正值且近於一，由此可知 x 及 y 投資報酬率間有極高的正相關。

2. 投資組合的風險

x 及 y 投資組合的風險，可以由下述公式 (6-10) 測量：

$$\sigma_p = \sqrt{w_x^2\sigma_x^2 + w_y^2\sigma_y^2 + 2w_xw_yr_{xy}\sigma_x\sigma_y} \qquad\qquad (6\text{--}10)$$

公式 (6-10) 中，σ_p = x 及 y 投資組合報酬率的標準差

　　　　　　　　w_x = x 投資在總投資中所佔比例

　　　　　　　　w_y = y 投資在總投資中所佔比例

　　　　　　　　σ_x^2 = x 投資報酬率的變異數

　　　　　　　　σ_y^2 = y 投資報酬率的變異數

　　　　　　　　σ_x = x 投資報酬率的標準差

　　　　　　　　σ_y = y 投資報酬率的標準差

假設一投資組合包含 x 及 y 兩種投資，其相關資料如下：

表 6-6　x 及 y 兩種投資之有關資料

	x 投資	y 投資
預期報酬率	10%	14%
報酬率的標準差	6%	6%
投資比例	0.5	0.5

若兩種投資報酬率的相關係數已知，則投資組合的風險可以求得。假定 r_{xy} = 1，則投資組合的風險為：

$$\sigma_p = \sqrt{(0.5)^2(6\%)^2 + (0.5)^2(6\%)^2 + 2(0.5)(0.5)(1)(6\%)(6\%)}$$
$$= 6\%$$

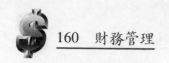

　　當兩種投資的報酬率為完全正相關時，投資組合的風險，為個別投資風險的加權平均，故投資組合的風險不會降低。

　　由於大部份的投資並非為完全正相關，因此經由投資組合，風險可以減少。假定 $r_{xy} = 0.5$，則投資組合的風險為：

$$\sigma_p = \sqrt{(0.5)^2(6\%)^2 + (0.5)^2(6\%)^2 + 2(0.5)(0.5)(0.5)(6\%)(6\%)}$$
$$= 5.2\%$$

假定 $r_{xy} = 0$，則投資組合的風險為：

$$\sigma_p = \sqrt{(0.5)^2(6\%)^2 + (0.5)^2(6\%)^2 + 2(0.5)(0.5)(0)(6\%)(6\%)}$$
$$= 4.2\%$$

假定 $r_{xy} = -0.5$，則投資組合的風險為：

$$\sigma_p = \sqrt{(0.5)^2(6\%)^2 + (0.5)^2(6\%)^2 + 2(0.5)(0.5)(-0.5)(6\%)(6\%)}$$
$$= 2.6\%$$

假定 $r_{xy} = -1$，則投資組合的風險為：

$$\sigma_p = \sqrt{(0.5)^2(6\%)^2 + (0.5)^2(6\%)^2 + 2(0.5)(0.5)(-1)(6\%)(6\%)}$$
$$= 0$$

　　上述幾個例子表示兩個投資的投資比例相同時，在不同相關係數下投資組合風險的變動。相關係數為 +1 時，投資組合風險不變；相關係數減少時，投資組合的風險隨之減少；當相關係數為 −1 時，投資組合的風險完全消失了。由此可知，企業擬降低風險時，何以投資於報酬率與已投資企業報酬率呈相反方向變動的企業。

第四節　投資組合與風險

　　上一節討論兩種投資組合的風險測量，當投資種類超過兩種時，投資組合風險的測量甚為複雜。例如，投資組合中有五種投資，則有 10 個相關係數；十種投資則有 45 個相關係數；一百種投資則有 4,950 個相關係數。若在一定風險下，擬求得報酬的極大值，或在報酬固定下，擬使風險極小，則為求得最佳投資組合所需計算甚多。

　　一般而言，個別投資具有很多風險，大部份投資報酬率間有正的相關，擬在投資組合中完全消除風險是不可能的。當經濟繁榮時，大部份投資的報酬率增加，當經濟衰退時，大部份投資的報酬率減少。儘管增加投資種類，如選擇三四十種的股票，可以消除大部份的風險，但是有一部份的風險，不管投資種類或股票數目多少，仍然存在。亦即個別投資具有兩種不同型態的風險：**可分散風險** (Diversified risk) 或非系統性風險，以及**不可分散風險** (Nondiversified risk) 或系統性風險。

● 一、可分散風險

　　可分散風險是指風險可經由分散投資而予以消除的部份。這部份風險發生的原因，可能為罷工、法律訴訟、政府法規、行銷計劃的成敗、和管理能力。這些原因是隨機而發的，為某一投資所獨有的，因此經由多角化投資，可以消除這些因素所引發的風險。

● 二、不可分散風險

　　不可分散風險的發生，主要由於外在因素，諸如戰爭、經濟衰退、通貨膨脹、利率變動、以及政治事件等所引起的，由於所有企業部門同時受到這些因素所影響，所以無法經由分散投資以消除這些風險，而這部份風險，為決定個別投資風險貼水的主要因素。不可分散風險愈高，投資者的預期報酬也愈高；反之，則愈低。

　　分散投資所能消除的風險，不僅決定於投資與一般市場的相關程度，也決定於投資組合中股票數目的大小。事實上，在隨機組成的證券組合中，只需 10 至 15 種的證券，即可消除個別證券的大部份可分散風險❷。經過分散投資後，剩餘的風險為**與市場有關的風險** (Market-related risk)，這表示不論投資分散即使做得很完滿，某些風險仍然存在。圖 6–6 說明投資組合的風險最初隨著證券數目的增加而迅速減少，但是當證券數目超過 15 種以後，投資組合的風險能夠減少的有限。經由證券數目增加而減少的風險為企業本身特定的風險，不能減少的部份則為與市場有關的風險。

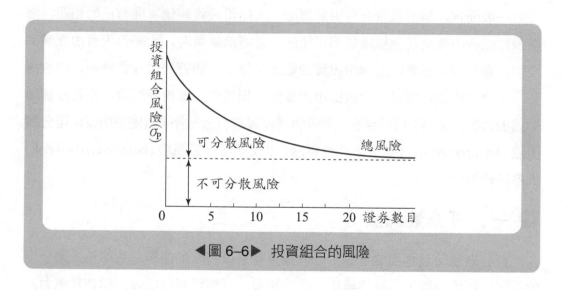

◀圖 6–6▶　投資組合的風險

第五節　證券市場線

　　任何資產的必要報酬率為**無風險報酬率** (Risk-free rate of return) 與**風險貼水** (Risk premium) 之和。如果某一證券的風險愈大，則投資者將要求愈高的風險貼水，以補償其所承擔的較大風險，以公式 (6–11) 表示如下：

---

❷　W. H. Wagner and S. C. Law, "The Effect of Diversification on Risk," *Economical Analysts' Journal* (Nov. – Dec. 1971), pp. 48 – 53.

$$k_j = k_f + \theta_j \tag{6-11}$$

公式中，k_j＝任何資產 j 的必要報酬率

　　　　k_f＝無風險報酬率

　　　　θ_j＝資產 j 的風險貼水

證券市場線 (Security market line, SML) 表示某種證券在一定的系統性風險水準下之必要報酬率 (圖 6-7)。SML 與縱軸在無風險報酬率 (k_f) 水準上相交，表示系統性風險為 0，亦即當風險貼水為 0 時，必要報酬率等於無風險報酬率。當系統性風險增加時，風險貼水隨之增加，必要報酬率也同時增加。例如某一證券的系統性風險為 a 時，其必要報酬率為 12%，因為無風險報酬率為 5%，故風險貼水為 7%。

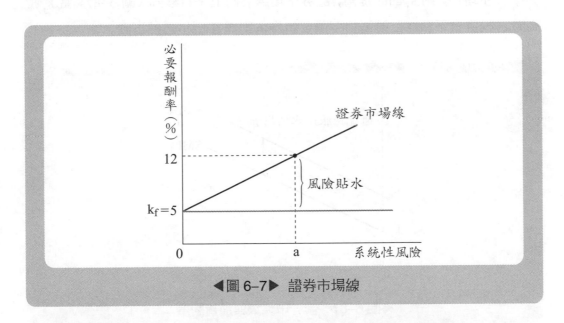

◀圖 6-7▶ 證券市場線

無風險報酬率 (k_f) 為預期通貨膨脹率為 0 時的**真實報酬率** (Real rate of return) 與受預期通貨膨脹影響的貼水之和，如公式 (6-12) 所示：

$$k_f = k_r + \delta \tag{6-12}$$

公式中，k_r＝真實報酬率（利率）

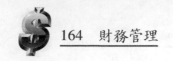
δ = 通貨膨脹貼水

一般的政府證券沒有風險存在，如果真實報酬率為 3%，預期通貨膨脹率為 2%，即**通貨膨脹貼水** (Inflation premium) 為 2%，則政府證券的無風險報酬率為：

$$k_f = 3\% + 2\% = 5\%$$

假定預期通貨膨脹率上升至 4%，則政府證券的報酬率增加至 7%。

將公式 (6–12) 代入公式 (6–11)，則任何有風險證券的必要報酬率 (k_j) 成為

$$k_j = k_r + \delta + \theta_j \tag{6–13}$$

若 δ 增加，則 k_j 因而提高，證券市場線將向上平行移動 (圖 6–8)。當 k_j 提高時，投資者不願在目前價格下購買證券，則證券價格必然下跌。

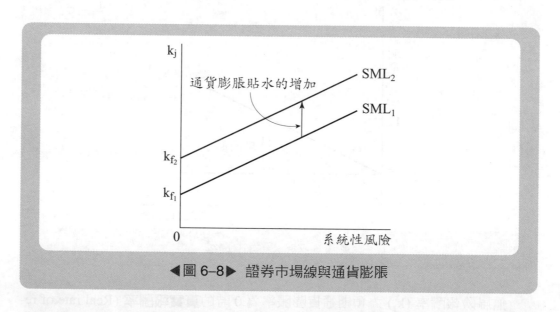

◀圖 6–8▶ 證券市場線與通貨膨脹

 第六節　資本資產定價模型

本章第三節在敘述投資組合理論時，曾經論及投資組合的風險，通常比單

一投資的風險為小。投資者在分散投資時，所關心者為投資組合的風險，以及某一特定投資對整個投資組合風險之影響。**資本資產定價模型** (Capital asset pricing model, CAPM) 提供了某一特定證券在證券市場中的必要報酬率如何決定之方法。儘管 CAPM 模型有其缺失，但是它可以用來解釋證券價格的決定，以及評價預擬的證券投資對投資組合的風險及報酬之影響。

● 一、假　設

任何模型的發展，都是根據假設而來，CAPM 自不例外。儘管這些假設也許並不實際，但是很多的實證研究認為這些假設並非不合理，也支持此模型中的存在關係。CAPM 模型的主要假設如下：

(1)**有效率的市場** (Efficient market)。投資者從事證券買賣的市場是有效率的市場，投資者對於證券或資產擁有相同的資訊，並且都是**價格接受者** (Price taker)。由於有效率的證券市場假設，公開的資訊在市場上沒有價值存在，如果任何投資者在市場上有超額利潤可得，則此超額利潤將很快地因為競爭而消失。

(2)風險規避者。投資者為風險規避者，當投資風險高時，要求高的報酬率，以補償較高的風險。

(3)證券或資產交易費用甚低，因而可以忽略。任何投資者能夠按照市價買進任何證券或資產，其限制為其所擁有之財富。

(4)沒有任何賦稅。

(5)投資者可以在無風險利率下，無限制的借入或貸出，並且沒有賣空資產的限制。

● 二、模　型

在資本資產定價模型中，因為有效率證券市場的假定，當證券市場達到均衡時，預期報酬率等於必要報酬率。如果某一證券的預期報酬率大於必要報酬率，投資者將買進此證券，造成此證券供不應求的現象，證券價格因而上升，預期報酬率因此下降。反之，如果預期報酬率小於必要報酬率，則投資者將賣

出此證券，造成此證券供應過量的現象，證券價格因而下降，預期報酬率因此
上升。由是可知，當預期報酬率與必要報酬率不相等時，證券價格將調整，直
到這兩種報酬率相等為止。

　　包含具有風險的證券之**市場證券組合** (Market portfolio) 在資本資產定價模
型中甚為重要。由於投資者是風險規避者，因此在投資於市場證券組合時，必
定要求市場風險貼水。

$$市場風險貼水 = k_m - k_f \tag{6-14}$$

　　公式中，k_m = 市場證券組合的必要報酬率

　　在市場證券組合中的個別證券，如果其風險與市場證券組合的風險相同，
則此證券的風險貼水與市場風險貼水相等。如果個別證券的風險大於市場證券
組合的風險，則此證券的風險貼水大於市場風險貼水。反之，則此證券的風險
貼水小於市場風險貼水。

　　某一個別證券的系統性風險，決定於此證券報酬率的變動，市場證券組合
報酬率的變動，以及此證券報酬率與市場證券組合報酬率間的相關性。市場證
券組合報酬率，在美國通常以紐約證券交易所指數 (NYSE Index)、道瓊工業指
數 (Dow Jones Industrial Index)，或標準普爾 500 市場指數 (Standard and Poor's
500 Market Index) 來測量，而臺灣則以臺灣證券交易所股價加權指數來衡量。

　　某一證券的系統性風險可用**貝他係數** (β coefficient)❸ 來測量。貝他係數用
來測量某一證券報酬率對市場證券組合報酬率的相對變動。某一特定證券 j 的
貝他係數可定義為此證券 j 的報酬率與市場證券組合的報酬率之共變異數，與
市場證券組合報酬率之變異數比例。

$$\beta_j = \frac{Cov(k_j, k_m)}{\sigma_m^2} \tag{6-15}$$

❸ 貝他係數的概念首先由 William F. Sharpe 發展出來。見 William F. Sharpe, "Capital As-
set Prices: A Theory of Market Equilibrium under Conditions of Risk," *Journal of Fi-
nance*, Vol. 191 (September 1964), pp. 424 – 441.

由於 $Cov(k_j, k_m) = r_{jm}\sigma_j\sigma_m$，因此公式 (6–15) 可以改寫成：

$$\beta_j = \frac{r_{jm}\sigma_j\sigma_m}{\sigma_m^2} = r_{jm}(\frac{\sigma_j}{\sigma_m}) \qquad (6\text{–}16)$$

公式 (6–15) 及 (6–16) 中，β_j = 證券 j 的系統性風險

$\qquad\qquad\qquad Cov(k_j,\ k_m)$ = 證券 j 報酬率與市場證券組合報

$\qquad\qquad\qquad\qquad\qquad$ 酬率的共變異數

$\qquad\qquad\qquad \sigma_j$ = 證券 j 報酬率的標準差

$\qquad\qquad\qquad \sigma_m$ = 市場證券組合報酬率的標準差

$\qquad\qquad\qquad \sigma_m^2$ = 市場證券組合報酬率的變異數

$\qquad\qquad\qquad r_{jm}$ = 證券 j 報酬率與市場證券組合報酬率的相

$\qquad\qquad\qquad\qquad\qquad$ 關係數

　　實際上，證券 j 的貝他係數可由某一特定期間證券 j 的報酬率對市場證券組合的報酬率所求得之迴歸直線的斜率得之。

$$k_j = \alpha_j + \beta_j k_m + e_j \qquad (6\text{–}17)$$

公式中，k_j = 證券 j 的報酬率

$\qquad\quad \alpha_j$ = 迴歸直線的縱軸截距

$\qquad\quad \beta_j$ = 證券 j 的貝他係數，亦即迴歸直線的斜率

$\qquad\quad k_m$ = 市場證券組合的報酬率

$\qquad\quad e_j$ = 隨機誤差項

　　公式 (6–17) 所表示的直線稱為證券 j 的**特性線** (Characteristic line)。其斜率可用**最小平方法** (Least-squares method, LSM) 求得，如下述公式：

$$\beta_j = \frac{n\sum k_m k_j - \sum k_m \sum k_j}{n\sum k_m^2 - (\sum k_m)^2} \qquad (6\text{–}18)$$

公式中，n = 證券 j 與市場證券組合報酬率的觀察數值

圖 6–9 的散佈圖 (Scatter diagram) 各點表示各年的市場報酬率與證券 j 報

酬率之組合，如 19×1 年的市場報酬率為 10%，證券 j 的報酬率為 10%。用最小平方法將十年的證券 j 報酬率與市場報酬率所求得的迴歸方程式 (Regression equation) 即為此證券 j 的特性線，在此假設此特性線的斜率為 0.65，表示證券 j 報酬率的變動小於市場報酬率的變動。

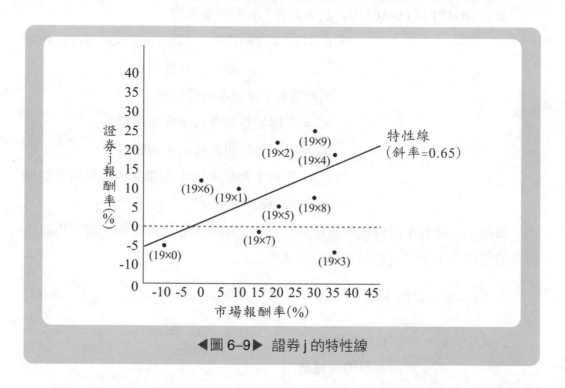

◀圖 6–9▶　證券 j 的特性線

　　個別證券的貝他係數為正值的較多，負的貝他係數則不多見。貝他係數為 1 的證券，為**平均風險證券** (Average-risk security)，此種證券的價格隨一般市場價格的變動而變動，即當一般市場的價格上升或下跌 5% 時，此證券的價格也跟著上升或下跌 5%，故此種證券的風險與市場風險相同。若此證券的貝他係數為 0.5，則此證券價格的變動幅度，為市場指數變動的一半，風險也為市場風險的一半。若貝他係數為 2，則此證券價格的變動幅度，為市場指數變動的兩倍，其風險則為市場風險的兩倍。若貝他係數為 −0.5，則此證券的變動幅度，為市場指數變動幅度的一半，但與市場指數的變動方向相反。當市場指數增加或減少 10% 時，則此證券價格將減少或增加 5%。總之，貝他係數愈高的證券，風

險也愈高；反之，貝他係數愈低的證券，風險也愈低；若某一證券的貝他係數為負，則此證券報酬率的變動與市場指數的變動相反。

前一節的證券市場線，指出在某一風險水準下，投資者的必要報酬率為何。在資本資產定價模型裡，某一證券的風險由貝他係數表示，因而說明風險與報酬間關係的證券市場線可以下述公式表示：

$$k_j = k_f + (k_m - k_f)\beta_j \qquad (6\text{--}19)$$

公式中，$(k_m - k_f)\beta_j =$ 證券 j 的市場風險貼水

公式 (6–19) 表示必要報酬率為貝他係數的增函數，亦即風險愈大，必要報酬率愈高，反之亦然。

假定某公司股票的貝他係數為 1.5，政府債券的利率為 6%，市場證券組合的報酬率為 10%，則此股票的必要報酬率為：

$$k_j = 6\% + (10\% - 6\%)(1.5) = 12\%$$

市場風險貼水，$k_m - r_f$，為 10% – 6% = 4%，由於此股票的風險為市場風險的 1.5 倍，因而此股票的市場風險貼水為 6% (= 1.5×4%)。

若此股票的貝他係數為 0.5，則此股票的必要報酬率為：

$$k_j = 6\% + (10\% - 6\%)(0.5) = 8\%$$

這時的市場風險貼水為 4%，但是由於此股票的風險為市場風險的一半，因而此股票的市場風險貼水為 2%(= 0.5×4%)。

沒有風險的股票之貝他係數為 0，這時此股票的必要報酬率等於無風險報酬率。

$$k_j = 6\% + (10\% - 6\%)(0) = 6\%$$

圖 6–10 的證券市場線，亦可用來說明風險與報酬間的關係。圖中的縱軸為證券 j 的必要報酬率 (k_j)，橫軸為此證券的風險，以 β_j 表示。無風險證券的 β_j

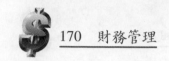

= 0，因此 k_f 為縱軸截距。SML 的斜率 $(k_m - k_f)$ 表示經濟體系中風險規避的程度，風險規避的程度愈大，SML 的斜率也愈大，風險貼水也愈高，必要報酬率也愈大。貝他係數在不同的數值下的必要報酬率可由圖中的 SML 求得。例如，$\beta_j = 0.5$ 時，$k_j = 8\%$；$\beta_j = 1.0$ 時，$k_j = 10\%$；$\beta_j = 1.5$ 時，$k_j = 12\%$。

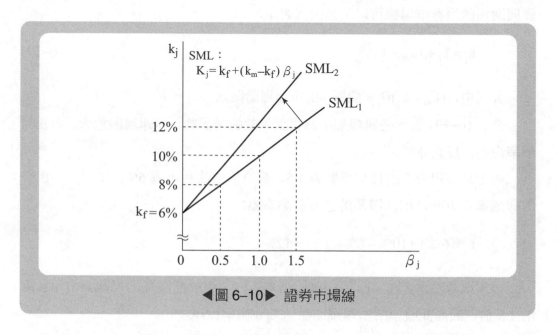

◀圖 6–10▶　證券市場線

　　由證券市場線可知，某一證券的必要報酬率，決定於無風險報酬率 (k_f)，市場風險貼水 $(k_m - k_f)$，以及此證券的風險 (β)。因為這三種因素並非固定不變，故證券市場線並非固定的。例如，若預期通貨膨脹率會上升，則無風險報酬率會增加，證券市場線將平行上移，如圖 6–8 所示。如果投資者的風險規避程度提高，則證券市場線的傾斜度將隨之增加，亦即證券市場線變成更陡。如圖 6–10 所示，證券市場線由 SML_1 移至 SML_2。

　　在包含 n 種證券的證券組合，其 β 係數為個別證券 β 係數的加權平均，權數則為各種證券在證券組合中所佔比例。以公式表示如下：

$$\beta_p = \sum_{j=1}^{n} w_j \beta_j \tag{6–20}$$

　　公式中，$\beta_p =$ 證券組合之 β 係數，表示證券組合報酬率與市場報酬率的相對變動

若證券組合中的某一證券，為 β 係數較高的另一證券取代，則此新的證券組合之 β 係數將增加，亦即此新的證券組合風險也隨之提高。反之，若此證券為 β 係數較低的另一證券取代，則此新的證券組合之 β 係數將減少，亦即此新的證券組合風險也隨之降低。

　　假如某一證券組合包含十種股票，每種股票的權數相同，β 係數也一樣為 1.2，則此證券組合的 β 係數為 1.2。若某一股票為 β 係數等於 2 的新股票取代，則新的證券組合之 β_p 係數為：

$$\beta_p = 0.9(1.2) + 0.1(2) = 1.28$$

若此新股票的 β 係數為 0.5，則新證券組合的 β_p 係數為：

$$\beta_p = 0.9(1.2) + 0.1(0.5) = 1.13$$

　　由上述可知每一股票的 β 係數可以用來表示此股票的風險程度，也可以用來測量其對證券組合風險的影響。

 第七節　資本資產定價模型的限制

　　上一節的資本資產定價模型是根據一些不甚符合實際的假定演繹出來。如果這些假定為真，則此模型亦真。在使用此模型時，有許多困難，而且此模型的過去統計檢定結果並不一致。有些研究發現報酬一如理論所指與不可分散的風險有關，有些研究則懷疑此模型的正確性❹。儘管這個模型無法完全解釋報酬與風險之間的關係，但是此模型告知我們如何建立報酬與風險之間的關係，使我們能夠估計必要報酬率，以補償投資者所冒的風險。

　　在使用資本資產定價模型時，應該瞭解下述主要問題：第一、資本資產定價

❹　有關資本資產定價模型的檢定及評論性文章，見 T. Copeland and F. Weston, *Financial Theory and Corporate Policy*, 3ʳᵈ edition (Reading, Mass：Addison-Wesley, 1988) and R. Roll, "A Critique of the Capital Asset Pricing Theory's Tests," *Journal of Financial Economics* 4 (March 1977), pp.129－176.

模型通常使用過去的資料來估計必要報酬率。根據過去資料所求得的 β 係數也許無法反映未來報酬率的變動，因而由此模型所估計的必要報酬率，僅能視為一近似值。第二、市場投資組合的概念在資本資產定價模型中非常重要，但是企業管理人員在做投資風險分析時，可能完全沒有這種概念，因而導致投資風險的高估。第三、一如若干實證檢定所示，投資者並未完全忽略非系統性（可分散性）風險。第四、無風險報酬率甚難估計。第五、如果資本資產定價模型完全正確，則此模型應該可以適用於包含債券的所有證券，但是債券分析無法讓我們繪出證券市場線。

　　資本資產定價模型指出風險為證券的 β 係數之函數。實際上風險與報酬間的關係極為複雜。若如此，則某一證券的必要報酬率，可以為一個以上變數的函數，如風險及**股利獲益率** (Dividend yield) 的函數。為此羅斯 (Stephen Ross) 提出**套利定價理論** (Arbitrage pricing theory, APT)❺。APT 包含任何數目的風險因素，故必要報酬率可為三個或更多變數的函數。然而，APT 也沒有指出哪些變數應該包括在模型中。

 問　題

6–1　何謂風險? 為何風險因素在投資決策中佔有重要的地位?

6–2　如果某種證券的報酬確定，則此證券報酬率的機率分配如何?

6–3　投資者如何從資產報酬率的機率分配來瞭解此資產投資的風險?

6–4　如果標準差不能用來比較兩種資產投資的風險，則何種風險指標可用於不同投資風險的比較?

6–5　何謂投資組合? 它如何影響資產組合的預期報酬率與風險?

6–6　兩種投資在下述不同相關下，對投資組合的風險影響如何? (1)完全正相關，(2)完全負相關，(3)正相關，(4)負相關。

❺　見 Stephen Ross, "The Arbitrage Theory of Capital Asset Pricing," *Journal of Economic Theory* (December 1976), pp. 341 – 360.

6-7 某一新加入資產的報酬率與原來資產組合的報酬率間(1)有正相關，(2)有負相關，或(3)沒有相關時，對資產組合的風險有何影響？

6-8 如果預期通貨膨脹率將上升，則對投資者的證券必要報酬率有何影響？

6-9 可分散與不可分散風險間有何差異？為何在分析投資組合風險時，不可分散風險是唯一有關的風險？

6-10 試用證券市場線說明必要報酬率與不可分散（系統性）風險間的關係。

6-11 說明資本資產定價模型及其假設。應用此模型時有何問題存在？

6-12 何謂某一特定證券的 β 係數？如何計算？

6-13 某一特定證券的必要報酬率決定於何種因素？

6-14 證券市場線的斜率愈大或愈小有何風險含義？對必要報酬率有何影響？

6-15 何謂投資組合的 β_p 係數？如何計算？

6-16 若證券組合的某一證券，為 β 係數較高的另一證券取代，則新的證券組合之風險將提高或降低？

6-17 下述各種證券報酬率按高低排列之，並解釋其原因：(1)公司債，(2)國庫券，(3)政府公債，(4)普通股，(5)商業本票，(6)特別股。

習　題

6-1 本尼企業有四種投資方案，各個投資方案在不同經濟情況下的可能報酬率及其發生機率如下表所示：

經濟情況	機率	報酬率		
		A	B	C
惡性衰退	10%	-2%	0%	-5%
溫和衰退	20%	5	2	0
平均	30%	7	5	8
景氣溫和	30%	10	7	15
景氣過熱	10%	16	1	22

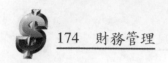

計算各個投資方案的預期報酬率、標準差、及變異係數。並討論風險與報酬的關係。

6-2　假定某投資報酬率為常態分配，其預期報酬率為 12%，標準差為 2.5%，求下列各種不同的機率：

(1)報酬率在 7% 與 14% 之間。

(2)報酬率大於 10%。

(3)報酬率大於 15%。

(4)報酬率小於 16%。

(5)報酬率在 13% 與 16% 之間。

6-3　習題 6-1 中，如果本尼公司將資金平均投資於各個方案，

(1)問此投資組合的預期報酬率、變異數，及標準差為何?

(2)投資 A 及 C 之間的共變異數及相關係數為何?

(3)投資 A 及 B 之間的共變異數及相關係數為何?

(4)如果投資 A 代表「市場」，則投資 C 及投資 B 的 β 係數為何?

6-4　下述三種股票，選擇兩種來投資，投資比例相同。

年別	報酬率 (%)		
	A	B	C
2001	12	18	10
2002	14	16	13
2003	16	14	17
2004	18	12	20

(1)求每種股票報酬率的期望值及標準差。

(2)求各種股票組合的預期報酬率及標準差。

(3)哪種股票組合最好? 解釋之。

6-5　若預期通貨膨脹率為 3%，真實報酬率為 2%，無風險報酬率為 2.5%，某一證券的風險貼水為 1.5%，試求此證券的必要報酬率。

6-6　某一證券報酬率與市場證券組合報酬率的共變異數為 0.028，市場證券組合報酬率的變異數為 0.034，求此證券的 β 係數。

6–7 求下述各個情況下某一證券 j 的 β 係數。

	σ_j	σ_m	r_{jm}
(1)	4%	6%	0.90
(2)	5%	4%	-0.85
(3)	8%	5%	0.50

6–8 假定證券 A 及證券市場組合的報酬率如下：

年別	證券 A 的 報酬率 (%)	證券市場組合的 報酬率 (%)
1999	10%	8%
2000	15	10
2001	-2	3
2002	7	0
2003	3	-3
2004	9	3

計算證券 A 的 β 係數。

6–9 若股票 A 及股票市場 M 的報酬率之機率分配如下：

	報酬率	
機率	A	M
0.1	-10%	5%
0.2	0	2
0.4	15	10
0.1	5	6
0.2	10	2

(1)計算股票 A 及市場 M 的預期報酬率及標準差。

(2)假定兩者的相關係數為 0.8，求股票 A 的 β 係數。

(3)若無風險利率為 4%，求股票 A 的證券市場線。

(4)若此股票的 β 係數如(2)所求得的，問此股票的必要報酬率為何？

6–10 四種股票的預期報酬率如下：

股票	預期報酬率 (%)
W	8
X	10
Y	14
Z	12

⑴如果 W, X, Y, 及 Z 股票的投資比率各為 20%, 40%, 20%, 及 20%, 則此股票組合的預期報酬率為何?

⑵如果 W, X, Y, 及 Z 股票的投資比率各為 30%, 20%, 30%, 及 20%, 則此股票組合的預期報酬率為何?

⑶上述⑴及⑵兩種投資組合的風險有何不同?

6–11 某一股票的 β 係數為 0.85, 無風險報酬率為 3%, 股票市場組合的報酬率為 4%, 求此股票的必要報酬率。

6–12 兩種股票 A 及 B 的資料如下:

	A	B
預期報酬率	0.12	0.09
報酬率的標準差	0.06	0.04

⑴若股票 A 及 B 的投資比率為 40% 及 60%, 兩種股票報酬率的相關係數為 0.9, 計算:

①股票組合的預期報酬率。

②股票組合的報酬率之標準差。

⑵若投資比率為 60% 及 40%, 則此新股票組合的預期報酬率及報酬率之標準差為何?

⑶若兩種股票報酬率的相關係數為① −0.5 及② 0, 則⑴的結果有何不同?

6–13 一年期國庫券的報酬率為 4%, 證券市場的預期報酬率為 7%,

⑴計算市場風險貼水。

⑵若股票 A 的 β 係數為① 1.2 及② −0.3, 則此股票的風險貼水為何?

⑶股票 A 的 β 係數為① 1.2 及② −0.3 下的預期報酬率為何?

6-14 四種資產的購買價格共為 $100,000，資產組合及其 β 係數如下表所示：

	A	B	C	D
投資金額	$35,000	$25,000	$20,000	$20,000
β 係數	1.5	1.2	1.0	0.6

(1)計算資產組合的 β 係數。

(2)若資產 A 以 $55,000 出售，所得價款用於購買 β 係數為 2.0 的資產 E，計算新資產組合的 β 係數。

(3)若無風險報酬率為 4%，市場報酬率為 8%，試問上述兩種資產組合的必要報酬率為何？

6-15 若無風險利率為 6%，β 係數等於 1 的證券之預期報酬率為 12%，

(1)畫一證券市場線。

(2)若某一股票的 β 係數為 1.2，則此股票的預期報酬率為何？

第III篇

財務分析與計劃

第七章

財務分析

　　正確及良好的決定有賴於分析，在做決定前，經理人員必須先搜集和評估有關資料。公司擁有的資料必須經過整理分析才能為人所用。財務分析是根據公司的各種財務資料，加以分析以期深入瞭解公司的財務狀況和營運績效。

　　公司的財務報表，反映公司管理人員在公司內所做的政策、決定，和活動的成果，也用來對外界宣示公司的財務狀況和表現。公司需要財務分析，使財務計劃和管制能夠達到預期成效。為使未來的財務計劃有效，財務經理必須評估公司目前財務狀況的優缺點及影響財務狀況的因素。

　　財務分析的主要工具為資金來源用途表，以及財務比率。資金來源用途表，讓財務經理對公司過去的資金來源及用途更為瞭解，使未來的中長期資金來源及用途有妥善的計劃，俾有利於股價的上漲。財務比率分析，可使決策者對公司當前的財務狀況和表現有所瞭解，和評估任何決定對風險及報酬的可能影響，從而做出最有利於股價的決定。

　　本章首先概略的介紹主要財務報表，如資產負債表、損益表、以及保留盈餘表。由於財務經理的主要責任為資金的籌措和運用，資金來源用途表的探討，可使財務經理對資金流向有深入的瞭解，第二節對此有深入的闡釋。第三節說明各種財務比率的主要用途，以及不同團體對不同財務比率的重視。第四節說明財務比率分析。財務比率可以歸納為五類：流動性比率、營運效能比率、財務槓桿比率、獲利性比率、及市場比率。這些財務比率可由資產負債表的資料計算而得，或由資產負債表及損益表的資料計算而得。在做財務比率分析時，必

須使用各種不同的財務比率才能客觀的說明整個公司財務狀況和表現。使用財務比率分析工具時的各種可能限制於第五節加以討論。第六節則討論如何利用財務比率來預測公司未來的財務表現。

第一節　基本財務報表

公開上市的公司按照法律規定必須對其股東提供**年度報告**（Annual report）❶，簡略說明公司在過去一年來的財務活動。年報中首先包括公司董事長或總經理致股東的公開信，敘述公司過去一年所經歷的重大事件，及其對公司的影響；其次指出公司的未來計劃，以及這些計劃對公司財務狀況的可能影響；再次則討論公司的管理哲學，公司未來的經營策略及行動。

在美國，根據證券交易委員會規定，公司必須對股東提供最近兩年來最少四種的基本財務報表❷，包括資產負債表、損益表、保留盈餘表、現金流量表。在臺灣，根據財務會計準則第 1 號公報規定，財務報表包括資產負債表、損益表、現金流量表，及業主權益變動表❸。這些財務報表說明公司的財務狀況及營運成果。財務經理將這些財務資料加以分析後，可以瞭解公司流動性地位之變動、公司在某一營運期間的資產運用效率、資金結構，及獲利狀況。根據這些資料，財務經理在做財務決策時，可以預測公司未來的財務狀況及表現。

● 一、資產負債表 (Balance sheet)

資產負債表說明公司在某一特定時點的財務地位，指出公司擁有的各類資產，以及融通這些資產的負債及股權。表 7–1 為福斯製造公司 2003 年 12 月 31 日和 2004 年 12 月 31 日為結算日的資產負債表。

❶　在美國資產價值在 500 萬元以上，及至少有 500 個股東以上的公開上市公司，證券交易委員會均要求這些公司分送年度報告予股東。

❷　證券管理委員會對公開上市的公司規定其股東報告中所應包括的內容。除了年報外，公司必須對股東提供簡略的季報，並且每年向證券管理委員會提供 10－K 報表，此報表包含公司詳細的營運及財務資料。

❸　在臺灣，業主權益變動較少的企業，可以保留盈餘表代替業主權益變動表。

表 7-1 福斯製造公司資產負債表

		（百萬元）
	12 月 31 日	
	2004 年	2003 年
資產		
流動資產		
現金	$ 30.0	$ 34.0
有價證券	4.0	3.0
應收帳款	80.0	78.0
應收票據	20.0	16.0
預付費用	10.0	15.0
存貨	126.0	102.0
流動資產總額	$270.0	$248.0
固定資產毛額		
土地及廠房	$ 45.0	$ 40.0
機器及設備	45.0	30.0
總固定資產毛額	$ 90.0	$ 70.0
減：累積折舊	30.0	25.0
固定資產淨額	$ 60.0	$ 45.0
資產總額	$330.0	$293.0
負債與股東權益		
流動負債		
應付帳款	$ 63.5	$ 58.0
應付票據	30.0	31.5
應付稅款	4.0	4.0
應付薪資	8.0	7.0
其他應付款項	19.0	10.0
流動負債合計	$124.5	$110.5
長期負債		
抵押公司債	$ 50.0	$ 40.0
信用債券	10.0	8.0
長期負債合計	$ 60.0	$ 48.0
負債總額	$184.5	$158.5
股東權益		
特別股——累積 10%，面額 $10，2,000,000 股	$ 20.0	$ 20.0
普通股——面額 $1，40,000,000 股	40.0	40.0
超額支付資本	25.0	25.0
保留盈餘	60.5	49.5
股東權益總額	$145.5	$134.5
負債與股東權益	$330.0	$293.0

資產項目按流動性程度排列。流動性是指資產變換成現金的難易程度，越是容易變換成現金的資產，其流動性越高；反之其流動性越低。表 7–1 中，流動性越高的資產排在越上面，流動性越低的資產則排在越下面。資產可分為兩類，即**流動資產** (Current assets) 與**固定資產** (Fixed asset)。流動資產是指在一年（或企業的正常營運循環期間）內，能轉換成現金的資產。現金是流動性最高的資產，因為現金可以很容易換取所需的任何資產。**有價證券** (Marketable securities) 是**超額現金** (Excess cash) 的暫時性投資，可以迅速出售以換取現金。**應收帳款** (Account receivable) 一般在 60 天內應可收回而獲取現金，但是若干應收帳款可能永遠無法收回而變成呆帳。會計人員在年終決算時，總會提供一些準備金以應付呆帳發生的損失，故資產負債表上的應收帳款，應該是扣除呆帳準備金後的淨額。**應收票據** (Notes receivable) 在票據到期日可以換成現金。**預付費用** (Prepaid expense) 為未來的費用已經支付者，如保費、租金、薪資、和利息等。存貨包括原料、半製品和製成品，這些都可很容易轉換成現金。

固定資產毛額 (Gross fixed asset) 並非在短期內可以變換成現金，但是卻為生產或經營所必需者。固定資產包括土地、廠房、機器、設備、傢俱及汽車等，其價值按原始購置成本計算。**累積折舊** (Accumulated depreciation) 是指固定資產的過去及當期折舊的總和。由固定資產毛額減去累積折舊得到**固定資產淨額** (Net fixed asset)。

資產投資由負債或股東權益來融資。負債為公司對債權人所負擔的財務責任。一如資產，負債項目按償還期限的遠近排列，通常**流動負債** (Current liabilities) 排列在先，**長期負債** (Long-term debt) 排列在後。

流動負債在一年（或企業的正常營運循環期間）內必須償還，而長期負債的償還期限在一年以上。流動負債中，**應付帳款** (Accounts payable) 為企業所欠供應商之款額，**應付票據** (Notes payable) 則為企業簽發票據給銀行或債權人的短期承諾。應付稅額為政府稅款尚未支付者，應付薪資則為企業對員工所欠薪資尚未支付者，其他應付款項可包括利息及保費等。長期負債中，抵押公司債是指企業以其資產作抵押發行公司債來取得長期資金者，而信用公司債則是未以資產作抵押，憑公司的信用發行公司債以籌措長期資金者。

福斯公司在 2004 年 12 月 31 日的負債總額為 $184.5 百萬。資產總額減去負債總額後的剩餘為**股東權益** (Stockholder's equity) 或**淨值** (Net worth)，包括特別股、普通股、超額支付資本，和保留盈餘。福斯公司在 2004 年 12 月 31 日的特別股每股股面額為 $10，因為總共發行了二百萬股，因此特別股有 $20 百萬。特別股股東對公司所得和資產的請求權上，均比普通股股東有優先權。普通股每股面額為 $1，共發行了四千萬股，故按面額計的普通股總值為 $40 百萬。**超額支付資本** (Paid-in-capital) 為股東購買股票時所付款額超過面額的部份，為 $25 百萬。若公司發行股票，每股售價 $4，每股面額為 $1 時，則普通股部份增加 $1，超額支付資本增加 $3。保留盈餘為公司過去盈餘扣除股利分配後的剩餘部份而得。福斯公司在 2004 年 12 月 31 日的保留盈餘為$60.5百萬。

　　根據**會計恆等式** (Accounting identity)，資產總額等於負債總額與股東權益（或淨值）之和。通常，公司的負債是可以確定的，但是資產則否。因為資產數值為會計或成本數值，而非經濟或市價數值。如固定資產的價值是根據其實際成本，而目前成本也許不同。存貨或其他資產價值，也許與市價有別。因此，在分析公司的財務狀況時，不應只局限於資產負債表上的數字，而應考慮資產的市價。由於資產數值的不確定性，資產負債表上的股東權益可能無法反映公司的實際股東權益。

● 二、損益表 (Income statement)

　　損益表用來測度一個企業在某一特定期間內（一季或一年）的財務表現，舉凡該期間的收益、成本、費用、稅額、和利潤（或損失）等都在此表中顯示出來。表 7–2 為福斯公司在 2003 年及 2004 年的損益表，表中第一個數字為**銷貨淨額** (Net sales)，如福斯公司在 2004 年的銷貨淨額為 $841 百萬。銷貨淨額減去**售貨成本** (Cost of good sold, CGS) 得**銷貨毛利** (Gross profit)。售貨成本是指採購商品的價格，或製造產品的成本，包括原料採購及與生產有關的勞工成本等。銷貨毛利為 $320 百萬。由銷貨毛利減去**營運費用** (Operating expenses) $260 百萬，包括銷售、業務與管理、折舊、及租金等，求得**營運所得** (Operating income) 或**息前及稅前盈餘** (Earnings before interest and tax, EBIT) $60 百萬。

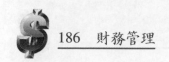

表 7–2　福斯製造公司損益表

		（百萬元）
	1 月 1 日至 12 月 31 日	
	2004 年	2003 年
銷貨淨額	$841.0	$760.0
減：銷貨成本	521.0	490.0
銷貨毛利	$320.0	$270.0
減：營運費用		
銷售	$ 88.0	$ 68.0
業務與管理	122.0	108.0
折舊	5.0	4.0
租金	45.0	40.0
總費用	$260.0	$220.0
營業所得（息前及稅前盈餘）	$ 60.0	$ 50.0
減：利息費用	20.0	15.0
稅前盈餘	$ 40.0	$ 35.0
減：公司所得稅 (40%)	16.0	14.0
稅後純益（所得淨額）	$ 24.0	$ 21.0
減：特別股股利	2.0	2.0
屬於普通股股東的純益	$ 22.0	$ 19.0
減：普通股股利	11.0	9.5
保留盈餘增加	$ 11.0	$ 9.5
每股盈餘	$0.55	$0.48
每股股利	$0.275	$0.24

　　利息費用由長期和短期債務所產生，營運所得扣除利息費用（$20 百萬）後，得**稅前盈餘** (Earnings before taxes, EBT)（$40 百萬），此為公司的課稅所得，公司應付的所得稅根據此稅前盈餘來計算。

　　稅前盈餘扣除公司所得稅（$16 百萬），即得**稅後純益** (Earnings after taxes, EAT)，或**所得淨額** (Net income, NI)（$24 百萬）。如果公司支付**特別股股利** (Preferred stock dividends)，則此數字（$2 百萬）必須從稅後純益減去求得**屬於普通股股東的純益** (Earnings available to common stockholders)（$22 百萬），此為普通股股東在 2004 年間所賺取的利潤。

　　由屬於普通股股東的純益除以普通股發行數量（四千萬股），得**每股盈餘**

(Earnings per share, EPS)($0.55)。若公司的**股利發放比率**(Dividend payout ratio)為50%，則公司發放的普通股股利為$11百萬，此普通股股利除以普通股發行數量（四千萬股），得**每股股利**(Dividend per share, DPS)($0.275)

● 三、保留盈餘表 (Statement of retained earnings)

企業盈餘若不是以股利形式分配給股東，就是保留下來作為將來再投資之用。一般而言，股東喜歡收到股利，但是如果盈餘保留下來作為未來再投資，則股票價值將因而增加。

任何一期期末的保留盈餘，為上一期期末（或本期期初）的保留盈餘加上本期期末的未分配盈餘而得。如表7-3所示福斯公司的保留盈餘表，該公司在2004年年初的累積盈餘為$49.5百萬，該年內公司有稅後純益$24百萬，從稅後純益公司分配了特別股股利$2百萬，及普通股股利$11百萬，因此在2003年年底公司增加了保留盈餘$11百萬，亦即累積盈餘變成$60.5百萬。

◀表 7-3▶ 福斯製造公司保留盈餘表

	（百萬元）	
	1月1日至12月31日	
	2004 年	2003 年
期初累積盈餘	$49.5	$40.0
加：本期稅後純益	24.0	21.0
減：現金股利		
特別股股利	2.0	2.0
普通股股利	11.0	9.5
期末累積盈餘	$60.5	$49.5

第二節　現金流量表

一般的資產負債表和損益表，說明企業的財務狀況和表現，但是無法讓人瞭解企業資金如何取得和運用的內容。因此必須從**資金來源用途表**（Statement

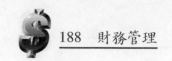

of sources and uses of funds) 以及**現金流量表** (Statement of cash flow) 的分析，才能得知在某一期間內資金的流動狀況。舉凡資產、負債或股權內容的變動，都會影響資金流動的情況。

資金可定義為現金，或者現金與有價證券之和，因為有價證券的流動性很高，容易在證券市場上出售以取得現金。資金來源用途表可以讓人知道企業資金如何取得以及如何運用，而現金流量表，可使我們知道在某一特定期間企業從營運、投資、及融資所獲得的現金流量，並以之對照在此期間現金或現金與有價證券之和的變動。

● 一、資金來源用途表

資金來源用途表是根據兩個會計年度的資產負債表和損益表編製而得。資金來源是指能增加現金的項目，資金用途則是指能減少現金的項目。

1.資金來源

基本上，資金主要來自下面項目：

⑴稅後純益

⑵資產減少（如應收帳款、存貨、或固定資產的減少）

⑶負債增加（如應付帳款的增加，向銀行借款，或發行公司債）

⑷資本增加（如發行股票）

⑸折舊及其他非現金費用

2.資金用途

企業的資金主要用於下列項目：

⑴營運損失

⑵資產增加（如增加應收帳款、存貨、或購買固定資產）

⑶負債減少（如減少應付帳款、償還銀行借款、或收回公司債）

⑷資本減少（如購回股票）

⑸發放現金股利

為了編製企業的資金來源用途表，我們把福斯製造公司 2003 年及 2004 年年底的資產負債表，逐項比較以得知此公司的資金流動情況，如表 7–4 所示。

表 7-4 福斯製造公司資產負債表

（百萬元）

	2004 年底	2003 年底	變動	來源或用途
資產				
流動資產				
現金	$ 30.0	$ 34.0	−$4.0	
有價證券	4.0	3.0	1.0	用途
應收帳款	80.0	78.0	2.0	用途
應收票據	20.0	16.0	4.0	用途
預付費用	10.0	15.0	−5.0	來源
存貨	126.0	102.0	24.0	用途
流動資產總額	$270.0	$248.0	−	
固定資產毛額				
土地及廠房	$ 45.0	$ 40.0	5.0	用途
機器及設備	45.0	30.0	15.0	用途
總固定資產毛額	$ 90.0	$ 70.0	−	
減：累積折舊	30.0	25.0	5.0	來源
固定資產淨額	$ 60.0	$ 45.0		
資產總額	$330.0	$293.0		
負債與股東權益				
流動負債				
應付帳款	$ 63.5	$ 58.0	5.5	來源
應付票據	30.0	31.5	−1.5	用途
應付稅款	4.0	4.0	−	
應付薪資	8.0	7.0	1.0	來源
其他應付款項	19.0	10.0	9.0	來源
流動負債合計	$124.5	$110.5	−	
長期負債				
抵押公司債	$ 50.0	$ 40.0	10.0	來源
信用債券	10.0	8.0	2.0	來源
長期負債合計	$ 60.0	$ 48.0		
負債總額	$184.5	$158.5	−	
股東權益				
特別股	$ 20.0	$ 20.0	−	
普通股	40.0	40.0	−	
超額支付資本	25.0	25.0	−	
保留盈餘	60.5	49.5	11.0	來源
股東權益總額	$145.5	$134.5		
負債與股東權益	$330.0	$293.0		

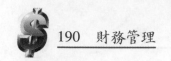

從表 7–4 福斯製造公司資產負債表各個項目的變動，我們可以編製資金來源用途表以知 2004 年公司如何獲得資金，以及資金用於何處。

由表 7–5 可知福斯公司於 2004 年大量投資於存貨與機器及設備，另外也投資於應收帳款與土地及廠房。為了增加這些投資所需的資金，有來自保留盈餘的增加，發行抵押公司債，和其他應付款項的增加。此外，應付帳款增加、折舊，與預付費用減少等也提供了一部份的資金來源。資金用途的總額為 $51.5 百萬，為了使資金來源與其相同，現金及有價證券的減少作為平衡數字。由這個表的內容分析，可以瞭解福斯公司在 2004 年需要資金的原因，和它籌措資金的方法。

表 7–5 福斯製造公司資金來源用途表——2004 年

			（百萬元）
資金來源		**資金用途**	
保留盈餘增加	$11.0	應收帳款增加	$ 2.0
預付費用減少	5.0	應收票據增加	4.0
折舊	5.0	存貨增加	24.0
應付帳款增加	5.5	土地及廠房增加	5.0
應付薪資增加	1.0	機器及設備增加	15.0
其他應付款項增加	9.0	應付票據減少	1.5
抵押公司債增加	10.0		
信用債券增加	2.0		
總計	$48.5	總計	$51.5
現金及有價證券減少	3.0		
	$51.5		

二、現金流量表

現金流量表可以簡略地說明在某一期間內企業的現金流動情況。由於有價證券的高度流動性，我們將之視同現金看待。

現金流量分成三類：⑴**營運現金流量** (Operating cash flow, OCF)，⑵**投資現金流量** (Investment cash flow, ICF)，及**融資現金流量** (Financing cash flow, FCF)。營運現金流量是與企業的銷貨與生產有關之**現金流入** (Cash inflow) 與**現**

金流出 (Cash outflow)。投資現金流量則與企業的購買和出售固定資產及商業利益有關。購買交易造成現金流出，而出售交易則造成現金流入。融資現金流量則是債權和股權融資所引起。長期或短期債務之增加，導致現金流入；而長期或短期債務之減少，則導致現金流出。發行股票可以增加現金流入，而購回股票或發放股利則增加現金流出。在某一特定期間，營運、投資、及融資現金流量的改變，都會影響現金與有價證券的變動。

　　折舊、**攤銷** (Amortization) 及**折耗** (Depletion) 等**非現金費用** (Noncash charge) 為損益表中的減項，但是在該期間並無實際的現金支出，卻可以減少企業的所得，因而非現金支出項目歸屬於現金流入。從會計觀點，把非現金費用加回稅後純益，可以求得營運現金流量：

$$營運現金流量 = 稅後純益 + 非現金費用 \tag{7-1}$$

　　由公式 (7-1) 可知，即使稅後純益為負值，如果非現金費用大於淨虧損，營運現金流量仍可以為正值。

　　一如前面所述，現金流量表可以簡略地說明某一期間企業現金流動的主要來源：營運、投資、及融資，而現金與有價證券的變動則作為平衡之用。茲以福斯公司的財務資料，來編製該公司 2004 年 12 月 31 日的現金流量表如表 7-6 所示。所有現金流入項目，包含稅後純益及折舊等數值皆為正值，而所有現金流出項目，包括淨虧損及發放股利等皆為負值。各類別——營運、投資、及融資的現金流量可以從表中瞭解，而後各類別的總現金流量加起來可以得到該期現金與有價證券之增加（或減少）淨額，此數值必定等於該期間現金與有價證券的實際變動。

　　現金流量表可以用來分析企業的現金流動情形，財務經理不僅必須從中瞭解各類及各項的現金流入與流出，也必須從其中的變動知道其是否與企業財務政策相吻合，是否可以達成預期的目標。例如，應收帳款或存貨的增加，導致大量的現金流出，也許表示信用政策或存貨管理發生問題。

表 7-6 福斯製造公司現金流量表──2004 年 12 月 31 日

	（百萬元）
來自營運活動的現金流量	
稅後純益	$24.0
折舊	5.0
預付費用減少	5.0
應付帳款增加	5.5
應付薪資增加	1.0
其他應付款項增加	9.0
應收帳款增加	(2.0)
應收票據增加	(4.0)
存貨增加	(24.0)
營運活動提供的現金	$19.5
來自投資活動的現金流量	
土地及廠房增加	($ 5.0)
機器及設備增加	(15.0)
商業利益的變動	0
投資活動提供的現金	($20.0)
來自融資活動的現金流量	
應付票據減少	($ 1.5)
抵押公司債增加	10.0
信用債券增加	2.0
普通股股權變動	0
股利	(13.0)
融資活動提供的現金	($ 2.5)
現金與有價證券減少淨額	($ 3.0)

第三節　財務比率分析的用途

　　財務比率分析 (Financial ratio analysis) 為財務分析的主要工具，其目的在評估企業經營績效，說明企業的財務狀況，以及預測企業未來的財務趨勢。做財務比率分析時，所需的主要財務報表為資產負債表以及損益表。

　　財務比率分析可以指出企業的優缺點，告知企業的現金水準是否足夠償還即將到期的債務，應收帳款期限是否合理，存貨管理效率是否有待改進，資金結構是否健全，以及固定資產是否足夠。財務比率分析也可以評估資產使用效

率，以及相對於風險，企業的獲利率是否恰當。另外，從財務比率分析可知企業的計劃和各種決策的執行是否與使股東財富極大化的目標一致。

除了財務經理利用財務比率分析以瞭解企業的財務狀況、經營績效、獲利能力、與資金運用的效率外，還有其他人基於自身的需要，也對財務比率分析感到興趣。企業的投資者（股東、獨資者，或合夥人），關心企業的報酬（獲利能力）以及風險水準（流動性、償債能力、和現金水準），因為股價受到企業的預期報酬和風險所影響。

企業的債權人，主要關心企業財務的安全性，以及償還債務和支付利息的能力。短期債權人，如對企業提供短期資金的銀行，或以賒欠方式出售原料或商品予企業的供應商，主要關心企業的流動性，以瞭解企業在短期是否能夠產生足夠的現金以償還到期債務與支付利息。因此短期債權人分析企業的財務情況時，主要在比較流動資產和流動負債，並瞭解存貨透過應收帳款轉換成現金所需時間。當然短期債權人也關心企業的獲利能力，希望企業能夠成功，但是他們更關心的是在短期內能否收回現金的風險。

長期債權人，包括公司債持有人和長期信用提供者，也關心企業的短期流動性，因為在企業無法履行短期債務時，長期債權人的債權也難獲償。但是長期債權人更為注重企業的清算能力，因為企業的資產價值超過負債時，他們的權益才有保障。企業的長期獲利能力，對於長期債權人也甚為重要，因為企業未來的獲利能力，可以決定企業是否能夠償付長期負債的本金和利息。

財務經理必須注重企業各方面的財務狀況，使股東和債權人對於企業的財務比率感到滿足。他們必須考慮如何籌措資金和利用資金，使企業維持適當的流動性以償還到期債務，降低企業的風險，並使企業獲得適當的報酬，而達到股價極大化。經由財務比率分析，財務經理可以知道企業的財務表現，發掘企業的問題，並加以糾正。

財務比率分析不僅是計算財務報表中兩個數值的比率而已，更為重要的是瞭解財務比率的涵意。在做財務比率分析時，必須知道財務比率是否太高或太低，以及財務比率的好壞。基本上有兩種分析方法可以使用，一為**橫剖面分析** (Cross sectional analysis)，另一為**時間數列分析** (Time series analysis)。

　　橫剖面分析為比較同一時期不同企業間的財務比率，以知道企業本身與一般企業或競爭企業間的財務上之差別❹。許多人錯誤的以為如果企業的財務比率優於一般企業，則此企業較佳。但是當企業的財務比率遠比一般標準為好時，此企業本身也許有問題。因此，當企業的財務比率與一般企業有很大差別時，財務經理必須設法找出原因。

　　存貨週轉率 (Inventory turnover ratio) 用來測量企業把原料轉換成產品，然後出售給顧客的速度。一般而言，越高的存貨週轉率，表示存貨管理越有效率；反之，存貨週轉率越低，則存貨管理效率越差。例如皇冠機械公司的存貨週轉率為 13.5，而產業的平均存貨週轉率為 8.4。皇冠公司的財務經理也許非常高興其存貨管理效率高於同一產業內企業平均的 61%。但是存貨週轉率是由銷貨成本除以存貨而得。皇冠公司的極高存貨週轉率，可能是因為過低的存貨水準所造成的，而低存貨水準可能意味顧客的訂貨需要無法滿足，公司因此可能喪失銷貨機會。可知原來可能顯示極有效率的存貨管理，事實上是重大問題的徵候。

　　時間數列分析可用來比較同一企業不同時間的財務比率，以知企業財務狀況和營運績效的變化，並瞭解企業財務的未來趨勢，以改善企業未來的營運。透過時間數列分析，企業可以察知其財務狀況是否健全，以及其是否能夠達成短期和長期目標。一如橫剖面分析，財務比率在某一期間的劇烈變動，可能是重要問題的徵象，這時財務經理必須找出原因，並採取必要的矯正措施。

　　最好的財務比率分析是兼採橫剖面分析與時間數列分析。如此企業可以知道本身的財務趨勢，並且可以知道相對於產業的趨勢，企業本身的財務狀況和營運績效如何。圖 7-1 用胡佛公司 2000～2004 年的存貨週轉率與產業的平均存貨週轉率作一比較。通常存貨週轉率越高表示存貨管理效率越好。胡佛公司的存貨週轉率連續下降兩年後開始有所改善，但是與產業平均比較，則胡佛公司的存貨管理效率比相同產業內的一般企業為差。

---

❹　當企業經營分散時，橫剖面分析甚為困難。為了分析經營多樣化的企業，按照企業的產品組合比例，求出產業平均比率的加權平均數加以比較。

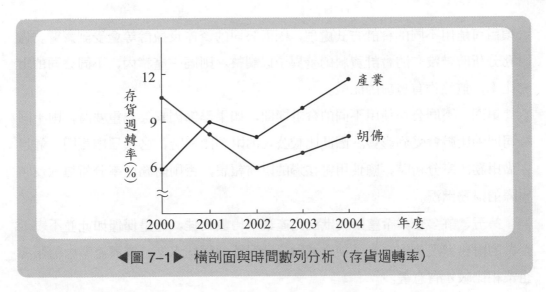

◀圖 7-1▶ 橫剖面與時間數列分析（存貨週轉率）

第四節　財務比率分析的限制

　　經由財務比率分析，可以評估企業的財務狀況和營運績效，但是由於下述限制，在使用此種分析時必須特別謹慎。

　　第一、單一財務比率不能用來評論企業的總體營運，只有使用一組的財務比率，才能合理的評論企業之財務表現。當然，如果只考慮某一特殊的財務狀況，則一個或兩個財務比率也許足夠。

　　第二、若企業跨越兩種或兩種以上的產業，則很難選取某一適當的產業平均，作為比較之用。解決之道應是企業的某一部門，與其所屬產業的平均值作為比較，但是卻會造成企業內會計資料處理的困擾。

　　第三、不同的營業和會計方式造成企業間的財務比率甚難比較。企業的營業方式不同，財務比率會有顯著的差異，如公司的生產設備大部份由租賃而來，則固定資產週轉率及總資產週轉率會偏高，因為租賃資產不出現在資產負債表上。

　　財務比率是根據會計資料而來，以不同會計準則編製的會計資料，用於財務比率分析，會扭曲實際的財務績效。例如不同公司對於存貨、折舊及其他會

計項目可能用不同的會計方式處理，因而公司的資產及盈餘等會受到影響。做財務分析時若沒有將會計資料的差異予以調整，則同一產業內，不同公司的財務比率，無法作有意義的比較。

第四、不同公司使用不同的會計期間，如果季節因素甚為重要時，則不同公司間的比較會受到影響。因此比較公司的財務比率時，必須日期相同。並且在做財務比率分析時，應使用審核過的財務報表，否則財務比率分析無法反映實際的財務狀況。

第五、許多企業希望財務狀況比產業平均數為佳，但是僅僅如此並不表示企業的財務狀況良好。為了使企業財務狀況達到更佳水準，應與產業內的領導企業相比較才有意義。

第六、為了使財務報表好看，企業可能使用「**櫥窗展示**」(Window dressing)技巧來編製。例如，一家企業於 2004 年 12 月 27 日借入半個月期的現金貸款，此舉可使企業在 2004 年的流動比率和速動比率增加，也使 2004 年的資產負債表看來較好，但是這種改善僅僅是短期的，半個月後資產負債表將回復到原來水準。

第七、財務經理在評估某一特定的財務比率時，必須格外謹慎。例如，高的存貨週轉率雖可表示存貨管理甚有效率，但是也可能顯示存貨短缺嚴重。流動性比率高雖然顯示企業償還到期債務的能力好，但也顯示企業的固定資產過低，因而影響企業的獲利能力。

第八、在做財務比率分析時，通貨膨脹的因素必須加以考慮。通貨膨脹影響折舊費用和存貨價值，企業的獲利性也受到影響。故在做財務比率分析時，應注意通貨膨脹的影響。

財務比率分析雖然有上述缺點，但仍是非常有用的分析工具。它可以幫助管理階層找出問題所在，做出更好的決策，並做必要的調整。如果只是機械式地利用財務比率分析，很可能為企業營運帶來反效果，而有效地利用財務比率分析，可以更加瞭解企業的營運狀況，使其更有效率。

第五節　財務比率分析

一般用來測度企業經營績效及評估企業財務狀況的財務比率，可以歸納為五類，本節擬逐一討論之。

● 一、流動性比率 (Liquidity ratio)

企業經營必須能夠償還到期的欠款。流動性比率用來測度企業償還短期負債的能力。現金和其他容易轉換成現金的資產皆具有流動性，能夠用在企業短期債務的償還。測度企業流動性的方法有下列幾種：⑴淨營運資金，⑵流動比率，及⑶速動（或酸性檢定）比率。

1.淨營運資金 (Net working capital)

淨營運資金為流動資產減流動負債而得。

$$淨營運資金 ＝ 流動資產 － 流動負債 \qquad\qquad (7-2)$$

由表 7–7 可知福斯公司的流動資產、流動負債、和淨營運資金及其變動。福斯公司在 2004 年的淨營運資金為 $145.5 百萬，比 2003 年的 $138 百萬增加了 $7.5 百萬。亦即福斯公司流動資產的增加（$22.0 百萬＝$270.0 百萬－$248.0 百萬）超過了流動負債的增加（$14.5 百萬＝$124.5 百萬－$110.0 百萬），因而其淨營運資金增加了 $7.5 百萬（＝$22.0 百萬－$14.5 百萬）。

◢表 7–7▶ 福斯公司淨營運資金的變動

		（百萬元）
	2004 年	2003 年
流動資產總額	$270.0	$248.0
流動負債總額	124.5	110.0
淨營運資金	$145.5	$138.0
淨營運資金的變動	$7.5	

　　企業間的規模不同，故淨營運資金無法用於不同企業的比較，但是可用於內部管理之用。長期債務契約通常規定企業必須維持至少某一水準的淨營運資金，以維持足夠的流動性及保護債權人的利益。使用時間數列分析於淨營運資金，企業可以瞭解本身流動能力的變動狀況。

2. 流動比率 (Current ratio)

　　流動比率通常用來測度企業的短期**償債能力** (Solvency)。流動比率為流動資產除以流動負債而得。

$$流動比率 = \frac{流動資產}{流動負債} \qquad\qquad (7\text{--}3)$$

　　流動資產包括現金、銀行存款、有價證券、應收帳款、應收票據、預付款、以及存貨等。流動負債包括在未來一年內企業必須償還的債務，如應付帳款、應付票據、應付稅款與薪資等。

　　根據福斯公司的資產負債表，該公司在 2004 年 12 月 31 日的流動比率為：

$$流動比率 = \frac{\$270,000,000}{\$124,500,000} = 2.17$$

　　上述比率表示福斯公司的流動資產為流動負債的 2.17 倍。流動比率可以說明公司債權人的債權之安全程度以及資金運用是否妥當。福斯公司的流動比率與產業平均數或領導公司作一比較，如果差別甚大，財務經理必須找出原因。如果與同業比較，流動比率太低，則公司的短期償債能力問題可能發生。如流動比率太高，則公司的獲利能力受到影響，因為流動資產的報酬率通常低於固定資產的報酬率。

　　至於流動比率必須多少才算適當，沒有一個固定標準。兩家公司的流動比率相同，但是這兩家公司對於短期償債能力的評估也許不同，因此流動比率是否恰當，視各個公司的性質而定。一般而言，流動比率在二左右，公司的短期負債能力是恰當的。

3. 速動比率或酸性檢定比率 (Quick ratio or acid-test ratio)

在流動資產中，存貨的流動性最低，一旦短期債務到期，存貨並不一定可以迅速地轉換成現金以償還債務，如果被迫迅速出售存貨，往往必須折價出售，造成額外損失，因而在測度公司的短期償債能力時，不應依賴存貨的出售。

速動比率為流動資產減去存貨以後的剩餘，即**速動資產** (Quick asset) 除以流動負債而得：

$$速動比率 = \frac{流動資產 - 存貨}{流動負債} \tag{7-4}$$

福斯公司的速動比率為：

$$速動比率 = \frac{\$270,000,000 - \$126,000,000}{\$124,500,000} = 1.16$$

一般認為速動比率至少應等於一，以確保公司的即期償債能力。如果公司無法很快出售存貨，則速動比率為測度流動性的較佳工具；如果存貨的流動性高，則流動比率為測度流動性的較佳工具。

存貨的流動性固然低，若公司有逾期甚久未能收到的應收帳款，則這部份的應收帳款之流動性也甚可疑，故這部份的應收帳款與存貨從流動資產扣除後，除以流動負債所得的比率，更能真實反映公司的流動性。

● 二、營運效能比率 (Efficiency ratio)

營運效能決定企業的獲利能力。營運效能的好壞，決定於企業如何分配資金於各個資產中，而最適當的資產組合，能使企業的營運效能得以發揮，獲利能力達到最大。各類資產的數額過多或過少，皆可影響企業的獲利能力，以及營運效率。

1. 存貨週轉率 (Inventory turnover ratio)

存貨週轉率亦即存貨利用率，其定義為銷貨成本除以存貨。

$$存貨週轉率 = \frac{銷貨成本}{存貨} \tag{7-5}$$

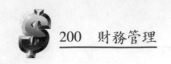

福斯公司的存貨週轉率為:

$$存貨週轉率 = \frac{\$521,000,000}{\$126,000,000} = 4.13$$

　　存貨週轉率可以用來測度企業的存貨管理效率,亦即企業的銷售能力及產品的銷售速率。一般人以為存貨週轉率高表示存貨管理效率佳,但是存貨週轉率太高時,可能顯示存貨管理有問題。例如,為了提高存貨週轉率,儘量壓低存貨水準,但是存貨太低,可能喪失銷售機會,也影響未來的銷售。存貨週轉率太低,表示存貨流動太慢,其原因可能是商品過時滯銷,促銷工作沒做好,或商品價格太高等。存貨太多導致倉儲費用的增加,以及資金為存貨所套牢,因而影響企業的獲利能力。至於存貨週轉率多少才算合理,因各個產業的性質不同而有差別。雜貨業的存貨週轉率通常甚高,而造船業的存貨週轉率則甚低。

　　計算存貨週轉率的銷貨成本來自損益表,而存貨則來自資產負債表。前者為**流量** (Flow) 觀念,後者則為**存量** (Stock) 觀念。因此,若企業的銷貨收入成穩定性的增加,則以期初與期末存貨的平均數來計算存貨週轉率較為恰當。若銷貨收入受到季節性影響,則應以全年每個月月底存貨的平均數作為存貨基礎,以計算存貨週轉率。

2.平均收款期間 (Average collection period)

　　平均收款期間是指商品從銷售至收到現金平均所需時間,可以用來評估信用及收款政策是否恰當,其計算為應收帳款除以平均每日的信用銷貨收入。

$$平均收款期間 = \frac{應收帳款}{平均每日信用銷貨收入}$$

$$= \frac{應收帳款}{一年信用銷貨收入 / 360} \tag{7-6}$$

福斯公司的平均收款期間可以從其資產負債表及損益表求得如下❺:

---

❺　損益表中的銷貨淨額如果沒有區分為現金或信用銷貨,則假設均為信用銷貨。

$$平均收款期間 = \frac{\$100,000,000}{\$841,000,000/360} = 40.81 \text{ 天}$$

福斯公司應收帳款的平均收款期間為 40.81 天。

平均收款期間應與公司銷貨條件比較才有意義。通常,給予顧客的信用期間長,則平均收款期間也長,較長的收帳期間並非不利,因為若縮短收帳期間,銷貨額可能減少,然而較長的收帳期間,表示更多的資金為應收帳款套牢,如果收帳期間能夠縮短,則可以增加現金收入,以賺取利息。收帳期間太長,也許是因為給予顧客按時付款的鼓勵措施無效,沒有適當選擇授予信用的顧客,或是企業內部收帳政策不適當。

若公司的收帳期間短於同一產業內的其他公司,此表示公司的信用政策較為保守,這時應檢討保守的信用政策是否不利於銷貨的增加。有些信用良好的顧客,雖然付款緩慢,但卻可以使公司的獲利提高,保守的信用政策,將使這些顧客轉移至其他公司。

3. 固定資產週轉率 (Fixed asset turnover ratio)

固定資產週轉率為銷貨淨額與固定資產淨額的比率,其公式為:

$$固定資產週轉率 = \frac{銷貨淨額}{固定資產淨額} \tag{7-7}$$

此比率可以用來測度企業使用廠房、機器、及設備等固定資產來產生銷貨額的效率 [6]。一般而言,高的固定資產週轉率,表示固定資產的使用率甚佳,但是也可能意謂固定資產投資不足,或是由於通貨膨脹使過去購買的固定資產價值被低估所引起。反之,低的固定資產週轉率,則表示企業的固定資產投資過度,因而有些固定資產被閒置了。這時,企業應該出售一些固定資產,將出售一部份固定資產的收入,投資於更具生產性的地方,或用來償債,使企業財務狀況更為健全。

---

[6] 如果固定資產淨額在一年內有顯著的變動,則使用平均固定資產淨額於計算固定資產週轉率。

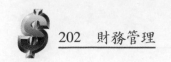

福斯公司的固定資產週轉率計算如下:

$$固定資產週轉率 = \frac{\$841,000,000}{\$60,000,000} = 14.02$$

表示福斯公司每 $1 的固定資產淨額,可以產生 $14.02 的銷貨淨額。

4. 總資產週轉率 (Total asset turnover ratio)

總資產週轉率由銷貨淨額除以資產總額而得。

$$總資產週轉率 = \frac{銷貨淨額}{資產總額} \tag{7-8}$$

此比率用來測量企業資產的使用效率,亦即每 $1 資產能夠產生多少銷貨額。總資產週轉率高,表示資產經營效率高;總資產週轉率低,則表示資產使用效率低,或部份資產被閒置了。

就福斯公司而言,其總資產週轉率計算如下:

$$總資產週轉率 = \frac{\$841,000,000}{\$330,000,000} = 2.55$$

表示福斯公司每 $1 的資產可用來產生 $2.55 的銷貨淨額。

5. 營運比率 (Operating ratio)

營運比率為銷貨成本與銷貨淨額的比率,其計算公式為:

$$營運比率 = \frac{銷貨成本}{銷貨淨額} \tag{7-9}$$

福斯公司的營運比率計算如下:

$$營運比率 = \frac{\$521,000,000}{\$841,000,000} = 0.62$$

營運比率可以測知企業經營效率的好壞。銷貨成本影響企業的獲利能力,如銷貨成本降低,則即使銷貨淨額減少,企業的報酬率仍可提高;如果銷貨成本

高，則即使銷貨淨額大，報酬率可能不增反減。

● 三、財務槓桿比率 (Financial leverage ratio)

財務槓桿比率用來測量企業的負債程度，反映企業償還短期與長期債務的能力。財務槓桿比率低的企業，在經濟衰退時的風險較小，但在經濟繁榮時的報酬也低。反之，財務槓桿比率高的企業，在經濟衰退時的風險較大，但在經濟繁榮時的報酬也高。投資者期望高的報酬率，但是又想逃避風險，因此必須在較高的報酬率和增加的風險中，求得平衡點。

通常，報酬率可測性越高的企業，可以接受較高的財務槓桿比率。公用事業的盈餘一向甚為穩定，無力償債的機會小，故其財務槓桿比率較高。而汽車製造業、化學業、造紙業、和傢俱製造業等，受景氣循環影響大，盈餘較不穩定，因此財務槓桿比率也低。

財務槓桿對企業的報酬和風險之影響，可以由表 7–8 來說明。A 及 B 兩家

表 7–8 財務槓桿對報酬與風險的影響

	A 公司	B 公司
流動資產	$100,000	$100,000
固定資產淨額	100,000	100,000
資產總額	$200,000	$200,000
負債（利率 10%）	$　　0	$100,000
股東權益	200,000	100,000
負債與股東權益	$200,000	$200,000
負債比率	$0 / $200,000=0%	$100,000 / $200,000=50%
銷貨淨額	$300,000	$300,000
減：銷貨成本	200,000	200,000
銷貨毛利	$100,000	$100,000
減：營運費用	40,000	40,000
營業盈餘	$ 60,000	$ 60,000
減：利息費用	0	10,000
稅前盈餘	$ 60,000	$ 50,000
減：公司所得稅 (40%)	24,000	20,000
稅後純益	$ 36,000	$ 30,000
股東權益報酬率	$ 36,000 / $200,000=18%	$20,000 / $100,000=20%

公司的資產負債表中，除了融資方式不同外，其他科目都一樣。A 公司沒有負債（沒有財務槓桿），B 公司則以負債融通 50% 的資產投資，負債的利率為10%。兩家公司的資產總額為 $200,000，銷貨淨額皆為 $300,000，**營業利潤率** (Operating profit margin) 皆為 20%（=營業盈餘／銷貨淨額= $60,000/$300,000）。A 公司的股東權益報酬率（=稅後純益／股東權益）為 18% (= $36,000/$200,000)，而 B 公司為 20% (= $20,000/$100,000)。兩家公司的股東權益報酬率不同，乃是由於 A 公司沒有利用財務槓桿，而 B 公司利用財務槓桿所致。

B 公司利用負債融資，其負債比率 (50%) 較 A 公司為高，故 B 公司的風險也較高，但是 B 公司的報酬也相對的高。其原因為(1)利息是營運費用之一，可以將之減除以求得稅前盈餘（課稅所得），因此使用負債融資，可以降低稅前盈餘，並使稅負減少，因而有較多的營業盈餘可以分攤給股東。(2)由於股東權益相對較低，若資金運用報酬率超過資金成本，則剩下部份歸於股東。故 B 公司的股東權益報酬率高於 A 公司，乃是由於財務槓桿的運用所引起的。

企業的財務槓桿比率，可經由資產負債表或損益表的資料求得。從資產負債表的資料，可以測度企業在某一時點的財務槓桿比率，而損益表的資料可以用來說明企業支付債務利息的能力。在分析企業的財務槓桿比率時，應兼顧此兩種方法，因為它們有互補性。

1.負債比率 (Debt ratio)

負債比率為負債總額與資產總額之比，其公式為：

$$負債比率 = \frac{負債總額}{資產總額} \tag{7-10}$$

此比率用於測量企業的總資產中，若干比例是以債權人的資金予以融通，負債則包括短期與長期負債。

通常，債權人偏愛較低的負債比率，因為當企業發生財務問題時，債權人有較佳的保障。相反地，企業所有者（或股東）則欲藉更高的負債比率以增加盈餘，或避免發行新股而喪失若干的控制能力。當然，若負債比率太高，則債權人所負風險甚大，所有者可能降低其責任心，及產生投機心理，如果企業成

功，所有者獲得豐富的報酬，不幸失敗，則損失有限，因其投資比例甚小。

福斯公司的負債比率計算如下：

$$負債比率 = \frac{\$184,500,000}{\$330,000,000} = 55.91\%$$

表示公司的總資金裡，債權人提供 55.91%，而股東則提供剩餘的 44.09%。

2.負債與股東權益比率 (Debt equity ratio)

負債與股東權益比率之定義為：

$$負債與股東權益比率 = \frac{長期負債}{股東權益} \tag{7-11}$$

此比率說明企業資金來源中，長期負債與自有資金（股東權益）的比率，比率大於一表示長期負債超過自有資金，小於一則表示長期負債小於自有資金。此比率用長期負債（而非負債總額）與股東權益作一比較，乃由於兩者皆是企業的長期資金。

福斯公司的負債與股東權益比率計算如下：

$$負債與股東權益比率 = \frac{\$60,000,000}{\$145,500,000} = 41.24\%$$

此比率表示相對於每 \$1 的自有資金，福斯公司的長期負債為 \$0.41，亦即公司的長期資金大部份來自股東，小部份來自債權人。由於特別股股利通常是固定的，有些人則建議把特別股包含在長期負債內來計算負債與股東權益比率。

3.固定資產與股東權益比率 (Fixed asset to equity ratio)

固定資產與股東權益比率之定義為：

$$固定資產與股東權益比率 = \frac{固定資產}{股東權益} \tag{7-12}$$

此比率表示自有資金有多少比例投資於固定資產，用來測量企業的週轉能力與固定資產是否過多。一般而言，此比率以低於一為宜，顯示企業有多餘資

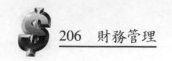

金可以週轉；如果高於一，則顯示自有資金不足，或固定資產過多。就福斯公司而言，

$$固定資產與股東權益比率 = \frac{\$60,000}{\$145,500,000} = 0.41$$

上述比率表示福斯公司的自有資金足以融通固定資產外尚有剩餘，亦即公司的週轉能力甚佳，以及固定資產並未過度擴充。

4.利息週轉倍數 (Times interest earned, TIE)

利息週轉倍數由息前及稅前盈餘除以利息費用而得，其公式為：

$$利息週轉倍數 = \frac{息前及稅前盈餘}{利息費用} \tag{7-13}$$

上述比率用來測量企業以盈餘支付利息費用的能力，比率越高，企業支付利息的能力越強。如果企業無法支付利息，債權人可能採取法律行動，而使企業面臨破產的危機。就福斯公司言，

$$利息週轉倍數 = \frac{\$60,000,000}{\$20,000,000} = 3$$

福斯公司的息前及稅前盈餘為利息費用的三倍，顯示公司的獲利能力可以應付利息支出。當然，公司償債能力是否良好，應與產業的平均利息週轉倍數比較。

5.固定支出償付比率 (Fixed charge coverage ratio)

固定支出償付比率的定義如下：

$$
\begin{aligned}
&固定支出償付比率 \\
&= \frac{息前及稅前盈餘 + 租賃支出}{利息 + 租賃支出 + 稅前特別股股利 + 稅前償債基金} \\
&= \frac{息前及稅前盈餘 + 租賃支出}{利息 + 租賃支出 + 特別股股利 / (1-t) + 償債基金 / (1-t)}
\end{aligned} \tag{7-14}
$$

此比率可以測度企業償付固定支出的能力，固定支出包括利息、租賃、稅前特別股股利，以及稅前償債基金。

計算固定支出償付比率時，必須以企業稅前負擔的固定支出能力為基礎。然而，特別股股利與償債基金均為稅後盈餘的支出，因此必須以其支出除以 $1-t$ 加以調整，而 t 為邊際稅率。如此稅後支出可以變成稅前為基礎的支出，而和息前及稅前盈餘有相同的基礎❼。

就福斯公司而言，

$$固定支出償付比率 = \frac{\$60,000,000 + \$45,000,000}{\$20,000,000 + \$45,000,000 + \$2,000,000/(1-40\%)}$$
$$= 1.54$$

若企業的固定支出償付比率低，則債權人較無保障，企業向外籌措資金的機會將受到限制，營運將受到影響，而必須以更高的成本向外籌措資金，故由此比率，債權人可知企業是否能夠應付額外的債務。

● 四、獲利性比率 (Profitability ratio)

單從損益表上的盈餘，無法瞭解企業的獲利能力，故債權人、股東、銀行、供應商、或潛在投資人都欲瞭解盈餘所代表的意義，因此盈餘必須與銷貨額、資產、或淨值（股東權益）作一比較，才可具體瞭解企業的獲利能力。長期間企業能夠獲利才能生存，才容易吸引外部資金；如果企業獲利能力低，甚至發生虧損，則不易籌措資金，投資人及債權人甚至擔心未來能否收回投資資金。測量企業獲利能力的方式很多，下列幾種為常用的獲利性比率。

1.銷貨毛利率 (Gross profit margin)

銷貨毛利率為銷貨淨額與銷貨成本的差額（即銷貨毛利）除以銷貨淨額而得。

---

❼ 此計算的理論基礎為：

稅後純益 = 稅前盈餘 − 稅負 = 稅前盈餘 − 稅前盈餘 × t = 稅前盈餘 (1−t)

故稅前盈餘 = $\dfrac{稅後純益}{1-t}$

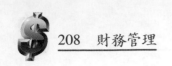

$$銷貨毛利率 = \frac{銷貨淨額 - 銷貨成本}{銷貨淨額} = \frac{銷貨毛利}{銷貨淨額} \qquad (7\text{--}15)$$

此比率反映定價政策及行銷管理的有效性。一般而言，銷貨毛利率高，表示企業的定價政策正確及行銷管理有效率，因此每一元的銷貨淨額，可以獲得較高的利潤；反之，銷貨毛利率低，則表示定價政策有待修正，或行銷管理應予改進。就福斯公司言，

$$銷貨毛利率 = \frac{\$320,000,000}{\$841,000,000} = 38.05\%$$

表示福斯公司的每一元銷貨淨額，其毛利為 $0.38。

2. 營業利潤率 (Operating profit margin)

營業利潤率係以息前及稅前盈餘除以銷貨淨額而得。

$$營業利潤率 = \frac{息前及稅前盈餘}{銷貨淨額} \qquad (7\text{--}16)$$

此比率表示企業在支付利息及稅負前，每一元的銷貨淨額可以賺得多少利潤。非營業所得，如有價證券的獲利及使用權收入等，均不包含在營業利潤內，非營業費用，如利息支出，則不加以扣除。非營業所得和費用與生產和銷貨無關，因此在計算營業利潤時，均不予以考慮。通常，營業利潤率越高越好，因為這表示企業的行銷及營運管理效率良好。就福斯公司言，

$$營業利潤率 = \frac{\$60,000,000}{\$841,000,000} = 7.13\%$$

3. 純益率 (Net profit margin)

純益率是指企業扣除一切費用及支付稅款後，每一元銷貨淨額所能賺取的金額。其公式如下：

$$純益率 = \frac{稅後純益}{銷貨淨額} \qquad (7\text{--}17)$$

　　此比率越高越好。高的純益率表示企業的成本及費用控制相當成功，因而其獲利能力高；反之，則表示企業的營運效率不佳，故其獲利能力低。福斯公司的純益率可計算如下：

$$純益率 = \frac{\$24,000,000}{\$841,000,000} = 2.85\%$$

　　上述三種不同的利潤率，都是以各種不同的利潤與銷貨淨額比較而得，據此瞭解企業營運狀況。如果銷貨毛利率在數年內甚為穩定，但是純益率降低，其原因可能為營業費用、利息支出、或稅款支出增加所致。如果銷貨毛利率降低，其理由為銷貨成本相對於銷貨淨額提高，產品售價太低，或營運效率下降所致。

4.資產報酬率 (Return on asset, ROA) 或投資報酬率 (Return on investment, ROI)

　　資產報酬率由稅後純益除以資產總額而得。

$$資產報酬率 = \frac{稅後純益}{資產總額} \qquad (7-18)$$

　　此比率用來評價企業運用資產的效率，即平均每元資產所能獲得的利潤。資產報酬率高，表示企業的資產運用效能好；反之，則資產運用效能差。福斯公司的資產報酬率之計算如下：

$$資產報酬率 = \frac{\$24,000,000}{\$330,000,000} = 7.27\%$$

　　資產報酬率也可以利用下述**杜邦公式** (Du Pont formula) 計算而得。

$$資產報酬率 = \frac{稅後純益}{資產總額}$$
$$= \left(\frac{稅後純益}{銷貨淨額}\right)\left(\frac{銷貨淨額}{資產總額}\right)$$

$$= (純益率)(總資產週轉率) \tag{7-19}$$

2004 年福斯公司的純益率為 2.85%，總資產週轉率為 2.55，將兩者代入上述杜邦公式，得此公司的資產報酬率如下：

$$資產報酬率 = (2.85\%)(2.55) = 7.27\%$$

純益率或總資產週轉率不是測量企業營運效能的適當工具，蓋純益率未考慮資產的使用，而總資產週轉率則忽略了銷貨利潤，資產報酬率則無這些缺點。若純益率提高，或總資產週轉率增加，或兩者同時都有改進，則資產報酬率可以提高。這些比率的關係可以由圖 7–2 表示。

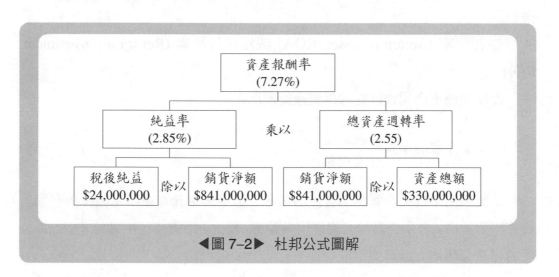

◀圖 7–2▶　杜邦公式圖解

由杜邦公式知，資產報酬率可由純益率乘以總資產週轉率求得，因此兩個企業的純益率與總資產週轉率即使不同，但它們的資產報酬率可能相同。例如甲企業的純益率為 2%，總資產週轉率為 6，而乙企業各為 3% 和 4，則甲、乙兩企業的資產報酬率均為 12%。

5.普通股權益報酬率 (Return on equity, ROE)

稅後純益與普通股權益的比例，可用來衡量股東對企業投資所能獲得的報酬，其公式為：

$$普通股權益報酬率 = \frac{稅後純益}{普通股權益} \qquad (7\text{--}20)$$

股東投資於企業的主要目的是獲取利潤，普通股權益報酬率可以用來測量一個企業的獲利能力，投資人則以此作為投資的選擇標準。若企業的普通股權益報酬率年年上升，則投資人對企業的信心增加，其股票容易吸引投資人，資金籌措也容易達成。就福斯公司而言，

$$普通股權益報酬率 = \frac{\$24,000,000}{\$125,500,000} = 19.12\%$$

普通股權益報酬率也可以利用下述**修正的杜邦公式** (Revised Du Pont formula) 計算而得。

$$
\begin{aligned}
普通股權益報酬率 &= \frac{稅後純益}{普通股權益}\\
&= \left(\frac{稅後純益}{銷貨淨額}\right)\left(\frac{銷貨淨額}{資產總額}\right)\left(\frac{資產總額}{普通股權益}\right)\\
&= (純益率)(總資產週轉率)(普通股權益乘數) \ \text{❽}
\end{aligned}
$$

$$(7\text{--}21)$$

---

❽ 由於普通股權益乘數 $= \dfrac{資產總額}{普通股權益}$

$$= \frac{1}{\dfrac{普通股權益}{資產總額}}$$

$$= \frac{1}{\dfrac{資產總額-(負債總額+特別股)}{資產總額}}$$

$$= \frac{1}{1-負債與特別股比率}$$

以及資產報酬率 = 純益率 × 總資產週轉率，因此：

$$普通股權益報酬率 = \frac{資產報酬率}{1-負債與特別股比率}$$

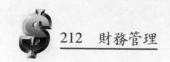

　　福斯公司 2004 年的純益率為 2.85%，總資產週轉率為 2.55，**普通股權益乘數** (Equity multiplier) 為 2.63 (= $330,000,000/$125,500,000)，因此以修正的杜邦公式計算福斯公司的普通股權益報酬率為：

$$普通股權益報酬率 = (2.85\%)(2.55)(2.63) = 19.12\%$$

　　圖 7–3 表示修正的杜邦公式。此公式顯示普通股權益報酬率受到三個部門的影響，即稅後純益 / 銷貨淨額（純益率），資產運用效率（總資產週轉率），以及財務槓桿（普通股權益乘數）。

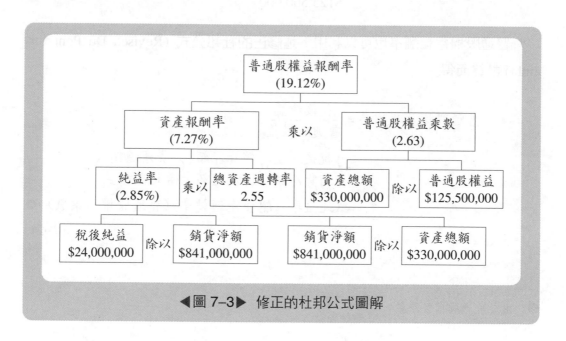

◀圖 7–3▶　修正的杜邦公式圖解

● 五、市場價值比率 (Market value ratio)

　　市場價值比率用來表示公司股票的每股盈餘，以及每股盈餘與市價或帳面價值的關係。若公司的流動性、資產運用、債務管理和獲利性甚佳，則其市場價值比率也高。

1. 每股盈餘 (Earnings per share, EPS)

　　每股盈餘為企業的稅後純益減去特別股股利後，除以企業流通在外的普通

股股數而得，其計算公式為：

$$每股盈餘 = \frac{稅後純益 - 特別股股利}{普通股股數} \qquad (7-22)$$

此比率表示普通股每股所能賺取的利潤，但並不表示這些利潤將全部作為股利發放予普通股股東，或全部作為保留盈餘；有些公司將一部份稅後純益作為發放股利之用，剩餘的則保留作為將來再投資之用。不論如何，每股盈餘是顯示企業獲利能力的重要指標，為一般投資人及管理人員所重視。就福斯公司言，其：

$$每股盈餘 = \frac{\$24,000,000 - \$2,000,000}{40,000,000} = \$0.55$$

此表示福斯公司普通股每股所賺取的利潤為 $0.55。

2. 本益比 (Price-earnings ratio)

本益比是指企業普通股每股市價與每股盈餘的比率，用來測量每股市價為每股盈餘的若干倍，亦即投資人對每一元盈餘所願意支付的價格，其公式為：

$$本益比 = \frac{每股股價}{每股盈餘} \qquad (7-23)$$

如果福斯公司的普通股市價為 $11，則其：

$$本益比 = \frac{\$11}{\$0.55} = 20$$

此表示福斯公司的投資人必須付出 $20，以獲得 $1 的盈餘。一般而言，本益比越高，表示股票越貴，但也表示投資大眾對企業的未來越有信心，因此願意支付較高的價格；反之，本益比越低，表示股票越便宜，但也表示投資大眾的信心較缺乏，因而願意支付的價格較低。

3. 市價／面值比率 (Price/book value ratio)

市價／面值比率之計算公式為：

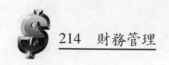

$$市價／面值比率 = \frac{每股股價}{每股帳面價值} \tag{7-24}$$

而每股帳面價值之定義為:

$$每股帳面價值 = \frac{普通股股權}{普通股股數} \tag{7-25}$$

就福斯公司言,

$$每股帳面價值 = \frac{\$125,500,000}{40,000,000} = \$3.14$$

將每股股價 \$11 除以每股帳面價值 \$3.14, 得市價／面值比率為 3.5, 其計算如下:

$$市價／面值比率 = \frac{\$11}{\$3.14} = 3.5$$

通常獲利性越高的公司, 其股價越高, 市價／面值比率也越高; 反之, 若獲利性越低, 則其股價越低, 市價／面值比率也越低。

上述各種財務比率的計算公式及其用途可由表 7-9 綜合說明之。

本節敘述福斯公司的重要財務比率之計算及其意義, 這些財務比率必須與產業平均或產業中的領導企業相比較, 才能瞭解企業的財務狀況及財務表現是否良好。如本章第三節所述, 利用橫剖面分析及時間數列分析, 企業可以發現或預測可能的財務問題, 予以解決或加以預防。

表 7–9 福斯公司 2004 年重要財務比率計算公式及用途說明

財務比率項目	公式	福斯公司之計算值	用途及說明
一、流動性比率			
1.淨營運資金	流動資產 − 流動負債	$145,500,000	測度企業的流動性，以保護債權人的利益。
2.流動比率	流動資產 / 流動負債	2.17	測度企業的短期債務之償還能力，比率越高，短期償債能力越強。
3.速動比率	(流動資產 − 存貨) / 流動負債	1.16	測度企業的即期債務償還能力，比率越大，即期償債能力越強。
二、營運效能比率			
1.存貨週轉率	銷貨成本 / 存貨	4.13	測度企業的銷貨能力及產品的銷售速率；存貨週轉率高表示存貨管理效率好，但週轉率太高可能顯示存貨管理有問題。
2.平均收款期間	應收帳款 / 平均每日信用銷貨收入	40.81 天	測度從銷貨至收到現金的速率，可用來評估信用及收款政策。平均收款期間越短，表示應收帳款收回越快，但也可能表示信用政策太保守或催收款項甚急，如此對企業銷貨可能不利。
3.固定資產週轉率	銷貨淨額 / 固定資產淨額	14.02	測度固定資產的使用效率，比率高表示固定資產的利用率佳，但也可能意謂固定資產投資不足。
4.總資產週轉率	銷貨淨額 / 資產總額	2.55	反映企業資產的使用效率，即每 $1 資產能產生多少銷貨額。比率高表示資產使用效率高。
5.營運比率	銷貨成本 / 銷貨淨額	0.62	測度企業的經營效率，比率高表示銷貨成本相對高，企業經營效率低。
三、財務槓桿比率			
1.負債比率	負債總額 / 資產總額	55.91%	測度企業的總資產中，若干百分比是由債權人的資金來融通。比率越大，企業的財務風險也越大。
2.負債與股東權益比率	長期負債 / 股東權益	41.24%	測度企業的長期借入資金佔自有資金之比率。比率越大，表示長期負債越多，企業的財務風險也越大。

3.固定資產與股東權益比率	固定資產 / 股東權益	0.41	表示固定資產的投資有多少比率由自有資金來融通，可以用來測度企業之週轉能力與固定資產是否過多。
4.利息週轉倍數	息前及稅前盈餘 / 利息費用	3	測度企業以盈餘支付利息費用的能力，比率越高，企業支付利息的能力越強。
5.固定支出償付比率	$\dfrac{息前及稅前盈餘＋租賃支出}{利息＋租賃支出＋\dfrac{特別股股利}{1-t}＋\dfrac{償債基金}{1-t}}$	1.54	測度企業應付固定支出的能力，比率越高，企業應付固定支出的能力越強。

四、獲利性比率

1.銷貨毛利率	銷貨毛利 / 銷貨淨額	38.05%	反映定價政策及行銷管理的有效性，比率越高表示企業的定價政策正確及行銷管理有效率。
2.營業利潤率	息前及稅前盈餘 / 銷貨淨額	7.13%	測度企業在支付利息及稅款前，每\$1的銷貨淨額所能獲得的利潤。比率越高，企業的獲利能力越強。
3.純益率	稅後純益 / 銷貨淨額	2.85%	測度企業在扣除一切費用和納稅後，每\$1的銷貨淨額所能獲得的利潤。比率越高，企業的獲利能力越強。
4.資產報酬率	稅後純益 / 資產總額	7.27%	測度企業運用資產以獲利的能力，即平均每\$1的資產所能賺取的利潤。比率大表示資產運用效率高。
5.普通股權益報酬率	稅後純益 / 普通股權益	19.12%	測度企業的自有資金賺取利潤的能力。比率越大，股東投資所獲報酬越高。

五、市場價值比率

1.每股盈餘	稅後純益－特別股股利 / 普通股股數	\$0.55	測度普通股每股所能賺取的利潤。比率越大，股東投資的報酬越高。
2.本益比	每股股價 / 每股盈餘	20	測度每一元的利潤，投資人所願支付的價格。比率越大，表示投資人對企業的信心越高。
3.市價／面值比率	每股股價 / 每股帳面價值	3.5	測度每一元的普通股股權，投資者所願支付的價格。比率越大，顯示企業的獲利能力越強。

第六節 利用財務比率預測企業未來財務表現

近年來，甚多的財務經理應用統計方法來預測企業未來的財務狀況。

辨別分析 (Discriminant analysis) 是一個用來幫助分析人員將觀察值（企業）分成至少兩個類別的統計方法。Edward Altman 首先將此分析應用於財務管理上，以預測企業的失敗 ❾。Altman 的基本預測模型中，包括五個最有影響力的財務比率，六十六個製造業（其中一半為經營失敗者），其**辨別函數** (Discriminant function) 如下：

$$Z = 0.012X_1 + 0.014X_2 + 0.033X_3 + 0.006X_4 + 0.999X_5$$

其中，Z = 企業的辨別函數值

X_1 = 淨營運資金／資產總額比率（百分比）

X_2 = 保留盈餘／資產總額比率（百分比）

X_3 = 息前及稅前盈餘／資產總額比率（百分比）

X_4 = 股權（普通股與特別股）市價／負債總額比率（百分比）

X_5 = 銷貨淨額／資產總額比率

Altman 以 Z 值來區別優良企業的財務狀況（Z 值大於 2.675）與趨向失敗企業的財務狀況（Z 值小於 2.675）。Z 值越大，企業倒閉的可能性越小；Z 值越小，企業倒閉的可能性越大。

將 Altman 的上述模型，應用於福斯公司 2004 年的財務比率上，並假設特別股市價為 $20，以評估其長期財務狀況。

$$X_1 = \frac{\$145,500,000}{\$330,000,000} = 44.09\%$$

$$X_2 = \frac{\$60,500,000}{\$330,000,000} = 18.33\%$$

---

❾ 見 Edward I. Altman, "Financial Ratios, Discriminant Analysis and the Prediction of Corporate Bankruptcy," *Journal of Finance* (Sept. 1968), pp. 589 – 609.

$$X_3 = \frac{\$60,000,000}{\$330,000,000} = 18.18\%$$

$$X_4 = \frac{\$11 \times 40,000,000 + \$20 \times 2,000,000}{\$184,500,000} = \frac{\$480,000,000}{\$184,500,000} = 260.16\%$$

$$X_5 = \frac{\$841,000,000}{\$330,000,000} = 2.55$$

將上面數值代入 Altman 的 Z 值方程式，可得：

$$Z = 0.012(44.09) + 0.014(18.33) + 0.033(18.18) + 0.006(260.16) + 0.999(2.55)$$

$$= 0.53 + 0.26 + 0.60 + 1.56 + 2.52 = 5.47$$

福斯公司的 Z 值遠大於 2.675，表示福斯公司的財務狀況甚佳，公司在未來幾年內沒有失敗之虞。

 問　題

7–1　簡述公司的基本財務報表及其功能。

7–2　資金來源用途表，對財務經理有何重要性？

7–3　何謂資金來源？一般企業的主要資金來源為何？

7–4　何謂資金用途？一般企業的主要資金用途為何？

7–5　簡略說明現金流量表的主要內容。

7–6　一個企業發生虧損，但是現金流量為正值，是否可能？解釋之。

7–7　一個企業雖然獲利，但是現金流量為負值，是否可能？

7–8　何謂營運資金？一般企業的主要營運資金來源及用途為何？

7–9　財務比率分析的用途為何？

7–10　財務比率分析對債權人、股東、及企業財務經理的意義為何？

7–11　時間數列分析及橫剖面分析有何差別？

7–12　使用財務比率分析時，應注意哪些事項？

7–13　各類財務比率中，債權人及投資人最關心哪些比率？說明之。

7-14 何謂淨營運資金? 何以用淨營運資金來比較兩家企業的流動性不甚妥當?

7-15 流動比率與速動比率有何不同?

7-16 一家公司的流動比率為 4.3，但為何仍可能無法支付到期債務?

7-17 某公司的存貨週轉率遠高於 (或低於) 產業平均數，此表示公司的存貨政策有問題嗎?

7-18 平均收款期間越短越好。試評論之。

7-19 固定資產週轉率與總資產週轉率越高，表示公司的資產運用越有效率。試評論之。

7-20 負債總是不好的，因此企業的負債越低越好。你是否同意?

7-21 說明財務槓桿對企業報酬與風險的影響。

7-22 何以企業有高的銷貨毛利率，但是其純益率卻低?

7-23 一個公司的純益率為 22%，但仍然無法支付到期債務，可能嗎?

7-24 甲公司的純益率為 3%，資產週轉率為 1.8; 乙公司的純益率為 4%，資產週轉率為 1.35，試問哪家公司的投資報酬率較高?

7-25 如何利用杜邦公式解釋股東權益報酬率?

7-26 決定普通股權益報酬率的最重要因素為何?

7-27 說明如何運用較多的負債來提高公司的普通股權益報酬率?

7-28 下列哪些事項可歸類為資金來源? 資金用途?

(1)折舊增加 $50,000。

(2)採取較嚴的信用政策，導致應收帳款減少。

(3)稅後純益 $38,000。

(4)以 $85,000 購買新機器。

(5)發行十五年期債券 $300,000。

(6)向銀行借款 $30,000。

(7)存貨減少 $8,000。

(8)購回普通股股票。

(9)出售土地獲得 $200,000。

(10)減少應付薪資 $30,000。

7-29 何種財務比率用來測度企業的負債程度及償債能力?

7-30 投資者如何從本益比與市價／面值比率知道公司的風險與報酬?

7-31 如何利用修正的杜邦公式來得知企業各個部門的表現?

7-32 說明下列事項的變動對流動比率的影響:

　　⑴存貨減少。

　　⑵付款予供應商。

　　⑶提早償還長期負債。

　　⑷支付銀行短期貸款。

　　⑸出售有價證券以支付所欠員工薪資。

7-33 某公司的流動比率大有改善，但是速動比率反而下降，試解釋之。

習　　題

7-1 建國企業於 2004 年 12 月 31 日之損益表上，有稅後純益 $400,000。試問公司用此稅後純益於下述途徑對其 2004 年 12 月 31 日之資產負債表有何影響?

　　⑴公司支付股利 $200,000，而以其餘的 $200,000 用於償還長期負債。

　　⑵公司不支付股利，而以稅後純益投資於有價證券。

　　⑶公司支付股利 $100,000，而以其餘的 $300,000 用來購買新機器。

　　⑷公司支付股利 $150,000，而以其餘的 $250,000 用來減少應付帳款。

　　⑸公司支付股利 $400,000。

7-2 懷特公司的會計部門於 2004 年 12 月 31 日彙總了公司一年來的財務資料。銷貨淨額為 $900,000，銷貨成本為 $500,000，折舊費用為 $50,000，租金為 $80,000，銷售費用為 $70,000，業務與管理費用為 $50,000，利息費用為 $15,000。公司發行特別股 5,000 股，每股股利為 $4；普通股共發行 8,000 股，每股股利為 $0.5。如果公司所得稅稅率為 40%，試為此公司編製損益表。

7-3 根據天生食品公司下列數據，編製該公司在 2004 年 6 月 30 日的資產負債表。

科目	2004 年 6 月 30 日的款額 ($,000,000)
應收帳款	$350
現金	200
機器及設備	250
應付薪資	60
公司債	200
應付票據	80
特別股	110
卡車	70
廠房	180
土地	350
有價證券	150
累積折舊	240
應付帳款	280
普通股	180
銷貨淨額	4,300
折舊費用	70
超額支付資本	350
存貨	140
應付稅款	90
銷貨成本	2,900
保留盈餘	180
短期銀行貸款	50
應收票據	130

7–4　民生製藥公司在 2004 年的稅後純益為 $350,000，公司在 2003 年 12 月 31 日的資產負債表之保留盈餘為 $3,450,000，而 2004 年 12 月 31 日的保留盈餘為 $4,020,000，試問公司在 2004 年發放了多少股利予股東？

7–5　宏森公司 2004 年的會計年底之稅前盈餘為 $500,000，公司所得稅稅率為 40%，特別股股利為 $80,000。若公司發行的普通股為 100,000 股，則此公司的每股盈餘為若干？若普通股每股股利為 $1.20，則此公司的保留盈餘為若干？

7–6　嘉裕公司於 2004 年年初的累積盈餘為 $800,000。2004 年公司的稅後純益為 $450,000，特別股股利為 $60,000。2004 年年底的累積盈餘為 $980,000。公司於 2004 年有普通股 200,000 股。

(1)編製 2004 年 12 月 31 日該公司的保留盈餘表。

(2)公司於 2004 年的每股盈餘及每股股利為何？

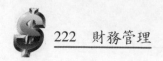

7-7 根據下述某公司的財務報表編製解釋資金來源用途表與現金流量表。

資產負債表 ($,000)		12 月 31 日
	2004 年	2003 年
現金	$ 20,000	$ 22,000
有價證券	8,000	10,000
應收帳款	36,000	34,000
存貨	79,000	64,000
預付租金	4,000	4,000
流動資產總額	$147,000	$134,000
固定資產淨額	249,000	246,000
資產總額	$396,000	$380,000
應付帳款	$ 61,000	$ 48,000
應付票據	21,000	18,000
應付稅款	3,000	8,000
流動負債總額	$ 85,000	$ 74,000
長期負債	170,000	175,000
股東權益	141,000	131,000
負債與股東權益	$396,000	$380,000

損益表 ($,000)		
		2004 年
銷貨淨額		$690,000
減：銷貨成本		550,000
銷貨毛利		$140,000
減：營運費用		
一般管理及銷售費用	$48,000	
折舊費用	7,000	
營運費用總額		55,000
營業盈餘		$ 85,000
減：利息費用		15,000
稅前盈餘		$ 70,000
減：公司所得稅 (40%)		28,000
稅後純益		$ 42,000
減：現金股利		32,000
保留盈餘		$ 10,000

7-8 某公司的流動資產為 $85,000，流動負債為 $38,000，存貨為 $21,500。

(1)計算此公司的淨營運資金、流動比率、及速動比率。

⑵公司擬增加短期負債（如應付票據）以提高存貨水準。問此公司可以增加
短期負債若干，而不致使其流動比率低於 2。

⑶公司增加短期負債至極限後，其淨營運資金、流動比率、及速動比率為何？

7-9　某公司的銷貨淨額為 $200,000，流動負債為 $20,000，流動比率為 2.4，速動
比率為 1.5，現金佔流動資產的比例為 0.25。計算此公司的流動資產、現金、
應收帳款，及存貨。

7-10　帝國公司預測明年的銷貨淨額為 $8,400,000。若公司的平均收款期間為 50
天，存貨週轉率為 5，銷貨毛利率為 30%。求公司的應收帳款和存貨水準。

7-11　森美公司的年銷貨淨額為 $25,000,000，銷貨毛利率為 40%，各季的存貨水準
為 $2,000,000、$4,500,000、$5,000,000、及 $3,500,000。

⑴求平均每季存貨水準，並據此以計算存貨週轉率。

⑵若產業的平均存貨週轉率為 3.2，試評論森美公司的存貨管理政策。

7-12　明邦公司去年的銷貨淨額為 $5,000,000，其中 80% 為信用銷售，20% 為現金
銷售。銷貨毛利率為 30%，流動資產為 $800,000，流動負債為 $250,000，現
金為 $20,000，有價證券為 $25,000，應收帳款為 $300,000。假設一年有 360 天。

計算此公司的：

⑴存貨水準。

⑵存貨週轉率。

⑶平均收款期間。

⑷如果此公司的存貨週轉率為 6，則此公司的存貨為若干？

⑸如果此公司的平均收款期間為 60 天，則此公司的應收帳款為何？

7-13　某公司的流動比率為 2.8，速動比率為 1.5，存貨週轉率為 5.8，流動資產總額
為 $650,000，現金為 $40,000，有價證券為 $60,000。假設一年有 360 天，試
問此公司的年銷貨淨額及平均收款期間為何？

7-14　某公司的銷貨毛利為 $600,000，銷貨毛利率為 30%，固定資產週轉率為 8，
總資產週轉率為 5。計算此公司的流動資產、固定資產，與總資產。

7-15　某公司的銷貨淨額為 $400,000，銷貨成本為 $200,000，銷售與管理費用為
$60,000，折舊費用為 $20,000，平均稅率為 40%。公司於年底增加保留盈餘

$15,000，公司的普通股股票為 8,000 股，每股股利為 $2。計算公司的利息週轉倍數。

7-16　南星公司去年的營業盈餘為 $8,300,000，公司擁有 $30,000,000 的負債，對此負債公司必須每年支付 10% 的利息，以及 $1,000,000 的本金。此外，公司每年的租賃支出為 $300,000，特別股股利支出 $30,000。若平均稅率為 40%，計算公司的利息週轉倍數以及固定支出償付比率。

7-17　某公司的股東權益為 $60,000，負債比率為 0.4，負債與股東權益比率為 0.8，固定資產與股東權益比率為 1.2，流動負債為 $50,000，計算公司的固定資產、長期負債，與負債總額。

7-18　某公司的銷貨淨額為 $600,000，銷貨成本為 $380,000，營運費用為 $80,000，利息費用為 $50,000，資產總額為 $1,000,000，負債總額為 $400,000，平均稅率為 40%。計算此公司的稅後純益、銷貨毛利率、營業利潤率、純益率、資產報酬率、及普通股權益報酬率。

7-19　西北電器公司去年的 ROE 為 4%，但是新公司研擬新的經營策略，以改善公司的營運效率。在新的經營策略下，負債比率為 60%，每年的利息費用為 $400,000，銷貨淨額為 $14,000,000，營業盈餘為 $1,600,000，總資產週轉率為 2.5，平均稅率為 40%。在新的經營策略下，此公司的 ROE 應為若干？

7-20　甲、乙兩公司的若干財務資料如下：

項　　目	甲公司	乙公司
銷貨淨額	$50,000,000	$50,000,000
營業盈餘	15,000,000	15,000,000
稅後純益	8,200,000	7,500,000
資產總額	25,000,000	25,000,000
負債總額	5,000,000	12,000,000
股東權益（普通股）	20,000,000	13,000,000
利息	600,000	1,440,000

⑴計算這兩家公司的負債比率及利息週轉倍數，據此討論兩家公司的財務風險，以及償付固定支出的能力。

⑵計算這兩家公司的營業利潤率、純益率、資產報酬率、及普通股權益報酬

率，據此討論兩家公司的獲利性。

(3)由這兩家公司的財務槓桿及獲利性，說明風險與報酬間的關係。

7–21　某公司的銷貨淨額＝$800,000，稅前純益＝$105,000，總資產週轉率＝2.5，負債比率＝40%，稅率＝40%，試計算其投資報酬率與股東權益報酬率。

7–22　諾曼公司的淨營運資金＝$190,000，平均收款期間＝36天（一年＝360天），速動比率＝1.5，存貨週轉率＝5，現金股利＝$15,000，負債總額／股東權益比率＝2.2，年底普通股市價＝$14，銷貨毛利率＝0.3，資產負債表及損益表如下：

諾曼公司資產負債表
2004 年 12 月 31 日 ($,000)

資產		負債與股東權益	
現金	$	應付帳款	$
有價證券	40	應付票據 (8%)	50
應收帳款	___	其他流動負債	15
存貨	___	流動負債總額	___
流動資產總額	___	長期負債 (10%)	200
		負債總額	___
固定資產淨額	___	普通股 (50,000 股，每股面值 $1)	50
		保留盈餘	120
		股東權益總額	___
資產總額	___	負債與股東權益總額	___

諾曼公司損益表
2004 年 1 月 1 日～ 2004 年 12 月 31 日 ($,000)

銷貨淨額	$800
銷貨成本	___
銷貨毛利	___
銷售及管理費用	160
營業盈餘	___
利息費用	___
稅前純益	___
所得稅 (40%)	___
稅後純益	___

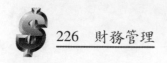

(1)完成資產負債表及損益表。

(2)計算下述財務比率：

    ①流動比率   ②固定資產週轉率

    ③總資產週轉率   ④利息週轉倍數

    ⑤純益率   ⑥投資報酬率

    ⑦普通股權益報酬率 ⑧每股盈餘

    ⑨本益比   ⑩營業利潤率

7–23　天祥公司 2003 年及 2004 年的資產負債表及損益表如下：

資產負債表 ($,000)

	2004 年	2003 年
資產		
流動資產		
現金	$　　500	$　1,200
應收帳款	3,000	2,400
存貨	3,500	2,800
流動資產總額	$　7,000	$　6,400
固定資產		
固定資產總額	$　3,600	$　3,100
減：累積折舊	850	800
固定資產淨額	2,750	2,300
資產總額	$　9,750	$　8,700
負債與股東權益		
流動負債		
應付帳款	$　　850	$　　800
應付票據	900	840
應付稅款	250	210
流動負債總額	$　2,000	$　1,850
長期負債	3,200	3,100
負債總額	$　5,200	$　4,950
股東權益		
普通股 (200,000 股——2004		
180,000 股——2003)	$　　200	$　　180
超額支付資本	2,160	2,000
保留盈餘	2,190	1,570
股東權益總額	$　4,550	$　3,750
負債與股東權益總額	$　9,750	$　8,700

損益表 ($,000)

	2004 年		2003 年	
銷貨淨額		$15,000		$13,800
減：銷貨成本		10,500		9,600
銷貨毛利		$ 4,500		$ 4,200
減：管理及銷售費用	$ 3,080		$ 3,000	
折舊	120	3,200	100	3,100
營業盈餘		$ 1,300		$ 1,100
減：利息費用		120		110
稅前盈餘		$ 1,180		$ 990
減：所得稅 (40%)		472		396
稅後純益		$ 708		$ 594
減：股利		88		64
保留盈餘		$ 620		$ 530

(1)計算天祥公司 2003 及 2004 年的淨營運資金、流動比率，與速動比率。

(2)計算天祥公司 2003 及 2004 年的存貨週轉率、平均收款期間、固定資產週轉率、總資產週轉率及營運比率。

(3)計算天祥公司 2003 及 2004 年的負債比率、負債與股東權益比率、固定資產與股東權益比率及利息週轉倍數。

(4)計算天祥公司 2003 及 2004 年的銷貨毛利率、營業利潤率、純益率、資產報酬率、普通股權益報酬率，及每股盈餘。

(5)如果天祥公司的股價為 $55，計算其 2003 及 2004 年的本益比及市價／面值比率。

(6)評估天祥公司的流動性、營運效能、財務槓桿、獲利性、及市場價值比率。

7-24 根據某公司的下述財務資料，編製其資產負債表及損益表，並且計算每股盈餘及股價。

銷貨成本	佔銷貨淨額的 70%
一般管理及銷售費用	$1,500,000
平均收款期間	60 天
應付票據	$850,000
折舊費用	$120,000

利息費用	$150,000
股權總額	$2,200,000
普通股數量	100,000 股
銷貨成本／存貨	5.0
流動比率	2.5
應付帳款	$180,000
總資產週轉率	1.8
本益比	12

7-25 洪門公司 2004 年的銷貨淨額為 $60,000，銷貨毛利率為 50%，營業利潤率為 30%，純益率為 6%，資產報酬率為 12%，普通股權益報酬率為 16%，總資產週轉率為 2.2，平均收款期間為 60 天。計算該公司的銷貨毛利、銷貨成本、營運費用、營業盈餘、稅後純益、應收帳款、資產總額，以及普通股股東權益。

7-26 根據下述財務報表，過去的財務比率，以及產業平均，計算上智公司最近一年來的財務比率。然後利用時間數列及橫剖面方法，詳細分析此公司的財務狀況及表現。

上智公司損益表 2004 年 1 月 1 日至 12 月 31 日 ($,000)		
銷貨淨額		$12,000
減：銷貨成本		8,800
銷貨毛利		$ 3,200
減：營運費用		
一般管理及銷售費用	$ 1,080	
租賃費用	80	
折舊費用	240	
總營運費用		1,400
營業盈餘		$ 1,800
減：利息費用		300
稅前盈餘		$ 1,500
減：公司所得稅 (40%)		600
稅後純益		$ 900
減：特別股股利		80
屬於普通股股東的純益		$ 820
每股盈餘		$4.10

上智公司資產負債表
2004 年 12 月 31 日 ($,000)

資產			負債與股東權益		
流動資產			流動負債		
現金		$ 250	應付帳款ⓑ		$ 1,100
有價證券		40	應付票據		300
應收帳款		1,000	應付薪資		200
應收票據		500	流動負債總額		$ 1,600
存貨		1,110	長期負債ⓒ		3,000
流動資產總額		$ 2,900	負債總額		$ 4,600
固定資產總額ⓐ	$16,000		股東權益		
減：累積折舊	3,500		特別股（40,000 股；股利 $2）ⓓ		1,200
固定資產淨額		12,500	普通股（300,000 股；面值 $3）ⓔ		900
資產總額		$15,400	超額支付資本		7,500
			保留盈餘		1,200
			股東權益總額		$10,800
			負債與股東權益總額		$15,400

ⓐ公司租用固定資產，必須每年年初給付租賃支出 $80,000。

ⓑ每年賒帳購買 $7,500,000。

ⓒ長期負債的每年本金支出為 $100,000。

ⓓ 2004 年 12 月 31 日上智公司特別股股價為 $40。

ⓔ 2004 年 12 月 31 日上智公司的普通股股價為 $45。

上智公司的財務比率與產業平均

財務比率	上智 2002 年	上智 2003 年	產業平均（2004 年）
流動比率	1.43	1.54	1.93
速動比率	1.03	0.94	1.24
存貨週轉率	9.49	9.18	8.80
平均收款期間	46.5 天	38.2 天	35.1 天
平均付款期間	57.8 天	62.4 天	50.2 天
固定資產週轉率	0.76	0.82	0.86
總資產週轉率	0.60	0.67	0.73
負債比率	0.21	0.23	0.32
負債與股東權益比率	0.32	0.38	0.41
利息週轉倍數	8.2	7.4	8.2
固定支出償付比率	4.7	4.3	5.0
銷貨毛利率	0.32	0.29	0.26
營業利潤率	0.13	0.13	0.11
純益率	0.064	0.064	0.059

資產報酬率	0.043	0.046	0.048
普通股權益報酬率	0.062	0.069	0.072
每股盈餘	$1.79	2.09	$1.88
本益比	13.4	11.2	11.8
市價／面值比率	1.30	1.13	1.21

7-27　利用 Altman 模型預測 7-26 中上智公司的長期財務狀況。

7-28　若普通股權益報酬率為 10.5%，純益率為 7%，總資產週轉率為 1.8，普通股權益為 $845,000，則資產總額為若干?

7-29　弘明公司的普通股股數為 150,000，資產總額為 $12,500,000，負債總額為 $6,000,000，特別股股權為 $2,500,000，若此公司之股價為 $58.5，則此公司股票之市價／面值比率為何?

第八章

財務預測與計劃

　　前面一章的財務比率分析，是根據企業已有的財務資料，來瞭解其財務狀況和表現，這些財務比率雖然有助於判斷企業的未來表現，但是無法預期企業的未來。1980 年代的企業競爭甚為激烈，1990 年代則尤有過之，新世紀下由於反恐及戰爭使全球經濟更為不穩，企業經營更為困難。企業如想在經濟不穩下求生存，必須有周詳計劃，以說明企業所欲達成的目標，以及達成目標的方法。

　　財務經理在設定企業的目標和擬訂計劃上，扮演至為重要的角色。財務計劃為企業的轉變和成長，擬訂了方針。為了提高企業的獲利能力，財務經理必須能夠預測未來所需資金，何時需要這些資金，對於資金的取得和成本必須作一詳細的預測和計劃。當然，財務經理對財務計劃過程，及各方面的限制因素，應有充分的瞭解，才能對企業有所貢獻，企業的股價才能達成極大化目標。

　　企業的成敗，預測為一重要的決定因素。良好的財務預測，使企業能預知其未來的財務狀況及表現。下述原因可用來說明財務預測的重要性：

　　第一、經由預測，可以提供現金管理和有價證券投資的決策基礎。

　　第二、經由現金預測，可以預知企業何時需要多少融資，和安排如何籌措**外部資金** (External funds)，如發行短期證券、公司債、或股票。

　　第三、經由財務預測所編製的預算，財務經理可以管制企業的財務狀況，和資金的流動情況。

　　第四、經由財務預測，可以幫助決定重要投資的可行性。

　　第五、企業如果能夠提出審慎的財務計劃，獲得金融機構貸款的機會也高。

本章第一節簡述短期和長期財務計劃的主要內容。第二節說明個別財務項目的可能預測方法，如長期趨勢法，比率法，以及迴歸分析法，和預測可能發生的問題。第三節討論現金預算，強調其重要性，編製程序，以及如何解釋現金預算表。第四節利用銷貨額百分比法，預測企業的額外資金需求。第五節討論預估損益表的編製。最後一節則說明預估資產負債表的編製。

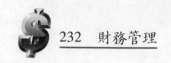 第一節　財務計劃

財務計劃是企業經營上的重要一環，據此以引導、聯繫、及控制企業的活動，以達成其經營目標。財務計劃始於長期或策略性的財務計劃，短期財務計劃則據此以編製。一般而言，短期財務的計劃和預算的執行，是用來達成企業的長期目標。

● 一、長期財務計劃

長期財務計劃用來說明企業擬訂的財務執行及其在未來二至十年間對企業財務可能發生的影響。一般企業採行五年財務計劃，若企業營運不穩定，或營運週期短，則採用較短期的財務計劃。

長期財務計劃涵蓋固定資產、研究發展、及銷售與商品開發的支出，資本結構，和主要資金來源的預期。長期財務計劃也包含現行計劃、生產線，或部份事業的終止、資金的籌措、和債務的償還。由於長期財務計劃期間超過一年，故其執行必須仰賴未來年度預算的配合。

● 二、短期財務計劃

短期財務計劃用來說明企業的短期財務執行，及其對企業財務可能產生的影響。這種計劃一般均為一至兩年期間。

短期財務計劃從銷貨預測開始，而銷貨預測則根據未來的經濟預測，或企業內部的調查而來。有了銷貨預測，企業才能研擬生產計劃、決定廠房設備的大小、估計所需員工、原料、營運費用等，然後企業可以編製現金預算及預期

損益表，根據最近一年的資產負債表、預期損益表、現金預算表、固定資產支出計劃，及長期融資計劃等，企業可以編製預期資產負債表。

第二節　個別財務變數的預測

　　預測企業的財務狀況，通常是從預測個別財務變數開始。例如，為了預測未來的資產負債表，必須先預測應收帳款、應收票據、存貨、應付帳款，和應付薪資等。將個別財務項目的預測加總起來，則成為整個預期的資產負債表。本節將討論個別財務變數預測的重要方法，本章的其他各節，則探討個別財務變數預測如何加總起來，以構成企業財務狀況及表現的預測，如現金預算，損益表，以及資產負債表。

● 一、長期趨勢法

　　長期趨勢預測是根據被預測的變數之歷史資料，並假定其未來為過去趨勢的延伸。例如，由過去的資料得知銷貨額之年增率為 10%，若今年的銷貨額為 $5,000 萬，則預測明年的銷貨額比今年增加了 10%，而為 $5,500 萬。

　　分析歷史資料之趨勢的基本方法是，將被預測的變數和時間畫一**散佈圖**，而後求得一趨勢線，將此趨勢線延伸至未來以預測此變數的將來數值。例如，將過去十年的銷貨額資料，用散佈圖可知銷貨額和時間的關係，然後可以預測第十一年的銷貨額。一般的統計學和數量管理的書籍，均有詳細討論如何利用長期趨勢法，預測變數的未來值。

● 二、比率法

　　長期趨勢法雖然廣為一般人用於長期預測，但是並未考慮經濟或企業的其他變數。例如你想預測康明電腦公司的明年銷貨額，由於一般預測明年可能發生經濟衰退，故你預測此公司的明年銷貨額將減少或停滯，而不論最近幾年的銷貨額趨勢，因為康明公司的業務與一般經濟息息相關。同樣地，如果你想預測銷貨成本及管理費用，利用銷貨額來預測也許更為正確。

　　資產、負債、利潤、和費用等均受到銷貨額變動的影響。例如，資產中的應收帳款與銷貨額有密切關係，通常銷貨額增加，應收帳款也跟著增加。當然如果銷貨額的增加乃由於現金銷售的增加，則應收帳款不會增加。根據過去應收帳款與銷貨額的關係，可以預測某一銷貨額下的應收帳款數額。如果某公司僅有信用銷售，假定平均收款期間為 30 天，此意謂應收帳款約為一個月的銷貨額，則可以預測十二月底的應收帳款，約為十二月的預測銷貨額。

　　兩個變數間的最簡單關係為此兩變數的比率。例如銷貨毛利率為銷貨毛利與銷貨淨額的比率。第七章的各種財務比率，可用於下述預測的基礎。

　　第一、利用過去資料所獲得兩變數間的比率平均值作為預測之用。例如，某一企業過去五年的銷貨毛利率為 40%，則預測未來的銷貨毛利率將維持在相同水準。

　　第二、**基本變數** (Basic variable)，通常為銷貨額，作為比率的分母。行銷部門所做的銷貨預測，提供予財務部門，作為財務預測之用。

　　第三、個別財務變數利用下列公式來預測：

$$財務變數 = 財務比率 \times 基本變數$$

例如，明年的銷貨額預測為 \$40,000,000，銷貨毛利率預測為 40%，則：

$$
\begin{aligned}
銷貨毛利 &= 銷貨毛利率 \times 銷貨額 \\
&= 0.4 \times \$40,000,000 \\
&= \$16,000,000
\end{aligned}
$$

　　由於大部份的財務變數與銷貨額有關，因此在預測財務變數時，經常以銷貨額作為基本變數。即使若干財務變數在短期間與銷貨額無關，但我們也可用銷貨額對這些財務變數作長期預測。例如，廠房設備在短期內與銷貨額無關，但是在預測數年後之廠房需要時，可以根據過去的銷貨額與廠房設備的比率，來預測長期的廠房設備需要。應付帳款與購貨成本有關。短期內，購貨成本與銷貨額沒有多大關聯，但是長期購貨額與銷貨額之間呈相同方向變動，蓋銷貨前必須先購貨，因此銷貨額可以間接用來預測購貨額。結果，應付帳款與銷貨

額比率，可以用來作為應付帳款之長期預測。

　　雖然比率法以銷貨額作為預測其他財務變數的最重要基礎，但是其他變數有時亦可作為預測的基礎。例如工資、存貨及水電費用，跟產量有密切關係，從過去的工資生產比率，以及未來生產的預測，可以預測未來的工資支出。同樣地，若應付帳款與存貨維持固定比率關係，則存貨可以用來預測應付帳款。

● 三、迴歸分析法 (Regression analysis)

　　如果我們擬預測未來的存貨水準，除了前述的長期趨勢法和比率法外，迴歸分析法頗為一般人所用。圖 8–1 的散佈圖可以得知過去的存貨與銷貨額間的關係。銷貨額越高，存貨越大。從散佈圖可以用統計方法得出一直線來說明銷貨額與存貨間的關係。如果直線是從原點出發，則存貨與銷貨額間有固定比率關係。但是，若直線並不和原點相交，則比率法不能用來預測存貨❶。如果根據過去的銷貨額與存貨資料，求出一迴歸直線，則利用未來的銷貨額預測，可以預測未來的存貨。

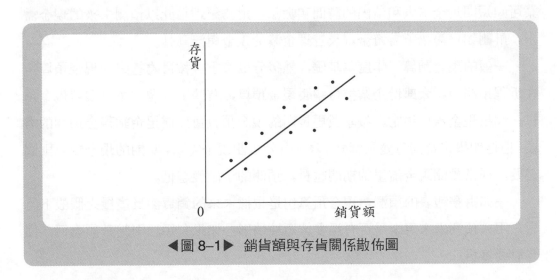

◀圖 8–1▶ 銷貨額與存貨關係散佈圖

---

❶ 迴歸直線方程式為 $I = b_0 + b_1 S$，其中 I 為存貨，S 為銷貨額，b_0 與 b_1 為常數。存貨與銷貨額比率為：$\dfrac{I}{S} = \dfrac{b_0}{S} + b_1$，因此，除非 $b_0 = 0$，否則存貨與銷貨額比率並非固定不變。

　　如果兩個變數間的關係並非線性的，則應以曲線迴歸方程式來說明它們之間的關係。有時，我們也可以用兩個或兩個以上的變數，來預測某一變數。例如存貨跟銷貨額及產量有關，則我們可以用多元迴歸方程式，由銷貨額及產量來預測存貨。

　　良好的預測是根據良好的判斷與客觀的資料分析而來，財務經理應選擇最佳的預測方法，來獲致最佳的預測結果，亦即誤差最小的預測方法。財務經理可能以銷貨額乘以銷貨毛利率，以預測銷貨毛利，或根據未來可能的價格變動和銷貨成本變動來預測銷貨毛利。若企業剛採行降低成本措施，則用銷貨毛利率來預測銷貨毛利，不甚合理之至。若預測通貨膨脹即將發生，則此因素對價格與銷貨成本之影響，必須加以考慮。

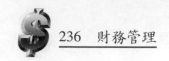 ## 第三節　現金預算

　　現金預算是企業對於未來期間現金收入與支出所作的規劃。由現金預算企業可知短期現金流入和流出的時間和數額，財務經理藉此以預測未來的現金需求，計劃如何籌措所需資金，及管理企業的現金與流動性。

　　一般的現金預算以年度為基礎，然後分成按季或按月為基礎的現金預算。在近程預測中，大部份企業按月編製現金預算，有些則按週或按日編製現金預算。如果現金流量穩定，按季或更長期的現金預算可以滿足企業現金預測的需要；但是如果現金流量變動劇烈，為了有效規劃現金需求，短期的現金預算則屬必要。通常預測現金流量的期間越長，預測的正確性越低。

　　一如財務報表的預測，現金預算也是根據未來的銷貨額及產量之假設下所做，用來預測未來現金是否有過多或短缺情形，如果有短缺則其數額為何，何時需要籌措。

 ## 一、銷貨額預測

　　現金預算的正確性取決於銷貨額預測，而銷貨額預測可分為**內部預測** (Internal forecast) 及**外部預測** (External forecast) 兩種。內部預測法是將各個售貨員

預測未來的銷貨額加總起來，作為企業銷貨額的預測。這種預測方法的缺點在於忽視了經濟或產業的趨勢。

外部預測法是先預測未來經濟和產業的趨勢，在預估的產業銷貨額下，估計個別企業的市場佔有率，可能價格，和市場接受企業產品的預期後，預估企業的可能銷貨額。

當內部預測和外部預測不一致時，採取折衷方法。一般而言，外部預測在經過內部預測的修正後，可以作為最後銷貨額預測的基礎。例如企業可能從客戶獲得大量訂單，而這些訂單可能不包含在外部預測上。根據兩種方法所做的最後銷貨額預測，通常較只根據一種方法所做的預測更為正確。銷貨額預測誤差甚大，則企業的許多預測，如產量、廠房設備、原料、及勞工需求等的預測都無法正確。

● 二、現金收入 (Cash receipts)

現金收入有各種來源，如現金銷貨、信用銷貨、資產出售、及其他來源的現金收入。現金銷貨為銷售貨物時收到現金，信用銷貨的現金收入，則在銷售貨物一段時間後才取得現金。信用銷貨在何時收到現金，決定於顧客成份、企業的信用和收款政策，及企業給予顧客的帳單上所附條款。企業若處分過時或不需要的廠房設備時，也收到現金。其他來源的現金收入，包括股利、利息、租賃、及出售有價證券收入等，但是這些現金收入並不經常發生。

珍妮時裝公司擬編製三月至六月的現金收入預估表，預測一至六月的每月銷貨額各為 $350,000, $300,000, $400,000, $450,000, $500,000, 以及 $400,000，根據以往經驗，銷貨額的 20% 為現金銷貨，60% 在一個月後收到現金，20% 則在兩個月後收到現款 ❷。在三月及六月，公司各收到利息 $30,000。在四月份，公司出售一部份過時的設備，收到 $20,000。在五月份，公司有其他現金收入 $5,000。根據這些資料，可以編製珍妮公司的現金收入預算表，如表 8–1 所示。

---

❷ 實際情況下，收款額不是銷貨額的 100%，因為呆帳情況很難不發生。本例則假定收款額為銷貨額的 100%（即 20% + 60% + 20%），亦即假定呆帳並不發生。

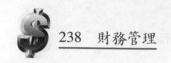

表 8-1 珍妮時裝公司現金收入預算表 ($,000)

	一月	二月	三月	四月	五月	六月
預測的銷貨額	$350	$300	$400	$450	$500	$400
現金銷貨 (20%)	$ 70	$ 60	$ 80	$ 90	$100	$ 80
信用銷貨的現金收入						
一個月後 (60%)		210	180	240	270	300
兩個月後 (20%)			70	60	80	90
利息收入			30			30
出售設備收入				20		
其他現金收入					5	
現金收入總額			$360	$410	$455	$500

　　三月份的現金收入來源，為該月份的預期銷貨額的 20% ($80,000)，二月份預期銷貨額的 60% ($180,000)，一月份預期銷貨額的 20% ($70,000)，與三月份的利息收入 ($30,000) 加總而得。亦即：

$$三月份的現金收入總額 = \$400,000 \times 20\% + \$300,000 \times 60\% + \$350,000$$
$$\times 20\% + \$30,000$$
$$= \$360,000$$

　　其他月份的現金收入預測，可根據類似方法求得。

　　公司信用銷貨的現金收款期間的假設，可視經濟情況而調整，如經濟進入衰退期，則顧客可能延後付款，若不考慮這種可能因素，現金收入預算誤差將加大。一般而言，銷貨額與現金收入關係密切，經濟衰退時，銷貨額減少，收款期間延長，呆帳則增加，故在銷貨額減少時，公司應加強收款，以減少它對現金收入的不良影響。

● 三、現金支出 (Cash disbursement)

　　現金支出包括每個財務期間的現金支付，如現金購買，償還應付帳款，支付現金股利、租金、薪資、稅捐、利息、償還貨款，償債基金支出，和購回股票等。根據下述資料，珍妮公司編製三至六月的現金支出表。

公司的每月購貨額為其銷貨額的 60%；購貨額的 20% 以現金支付，60% 於下個月支付，其餘的 20% 則在兩個月後支付。

公司於三月及六月各支付現金股利 $40,000。

公司每個月支付租金 $20,000。

公司每個月的員工薪資支出為該月份銷貨額的 16%。

公司於五月份以現金 $180,000 購買機器。

公司於六月份支付稅款 $30,000。

公司於四月份支付利息 $10,000。

公司於三月份以 $20,000 購回股票。

根據這些資料，珍妮公司的現金支出預算表可編製如下（表 8–2）。

◀表 8–2▶ 珍妮時裝公司現金支出預算表 ($,000)

	一月	一月	二月	四月	五月	六月
預測的購貨額（銷貨額×60%）	$210	$180	$240	$270	$300	$240
現金購貨 (20%)	$ 42	$ 36	$ 48	$ 54	$ 60	$ 48
信用購貨的現金支出						
一個月後 (60%)		126	108	144	162	180
兩個月後 (20%)			42	36	48	54
現金股利				40		40
租金	20	20	20	20	20	20
員工薪資（銷貨額×16%）	56	48	64	72	80	64
資本支出					180	
稅款支出						30
利息支出				10		
購回股票			20			
現金支出總額			$342	$336	$550	$436

三月份的現金支出為該月份預期購貨額的 20% ($48,000)，二月份購貨額的 60% ($108,000)，一月份購貨額的 20% ($42,000)，現金股利支出 ($40,000)，租金支出 ($20,000)，員工薪資支出 ($64,000)，及購回股票支出 ($20,000) 加總而得，亦即：

$$三月份現金支出總額 = \$240,000 \times 20\% + \$180,000 \times 60\% + \$210,000 \times$$
$$20\% + \$40,000 + \$20,000 + \$64,000 + \$20,000$$
$$= \$342,000$$

根據類似方法，可以預測四月、五月、及六月的現金支出。

● 四、現金流量淨額，期末現金，超額現金，與融資

公司每個月的現金收入減去現金支出，得該月份的**現金流量淨額** (Net cash flow)。月初現金加該月現金流量淨額，得月底現金。月底現金減最低現金餘額需要，得知公司在該月份有**超額現金** (Excess cash) 或必須融資。如月底現金大於最低現金餘額需要，公司有超額現金餘額存在；反之，如月底現金小於最低現金餘額需要，則公司必須融資。

珍妮公司二月底（即三月初）的現金餘額為 $20,000，並且每個月底擬維持 $40,000 的最低現金餘額。根據表 8–1 及表 8–2 的資料，可以編製該公司的現金預算表如下（表 8–3）。

■表 8–3 ▶ 珍妮公司的現金預算表 ($,000)

	三月	四月	五月	六月
現金收入總額ⓐ	$360	$410	$455	$500
減：現金支出總額ⓑ	342	336	550	436
現金流量淨額	$ 18	$ 74	($ 95)	$ 64
加：月初現金	20	38	112	17
月底現金	$ 38	$112	17	$ 81
減：現金餘額需要	40	40	40	40
超額現金餘額ⓒ	–	$ 72	–	$ 41
融資需要額ⓓ	$ 2	–	$ 23	–

ⓐ來自表 8–1。
ⓑ來自表 8–2。
ⓒ月底現金超過現金餘額需要，公司有超額現金餘額。
ⓓ月底現金小於現金餘額需要，公司必須融資。

為了維持現金餘額需要，珍妮公司必須於三月份融資 $2,000，於五月份融

資 $23,000，但是四月份及六月份有超額現金餘額，各為 $72,000 及 $41,000。

　　現金預算表可以預測公司各個月底的現金是否有過剩或短缺。珍妮公司在四月底及六月底的過剩現金可用於證券投資，但是在三月底及五月底，由於現金不足而需要借款。在現金過多時，財務經理必須根據公司的財務狀況，投資於最適當的短期證券；在現金不足時，則須尋求最有利的條件借到所需款額。

● 五、處理現金預算的不穩定因素

　　編製現金預算時，除了謹慎預測銷貨額和估計現金收入及現金支出外，有兩種方法可以降低現金預算的不確定性。第一是編製各種現金預算，或根據悲觀預測，最可能性預測，或樂觀預測來編製現金預算。此種分析法，使財務經理能夠對現金預測有不同的觀點，能夠決定在最壞情況下，公司所需的融資款額。

　　珍妮公司在悲觀、最可能、及樂觀情況下所做的現金預算，如表 8-4 所示。

表 8-4　珍妮公司在各種不同情況下的現金預算表 ($,000)

	三月			四月			五月			六月		
	悲觀	最可能	樂觀	悲觀	最可能	樂觀	悲觀	最可能	樂觀	悲觀	最可能	樂觀
現金收入總額	$300	$360	$410	$360	$410	$460	$400	$455	$500	$440	$500	$580
減：現金支出總額	310	342	370	300	336	380	510	550	610	400	436	490
現金流量淨額	($ 10)	$ 18	$ 40	$ 60	$ 74	$ 80	($110)	($ 95)	($110)	$ 40	$ 64	$ 90
加：月初現金	20	20	20	(10)	38	60	50	112	140	(60)	17	30
月底現金	($ 10)	$ 38	$ 60	$ 50	$112	$140	($ 60)	$ 7	$ 30	($ 20)	$ 81	$120
減：現金餘額需要	40	40	40	40	40	40	40	40	40	40	40	40
超額現金餘額	—	—	$ 20	$ 10	$ 72	$100	—	—	—	—	$ 41	$ 80
融資需要額	$ 30	$ 2	—	—	—	—	$100	$ 33	$ 10	$ 60	—	—

　　最可能的現金預算根據表 8-3 而來，悲觀和樂觀的現金預算則是根據最壞和最好的情況下所做的。在三月份，悲觀情況下，公司需要融資 $30,000；在樂觀情況下，則有超額現金餘額 $20,000。在四月份，悲觀情況下，有超額現金餘額 $10,000；在樂觀情況下則為 $100,000。在五月份，悲觀情況下需要融資 $100,000，樂觀情況下則為 $10,000。在六月份，悲觀情況下需要融資 $60,000，樂觀情況下則有超額現金餘額 $80,000。在瞭解可能的最好和最壞情況下的現金

狀況後，公司可以有更佳的現金計劃。在四個月中，最壞情況下，公司需要借款的最大數額為五月份的 $100,000，此融資額大大超過同月份間最可能情況下所需融資額 ($33,000) $67,000。

第二種降低現金預算不確定因素的方法，為利用電腦模擬方法，經由模擬銷貨額及其他項目，可以得出每個月月底的現金流量之機率分配，利用此機率分配，財務經理可以預測短期現金的需要。

 ## 第四節　額外資金需求——銷貨額百分比法

前面一節敘述了根據銷貨額預測以預測未來的現金流量。銷貨額預測也是資金需求預測的決定因素，良好的銷貨額預測，乃是預測現金需求的最重要基礎。利用**銷貨額百分比法** (Percentage of sales)，企業可以很容易地預測當銷貨額增加某一百分比時，資金需求應該增加多少。此種方法假定⑴在目前銷貨額下資產水準是適當的；⑵資產負債表中的大部份項目與銷貨額維持適當的比率關係；及⑶企業的純益率固定不變。在使用銷貨額百分比法，來預測資金需求時，先計算資產負債表中各個項目佔銷貨額的百分比，然後由銷貨額變動來預測資金需要。茲以信泰公司的例子來說明。

信泰公司目前的資產負債表及損益表如表 8–5 及表 8–6 所示。

表 8–5 信泰公司資產負債表

2004 年 12 月 31 日 ($,000)			
資產		**負債與股東權益**	
現金	$ 100	應付帳款	$ 400
應收帳款	400	應付票據	100
應收票據	180	流動負債總額	$ 500
存貨	620	長期負債	200
流動資產總額	$1,300	負債總額	$ 700
固定資產淨額	200	股東權益	800
資產總額	$1,500	負債與股東權益總額	$1,500

表 8-6 信泰公司損益表

2004 年 1 月 1 日至 12 月 31 日 ($,000)	
銷貨淨額	$4,000
減：費用（包含銷貨成本、銷貨費用、折舊以及利息等）	3,550
稅前盈餘	$ 450
減：所得稅 (40%)	180
稅後純益	$ 270
減：現金股利	120
保留盈餘	$ 150

假定信泰公司預測未來一年的銷貨額增加 20% 至 $4,800,000，則公司需要多少資金來融通？以往公司的營業擴張，均賴內部和外部資金來融通。內部資金主要用於存貨投資，公司有時也向銀行借入短期資金以彌補內部資金的不足。為了決定公司銷貨額增加至 $4,800,000 時，公司所需資金，試作如下假定：

(1)現金與銷貨淨額維持固定比率關係，亦即現金與銷貨淨額呈同方向同比例變動。

(2)公司的平均收款期間為 40 天，公司的信用和收款政策不變，故應收帳款與銷貨淨額呈同方向同比例變動。

(3)公司的應收票據與銷貨淨額呈同比例同方向變動。

(4)公司的存貨與銷貨淨額呈同方向同比例變動。

(5)公司的固定資產已充分利用，故隨著銷貨淨額的增加，固定資產也應呈同比例增加。

(6)公司的購貨額隨著銷貨淨額的增加而增加，其應付帳款也將隨銷貨淨額的增加，而呈同比例增加。

(7)應付票據與長期負債不一定與銷貨淨額間有直接關係。

(8)股東權益不隨著銷貨淨額的增加而呈同比例增加。

與銷貨淨額呈同比例增加的項目，以銷貨淨額的百分比列示於表 8-7。此表說明銷貨淨額每增加 $1，資產總額必須增加 $0.375，而 $0.375 資產總額的增

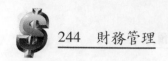

加，有兩種融通方式。應付帳款隨著銷貨淨額的增加而增加，銷貨淨額每增加 $1，應付帳款增加 $0.10。$0.375 減去 $0.10 後的 $0.275 部份，必須由內部或外部資金來融通。

表 8-7 信泰公司資產負債表項目佔銷貨淨額的百分比

資產 (%)		負債與股東權益 (%)	
現金	2.5	應付帳款	10.0
應收帳款	10.0	應付票據	–
應收票據	4.5	流動負債總額	–
存貨	15.5	長期負債	–
流動資產總額	32.5	負債總額	–
固定資產淨額	5.0	股東權益	–
資產總額	37.5	負債與股東權益總額	

　　因為銷貨淨額增加了 $800,000，資產總額也隨之增加 $300,000（= $800,000 × 37.5%），由於資產總額的增加，資金需求跟著增加 $220,000（= $800,000 × 27.5%）。

　　總之，由於銷貨淨額的增加，資產呈同比例增加，與銷貨淨額有直接關係的流動負債項目，如應付帳款也隨著呈同比例增加，預期資產增加與流動負債增加之間的差額，為公司資金需求的增加。此關係可由下述公式 (8-1) 表示之。

　　　　總資金需求 = 預期的資產增加 – 預期的流動負債增加

$$\text{TFN} = \frac{A}{S}(\Delta S) - \frac{CL}{S}(\Delta S) \tag{8-1}$$

　　上述公式中，TFN = 總資金需求 (Total funds needed)

　　　　　　　　A = 公司目前的資產總額

　　　　　　　　S = 公司目前的銷貨淨額

　　　　　　　　ΔS = 銷貨淨額的變動

　　　　　　　　CL = 與銷貨淨額呈同方向同比例變動的公司目前之流動負債

　　　　　　　　$\dfrac{A}{S}$ = 隨銷貨淨額變動的資產佔銷貨淨額的百分比

$$\frac{CL}{S} = 隨銷貨淨額變動的流動負債佔銷貨淨額的百分比$$

根據公式 (8–1)，可求得信泰公司的總資金需求為：

$$TFN = \frac{\$1,500,000}{\$4,000,000}(\$800,000) - \frac{\$400,000}{\$4,000,000}(\$800,000)$$
$$= \$220,000$$

總資金需求的一部份，由公司內部資金（保留盈餘）來供應。下述公式 (8–2) 可用來表示銷貨淨額的增加所引起的保留盈餘之增加❸。

保留盈餘的增加 = 銷貨淨額增加所引起的稅後純益增加 – 股利
$$RE = NI - D \tag{8–2}$$

上述公式中，RE = 保留盈餘

NI = 稅後純益

D = 股利

內部資金需求由總資金需求減去後，可得**額外資金需求** (Additional funds needed, AFN)，如公式 (8–3) 所示。

額外資金需求 = 總資金需求 – 內部資金需求
$$AFN = TFN - RE \tag{8–3}$$

根據公式 (8–1) 及公式 (8–2)，公式 (8–3) 可以改寫成：

$$AFN = [\frac{A}{S}(\Delta S) - \frac{CL}{S}(\Delta S)] - (NI - D) \tag{8–4}$$

根據表 8–6 信泰公司的損益表資料，如果 2005 年的銷貨淨額增加至 $4,800,000，費用增加至 $4,200,000，公司股利增加至 $160,000，則公司稅後純益為 $348,000，保留盈餘為 $188,000。由此可計算信泰公司的額外資金需求為：

---

❸ 此公式未考慮折舊，因為假定資產淨額與銷貨淨額呈同比例增加。若資產毛額與銷貨淨額呈同比例增加，則折舊應是內部資金來源。

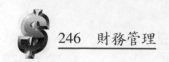

$$AFN = [\frac{\$1,500,000}{\$4,000,000}(\$800,000) - \frac{\$400,000}{\$4,000,000}(\$800,000)]$$

$$-(\$348,000 - \$160,000)$$

$$= \$32,000$$

由上述信泰公司的例子知，當公司的銷貨淨額由 $4,000,000 增加至 $4,800,000時，公司需要增加額外資金 $32,000，而此額外資金需求，可經由借入短期資金、借入長期資金、減少股利，或發行股票來滿足。當然企業銷貨額的預測變了，銷貨額與固定資產項目中的比率如果不是固定，以及股利政策等的改變，都可影響企業額外資金需要。

 ## 第五節　預估損益表

現金流量及額外資金需求的預測固然重要，但是債權人、股東及企業經理人員更為重視企業未來的財務表現及狀況。**預估損益表** (Pro forma income statement) 及**預估資產負債表** (Pro forma balance sheet) 可以預測企業未來的財務表現及狀況。

財務經理可以利用各種不同方法來預估次年的財務報表，最普遍的方法為利用最近一年的財務報表，次年的銷貨額預測，以及各種不同財務關係的假定，來預測次年的財務報表。

表 8–8 及表 8–9 為復建公司 2004 年的損益表及資產負債表。

銷貨額百分比法可用來預估 2005 年復建公司的損益表。利用此法，首先假定銷貨淨額一年增加 20%，故 2005 年的銷貨淨額成為 $180,000，然後假設銷貨成本、營運費用，以及利息費用與銷貨淨額的比例不變，其計算如下：

$$\frac{銷貨成本}{銷貨淨額} = \frac{\$90,000}{\$150,000} = 60.00\%$$

$$\frac{營運費用}{銷貨淨額} = \frac{\$40,000}{\$150,000} = 26.67\%$$

$$\frac{利息費用}{銷貨淨額} = \frac{\$5,000}{\$150,000} = 3.33\%$$

表 8-8 復建公司損益表

2004 年 1 月 1 日至 12 月 31 日	
銷貨淨額	$150,000
減：銷貨成本	90,000
銷貨毛利	$ 60,000
減：營運費用	40,000
營業盈餘	$ 20,000
減：利息費用	5,000
稅前盈餘	$ 15,000
減：公司所得稅 (40%)	6,000
稅後純益	$ 9,000
減：股利	4,000
保留盈餘	$ 5,000

表 8-9 復建公司資產負債表

2004 年 12 月 31 日			
資產		負債與股權總額	
現金	$ 15,000	應付帳款	$ 20,000
有價證券	10,000	應付票據	5,000
應收帳款	20,000	應付稅款	4,000
應收票據	6,000	流動負債總額	$ 29,000
存貨	20,000	長期負債	31,000
流動資產總額	$ 71,000	負債總額	$ 60,000
固定資產淨額	49,000	普通股	30,000
		保留盈餘	30,000
		股東權益	$ 60,000
資產總額	$120,000	負債與股東權益總額	$120,000

　　將這些百分率及預測的銷貨淨額合併起來，可以預測復建公司 2005 年的損益表（表 8-10）。稅後純益比 2004 年的 $9,000 增加了 $1,800 (= $10,800 − $9,000)，

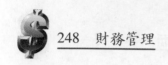

如果股利不變，則公司可預期保留盈餘由 $5,000 增加至 $6,800。

◖表 8-10◗ 復建公司的預估損益表

2005 年 1 月 1 日至 12 月 31 日	
銷貨淨額	$180,000
減：銷貨成本	108,000
銷貨毛利	$ 72,000
減：營運費用	48,000
營業盈餘	$ 24,000
減：利息費用	6,000
稅前盈餘	$ 18,000
減：公司所得稅 (40%)	7,200
稅後純益	$ 10,800
減：股利	4,000
保留盈餘	$ 6,800

　　表 8-10 的預估損益表假設銷貨成本，營運費用，及利息費用與銷貨淨額維持固定比例。故當銷貨淨額增加時，這些也呈同比例的增加。然而銷貨成本及營運費用的一部份並不隨銷貨淨額的增加而增加，因而有必要將之區分成固定和可變部份。

　　表 8-11 為將復建公司 2004 年的損益表中之銷貨成本及營運費用分開成固定及可變部份，在假設利息費用固定不變情況下所編製的預估損益表。

　　當銷貨額增加時，由於固定銷貨成本，固定營運費用，及利息費用不隨著增加，因此企業的稅後純益增加至 $18,600，較之所有成本、費用均隨銷貨額呈同比率增加時的 $10,800 高出甚多，保留盈餘也大幅度的增加。但是，如果銷貨額減少，則將成本及費用區分為固定及可變部份，則會大幅度地減少了企業的獲利能力。然而為了更適當顯示預估損益表的正確性，不應把成本與費用都假設與銷貨額呈同方向同比例變動。

◀表 8-11▶ 復建公司 2004 年實際的和 2005 年預估的損益表

	2004 年（實際）	2005 年（預估）
銷貨淨額	$150,000	$180,000
減：銷貨成本		
固定成本	40,000	40,000
可變成本（銷貨淨額 ×0.333）	50,000	60,000
銷貨毛利	$ 60,000	$ 80,000
減：營運費用		
固定費用	20,000	20,000
可變費用（銷貨淨額 ×0.133）	20,000	24,000
營業盈餘	$ 20,000	$ 36,000
減：利息費用（固定）	5,000	5,000
稅前盈餘	$ 15,000	$ 31,000
減：公司所得稅 (40%)	6,000	12,400
稅後純益	$ 9,000	$ 18,600
減：股利	4,000	4,000
保留盈餘	$ 5,000	$ 14,600

第六節　預估資產負債表

有許多種方法可用來編製預估資產負債表，最簡便的方法為**判斷法** (Judg-mental approach)，用此種方法時，若干資產負債表中的項目根據假設的情況下予以估計，而企業的外部融資需求則作為**平衡數字**之用。為了預測 2005 年年底復建公司的資產負債表，我們做了下列假設：

(1)預期的最低現金餘額為 $15,000。

(2)有價證券與 2004 年年底的相同，為 $10,000。

(3)應收帳款期間為 50 天，由於 2005 年的預期銷貨淨額為 $180,000，故應收帳款為 $25,000 ($= \frac{50}{360} \times \$180,000$)。

(4)應收票據與銷貨淨額呈同比例增加，故 2005 年年底的應收票據為 $7,200 ($= \$6,000 \times 1.2$)。

(5)存貨週轉率與 2004 年相同，為 4.5。由於 2005 年預估的銷貨成本為 $108,000，故 2005 年年底的預期存貨為 $24,000。

(6)固定資產淨額與銷貨淨額呈同比例增加，因此 2005 年年底的固定資產淨額為 $58,800 (= $49,000 × 1.2)。

(7)購貨額為銷貨額的 60%，即 $108,000 (= $180,000 × 60%)，應付帳款的平均付款期間為 80 天，則應付帳款估計為 $24,000 (= $108,000 × $\frac{80}{360}$)。

(8)應付票據維持與 2004 年的相同水準為 $5,000。

(9)應付稅款與銷貨淨額呈同比例增加，為 $4,800 (= $4,000 × 1.2)。

(10)公司沒有計劃發行或收回長期債券及股票，故 2005 年的長期負債為 $31,000，普通股為 $30,000。

(11)由於 2005 年的預估損益表中的保留盈餘為 $6,800，而 2005 年年初的保留盈餘為 $30,000，因此 2005 年年底的保留盈餘預估為$36,800 (= $30,000 + $6,800)。

根據這些假定，復建公司 2005 年年底的預估資產負債表如表 8–12 所示。

表 8–12 復建公司的預估資產負債表

2005 年 12 月 31 日			
資產		**負債與股東權益**	
現金	$ 15,000	應付帳款	$ 24,000
有價證券	10,000	應付票據	5,000
應收帳款	25,000	應付稅款	4,800
應收票據	7,200	流動負債總額	$ 33,800
存貨	24,000	長期負債	31,000
流動資產總額	$ 81,200	負債總額	$ 64,800
固定資產淨額	58,800	普通股	30,000
		保留盈餘	36,800
		總計	$131,600
		外部融資需求*	8,400
資產總額	$140,000	負債與股東權益	$140,000

* 外部融資需求作為平衡數字，使資產負債表的兩邊能夠平衡。

由於這些假定下所做的資產負債表之兩邊無法平衡，因此公司必須向外借款$8,400才能使之平衡。外部融資需求為正值，表示為了維持營運，公司必須發行債券或股票，或減少股利來獲得資金。

　　一旦融資方式決定後，預估資產負債表中的外部融資需求就為增加的負債或股東權益所取代。如果外部融資需求為負值，則表示公司的預測融資超過其所需要的，這時過剩的資金可用來償還債務、購回股票、或增加股利。一旦決定了過剩資金的處理方式後，預估資產負債表中的外部融資需求就為減少的負債或股權所取代。

　　在編製預估資產負債表時所做的假定雖然值得懷疑，但是由於計算容易，這種簡便方法用來預估資產負債表廣為一般人所用。當然，在做這些假定時，必須非常謹慎，以保持這些估計數字的品質及可信度。

　　預估財務報表除了可用來預測未來的外部融資需求外，也可以用來分析企業未來的財務狀況和表現。利用財務預測表，財務經理和金融機構可以預估企業的資金來源及使用，和風險及報酬。

　　財務經理在分析了預估財務報表後，可以進一步調整未來的營運，以達成短期財務的目標。例如，若預估利潤太低，則應研擬適當的訂價政策或降低成本的方案，以提高利潤。若預估應收帳款太高，則藉信用及收款政策的調整，可以將之減少。總之，預估財務報表的主要目的，在預測企業未來的可能財務狀況及表現，使企業能夠採取必要的矯正措施，以改善財務報表的品質，達成股東財富極大化的目標。

　問　　題

8-1　在企業經營上，財務預測有何重要性？

8-2　試從財務管理人員的觀點，說明財務預算的用途。

8-3　何謂長期財務計劃？何謂短期財務計劃？兩者有何差別及關係？

8-4　解釋各種不同的個別財務變數預測之方法，及其優缺點。

8-5 編製現金預算的目的何在?

8-6 銷貨額在現金預算中的地位如何?

8-7 說明銷貨額預測的兩種方法及其優缺點。

8-8 簡述現金預算表的編製過程。

8-9 由於現金流量甚為不確定,何種方法可以用來處理不確定情況下的現金預算?

8-10 編製現金預算時,哪些變數可以獲得最正確的估計?財務經理應注意哪些項目,以改進現金預算的正確性?

8-11 何謂銷貨額百分比法?利用這種方法時,應注意哪些事項?

8-12 何謂預估財務報表?

8-13 銷貨額預測在編製預估財務報表上有何重要性?

8-14 在編製預估損益表上,假定成本及費用和銷貨額呈固定比例有何不妥?

8-15 在編製預估資產負債表時,使用「平衡數字」的意義為何?

 習 題

8-1 根據下述的應收帳款及銷貨淨額資料,(1)用長期趨勢法(參看一般的統計書籍)預測 2005 年的銷貨淨額,及(2)用迴歸分析法(參看一般的統計書籍)預測 2005 年的應收帳款,如果該年的銷貨淨額為 $340,000。

年別	銷貨淨額 ($,000)	應收帳款 ($,000)
1999	$ 85	$24
2000	120	32
2001	150	39
2002	202	49
2003	239	61
2004	266	71

8-2 福樂公司 2005 年一至八月的預測銷貨額如下:

一月	二月	三月	四月	五月	六月	七月	八月
$20,000	$30,000	$24,000	$28,000	$35,000	$40,000	$38,000	$45,000

假定每個月的購貨額為下個月預測銷貨額的 50%，購貨額的 50% 於該月份付款，30% 於一個月後付款，20% 則於二個月後付款。每個月的薪資支出為該月份銷貨額的 20%，三月及六月的利息支出各為 $2,000 及 $2,500，八月份的稅款支出為 $1,500，二月及五月的股利支出各為 $500，每月租金支出為 $1,000，五月的機器維修支出為 $1,200，四月份的雜項支出為 $1,500。根據這些資料，編製公司的三至六月現金支出表。

8-3　信臺公司三月份的銷貨額為 $40,000，預估其後每月增加 $5,000。公司在三月初的現金餘額為$3,000，並擬在每月底維持與此相同的現金餘額。其他資料如下：

　　1.公司銷貨額的 40% 為現金銷貨，60% 為信用銷貨。信用銷貨的 40% 在下個月收款，60% 在兩個月後收款。

　　2.公司預期在五月及七月有利息收入各為 $2,000 及 $4,000。

　　3.公司預期在八月出售一部份資產，收到現金 $3,000。

　　4.公司預期在六月及八月有其他現金收入各為 $1,000 及 $2,000。

　　5.公司每個月的購貨額為該月銷貨額的 40%，購貨額的 40% 於該月份付款，其他部份則在下兩個月平均付款。

　　6.每個月的租金支出為 $5,000。

　　7.每個月的銷貨及管理費用支出為 $10,000 加該月份銷貨額的 20%。

　　8.五月及八月的利息支出各為 $2,000 及 $3,000。

　　9.六月的股利支出為 $1,500。

　　10.五月及八月的稅款支出各為 $2,000 及 $2,500。

　　11.七月份償還債務 $4,000。

　　12.六月份購買新機器，支付現金 $20,000。

　　13.每個月的雜項支出為 $1,000。

根據這些資料，編製信臺公司五至八月的現金預算表，以說明其五至八月的

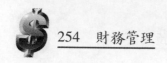

每月現金收入及支出。如公司需要借款，則在何時應借多少？

8-4　某公司八至十二月的每個月預測銷貨額各為 $400,000, $420,000, $400,000, $450,000，及 $480,000。銷貨額的 50% 為現金銷貨，40% 於下個月收款，10% 於兩個月後收款。除了銷貨外，公司預期沒有其他現金收入來源。公司預期每個月的購貨額為該月預期銷貨額的 50%，而每個月的購貨額中，一半為現金購貨，另一半則於下個月付款。每個月租金支出為 $40,000，銷貨及管理費用每月為 $140,000；十月份的稅款支出為 $5,000；十一月份的股利支出為 $15,000。公司預期十月初的現金餘額為 $6,000，並擬於每月底維持此最低現金餘額。公司甚難確定預測銷貨額，但是其他數字則甚為穩定。如果悲觀的預測銷貨額較原來的預測值低 10%，而樂觀的預測銷貨額則較原來的預測值高 10%，試編製此公司十至十二月的現金預算表，並說明公司十至十二月每個月的最低和最高現金餘額為何？

8-5　康明公司 2004 年的損益表如下：

康明公司損益表	
2004 年 1 月 1 日至 12 月 31 日 ($,000,000)	
銷貨淨額	$120
減：銷貨成本	80
銷貨毛利	$ 40
減：營運費用	15
營業盈餘	$ 25
減：利息費用	5
稅前盈餘	$ 20
減：公司所得稅 (40%)	8
稅後純益	$ 12
減：股利	4
保留盈餘	$ 8

假定康明公司 2005 年之銷貨淨額、銷貨成本、營運費用、及利息費用都比 2004 年增加 50%，股利則增加 40%，試編製 2005 年的預估損益表。

8-6　如果康明公司 2004 年 12 月底的資產負債表如下：

康明公司資產負債表 2004 年 12 月 31 日 ($,000,000)			
資產		負債與股權總額	
現金	$10	應付帳款	$19
應收帳款	15	應付票據	5
應收票據	5	流動負債總額	$24
存貨	28	長期負債	30
流動資產總額	$58	負債總額	$54
固定資產淨額	27	普通股股權	31
資產總額	$85	負債與股權總額	$85

假設在 2005 年康明公司的:

1.現金比 2004 年增加 20%。

2.應收帳款期間為 45 天。

3.存貨成長率為 20%。

4.應收票據增加率為 40%。

5.固定資產淨額成長率為 20%。

6.應付帳款根據購貨額及應付帳款的平均付款期間來估計。假設購貨額為銷貨淨額的 50%，平均付款期間為 60 天。

7.應付票據不變，維持在 $5,000,000。

8.長期負債與 2004 年年底相同。

根據上述及 8-7 資料，編製康明公司 2005 年年底的預估資產負債表。

8-7 宏觀公司最近一年的銷貨額為 $40,000,000，預計明年的銷貨額為 $60,000,000。目前公司的應收帳款為 $8,000,000，有價證券為 $1,000,000，現金為$3,500,000，固定資產淨額為$12,000,000，這些資產預計和銷貨額呈同比例增加。目前的應付帳款為 $10,000,000，預期明年的流動負債與銷貨額呈同比例增加。公司預期明年的稅前盈餘為 $10,000,000，所得稅稅率為 40%，股利發放比率為 60%，問此公司明年的額外融資需求為何?

8-8 美光科技公司預估明年的銷貨額將從今年的 $200,000 增加至 $250,000，今年

年底的資產總額為 $120,000，預計資產總額隨銷貨額呈同比例增加，應付帳款今年為 $15,000，明年的應付帳款也與銷貨額呈同比例增加。預估明年的稅後純益率為 6%，股利發放比率為 80%，則此公司明年的額外融資需求為何？

8–9　三叉公司的財務報表如下：

三叉公司損益表
2004 年 1 月 1 日至 12 月 31 日

銷貨淨額	$800,000
減：銷貨成本	500,000
銷貨毛利	$300,000
減：營運費用	130,000
稅前盈餘	$170,000
減：公司所得稅 (40%)	20,000
稅後純益	$150,000
減：股利	40,000
保留盈餘	$ 50,000

三叉公司資產負債表
2004 年 12 月 31 日

資產		負債與股東權益	
現金	$ 25,000	應付帳款	$120,000
有價證券	20,000	應付稅款	15,000
應收帳款	150,000	應付票據	25,000
應收票據	30,000	流動負債總額	$160,000
存貨	120,000	長期負債	140,000
流動資產總額	$345,000	普通股	120,000
固定資產淨額	155,000	保留盈餘	80,000
資產總額	$500,000	負債與股東權益	$500,000

其他有關財務資料：

1. 公司預測 2005 年的銷貨淨額增加至 $1,000,000。

2. 公司預測 2005 年的股利支出為 $5,000。

3. 公司擬維持最低現金餘額 $20,000。

4.應收帳款約為銷貨淨額的 20%。

5.應收票據與銷貨淨額呈同比例變動。

6.存貨與銷貨淨額呈同比例變動。

7.2005 年以 $50,000 購買新機器，2005 年的固定資產折舊為 $12,000。

8.應付帳款與應付票據皆與銷貨淨額呈同比例變動。

9.應付稅款等於預估損益表中稅負的 40%。

10.其他流動負債、長期負債、及普通股維持不變。

11.預期 2005 年的利息費用為 $25,000。

根據上述財務報表和有關資料，

(1)編製三叉公司 2005 年的預估損益表。

(2)編製三叉公司 2005 年的預估資產負債表。

8–10　根據下列資料，編製某公司的預估損益表及預估資產負債表。

1.預期銷貨淨額為 $5,000,000。

2.現金銷貨佔銷貨淨額的 20%。

3.應收帳款的平均收款期間為 60 天（一年 = 360 天）。

4.存貨週轉率為 8。

5.固定資產淨額目前為 $1,500,000，預期明年的毛投資為 $300,000，折舊費用為 $80,000。

6.應付帳款的平均付款期間為 60 天，購貨額為銷貨淨額的 60%。

7.應付費用為銷貨淨額的 8%。

8.銀行短期借款目前為 $120,000，信用額度為 $500,000，預期此短期借款明年將增加 $280,000。

9.長期負債固定於目前的 $700,000。

10.普通股為 $600,000，明年不擬增加發行。

11.保留盈餘目前為 $800,000。

12.公司所得稅稅率為 40%。

13.公司的股利發放比率為 70%。

14.銷貨成本佔銷貨淨額的 55%。

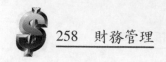

15. 銷貨及管理費用佔銷貨淨額的 22%。

16. 利息費用為 $60,000。

8-11 武陽公司的損益表及資產負債表如下：

武陽公司損益表 ($,000)	
銷貨淨額	$40.0
減：購貨成本	24.0
銷貨毛利	$16.0
減：營運費用	6.0
營業盈餘	10.0
減：利息費用	1.00
稅前盈餘	$ 9.0
減：公司所得稅 (40%)	3.6
稅後純益	$ 5.4
減：普通股股利	2.0
保留盈餘	$ 3.4

武陽公司資產負債表 ($,000)			
資產		負債與股東權益	
現金	$ 2.0	流動負債	$ 3.5
應收帳款	3.5	長期負債	7.5
存貨	8.0	負債總額	$11.0
流動資產	$13.5	普通股	7.5
固定資產淨額	16.5	保留盈餘	11.5
資產總額	$30.0	負債與股東權益	$30.0

公司預測明年銷貨淨額增加 $20,000,000。如果①購貨成本、營運費用及普通股股利與銷貨淨額呈同比例增加，及②所有的資產與負債項目都隨著銷貨淨額呈同比例增加，利用預估資產負債表來預測額外融資需要。

第IV篇

資本預算之決策

第九章

資本預算與現金流量的估計

　　資產負債表中的資產管理關係著企業經營效率及獲利能力，本章及未來兩章將涉及長期（固定）資產的管理，本書稍後部份則著重於短期資產，即流動資產管理的討論。

　　資本 (Capital) 是指用來生產或經營企業所用的固定資產，**預算** (Budget) 是指用來說明在未來某一期間內現金流入和現金支出的計劃。因此，**資本預算** (Capital budgeting) 為對影響企業營運超過一年的投資支出，分析其產生的現金流量，以決定其可行性。

　　本章第一節討論**資本支出** (Capital expenditure) 的種類及資本預算的重要性，第二節敘述投資計劃過程。對投資計劃所做的現金流量估計正確與否，關係著投資計劃的成敗，亦即影響企業的未來發展，因此第三節討論估計現金流量的理論。接下去的一節則說明如何計算**原始投資** (Initial investment, II)，第五節敘述**淨現金流量** (Net cash flow, NCF) 或**營運現金流量** (Operating cash flow, OCF) 的計算方法，第六節闡述投資計劃終結時的**末期現金流量** (Terminal cash flow, TCF) 之計算，第四至六節的投資計劃期間有關現金流量的綜合說明，包含在第七節。

 ## 第一節　資本支出的種類和資本預算的重要性

　　為了長期發展，企業有不同的長期投資動機，由於長期投資金額甚大，對

企業營運有長遠的影響，資本預算的失敗，甚難加以改正。

一、資本支出的種類

企業的現金支出如果能使企業受益一年以上的稱為資本支出，若僅能在未來一年內受益的則為**營運支出** (Operating expenditure)。購買固定資產的支出，為資本支出，但是並非所有的資本支出可以歸類為固定資產。例如，企業購置可以使用十年的新設備，此為資本支出，此設備歸類在資產負債表中的固定資產項目。可以使企業受益超過一年的廣告支出，亦為資本支出，但是廣告支出並不歸類在固定資產中。

企業資本支出的主要類別如下：

(1)購買新設備或廠房以擴充既有產品的產量。

(2)廣告支出以促銷企業產品。

(3)研究發展支出以開發新產品或提高營運效率。

(4)購買新資產來取代舊資產以降低經營成本。

(5)員工教育及訓練支出的增加，以提高員工效率。

(6)裝設環境污染控制及安全設施，以符合政府規定。

(7)整修舊機器以提高效率。

(8)併購其他企業以擴充經營規模。

二、資本預算的重要性

資本預算決定是財務經理所面臨的最重要財務管理決定，因為它牽涉龐大的資金，以及其對企業經營的長期影響。任何企業的資金有限，為使企業維持競爭力，並改善營運績效，資本支出不可或缺。但是各種不同資本支出有相互競爭性，如何在其中選擇最合乎企業需要，以達成企業目標，財務經理必須對資本支出做詳細的計劃和評價。

例如，根據未來的五年銷貨額預測，而購買了有五年壽命的新機器。資金用於此新機器就不能使用到其他地方，如果銷貨額預測錯誤，則其對企業有嚴重的影響。企業投資過多，則企業的折舊和其他費用增加甚多，導致企業發生

鉅額虧損甚而倒閉。如果投資不足，企業規模過小，因而影響經營效率，或使一些顧客轉向其他企業，企業利潤因此無法增加，影響股價極大化目標的達成。為了避免資本支出決定的錯誤，企業應建立一套有效的政策和程序，以分析和評估資本預算方案，選擇最有利於企業的資本支出方案。

　　資本預算的**時間性** (Timing) 亦至為重要。當需要資產時，企業應該可以獲得，以滿足市場需要。市場上經常可以看到的情形是，企業設備幾乎充分使用時，企業無法滿足市場增加的需要，而喪失一些銷售機會。當市場需要急速增加時，企業開始計劃和評估資本支出方案，以提高產量，滿足市場需要。但是當資本預算完成，設備增加幾個月後，市場需要也開始降低，企業投資支出已經過度，閒置設備徒使企業的經營費用提高，因而降低了企業利潤，企業也因使用過多的財務槓桿而增加了財務風險。故財務經理在做資本支出決定時，應瞭解經濟及產業的環境，並有效預測其趨勢，以避免資本支出的不足或過度。

第二節　投資計劃的過程與分類

　　在一般小企業，或資本支出數額小時，資本預算沒有正式程序可循。如購買複印機或錄影機等，一般員工均可提出，最後的決定都不必用客觀的財務分析工具。但是在大企業，資本預算均需依循正式程序提出，經分析與評估後，如果對企業經營有利，則予以採行，否則予以放棄。在分析資本支出方案時，企業通常將各方案予以分類，然後對各分類中的方案加以分析，再做投資決定。

● 一、投資計劃過程

　　一般資本預算過程 (Capital budgeting process) 包括下列幾個步驟：

1.資本預算方案 (Capital budgeting project) 的產生

　　企業內各部門均可提出方案。例如行銷部門經過市場調查所獲資料加以分析後，提出建議開發新產品。由於開發新產品所需資金甚多，財務經理必須對此方案，根據產品及有關資料，編製資本預算。

2.分析與評估 (Analysis and review)

　　每一資本預算均對企業的現金流量有所影響，財務經理必須用客觀方法加以分析，及評估其對企業經營的影響，現金流量的估計理論及方法於下述幾節討論之。

3.選擇資本預算方案

　　經過分析與評估後，企業選擇最有利的投資方案，以使股東財富極大化的目標可以達成。

4.分析並追蹤 (Follow up) 資本預算執行的結果

　　資本預算在執行後，財務經理必須追蹤考核其是否產生預期的效果，若實際效果及預期效果有異，必須查明原因，予以改正。

　　上述資本預算過程的每一步驟都很重要，某一步驟的差錯，都對資本預算的績效有所影響。

● 二、投資計劃分類

　　企業在做資本支出決定時，通常面臨各種不同型態的投資方案，即**獨立投資方案** (Independent projects)，**互斥投資方案** (Mutually exclusive projects)，及**相依投資方案** (Contingent projects)。

　　獨立投資方案是指該方案之被採納或捨棄，並不影響其他方案之取捨，例如同時間購買卡車與電腦，若企業資金沒有限制，則這兩種投資方案，只要合乎投資標準，則均可採納。

　　互斥投資方案為如果採納某一投資方案，則其他投資方案均必須捨棄，因為這些投資方案具有相同功能。例如，企業擬更新電腦，若三家公司的產品都符合最低投資要求，企業只需選擇最有利的一家電腦，而不採用另外兩家的產品。

　　相依投資方案為某一投資方案之是否被採納，取決於其他投資方案是否被採納。例如某一紡織公司擬建立一新廠房，但此新廠房之是否能夠接受，取決於污染防治設備是否合宜。若許多投資方案具有相依性，企業必須做全盤考慮，將不同方案視同一個方案來做決定。

　　一個企業的投資方案之採納與否，受到企業資金數量的影響。如果企業沒

有資金限制,則符合最低投資標準的獨立方案都可接受。但是一般企業的資金有限,在合乎標準的各種投資方案中,僅能採取**資金分配** (Capital rationing) 的方式,選擇對企業最有利的投資方案組合予以執行。

 ## 第三節 估計現金流量的理論

在資本預算過程中,我們必須估計與投資方案**相關的現金流量** (Relevant cash flows)。在此我們不用投資方案對企業報酬的貢獻,而用相關的現金流量,因為現金流量影響企業償債和置產的能力。企業從事資本支出,必定會有現金流出,而從資本支出,企業必定預期在未來期間會有現金流入,因此在資本預算過程中,我們必須估計投資金額,以及在未來數年間,此投資所能產生的淨現金流量。本節擬討論現金流量的型態,和估計現金流量的理論。

● 一、現金流量型態

與資本預算相關的現金流量可區分為**傳統式現金流量** (Conventional cash flows) 與**非傳統式現金流量** (Nonconventional cash flows)。傳統式現金流量是指投資初期有**原始現金流出** (Initial cash outflows),而後的投資期間有一系列的現金流入。例如某一投資計劃原始投資為 $50,000,而在未來七年的每年產生現金流量 $10,000,如圖 9-1 所示。當然傳統式現金流量可能有一系列**不均勻現金流入** (Unequal cash inflows) 的情形,如圖 9-2 所示。

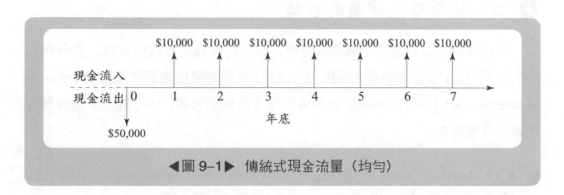

◄圖 9-1► 傳統式現金流量(均勻)

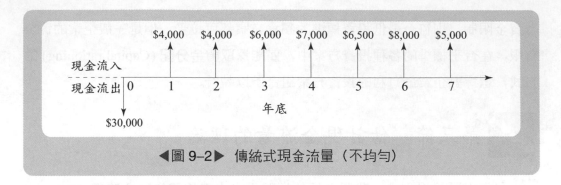

◀圖 9–2▶ 傳統式現金流量（不均勻）

非傳統式現金流量是指在原始投資支出後，有一系列的現金流入與現金流出。例如某企業購買新資產的原始投資支出為 $40,000，在未來三年的每年年底產生現金流入 $9,000，第四年年底因為整修關係而有現金流出 $6,000，其後未來四年的每年年底產生現金流入 $8,000，此可由圖 9–3 表示。為說明方便起見，本章假定投資計劃的現金流量之發生均為傳統式的。

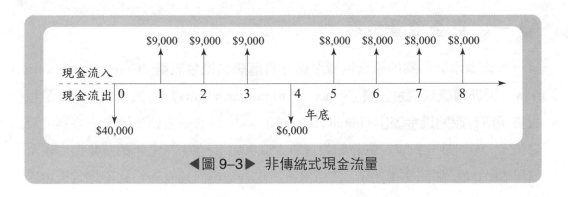

◀圖 9–3▶ 非傳統式現金流量

● 二、估計現金流量的理論

不管投資計劃方案僅是購置新資產，或是以新資產取代舊資產，在分析和評估此投資時，都必須估計相關的現金流量，亦即**增額稅後現金流量** (Incremental after tax cash flows)。在傳統或非傳統現金流量型態裡，估計現金流量的基本理論均可適用❶。

---

❶ R. Charles Moyer, James R. McGuigan, and William J. Kretlow, *Contemporary Financial Management*, 9th edition (South-Western Co., 2003), pp. 278 – 279.

(1)現金流量須以增量基礎來計算。

　　亦即現金流量必須為與不執行資本計劃比較下，採納資本計劃對企業現金流量的影響。故採納資本計劃下，企業銷貨額、成本費用，及稅款的變動，都應包含在現金流量的計算內。反之，現金流量不受投資計劃影響的，則不予考慮。

(2)現金流量必須以稅後基礎來測度。

　　由於原始投資的支出來自稅後款項，因此由投資所產生的利益，也必須以稅後現金流量來計算。

(3)投資計劃所引起的所有間接影響都應該包括在現金流量的計算上。

　　例如，擴充廠房可能引起營運資金淨額的增加，此種增加應包含在投資計劃的原始投資內。

(4)在評估投資方案時，**潛沈成本** (Sunk cost) 不應考慮。

　　潛沈成本是已經發生的支出，不再可能收回，因此在做投資決定時不予考慮。例如，某企業正在考慮是否執行一項投資計劃，稍早前此企業付 $20,000 僱用一諮詢公司評估此投資計劃對環境的影響。由於諮訊費不論此投資計劃是否執行都無法收回，因而在決定是否採納投資計劃時，不應予以考慮。

(5)用在投資方案的資源價值，應以其**機會成本** (Opportunity cost) 來衡量。

　　資源的機會成本是指這些資源如果用在其他地方所能產生的現金流量。例如某企業擬利用十年前以 $200,000 購買的土地興建廠房，這塊地的目前市價為 $3,000,000。如果此企業利用土地以興建廠房則必須放棄出售土地獲得 $3,000,000 現金的機會，故使用這塊地的機會成本為 $3,000,000，而非其原來成本 $200,000。

　　上述五個原理都可用在估計任何投資計劃的現金流量。而具有傳統現金流量型態的投資，包含三個部份的現金流量：(1)原始投資、(2)淨現金流量，或營運現金流量，及(3)末期現金流量。

　　圖 9-4 表示某一投資方案之現金流量。此投資方案之原始（0 期）投資支出為 $90,000；在投資方案生命期間，每年的淨現金流量並不相等，如第一年年

底為 $12,000，第二年年底為 $13,000，……，第八年年底為 $15,000；投資方案結束的最後一年之末期現金流量為 $18,000。這三部份的現金流量，都是指增額稅後現金流量。

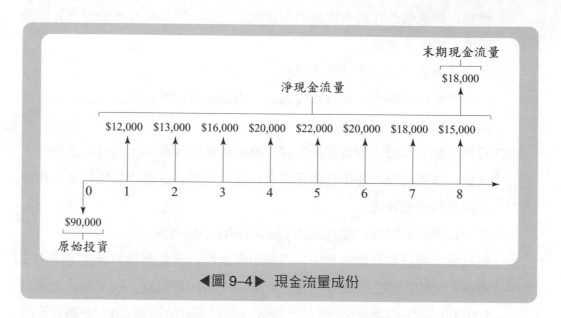

◀圖 9–4▶　現金流量成份

在購買新資產以擴大業務時，有關現金流量的估計比較單純，各部份的現金流量，僅是與計劃投資支出有關的稅後現金流入及現金支出。但是在購買新資產以取代舊資產時，有關現金流量的估計則比較複雜，因為必須估計在執行投資方案下，各部份現金流量的稅後增加數額。

不論是何種投資方案，現金流量預測的正確與否，可以影響企業經營的成敗。在預測現金流量時，各種因素如銷貨預測、產品壽命、營運資金需求、營運費用、設備利用率、預期通貨膨脹率、風險及殘值等，都是必須加以考慮的。本章不擬對這些加以討論，而僅於下述三節說明有關現金流量的估計程序。

　第四節　原始投資的計算

在評估資本支出方案時，由於只考慮傳統式現金流量，因此在時間為 0 時發生的原始投資支出，為相關的現金流出。

在計算投資計劃的原始投資時，必須考慮的現金流量，為新資產可折舊成本、銷售舊資產的**稅後收入** (After-tax proceeds)，以及淨營運資金的變動，此由表 9–1 可知。

◖表 9–1◗ 原始投資計算式

新資產可折舊成本 =
　　新資產成本
　＋運輸費用
　＋安裝費用

　－舊資產銷售的稅後收入 =
　　舊資產銷售的收入
　　∓舊資產銷售所產生的稅負影響

　±淨營運資金的變動

原始投資*

---

*原始投資＝新資產可折舊成本－舊資產銷售的稅後收入
　　　　　±淨營運資金的變動

● 一、新資產可折舊成本 (Depreciable cost)

新資產可折舊成本包括新資產成本、運輸費用，及安裝費用。新資產成本為購買新資產所支付的現金，亦即新資產的價格。運輸費用為將新資產運至企業使用此資產的地方所發生的費用。安裝費用為將新資產安裝使其能夠參加營運所發生的費用。這三種現金支出的總和，即為新資產可折舊成本，新資產使用期間的每年折舊費用，則根據此成本來計算。

例如，宏明公司新購置的防治污染設備，價格為 $80,000，此設備運輸至公司需要 $10,000，安裝此設備所需費用為 $10,000，因而此設備的可折舊成本為 $100,000 (= $80,000 + $10,000 + $10,000)。

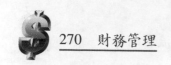

● 二、舊資產銷售的稅後收入 (After-tax proceeds from sale of old asset)

如果投資計劃是以新資產取代舊資產，而舊資產可以出售，故出售舊資產的淨收入可以減少原始投資。而舊資產銷售的淨收入為舊資產銷售的收入與其所引起的稅負效果之差額。舊資產銷售的收入，則為其售價扣除因此銷售所引起的費用之餘額。

出售舊資產可能對企業的稅負有影響，而此稅負影響決定於其售價與**原始購買成本** (Initial purchase cost)，帳面價值，及稅率間的關係。

資產的帳面價值可根據公式 (9–1) 求得：

$$資產帳面價值 = 資產可折舊成本 - 累積折舊 \qquad (9-1)$$

摩力電機公司在三年前購買一起重機，其可折舊成本為 $80,000，此機器按照 MACRS 屬於五年類型的財產折舊。根據表 2–11，五年類財產第一、二及三年的折舊率各為 20%, 32%, 及 19%，因而此機器三年來的累積折舊為其可折舊成本的 71% (= 20% + 32% + 19%)，即 $56,800 (= $80,000 × 71%)，將此代入公式 (9–1)，得：

$$帳面價值 = \$80,000 - \$56,800 = \$23,200$$

出售舊資產的稅負影響，決定於稅率及舊資產售價是否大於其原始投資支出與帳面價值。

摩力公司三年前購買的起重機，目前帳面價值為 $23,200，在下述各個不同售價下的稅負影響之說明為：

(1)舊資產售價超過原始投資支出，如 $90,000。

此時公司有資本利得 $10,000 (= $90,000 - $80,000) 及普通所得$56,800 (= $80,000 - $23,200)。

若資本利得及普通所得均適用 40% 的稅率，因此公司出售舊資產所增加

的稅款為 $26,720 (= $10,000 × 40% + $56,800 × 40%)，出售舊資產的稅後收入為 $63,280(= $90,000 - $26,720)。

⑵舊資產售價超過帳面價值，但是低於原始投資支出，如 $40,000，此時公司的普通所得為 $16,800 (= $40,000 - $23,200)，公司增加的稅負為 $6,720 (= $16,800 × 40%)，出售舊資產的稅後收入為 $33,280(= $40,000 - $6,720)。

⑶舊資產售價等於帳面價值，如 $23,200。

此時公司沒有利得，也無損失，因此公司稅負不受影響，出售舊資產的稅後收入為 $23,200。

⑷舊資產售價小於帳面價值，如 $13,200。

此時公司的損失為 $10,000 (= $23,200 - $13,200)，此損失可以用來抵銷**一般的營業盈餘** (Ordinary operating income)，因此損失可以為公司節省稅負 $4,000 (= $10,000 × 40%)，出售舊資產的稅後收入為 $17,200 (= $13,200 + $4,000)。如果目前的營業盈餘無法抵銷此損失，則美國的前抵及後延法與臺灣的後延法可以用來節省公司的稅負。

● 三、淨營運資金的變動

新投資計劃意謂公司營運的擴大，隨之而來的是需要更多的現金以支持更多的業務，更多的應收帳款及存貨以支持銷貨額的增加，但也使應付帳款，應付薪資等增加。現金、應收帳款及存貨等的增加，為現金流出，而應付帳款及應付薪資的增加，則為現金流入。

淨營運資金為流動資產與流動負債間的差額。流動資產變動與流動負債變動間的差額，則為淨營運資金變動。若流動資產增加超過流動負債增加，則淨營運資金增加，這使得原始投資增加；反之，則使得原始投資減少。

摩力公司為了擴充業務，因而其流動資產及流動負債的若干項目有所變動，如表 9-2 所示。流動資產增加 $29,000，流動負債增加 $15,000，因此淨營運資金增加 $14,000，此即原始投資的增加。

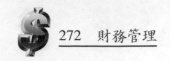

表 9-2　摩力電機公司淨流動資金變動的計算

流動項目		變動金額
現金	$ 3,000	
應收帳款	15,000	
存貨	9,000	
預付款項	2,000	
流動資產		$29,000
應付帳款	$ 9,000	
應付薪資	4,000	
應付票據	2,000	
流動負債		15,000
淨營運資金變動		$14,000

　　通用造船公司，為了提高效率，計劃淘汰舊機器，購買新機器。舊機器於兩年前購買，其可折舊成本為 $300,000，按照 MACRS 下五年類財產折舊，目前市價為 $200,000。新機器的購買價格為 $380,000，運輸費用為 $8,000，安裝費用為 $12,000。新機器亦可按照 MACRS 下五年類資產來折舊。由於此投資計劃，公司的現金將增加 $5,000，應收帳款將增加 $20,000，存貨將增加 $15,000，應付帳款將增加 $15,000，應付票據將增加 $4,000，應付薪資將增加 $3,000。此外假定公司的所得稅稅率為 40%。

　　為根據表 9-1 以計算通用公司的原始投資，先計算其出售舊機器的稅後收入，及淨營運資金變動。舊資產在兩年前購置，根據 MACRS 表五年類財產，兩年來的累積折舊率為 52% (＝20%＋32%)，據此計算累積折舊費用為 $156,000 (＝$300,000×52%)，故舊機器的帳面價值為 $144,000。由於舊機器按市價 $200,000 出售，因此公司的普通利得為 $56,000 (＝$200,000－$144,000)，出售舊資產所引起的稅負增加為 $22,400 (＝$56,000×40%)，故出售舊機器的稅後收入為 $177,600 (＝$200,000－$22,400)。

　　此投資計劃引起的流動資產增加額為 $40,000 (＝$5,000＋$20,000＋$15,000)，流動負債增加額為 $22,000 (＝$15,000＋$4,000＋$3,000)，故淨營運

資金增加 $18,000 (= $40,000 − $22,000)。利用表 9–1 可以計算通用公司的原始
投資為 $240,400，如表 9–3 所示。

◀表 9–3▶ 通用公司原始投資計算表

新機器可折舊成本		
新機器成本	$380,000	
＋運輸費用	8,000	
＋安裝費用	12,000	
新機器可折舊成本		$400,000
－舊資產銷售的稅後收入		
舊資產銷售的收入	$200,000	
－舊資產銷售的稅負增加	22,400	
－舊資產銷售的稅後收入		−177,600
＋淨營運資金增加		＋ 18,000
原始投資		$240,400

第五節　淨現金流量的計算

　　由新資產所獲得的利益應該是增額稅後現金流量。淨現金流量是指使用新
舊資產所產生的營運現金流入間的差額。而營運現金流入則是折舊費用加回稅
後純益而得。

$$營運現金流入 = 稅後純益 + 折舊 \tag{9–2}$$

　　上述通用公司預期兩種不同機器下的銷貨收入及費用（不包含折舊）如表
9–4 所示，而兩種不同機器未來五年的每年折舊費用如表 9–5。

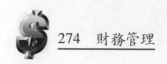

表 9-4 新、舊不同機器下的未來五年銷貨收入及費用（不包含折舊）

	銷貨收入			費用（不包含折舊）	
年別	新機器	舊機器	年別	新機器	舊機器
1	$1,900,000	$1,600,000	1	$1,800,000	$1,500,000
2	2,100,000	1,800,000	2	1,900,000	1,700,000
3	2,200,000	1,850,000	3	2,000,000	1,800,000
4	2,500,000	2,300,000	4	2,300,000	2,200,000
5	2,800,000	2,650,000	5	2,600,000	2,500,000

表 9-5 新、舊不同機器下的未來六年折舊費用

	新機器						
年別	1	2	3	4	5	6	總計
可折舊成本(1)	$400,000	$400,000	$400,000	$400,000	$400,000	$400,000	
折舊率(2)	20%	32%	19%	12%	12%	5%	100%
折舊費用(3) = (1) × (2)	$ 80,000	$128,000	$ 76,000	$ 48,000	$ 48,000	$ 20,000	$400,000

	舊機器						
年別	1	2	3	4	5	6	總計
可折舊成本(1)	$300,000	$300,000	$300,000	$300,000	$300,000	$300,000	
折舊率(2)	19% （第3年）	12% （第4年）	12% （第5年）	5% （第6年）			
折舊費用(3) = (1) × (2)	$ 57,000	$ 36,000	$ 36,000	$ 15,000	$0	$0	$144,000*

* $144,000 為舊機器在使用兩年後的帳面價值。

由於淨現金流量是新、舊兩種資產下營運資金流入間的差異，假定：

R_N = 新資產下的銷貨收入

E_N = 新資產下的費用（不包含折舊）

D_N = 新資產下的折舊

OCI_N = 新資產下的營運現金流入

t = 公司稅稅率

R_O = 舊資產下的銷貨收入

E_O = 舊資產下的費用（不包含折舊）

D_O = 舊資產的折舊

OCI_O = 舊資產下的營運現金流入

則新機器下的營運現金流入為：

$$OCI_N = (R_N - E_N - D_N)(1 - t) + D_N \qquad (9-3)$$

舊機器下的營運現金流入為：

$$OCI_O = (R_O - E_O - D_O)(1 - t) + D_O \qquad (9-4)$$

故以新資產代替舊資產的投資計劃之淨現金流量為：

$$
\begin{aligned}
NCF &= OCI_N - OCI_O \\
&= [(R_N - E_N - D_N)(1 - t) + D_N] - [(R_O - E_O - D_O)(1 - t) + D_O] \\
&= [(R_N - R_O) - (E_N - E_O) - (D_N - D_O)](1 - t) + (D_N - D_O) \qquad (9-5)
\end{aligned}
$$

公式 (9–5) 為計算新投資方案的每年淨現金流量之方法，並假定公司稅稅率為40%，表 9–6 則為以此公式根據表 9–4 及表 9–5 所求通用公司未來五年的淨現金流量。

表 9–6 通用公司投資計劃的淨現金流量計算

年別	1	2	3	4	5
$(R_N - R_O)$（銷貨收入變動）	$300,000	$300,000	$350,000	$200,000	$150,000
$-(E_N - E_O)$（費用變動）	300,000	200,000	200,000	100,000	100,000
EBDT（折舊前與稅前盈餘變動）	$0	$100,000	$150,000	$100,000	$ 50,000
$-(D_N - D_O)$（折舊變動）	23,000	92,000	40,000	33,000	48,000
EBT（稅前盈餘變動）	-$ 23,000	$ 8,000	$110,000	$ 67,000	$ 2,000
− 公司所得稅 (40%)	-9,200	3,200	44,000	26,800	800
EAT（稅後純益變動）	-$ 13,800	$ 4,800	$ 66,000	$ 40,200	$ 1,200
$+(D_N - D_O)$（折舊變動）	23,000	92,000	40,000	33,000	48,000
NCF（淨現金流量）	$ 9,200	$ 96,800	$106,000	$ 73,200	$ 49,200

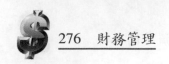

第六節　末期現金流量的計算

末期現金流量是指投資計劃的最後一年，除淨現金流量外，投資年限截止時，出售新舊資產所獲稅後現金收入間之差額。若新投資方案開始時，有淨營運資金增加，則應在終止投資方案的最後一年，加回末期現金流量；若有淨營運資金減少，則應從末期現金流量減去。決定末期現金流量的計算如表 9–7 所示。

表 9–7 末期現金流量計算式

出售新資產稅後收入 ＝
　　新資產銷售收入
　　∓ 銷售新資產稅負影響
－ 出售舊資產稅後收入 ＝
　　舊資產銷售收入
　　∓ 銷售舊資產稅負影響
± 淨營運資金變動

末期現金流量＊

＊ 末期現金流量＝出售新資產稅後收入－出售舊資產稅後收入
　　　　　　　　± 淨營運資金變動

前述通用造船公司例子中，如果五年後投資計劃終止時，新機器可以市價 $30,000 出售，而舊機器可以 $5,000 出售。新機器使用五年後，尚有帳面價值 $20,000 (＝ $400,000 × 5%)，故通用公司在五年後出售新機器有普通利得 $10,000 (＝ $30,000 – $20,000)，而必須付稅 $4,000 (＝ $10,000 × 40%)，新資產銷售的稅後收入為 $26,000 (＝ $30,000 – $4,000)。舊機器在五年後已充分折舊，其帳面價值為零，故其出售後的普通利得為 $5,000，稅負為 $2,000 (＝ $5,000 × 40%)，稅後收入則為 $3,000 (＝ $5,000 – $2,000)。此外，投資方案開始時發生的淨營運資金增加 $18,000，則應在第五年年底予以加回至末期現金流量。下述通用造船公司第五年年底的末期現金流量計算，可得 $41,000。

表 9–8 通用公司末期現金流量計算

出售新資產稅後收入 =		
新資產銷售收入	$30,000	
－ 新資產銷售的稅負	4,000	
出售新資產稅後收入		$26,000
－ 出售舊資產稅後收入 =		
舊資產銷售收入	$ 5,000	
－ 舊資產銷售的稅負	2,000	
－ 出售舊資產稅後收入		－ 3,000
＋ 淨營運資金增加		＋18,000
末期現金流量		$41,000

 ## 第七節　投資計劃期間現金流量綜合

　　本章第三節曾述及投資計劃下，相關現金流量組成有三部份，即原始投資、淨現金流量，以及末期現金流量，而這些現金流量都指的是增額稅後現金流量。通用造船公司以新機器代替舊機器的投資計劃之相關現金流量綜述如圖 9–5。雖然第六年仍有營運現金流入的增加，即淨現金流量，但由於是五年投資計劃，因此第六年的淨現金流量不予考慮。

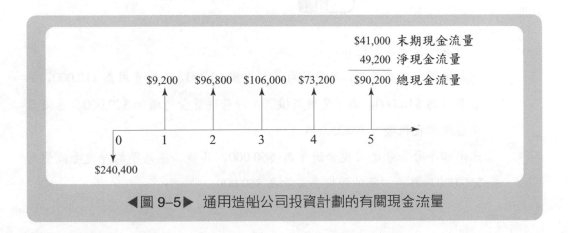

◀圖 9–5▶ 通用造船公司投資計劃的有關現金流量

下一章將討論各種資本預算評價法，來決定投資計劃下的相關現金流量，是否有利於企業，亦即投資計劃應否接受。

問　題

9–1　何謂資本？預算？資本支出與營運支出有何差異？

9–2　所有的資本支出，都是購買固定資產。試評論之。

9–3　企業資本支出的主要原因何在？

9–4　資本預算在企業經營上的重要性為何？

9–5　敘述資本預算過程。

9–6　說明及比較兩種不同的現金流量型態。

9–7　在評估資本預算方案時，何以必須用增額稅後的現金流量為基礎？

9–8　一個資本預算方案中的三個相關現金流量為何？說明之。

9–9　說明資本預算的原始投資計算過程。

9–10　說明以新資產代替舊資產的投資方案中，如何計算淨現金流量。

9–11　說明以新資產代替舊資產的投資方案中，如何計算末期現金流量。

9–12　用時間直線圖說明資本預算方案中的三個有關現金流量。

習　題

9–1　某公司有一投資方案包括：

　　1.以新機器取代舊機器，新機器的成本為 $250,000，運輸費用為 $10,000，安裝費用為 $10,000，為了使用新機器，淨營運資金將增加 $20,000。舊機器出售後的稅後收入為 $25,000。

　　2.未來四年每一年的淨現金流量為 $60,000，其後二年每年的淨現金流量為 $50,000，再後一年的淨現金流量為 $60,000。

3.第七年年底計劃結束時, 末期現金流量為 $20,000。

根據這些資料, 計算此投資方案的相關現金流量, 並以時間直線圖說明之。

9-2 某公司有甲、乙兩種投資方案, 原始投資各為 $200,000 及 $70,000。兩種投資方案的營運現金流入如下所示:

年別	甲方案	乙方案
1	$40,000	$20,000
2	50,000	25,000
3	60,000	25,000
4	60,000	30,000
5	70,000	35,000
6	60,000	40,000
7	50,000	30,000

如果甲方案是用來取代乙方案, 甲方案在第七年年底時的末期現金流量為 $25,000, 則此替代投資計劃的相關現金流量為何? 用時間直線圖表示之。

9-3 福樂食品公司擬以新的拌麵機代替舊的拌麵機。舊的拌麵機於三年前購買, 可折舊成本為 $20,000, 按 MACRS 下五年財產折舊, 目前市價為 $8,000。新拌麵機的價格為 $40,000, 運輸費用為 $6,000, 安裝費用為 $6,000。為了淘汰舊的拌麵機, 公司的應收帳款增加 $5,000, 存貨增加 $8,000, 應付帳款增加 $6,000, 如果公司所得稅稅率為 40%, 求原始投資款額。若舊機器售價為 $3,000, 則原始投資款額為何?

9-4 運通公司正在考慮購買新機器, 此機器之價格為 $200,000, 運輸費用為 $10,000, 安裝費用為 $10,000。如果購買此機器, 公司的流動資產將增加 $20,000, 流動負債將增加 $10,000。預期新機器的使用年限為五年, 五年後出售殘值為 $16,000, 公司所得稅稅率為30%。為瞭解新機器之可行性, 公司於二年前請一顧問公司做研究, 而支付了 $1,500。

⑴計算此機器的原始投資。

⑵計算下述折舊法下此機器在未來五年每年的折舊費用:

　①直線法。

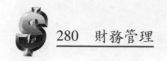

② MACRS 下五年類財產。

9-5 某公司擬購買新機器以應付市場需要的增加。新機器之價格為 $600,000，運輸及安裝費用為 $50,000。此機器按 MACRS 下七年類財產來折舊。如果採用此新機器，未來七年的每年銷貨收入可以增加 $300,000，不包含折舊的營運費用將增加 $150,000，七年後此機器的市場價格為 $60,000。如果公司的所得稅稅率為40%，試求採用此機器下，每年的淨現金流量。

9-6 隆重公司擬考慮以新電腦系統代替舊的，公司預期新電腦可以使用五年，使用新電腦系統後未來五年內每年的折舊費用各增加 $3,000，$3,000，$4,000，$3,000 及 $2,000。公司並估計未來五年內，使用新電腦和繼續使用舊電腦下，每年的銷貨收入及不包含折舊的營運費用如下表：

年別	新電腦系統		舊電腦系統	
	銷貨收入	不包括折舊的營運費用	銷貨收入	不包括折舊的營運費用
1	$ 60,000	$40,000	$45,000	$30,000
2	70,000	48,000	50,000	33,000
3	80,000	50,000	60,000	39,000
4	90,000	60,000	65,000	50,000
5	100,000	68,000	80,000	65,000

如果公司的稅率為40%，計算採用新電腦系統下的淨現金流量。

9-7 某公司考慮購買新機器以淘汰舊機器。新機器的成本為 $50,000，運輸及安裝費用共為 $5,000。舊機器於五年前以 $30,000 購買，折舊年限為十年，按直線法折舊，還可繼續使用十年，目前市價為 $5,000。新機器以直線法折舊，可以使用十年。如果使用新機器，預期銷貨收入每年可增加 $15,000，不包括折舊的營運費用可以節省 $5,000。假定公司所得稅稅率為40%。

(1)計算使用新機器的原始投資。

(2)計算使用新機器時的每年淨現金流量。

9-8 天網公司計劃於郊區開設一健身房，此健身房的建築及設備總成本為 $500,000，預估其使用年限為十年，用直線法折舊，十年後殘值為 $60,000。為了開設此健身房，公司的流動資產將增加 $120,000，流動負債則增加

$70,000。公司預計第一年的銷貨收入為 $800,000，其後每年增加 10%。不包含折舊的營運費用，第一年為 $700,000，其後每年增加 8%。假定公司的稅率為 40%。

(1)計算公司的原始投資。

(2)計算公司在未來十年的相關現金流量。

9-9　永樂糖果公司於兩年前以 $100,000 購買的機器，按 MACRS 下五年類財產折舊，預期此機器仍然可以再使用五年，五年後可以 $5,000 出售。不久前有兩種新機器面世，A 機器的價格為 $150,000，運輸及安裝費用共為 $30,000；B 機器的價格為 $180,000，運輸及安裝費用各為 $20,000，兩種機器的使用年限都為五年，均按 MACRS 下五年類財產折舊。五年後 A 機器可賣 $20,000，B 機器可賣 $25,000。如果公司擬選擇兩種機器之一來代替目前使用的機器，舊機器可賣 $50,000，淨營運資金將立即增加 $20,000。預計三種不同機器下的不包括折舊及稅負之盈餘如下表所示。

	不包括折舊及稅負的盈餘		
年別	舊機器	A 機器	B 機器
1	$40,000	$60,000	$65,000
2	40,000	70,000	75,000
3	40,000	70,000	80,000
4	45,000	80,000	80,000
5	45,000	80,000	90,000
6	50,000	90,000	90,000
7	50,000	90,000	95,000

假定公司的所得稅稅率為 40%。

(1)計算兩種不同新機器的原始投資。

(2)計算兩種不同新機器下的每年淨現金流量。

(3)計算兩種不同新機器下的末期現金流量。

(4)用時間直線圖表示兩種不同機器下的相關現金流量。

9-10　生化製藥公司為了提高競爭力，擬更新生產設備。舊設備於五年前以 $300,000

購買，還可使用七年，以 MACRS 下七年類財產折舊，目前市價為 $15,000。新設備的可折舊費用為 $500,000，按 MACRS 下七年類財產折舊，七年後可以 $50,000 出售。如果使用新設備，公司預期流動資產將增加 $80,000，流動負債將增加 $60,000。由於新設備的使用，銷貨收入第一年至第四年每年可增加 $160,000，其後每年可增加 $200,000，不包括折舊的營運費用，第一年增加 $80,000，其後每年額外增加 $10,000。假定舊設備於七年後的殘值為 $3,000，公司的稅率為 40%。

(1)計算公司的原始投資。

(2)計算此投資計劃的相關現金流量。

9–11　泛亞公司擬增添設備以提高產量。此設備之價格為 $800,000，運輸及安裝費用共為 $40,000。為了此設備，公司於第 0 年需增加淨營運資金 $30,000，第二年及第四年則各增加 $20,000 及 $30,000。預期銷貨收入於第一年可增加 $300,000，其後逐年再多增加 $40,000，第五年起逐年減少 $50,000。不包括折舊的營運費用，第一年為 $100,000，其後逐年再多增加 $20,000。此設備的使用年限為八年，但是可按 MACRS 下七年類財產來折舊。在第八年年底，此設備可以 $40,000 出售。如果公司的所得稅稅率為 40%，計算此投資計劃使用年間的相關現金流量。

第十章

資本預算的評估

　　第九章說明資本投資計劃相關現金流量的計算，本章則擬討論對此相關現金流量如何利用各種資本預算決策模型，來評估投資計劃是否應予接受。為了方便說明各種評估方法的利用，我們擬使用表 10-1 金科公司風險相似之兩種投資方案的相關現金流量。兩種投資計劃的壽命均為五年，甲方案的原始投資為 $70,000，乙方案為 $75,000，此兩種投資均屬傳統式的，亦即除了第 0 年外，未來各年均無現金流出。

表 10-1　金科公司資本預算相關現金流量資料

年別	甲方案	乙方案
1	$20,000	$16,000
2	20,000	18,000
3	20,000	25,000
4	20,000	20,000
5	20,000	40,000
原始投資	$70,000	$75,000

　　資本計劃與有價證券的評價（於第五章討論）有其相似之處，第一節對此有所討論。第二節敘述回收期法，第三節為淨現值法，第四節為內在報酬率法，第五節為獲利性指數法。淨現值法與內在報酬率法在使用上有時有所衝突，各有其優缺點，此於第六節討論。第七節敘述兩種投資方案年限不同時如何評估。

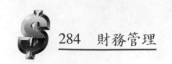

第一節　資本預算與證券評價方法的比較

資本預算計劃的評價過程與證券的評價過程至為類似。

(1)投資計劃的成本，即原始投資所需金額必須估計，此與估計證券價值甚為類似。

(2)財務經理必須估計此計劃方案在未來使用年間所能產生的現金流量，如每年的淨現金流量，及末期現金流量。此類似於估計債券的未來利息收入及其到期價值，或股票持有期間的股利收入及其可能售價。

(3)資本投資計劃的風險必須估計，此與估計證券投資的風險相似。

(4)根據資本投資計劃風險，估計資金成本，用以計算未來相關現金流量的現值。此與證券評價模型中，投資者必須找出必要報酬率，來決定證券未來可能提供的收入之現值相似。

(5)資本投資計劃使用期間相關現金流量的現值總和，即為投資計劃的價值。此與證券投資計劃年間，將其可能收入換算成現值後，加總即得證券的價值相似。

(6)投資計劃預期現金流量的現值如果大於原始投資成本，企業價值會增加，則應接受此投資計劃，否則予以拒絕。在證券市場上，如果證券的評估價值大於市價，則此證券值得購買。可知資本預算與證券投資的決策標準相似。

第二節　回收期法

回收期是指收回原始投資所需年數。用**回收期法** (Payback period, PP) 來評價投資計劃時，回收期越短越好。此法容易使用，頗受一些企業歡迎。如果投資計劃的未來現金流入是年金型的，則只要將原始投資除以年度現金流入，即可求得回收期。如果未來現金流入是不均勻的，則必須用累加法，直到原始投資可以收回。

　　利用回收期法以決定投資計劃應該接受與否，企業必須設立一標準，即**最大可接受回收期** (Maximum acceptable payback period)。如果投資計劃的回收期低於最大可接受回收期，則投資計劃可以接受；反之，則投資計劃必須摒棄。最大可接受回收期則由財務經理根據投資型態，投資風險，以及企業股票價格可能受到的影響等因素來決定。

　　茲利用回收期法來計算金科公司（表 10–1）兩種投資的回收期。甲方案的現金流入為年金型，因此其回收期可以原始投資除以年度現金流入求得，即

$$PP = \frac{原始投資}{年度現金流入} \tag{10–1}$$

利用公式 (10–1) 得：

$$甲方案的回收期 = \frac{\$70,000}{\$20,000} = 3.5（年）$$

　　乙方案的現金流入不均勻，因此必須用累加法求之。由表 10–1 知，乙方案迄第三年年底的累積現金流入為 \$59,000，尚需 \$16,000（= \$75,000 – \$59,000）才足以收回原始投資，而此 \$16,000 需要 0.8 年從第四年的現金流入產生。其計算如下：

$$乙方案的回收期 = 3 + \frac{\$16,000}{\$20,000} = 3.8（年）$$

　　如果最大可接受回收期為 4 年，甲、乙兩種方案都可接受，但是甲方案優於乙方案。若兩種方案互為獨立，無資金限制，則甲、乙兩方案都可接受；但若互相排斥，或有資金限制，則只能接受甲方案。如果最大可接受回收期為 3.6 年，則接受甲方案，而拒絕乙方案。

　　小企業的大部份投資方案，和大企業的小投資方案，廣泛地使用回收期法來決定投資方案應否接受，乃由於回收期法有下列優點：

　⑴計算容易。此法很容易使用，不涉及繁複的數學。

　⑵考慮了投資計劃的現金流量，而非利潤，因此可用來衡量投資方案的流

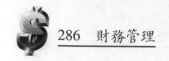

動性。

(3)可以用來測度投資風險。通常回收期短的投資風險較低，而回收期長的投資風險較高。

但是回收期法有下述缺點：

⑴最大可接受回收期的決定，太過於主觀，不同的企業或不同的財務經理，對於相似投資方案的最大可能接受回收期之認定，可能有甚大的差異。

⑵忽略了回收期以後投資方案的現金流入。過了回收期後，如果還有現金流入，則回收期法扭曲了長期投資計劃。如表 10-2 所示，M 及 N 兩種投資方案有相同的原始投資，M 方案的回收期為三年，而 N 方案的回收期為四年，M 方案的回收期較短，理論上是較佳的方案，但是三年後沒有現金流入，N 方案在四年後仍有現金流入，因此考慮兩個方案的壽命期間時，N 方案顯然較佳。

◀表 10-2▶ 方案 M 及 N 的現金流量

年別	M 方案	N 方案
1	$ 5,000	$ 4,000
2	6,000	5,000
3	4,000	3,000
4	0	3,000
5	0	4,000
原始投資	$15,000	$15,000
回收期	3 年	4 年

(3)完全忽視了貨幣的時間價值。回收期法對於不同年間的現金流量之價值，予以相同的看待。例如表 10-3 的兩種方案，其原始投資相同，回收期也一樣，但是 S 方案的現金流入在早期較 T 方案為大，因此，若考慮貨幣的時間價值，則 S 方案顯然較佳。

為了解決這個問題，不同年間的現金流量均予以換算成現值，而以**修正的回收期** (Modified payback period) 來表示。利用表 10-1 金科公司的甲、乙兩投資方案之資料，若利率為 5%，則此兩方案現金流量的現值，可表示如表 10-4。

表 10–3 方案 S 及 T 的現金流量

年別	S 方案	T 方案
1	$14,000	$ 3,000
2	3,000	3,000
3	3,000	14,000
4	3,000	3,000
5	2,000	2,000
原始投資	$20,000	$20,000
回收期	3 年	3 年

表 10–4 金科公司資本預算有關現金流量的現值

(年利率 =5%)

年別 (t)	甲方案				乙方案			
	現金流量 × PVIF$_{5\%,t}$ =		現值	累加現值	現金流量 × PVIF$_{5\%,t}$ =		現值	累加現值
1	$20,000	0.9524	$19,048	$19,048	$16,000	0.9524	$15,238	$ 15,238
2	20,000	0.9070	18,140	37,188	18,000	0.9070	16,326	31,564
3	20,000	0.8638	17,276	54,464	25,000	0.8638	21,595	53,159
4	20,000	0.8227	16,454	70,918	20,000	0.8227	16,454	69,613
5	20,000	0.7835	15,670	86,588	40,000	0.7835	31,340	100,953
原始投資	$70,000				$75,000			

兩種方案之修正的回收期可計算如下：

$$甲方案：回收期 = 3 + \frac{\$70,000 - \$54,464}{\$16,454} = 3.94 \text{（年）}$$

$$乙方案：回收期 = 4 + \frac{\$75,000 - \$69,613}{\$31,340} = 4.17 \text{（年）}$$

　　如果最大可接受回收期為四年，則甲方案可以接受，而乙方案被拒絕。修正的回收期法雖然解決了回收期法忽視貨幣的時間價值之缺點，但是仍存在著兩個缺點：(1)對於最大可接受回收期的決定過於主觀，(2)忽略了回收期後的現金流量。

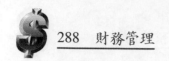

第三節　淨現值法

為了矯正回收期法的種種缺失，**淨現值法** (Net present value, NPV) 由於考慮了整個投資方案使用期間的現金流量以及貨幣的時間價值，因此不失為評價資本預算的較佳方法。利用此種方法時，先預估投資方案的未來現金流量，再以適當的資金成本或貼現率，予以求得現值，然後減去該方案的原始投資而得。

淨現值的計算公式如下：

$$NPV = [\frac{CF_1}{(1+k)^1} + \frac{CF_2}{(1+k)^2} + \cdots + \frac{CF_n}{(1+k)^n}] - II$$

$$= \sum_{t=1}^{n} \frac{CF_t}{(1+k)^t} - II$$

$$= \sum_{t=1}^{n} (CF_t \times PVIF_{k,t}) - II \tag{10-2}$$

公式中，NPV = 淨現值

　　　　$CF_1, CF_2, \cdots, CF_n$ = 每年的現金流量

　　　　CF_t = 第 t 年的現金流量

　　　　k = 投資計劃的資金成本，或貼現率

　　　　II = 投資計劃的原始投資支出

　　　　n = 投資計劃年限

投資計劃的資金成本，由金融市場的利率水準，投資計劃的風險，及其他因素來決定。資金成本的決定在第十二章有詳細討論，本章則假定其數值為已知常數，由於僅討論傳統型現金流量，故現金流出只有在投資開始時發生，亦即現金流出等於原始投資支出。如果投資的現金流量屬於傳統型，則淨現值為現金流量的現值減去原始投資而得；如果投資的現金流量屬於非傳統型，則淨現值為現金流入的現值減去現金流出的現值而得。

淨現值表示如果企業執行投資方案，企業價值可以增加或減少的數額。故

利用淨現值法來做**接受或拒絕決策** (Accept-reject decision) 時，如果 NPV 大於零，則接受該投資方案；反之，則拒絕該投資方案。

　　假定表 10–1 金科公司的資金成本為 10%，則該公司甲、乙兩種投資方案的淨現值可以求得如表 10–5 所示。甲方案的 NPV 為 $5,994，乙方案的 NPV 為 $11,700，由於兩種方案的 NPV 值都大於零，因此均可接受。如果兩種投資方案具有互斥性，即使公司有足夠的資金，因為乙方案的 NPV 較大，故只接受乙方案而拒絕甲方案。

■表 10–5 金科公司資本預算淨現值的計算

（資金成本 =10%）

年別 (t)	甲方案			乙方案		
	現金流入 (t)	PVIF$_{10\%,t}$	現金流入現值	現金流入 (t)	PVIF$_{10\%,t}$	現金流入現值
1	$20,000	0.9091	$18,182	$16,000	0.9091	$14,546
2	20,000	0.8264	16,528	18,000	0.8264	14,875
3	20,000	0.7513	15,026	25,000	0.7513	18,783
4	20,000	0.6830	13,660	20,000	0.6830	13,660
5	20,000	0.6209	12,598	40,000	0.6209	24,836
現金流入現值總和			$75,994	現金流入現值總和		$86,700
減：原始投資			70,000	減：原始投資		75,000
NPV			$ 5,994	NPV		$11,700

　　由於淨現值表示如果企業接受投資方案，預期企業的價值會增加之數額，故此種 NPV 法可使企業選擇投資計劃能使股東財富達到最大。NPV 法亦可用來衡量投資方案的報酬率是否達到必要報酬率，如果 NPV 大於或等於零，則股東可以預期投資計劃的報酬率至少等於必要報酬率。NPV 法的缺點在於一般人不甚習慣於使用金額來表示投資報酬，而比較喜歡用百分率來表示投資報酬。因此大部份的企業利用比較容易解釋的內在報酬率 (Internal rate of return, IRR)法來評估投資計劃。

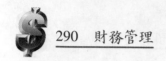 ## 第四節　內在報酬率法

內在報酬率法 (Internal rate of return, IRR) 是評估資本預算的複雜方法中最廣泛為人所用的一種，但也比 NPV 的計算更為困難。內在報酬率為能使預期現金流量的現值等於原始投資的貼現率，亦即能使 NPV 等於零的貼現率。IRR 可由下述公式求得。

$$\frac{CF_1}{(1+r)^1} + \frac{CF_2}{(1+r)^2} + \cdots + \frac{CF_n}{(1+r)^n} = II$$

$$\sum_{t=1}^{n} \frac{CF_t}{(1+r)^t} = II$$

$$\sum_{t=1}^{n} (CF_t \times PVIF_{r,t}) = II \tag{10-3}$$

或

$$NPV = \sum_{t=1}^{n} (CF_t \times PVIF_{r,t}) - II = 0 \tag{10-4}$$

公式 (10–3) 及 (10–4) 中，r 即為 IRR。

利用 IRR 法來做接受或拒絕決策時，如果投資計劃的 IRR 大於資金成本，即投資報酬超過必要報酬，因而提高企業的價值，增加股東財富，故該投資計劃應予接受。反之，如果投資計劃的 IRR 小於資金成本，即投資報酬低於必要報酬，因而降低企業的價值，減少股東財富，故該投資計劃應予拒絕。

前述金科公司甲方案之 IRR 可計算如下：

$$\$70,000 = \$20,000(PVIFA_{r,5})$$

$$PVIFA_{r,5} = \frac{\$70,000}{\$20,000} = 3.5$$

由附表 4 知，當 r = 13% 時，$PVIFA_{13\%,5} = 3.517$；當 r = 14% 時，$PVIFA_{14\%,5}$

= 3.433。因為 3.5 介於 3.433 及 3.517 之間，因此用插補法可求得較正確的 r 值如下：

$$r = 13\% + 1\%(\frac{3.517 - 3.5}{3.517 - 3.433}) = 13.2\%$$

乙方案之 IRR 計算如下：

$$\$75,000 = \$16,000(PVIF_{r,1}) + \$18,000(PVIF_{r,2}) + \$25,000(PVIF_{r,3})$$
$$+ \$20,000(PVIF_{r,4}) + \$40,000(PVIF_{r,5})$$

由於此方案每年之現金流入不同，故 IRR 的計算較為複雜。用**試誤法** (Trial-error approach) 以不同的 r 值代入公式中，使原始投資等於預期現金流量現值總和。當 r = 15% 時，

$$\$16,000(PVIF_{15\%,1}) + \$18,000(PVIF_{15\%,2}) + \$25,000(PVIF_{15\%,3})$$
$$+ \$20,000(PVIF_{15\%,4}) + \$4,000,000(PVIF_{15\%,5})$$
$$= \$16,000(0.870) + \$18,000(0.756) + \$25,000(0.658)$$
$$+ \$20,000(0.572) + \$40,000(0.497)$$
$$= \$75,284$$

當 r = 16% 時，

$$\$16,000(PVIF_{16\%,1}) + \$18,000(PVIF_{16\%,2}) + \$25,000(PVIF_{16\%,3})$$
$$+ \$20,000(PVIF_{16\%,4}) + \$40,000(PVIF_{16\%,5})$$
$$= \$16,000(0.862) + \$18,000(0.743) + \$25,000(0.641)$$
$$+ \$20,000(0.552) + \$40,000(0.476)$$
$$= \$73,277$$

由於 $75,000 介於 $75,284 與 $73,277 之間，因此乙方案的 IRR 應在 15% 與 16% 之間。利用插補法求得乙方案的 IRR 計算如下：

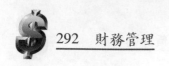

$$r = 15\% + 1\%(\frac{\$75,284 - \$75,000}{\$75,284 - \$73,277}) = 15.14\%$$

　　如果金科公司的資金成本為 10%，由於甲、乙兩方案的 IRR 均大於 10%，故此兩方案都可接受。但如果此兩方案有互斥性，或有資金限制，則由於乙方案的 IRR 較大，則僅能接受乙方案而拒絕甲方案。

　　如同 NPV 法，IRR 法也考慮了整個投資計劃期間現金流量的數額及時間性，和貨幣的時間價值。但是因為一般人比較習慣用百分率表示投資報酬，故此大部份的企業使用 IRR 法來決定投資計劃的取捨。

　　然而，IRR 法也有其缺點：

　　⑴企業選擇的投資計劃是否與使股東財富極大化的目標一致。

　　⑵某一投資計劃可能有數個不同的 IRR。

一般的投資計劃，只有一個貼現率可使 NPV = 0，因為正常（傳統型）的投資計劃之現金流出只發生在第 0 年（原始期）。如果一個投資計劃，在原始投資支出後的一年或數年有現金流入，然後發生現金流出，則可能有一個以上的 IRR。例如，根據下述投資計劃的淨現金流量可計算出三個不同的 IRR，即 0%, 100%, 及 200%❶。

年別	淨現金流量
0	$ −1,000
1	6,000
2	−11,000
3	6,000

　　而這些不同的 IRR 無法與資金成本比較，以決定投資計劃的取捨。遇到有一個以上 IRR 的問題時，最好的處理方法為利用 NPV 法來決定是否應該接受投資計劃。

---

❶　參閱 R. Charles Moyer, James R. McGuigan & William J. Kretlow, *Contemporary Financial Management*, 9th edition (South-Western Publishing Co., 2003), p. 315.

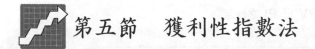 第五節 獲利性指數法

獲利性指數為預期未來現金流量的現值，與原始投資之比率。**獲利性指數法之** (Profitability index, PI) 公式為：

$$PI = \frac{\sum\limits_{t=1}^{n}(CF_t \times PVIF_{k,t})}{II} \qquad (10\text{--}5)$$

公式 (10–5) 中，PI = 獲利性指數。

利用 PI 法來做接受或拒絕決策時，如果投資計劃的 PI > 1，亦即預期未來現金流量的現值，超過原始投資，或 NPV > 0，則該投資計劃應予接受。反之，則應拒絕該投資計劃。

如果金科公司的資金成本為 10%，則其兩種投資方案的獲利性指數，可由表 10–5 的資料計算如下：

$$甲方案：PI = \frac{\$75,994}{\$70,000} = 1.09$$

$$乙方案：PI = \frac{\$86,700}{\$75,000} = 1.16$$

兩種投資方案的獲利性指數均大於 1，因此若兩者互為獨立，且無資金限制，則均可接受。但若有資金限制，或有互斥性時，則應選擇獲利性指數較高的乙方案。

如果兩種投資方案互為獨立，沒有資金限制時，不論是用 NPV 法，IRR 法，或是 PI 法，都會導致相同的決策結論。但是，如果投資計劃具有互斥性，則 NPV 法和 PI 法的決策結論可能互相衝突。例如表 10–6 的 E、F 兩方案，按照 NPV 法，F 方案較 E 方案為佳，因為它有較高的 NPV；然而，如果按照 PI 法，則 E 方案較佳，因為它有較高的 PI。

▇表 10–6▇ E 及 F 兩種方案的 NPV 及 PI 之比較

	E 方案	F 方案
預期現金流入的現值(1)	$60,000	$115,000
原始投資(2)	40,000	85,000
NPV = (1) − (2)	$20,000	$ 30,000
PI = (1) / (2)	1.5	1.35

如果 NPV 法和 PI 法有所衝突，但是沒有資金限制，則 NPV 法較佳，因為它可以選擇對企業價值，亦即股東財富增加最多的投資方案。但是，如有資金限制存在，則 PI 法較佳❷，因為它可用來決定何種方案的一塊錢投資可以獲得最高的報酬。

 ## 第六節　淨現值圖──NPV 與 IRR 的比較

兩種投資方案互為獨立時，利用 NPV 法及 IRR 法來決定投資方案的取捨時，都得出相同的結論，因為當 IRR 大於必要報酬率時，淨現值大於零。然而當兩種投資方案具有互斥性時，兩種方法的結論可能不一致，一種投資方案的 IRR 可能高於另外一種投資方案的 IRR，但是卻有較低的 NPV。

兩種投資方案的比較，可用**淨現值圖** (Net present value profile) 為之。此淨現值圖可說明某一投資方案淨現值與貼現率間的關係。表 10–7 為丙、丁兩種投資方案的現金流量。這兩種投資方案在不同貼現率下的 NPV 值，可以圖 10–1 表示。丙、丁兩方案的淨現值圖交叉於貼現率為 4.6% 時，此兩方案的 NPV 相

---

❷　如果投資預算超過一年，則應該使用較複雜的規劃模型。這方面的討論，參閱 James R. McGuigan 及 R. Charles Mayer, *Managerial Economics*, 6th ed. (St. Paul : West Publishing, 1993), pp. 360 – 380; H. Martin Weingartne, *Mathematical Programming and the Analysis of Capital Budgeting Problem*, (Englewood Cliffs, NJ : Prentice-Hall, 1963), 及 A. J. Lerro, "Capital Budgeting for Multiple Objectives," *Financial Management* 3 (Spring 1974), pp. 58 – 66.

同。丙方案之 IRR 為 16.84%，丁方案則為 12.6，當貼現率高於 4.6% 時，丙方案之 NPV 值較大，而且 IRR 較高，因此若兩方案為互斥時，丙方案較佳。但是如果貼現率小於 4.6% 時，雖然丙方案的 IRR 較高，但是 NPV 值卻較低，這時，NPV 法和 IRR 法用來選擇投資方案時，得到不同的結論。這種不同結論乃由於 NPV 法假設投資方案所產生的現金流量之再投資報酬率等於原來的資金成本，而 IRR 法則假設投資方案所產生的現金流量之再投資報酬率等於 IRR。

◖表 10–7◗ 丙及丁兩種投資方案的現金流量

年間	丙方案	丁方案
1	500	200
2	400	250
3	200	350
4	100	450
原始投資	900	900

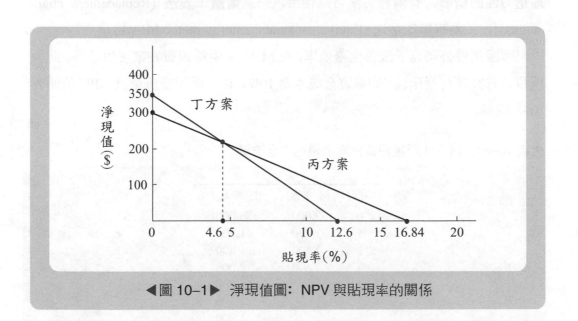

◀圖 10–1▶　淨現值圖：NPV 與貼現率的關係

　　理論上，在做資本預算的決定時，NPV 法較佳，因其假設投資方案在未來所產生的現金流量，用於再投資時，以資金成本作為其再投資報酬率較為實際，

而且較為保守；而 IRR 法由於假設再投資報酬率等於 IRR，而 IRR 通常較為偏高，故此 NPV 法較為學界所喜歡。另外 NPV 可解釋企業在追求股東財富極大化的目標時，應如何選擇。最後，如果一個投資方案的現金流量屬於非傳統型時，IRR 可能不只一個，而 NPV 則無此問題。但是，在實務上一般企業較喜歡用 IRR 法，因為企業比較喜歡使用百分率而非金額來表示投資報酬，NPV 法則沒用企業的投資報酬與投資額做比較來測度相對報酬。

 ## 第七節　不同年限投資計劃的比較

在前面比較兩種互相排斥的投資計劃例子中，為了便於說明，假設兩種投資計劃有相同的使用年限；在以新資產代替舊資產時，假設新資產的使用年限與舊資產的剩餘使用年限一樣。然而，在以新資產代替舊資產的例子中，如果有兩種互相排斥的投資方案，而且其耐用年限不同時，應如何選擇其一？為了處理這方面的情形，有兩種方法可以使用，一為**重置年限法** (Replacement chain method)，二為**等量年金法** (Equivalent annual annuity method,EAA)。

假設胡佛公司為了改善生產效率，有 M 及 N 兩種投資方案可供選擇。此兩種投資方案具有互斥性，如果資金成本為 10%，其預期現金流量及 NPV 值如表 10–8 所示。

◖表 10–8◗ M、N 兩種投資方案的預期現金流量

年別	M 方案	N 方案
0	($3,000)	($6,000)
1	1,200	1,100
2	1,800	1,800
3	1,500	2,000
4		1,800
5		1,500
6		1,800
NPV	$705.48	$1,167.09
IRR	22.40%	16.09%

● 一、重置年限法

由表 10–8 的計算可知 M 及 N 兩種投資方案都可以被接受，因為它們的 NPV 均為正值，而且 IRR 均大於資金成本。當這兩種投資只能選擇其中之一時，因為 N 方案的 NPV 值較大，因此 N 方案是較佳的選擇。但是這種分析並不完全，而選擇 N 方案並非正確的決定。因為，如果選擇 M 方案，在三年後，我們仍有另一機會選此方案；而如果選擇 N 方案，則無第二次機會。因此，為了比較這兩種方案，求出這兩種方案投資年限的公倍數，過了這個公倍數的年數，兩種方案都必須重置。以 M 及 N 兩種投資方案來說，這個公倍數為六年。這種重置年限法，用來比較兩種投資方案才有意義，因為 M 方案六年期間的 NPV，可以用來比較 N 方案相同年間的 NPV。

N 方案的 NPV 為 $1,167.09，延長的 M 方案之 NPV 則須加上第二個 M 方案的現值，其計算如下：

$$\$705.48 + \$705.48(PVIF_{10\%,3}) = \$1,235.52$$

由於延長至六年的兩個 M 方案之 NPV($1,235.52) 大於六年期限的 N 方案之 NPV($1,167.09)，故 M 方案才是正確的選擇。

● 二、等量年金法

上述簡單的例子說明了何以兩種互斥投資方案而壽命不同時，需用重置年限法來做分析比較。但是實際上，重置年限法可能使計算變為更複雜。例如，A 方案的使用年限為 13 年，而 B 方案為 11 年，若用兩種方案的最小公倍數之年數來計算，就須分析 143 年 (13×11) 的現金流量的現值。在遭遇這種情況時，可用較為簡單的等量年金法來分析比較兩種互斥的投資方案。這種方法包括下列三個步驟：

(1)計算每一投資方案的 NPV 值，如前例的 M 方案之 NPV 值為 $705.48，
　　N 方案為 $1,167.09。

(2)每一投資方案的 NPV 值，除以該計劃原來使用年限的年金利息因子，可

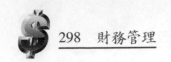

得該計劃的等量年金。M 及 N 兩種方案的等量年金可計算如下：

$$M\ 方案的等量年金 = \frac{M\ 方案的\ NPV}{PVIFA_{10\%,3}}$$

$$= \frac{\$705.48}{2.4869}$$

$$= \$283.68$$

$$N\ 方案的等量年金 = \frac{N\ 方案的\ NPV}{PVIFA_{10\%,6}}$$

$$= \frac{\$1,167.09}{4.3553}$$

$$= \$267.97$$

M 方案在三年內，每年產生的年金為 $283.68，而 N 方案在六年內，每年產生的年金為 $267.97。

(3)如果重置可連續不斷地發生，則等量年金就變為永續年金，而永續年金的現值等於每年的等量年金除以資金成本而得。因此 M 及 N 兩種方案所產生的永續年金之現值可計算如下：

$$M\ 方案的現值 = \frac{\$283.68}{0.1} = \$2,836.8$$

$$N\ 方案的現值 = \frac{\$267.97}{0.1} = \$2,679.7$$

從上面的計算結果，可知 M 方案永續年金的現值超過 N 方案，因此應該選擇 M 方案。實際上，等量年金法得到的結論，與重置年限法是一樣的。

等量年金法比重置年限法容易使用，但是重置年限法比較容易解釋，而且不需假設投資方案連續不斷地發生。另外，在使用等量年金法時，可以忽略第三個步驟，而直接選擇等量年金較大的投資方案，如 M 方案的等量年金大於 N 方案的等量年金，故應選擇 M 方案。

一般而言，兩種投資計劃互為獨立時，不同年限的問題不會發生，只有在互斥的兩種投資計劃時，才有不同年限的問題。然而，即使在不同壽命的互斥投資計劃情況下，仍不一定適合使用最小公倍數的年數，來做比較分析。重置

年限法，只有在投資計劃非常有可能重複發生時才可以利用。

　　另外，在做不同年限投資計劃的分析時，幾種可能問題必須考慮。如預期的通貨膨脹，可能使投資計劃的成本，營運成本，及產品售價有所改變，導致靜態分析結果與實際情況不符。此外，大部分投資計劃的使用年限甚難估計，因而估計一系列投資計劃的壽命極為困難。由於這些困難，一般的財務經理不會過於重視壽命不同且互相排斥的兩種投資計畫之分析。為了簡化，及避免再預估時遭遇不確定情況，常假定兩種互斥投資計劃有相同的壽命。然而，在做壽命不同且互相排斥的兩種投資計劃之分析時，仍然必須認知可能存在的問題。

 問　題

10-1　試述資本預算的評價過程與證券的評價過程有何相似之處?

10-2　何謂回收期法?如何計算?如何用回收期法決定資本預算之接受或拒絕?說明此種方法之優缺點。如何解決其缺點?

10-3　何謂淨現值?如何計算傳統型與非傳統型現金流量的投資計劃之淨現值?

10-4　如何用淨現值決定投資計劃應否採納?淨現值與企業價值有何關係?

10-5　何謂內在報酬率?如何決定?

10-6　如何用內在報酬率法決定資本預算的取捨?內在報酬率與企業價值有何關係?

10-7　在做投資計劃決定時,淨現值法與內在報酬率法都會導致相同的結論嗎?比較此兩種方法的優點及缺點。

10-8　何謂獲利性指數?如何用此方法做投資計劃的決定?

10-9　在做投資計劃決定時，淨現值法與獲利性指數法都會導致相同的結論嗎?

10-10　何謂淨現值圖?如何用此種方法比較兩種投資計劃?

10-11　在何種情況下,投資計劃有一個以上的內在報酬率?

10-12　在做投資計劃決定時,如果淨現值法與內在報酬率法導致不同的結論時,應如何解決?

習　題

10-1　根據下述四種投資計劃的現金流量資料：

年別	A	B	C	D
1	$ 30,000	$ 20,000	$ 60,000	$ 50,000
2	30,000	30,000	40,000	40,000
3	30,000	40,000	30,000	40,000
4	30,000	50,000	30,000	30,000
5	30,000	50,000	20,000	30,000
6	30,000	30,000	20,000	20,000
原始投資	$140,000	$170,000	$150,000	$170,000

(1)計算每一投資計劃的回收期。

(2)如果最大可接受回收期為 4.5 年，則哪些投資計劃可接受？

(3)哪一個投資計劃的風險最低？解釋之。

(4)若四個投資計劃具有互斥性，則應該選擇哪一個投資計劃？

(5)利用回收期法選擇最佳投資計劃之缺點為何？

10-2　某公司正考慮兩種（A 及 B）新機器。若利用 A 機器，原始投資為 $120,000，
　　　未來八年內每年可產生稅後現金流量 $25,000；B 機器的原始投資為 $150,000，
　　　未來三年內每年可產生稅後現金流量 $30,000，其後七年內每年可產生現金流
　　　量 $40,000。

(1)計算每一種機器的回收期。

(2)若最大可接受回收期為 5.25 年，且兩種機器互為獨立，則應接受哪種機器？

(3)如果兩種機器只能選擇其一，則應接受哪種機器？

(4)利用回收期法以選擇機器有何缺點？

10-3　就 10-1 題之資料，如資金成本為 12%，計算每一投資計劃的淨現值。若各項
　　　投資計劃互為獨立，哪些投資計劃應該接受？又若各項投資計劃具有互斥性，
　　　則應選擇哪項投資計劃？

10-4　假定資金成本為8%，利用10-2題之資料：

　　　(1)計算各個投資方案的淨現值，並解釋其意義。

　　　(2)若兩投資計劃具有互斥性，則哪一種投資方案應予接受？

10-5　某公司擬以$240,000從事某一投資計劃，預估此投資計劃的未來五年內，每年之稅後現金流量為$40,000，其後五年每年的稅後現金流量為$50,000。若此投資的資金成本為10%，利用內在報酬率法決定此投資計劃應否採行？

10-6　根據下述四種投資計劃的現金流量，計算：

　　　(1)各種投資計劃的內在報酬率。

　　　(2)如果資金成本為10%，哪些投資可以接受？假定①各種投資計劃互相獨立，②各種投資計劃互相排斥。

年別	A	B	C	D
1	$ 5,000	$ 8,000	$15,000	$10,000
2	5,000	7,000	20,000	10,000
3	3,000	6,000	30,000	10,000
4	4,000	5,000	−20,000	10,000
5	5,000	5,000	40,000	10,000
6	3,000	4,000	30,000	0
原始投資	$20,000	$25,000	$40,000	$30,000

10-7　復興公司擬考慮某一投資方案。此方案之使用年限為八年，原始投資為$400,000，預期每年的稅後現金流入為$80,000，資金成本為14%。

　　　(1)計算此投資方案的內在報酬率。此投資方案可否接受？

　　　(2)如果稅後現金流入繼續不斷，還需多少年此投資方案才可接受？

　　　(3)若使用年限、原始投資，及資金成本不變，每年最少需要多少的現金流入，才能接受此投資方案？

10-8　下述為三種投資方案的現金流量資料。

年別	A	B	C
1	$25,000	$ 50,000	$ 30,000
2	25,000	40,000	40,000
3	25,000	30,000	50,000
4	25,000	20,000	60,000
原始投資	$70,000	$100,000	$120,000

(1)計算各種投資方案的獲利性指數。假定必要報酬率為8%。

(2)如果各種投資方案互相排斥，應選擇哪個投資方案？

10-9　日光科技公司擬購買有六年壽命的設備，原始投資為 $100,000，未來六年的每年稅後現金流量為 $10,000, $20,000, $20,000, $30,000, $40,000, 及 $30,000，資金成本為12%。計算此設備的：

(1)回收期。

(2)淨現值。

(3)內在報酬率。

(4)獲利性指數。

(5)用淨現值法、內在報酬率法，及獲利性指數法決定該公司應否購買此設備。

10-10　美弘公司擬考慮兩種互斥投資方案，公司的資金成本為10%，兩種投資的預估現金流量如下：

年別	A 方案	B 方案
1	$10,000	$35,000
2	14,000	26,000
3	15,000	20,000
4	16,000	10,000
原始投資	$40,000	$73,000

(1)計算兩種投資方案的淨現值，並決定其是否可接受。

(2)計算兩種投資方案的內在報酬率，並決定其是否可接受。

(3)繪出此兩種投資方案的淨現值圖，並討論淨現值法與內在報酬率法在做投資決定時有否衝突？

10-11　民本建設公司擬購買新的水泥拌攪機以取代目前正在使用的。新機器的購置成本為 $500,000，運輸費用為 $30,000，安裝費用為 $70,000，使用年限為五年，可按 MACRS 下五年類資產折舊，五年後可以 $50,000 出售。正在使用中的舊機器於六年前購置，帳面價值為 0，但是仍然可以再用五年，目前市價為 $50,000，五年後沒有殘餘價值。由於使用新機器，公司預期淨營運資金將增加 $50,000，每年銷貨收入可以增加 $300,000，不包含折舊的營運費用每年將

增加 $150,000。公司的稅率為 40%，資金成本為 8%。

(1)計算新機器的原始投資。

(2)計算新機器未來五年的淨現金流量。

(3)計算新機器第五年的末期現金流量。

(4)利用①回收期法，②淨現值法，③內部報酬率法，及④獲利性指數法決定
   應否使用新機器。

10–12 某公司為了提高生產效率，考慮使用壽命不同而有互斥性的 A、B 兩種機器。
   公司的資金成本為 12%，兩種機器的預期現金流量如下表所示：

A、B 兩種機器的預期現金流量		
年別	A 機器	B 機器
0	($20,000)	($40,000)
1	5,000	10,000
2	7,000	10,000
3	8,000	10,000
4	10,000	10,000
5		8,000
6		6,000
7		6,000
8		5,000

(1)利用 NPV 及 IRR 法決定應採用何種機器?

(2)利用重置年限法及等量年金法決定應選擇何種機器?

第十一章

風險分析與有限資金下
資本預算的決定

　　第六章的風險與報酬分析中，述及風險在財務決策中的重要性。風險越高的投資，必要報酬率也越高；反之，必要報酬率則越低。此種基本理論也適用於資本預算的決策。第九章投資計劃的有關現金流量估計方法，假設投資計劃的風險與整個企業的風險相同，第十章的資本預算決策，則假定各種變數，如投資方案的相關現金流量、資金成本，投資計劃的有效使用年限等都確定的情況下，決定資本預算應否接受。事實上，不同投資計劃的相關現金流量有不同的風險，接受投資計劃也必定多多少少影響企業的風險。當然，企業的風險也可以影響投資計劃的決定。當投資計劃的風險與整個企業的風險不同時，投資計劃的分析也應適度的予以調整。

　　本章第一節討論投資計劃中的不同種類風險，第二節為投資計劃風險的測度，第三節闡述如何利用 CAPM 法來估計投資計劃的必要報酬率，最後一節則說明資金限制下資本預算的決定。

第一節　資本預算的風險

　　在討論資本預算的風險時，必須分別**投資方案風險** (Project risk) 及**投資組合風險** (Portfolio risk) 或**市場風險** (Market risk)。投資方案風險是指投資方案可能產生的報酬低於預期報酬的機率。此種風險可由投資方案的預期報酬之分散

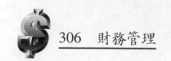

度來衡量。投資組合風險則是指投資計劃中的一部份風險，無法經由投資分散予以消除，此可由投資計劃的 β 係數來衡量。

　　某一投資計劃本身的風險可能甚高，但是由於此投資計劃僅是企業許多投資計劃之一部份，因此投資計劃對企業的市場風險之影響不大。例如一家金礦開採公司，根據統計每一開採方案的投資成本為 \$500 萬，成功機會為 20%。若開採方案成功，利潤為 \$3000 萬；反之，若開採方案失敗，則損失所有投資成本。假定此公司僅有一個投資方案，此投資方案的失敗機率為 80%，但是，如果公司有十個投資方案，則所有投資方案的失敗風險變成很低，而且公司的預期報酬率可以成為正值。此例中，公司的預期報酬率之計算如下：

$$預期報酬率 = \frac{每一投資方案的預期利潤}{每一投資方案的成本}$$

$$= \frac{(利潤)(成功機率) + (損失)(失敗機率)}{每一投資方案的成本}$$

$$= \frac{\$30,000,000(0.2) + (-\$5,000,000)(0.8)}{\$5,000,000}$$

$$= 40\%$$

　　上述例子顯示一項投資計劃的風險大時，多項投資的風險變成很小。但是如果此投資計劃的報酬極其不確定，並且與企業的其他資產之報酬有高度相關，則此投資計劃有高度的風險，因而此企業的 β 風險也相對提高。例如一家紡織公司為了經營多角化，而擬涉及生物科技業務，由於市場上已經有許多生物科技公司，而且此公司在生物科技領域內缺乏經驗，因此生物科技的投資計劃風險甚高，連帶地使公司的 β 風險提高。亦即如果生物科技的投資計劃失敗，則整個公司的營運將受到影響，甚至引起公司倒閉。

　　在決定資本預算時，投資計劃的市場（或 β）風險之影響，必須予以考慮，因為市場風險影響投資人的必要報酬率，進而影響企業的股票價格。投資計劃本身的風險當然也必須加以考慮，因為有許多投資人並未有效地分散投資，對於這些投資人而言，投資風險與企業風險均很重要。總之，在做投資決定時，必須考慮投資計劃的風險，以及其對企業的市場風險之影響。

第二節　投資計劃風險的測度

理論上，投資計劃的風險不甚重要，但是由於它較其他風險容易估計，而且與企業的市場風險有甚大關聯，因此投資計劃風險的分析甚為重要。除了第六章裡的標準差及變異係數，可用來測度投資計劃的風險外，本節擬敘述其他各種方法，如現金流量法，敏感性分析法，狀況分析法以及確定等值法。

● 一、現金流量法

在資本預算的討論裡，風險是指投資計劃由於淨現值為負數，或內在報酬率小於資金成本，因而拒絕投資計劃的機會。若投資計劃的現金流量屬於傳統型的，一般假定原始投資是可確定的，因此投資計劃的風險，均是來自現金流入。基本上，現金流入的估計不甚確定，因為決定每年現金流入的各個變數，如銷貨收入、原料成本、勞工成本、營運費用、稅率，及非營運收入等均非確定的，因而必須評估投資計劃的使用年限間，能夠產生足夠的現金流入以接受投資計劃的機會。

假定某公司有兩種互斥的 E 及 F 投資計劃，每種投資計劃的原始投資均為 $50,000，投資計劃的有效年限均為十年，每年的現金流入都相等，公司的資金成本為 12%。根據前一章的淨現值法，淨現值必須為正的投資計劃才可接受。以 CF 代表每年的現金流入，II 代表原始投資，則 E 及 F 兩種投資計劃可以接受的條件如下：

$$NPV = CF(PVIFA_{k,n}) - II > 0 \qquad\qquad (11-1)$$

將 $k = 12\%$, $n = 10$，及 $II = \$50,000$ 代入上式，可以求得每年至少需要多少現金流入，才能接受投資計劃。其計算如下：

$$CF(PVIFA_{12\%,10}) - \$50,000 > 0$$
$$CF(PVIFA_{12\%,10}) > \$50,000$$

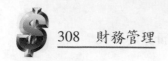

$$CF(5.6502) > \$50,000$$

$$CF > \frac{\$50,000}{5.6502} = \$8,849.24$$

根據統計分析，如果 E 計劃的每年現金流入大於 $8,849.24 的機率為 95.85%，而 F 計劃為 53.36%，則應接受 E 計劃，而拒絕 F 計劃，因為 E 計劃的風險較低。

上述例子只是以接受投資機會來表示投資風險，但是並未說明現金流入的變動。即使 F 計劃的損失機會較大，但如果其現金流入較為穩定的話，也許此計劃較為有利。

● 二、敏感性分析法 (Sensitivity analysis)

敏感性分析法可用來計算影響投資計劃現金流量的任何一個變數發生變動時，投資計劃的淨現值之變動情形。如產品價格、銷售量、原料及勞工成本，原始投資，資金成本，折舊方法的使用等，任何其中之一改變，都會影響投資的淨現值及投資決定。利用此種方法投資者可以評估某一變數在不同數值下，淨現值的可能變動範圍。

敏感性曲線 (Sensitivity curve) 可以用來說明各個變數的變動對淨現值之影響。圖 11–1 說明三個變數與淨現值的關係。

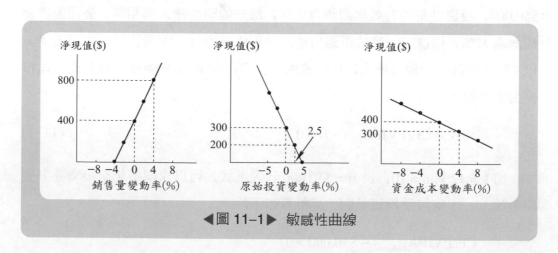

◀圖 11–1▶ 敏感性曲線

銷售量－淨現值曲線的斜率為正值，表示這兩個變數間有正的相關，銷售量增加，淨現值也跟著增加；反之，淨現值則減少。如銷售量增加 4%，淨現值增加 100%[＝($800 － $400)/$400]。原始投資－淨現值與資金成本－淨現值曲線的斜率為負，表示原始投資與淨現值，及資金成本與淨現值間有負的相關，故原始投資或資金成本提高時，淨現值隨之減少；反之，淨現值將增加。如果，敏感曲線甚為陡峭，則淨現值對於變數的變動甚為敏感，如原始投資－淨現值曲線所示。如原始投資增加 2.5%，淨現值減少 33.3% [＝($200 － $300)/$300]。相對地，資金成本－淨現值曲線則較為平緩，表示淨現值對於資金成本的變動不是甚為敏感。如資金成本增加 4%，淨現值減少 25%[＝($300 － $400)/$400]。相類似的敏感曲線，也可用於其他變數，如產品價格及投資計劃壽命。

● 三、狀況分析法 (Scenario analysis)

　　狀況分析法可用來評估兩個或兩個以上的變數同時變動時，投資計劃之淨現值所受的影響。例如，企業可以評估三個變數，如產品價格、資金成本，以及原始投資都同時變動時，在「最好」，「最壞」，和「最可能」情況下的各個不同淨現值，然後假定各種情況的可能發生機率，並求得淨現值的期望值、標準差及變異係數。此淨現值的變異係數，則與一般資產報酬的變異係數來比較，以知此投資計劃的相對風險。在假定各個情況可能發生的機率時，「最可能」情況的發生機率，當然比其他兩種情況為高。

　　狀況分析法因為假定有較多的變數可以同時變動，因此較敏感性分析法為佳。但是狀況分析法在使用上也有其缺點，一為僅考慮幾個可能狀況下的投資淨現值，另一為此法假定各個變數在變動時，「最好」情況下，各個變數同時有最好的數值，「最壞」情況下，各個變數同時有最壞的數值，因此「最好」淨現值與「最壞」淨現值間的差距可能甚大。由於影響投資淨現值的變數甚多，各個變數又有許多可能的數值，因此可以產生許多不同情況下的淨現值，而不同淨現值的發生機率可能不同，因此淨現值的期望值，變異數，及變異係數可能不同，這時計算更為複雜。

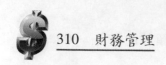

● 四、確定等值法 (Certainty equivalent approach)

利用確定等值法處理投資計劃風險時,決策者必須先評估現金流量的風險,然後決定在確定情況下多少現金流量與有風險下的現金流量沒有差異。確定情況下的現金流量,與有風險下的現金流量有相同效用時,兩者間的比例稱為**確定等值因子** (Certainty equivalent factor),其公式如下:

$$\alpha = \frac{確定的現金流量}{有風險的現金流量} \tag{11-2}$$

上式中,α 為確定等值因子,其數值在 0 與 1 之間,數值越大表示預期現金流量越確定,亦即其風險越小。

各個年度的預期現金流量,乘以各該年度的確定等值因子,即得每年**確定等值的現金流量** (Certainty equivalent cash flow),其公式如下:

$$確定等值的現金流量 = \alpha \cdot CF \tag{11-3}$$

然後以無風險利率求得投資計劃的確定等值之淨現值❶,其公式如下:

$$NPV = \sum_{t=1}^{n} \frac{\alpha_t \cdot CF_t}{(1 + k_f)^t} - \alpha_0 \cdot II \tag{11-4}$$

$$= \sum_{t=1}^{n} \left[(\alpha_t \cdot CF_t)(PVIF_{k_f, t}) \right] - \alpha_0 \cdot II \tag{11-5}$$

上式中,α_t = 第 t 年的確定等值因子

CF_t = 第 t 年的現金流量

k_f = 無風險利率

II = 原始投資

α_0 = 第 0 年的確定等值因子

如果投資計劃的確定等值之淨現值大於 0,則接受此投資計劃;如果小於 0,

---

❶ 在此不用資金成本來計算投資淨現值,因為資金成本是包含風險的利率。

則拒絕此投資計劃。

　　表 11–1 說明森友公司有六年壽命的投資方案，在確定等值法下淨現值的計算。第零年的原始投資之確定等值因子為 1，可能是因為資產的買價、運輸及安裝費用、稅率，及舊資產出售的淨額等幾乎可以確定之故，因此第零年的確定等值現金流量為 –$70,000 (= –$70,000 × 1.0)。決策者認為越晚產生的現金流量越不確定，因此越晚產生的現金流量之確定等值因子越小❷。將每年的確定等值因子乘以預期現金流量，可得該年的確定等值現金流量。每年的確定等值現金流量乘以無風險利率為 6% 下的現值利息因子，得該年現金流量的現值，加總起來即為確定等值法下的淨現值。由於淨現值大於 0，因此森友公司的投資計劃可以接受。

■表 11–1■ 森友公司投資方案在確定等值法下的淨現值計算

年別 (t)	預期現金流量	確定等值因子 (α_t)	確定等值現金流量	$PVIF_{6\%,t}$	確定等值現金流量的現值
0	–$70,000	1.0	–$70,000	1.0000	–$70,000
1	15,000	0.9	13,500	0.9434	12,736
2	20,000	0.8	16,000	0.8900	14,240
3	25,000	0.7	17,500	0.8396	14,693
4	30,000	0.6	18,000	0.7921	14,258
5	25,000	0.5	12,500	0.7473	9,341
6	20,000	0.4	8,000	0.7050	5,640
			確定等值法下的淨現值		$ 908

　　用確定等值法來評估投資方案的好處為決策人員可以根據風險水準調整任何年度預期現金流量的確定等值因子，以減少投資決策的風險。當然，此法的主要缺點在於確定等值因子的認定太過於主觀。

---

❷　各年的確定等值因子之決定甚為主觀。一般而言，離目前越遠的現金流量越不確定，風險也越大，因此其確定等值因子越小。

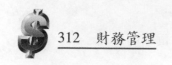 第三節　CAPM 與投資計劃資金成本

本章第二節僅論及投資計劃本身的風險分析，而未涉及投資計劃的市場風險。本節擬利用 β 概念來說明投資計劃之資金成本如何決定。在第六章第六節的資本資產定價模型討論中，我們以證券市場線說明某種股票的風險與報酬間之關係，如下式所示：

$$k_s = k_f + (k_m - k_f)\beta_s \qquad\qquad (11\text{–}6)$$

亦即某種股票的必要報酬率 (k_s) 等於無風險報酬率 (k_f) 加上此證券的市場風險貼水 $[(k_m - k_f)\beta_s]$。

例如南臺公司股票的 β 係數為 1.5，股票市場的平均報酬率為 10%，無風險報酬率為 5%，則南臺公司股票的必要報酬率為：

$$k_s = 5\% + (10\% - 5\%)(1.5) = 12.5\%$$

如果企業內的各個資產，都在有效率的市場內交易，則 CAPM 可以重寫成：

$$k_j = k_f + (k_m - k_f)\beta_j \qquad\qquad (11\text{–}7)$$

上式表示投資計劃 j 的必要報酬率 (k_j) 為無風險報酬率與此計劃的市場風險貼水 $[(k_m - k_f)\beta_j]$ 之和，其中 β_j 為此計劃的 β 係數。投資計劃的證券市場線可由圖 11–2 表示 ❸。若投資計劃的預期報酬率落於證券市場線的上方，即預期報酬率高於相同風險下的必要報酬率，則此投資計劃可以接受。反之，若預期報酬率落於證券市場線的下方，則應拒絕此投資計劃。圖中 B 計劃的預期報酬率高於 A 計劃，但是由於風險過高，B 計劃應予拒絕。

上述個別投資計劃的必要報酬率之計算，假定投資計劃的資金來自股權，但是投資計劃所需資金可以來自股權和債務。假定全部由股權融資的企業之 β 係數為「**未使用槓桿的 β**」(Unlevered β)，由股權和負債融資的企業之 β 係數

---

❸　投資計劃的證券市場線假定投資計劃的資金由企業的保留盈餘來融資。

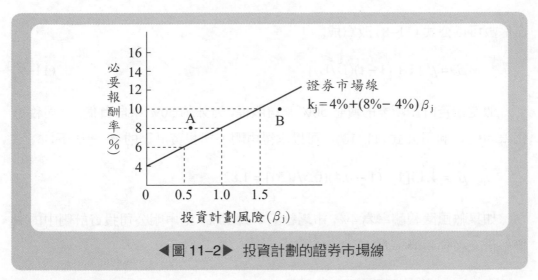

◀圖 11–2▶　投資計劃的證券市場線

為「**使用槓桿的 β**」(Levered β)，則經由下列公式我們可以將使用槓桿的 β 轉換成未使用槓桿的 β[4]。

$$\beta_u = \frac{\beta_\ell}{1 + (1 - t)(D/E)} \tag{11-8}$$

上式中，β_u = 未使用槓桿的企業（或投資計劃）之 β 係數

　　　　β_ℓ = 使用槓桿的企業（或投資計劃）之 β 係數

　　　　t = 企業的稅率

　　　　D = 企業負債的市場價值

　　　　E = 企業股權的市場價值

假定申明企業有限公司的 β_ℓ = 1.6，資本結構中，60% 為股權，40% 為負債，稅率為 40%，這些數值代入公式 (11–8)，得：

$$\beta_u = \frac{1.6}{1 + (1 - 0.4)(0.4/0.6)} = 1.14$$

因此，如果申明公司不使用負債來融資投資計劃，則其投資計劃的 β_u 係數為 1.14。如果申明公司擬使用一部份負債來融資投資計劃，則公司使用槓桿的

---

[4]　參閱 Robert Hamada, "The Effect of the Firm's Capital Structure on the Systematic Risk of Common Stock," *Journal of Finance* (May 1972), pp. 435 – 452.

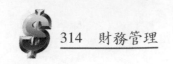

β 係數可以公式 (11–8) 改寫成：

$$\beta_\ell = \beta_u[1 + (1 - t)(D/E)] \tag{11–9}$$

假定投資計劃所需的資金 50% 來自股權，另外的 50% 來自負債，公司稅率仍為 40%，利用公式 (11–10)，可以求得申明公司投資計劃的 β_ℓ 值如下：

$$\beta_\ell = 1.14[1 + (1 - 0.4)(0.5/0.5)] = 1.82$$

如果無風險報酬率為 4%，市場報酬率為 10%，則申明公司投資計劃中的股權部份之必要報酬率為：

$$k_s = 4\% + (10\% - 4\%)(1.82) = 14.92\%$$

假定用來融資投資計劃的負債之稅後成本為 9%，資本結構為 50% 的負債與 50% 的股權，則申明公司投資計劃的必要報酬率 (k^*) 為：

$$k^* = 0.5(9\%) + 0.5(14.92\%) = 11.96\%$$

故此申明公司投資計劃經過風險調整的必要報酬率為 11.96%，公司以此應用於淨現值法以決定投資計劃應否接受。公式 (11–8) 及 (11–9) 大致說明了負債融資對企業 β 係數的影響，但是由於資金市場並不完全，故經過風險調整的必要報酬率可能並不正確。然而此法至少提供了一種數量模型可以用來測量投資計劃對企業的市場風險之影響，故有些企業仍然使用 CAPM 法來估計投資計劃的必要報酬率。

理論上，可以利用 CAPM 法估計投資計劃的必要報酬率，但是此法假定有效率市場的存在，而此種市場並不存在於企業的非金融性資產，如廠房，設備，及機器等。此時財務經理必須估計投資計劃的風險，來決定風險調整貼現率，據以求得投資計劃的淨現值。

正確貼現率的使用，可以避免企業價值受損。若貼現率太低，以致接受風險高的投資計劃，當投資人知道企業風險因而增加甚多時，企業的市場價值將會減少。反之，若貼現率太高，以致拒絕了可接受的投資計劃，則企業的市場

價值也會減少，因為投資人將由於企業過於保守而拋售股票，使其股價下跌。

總之，甚難從投資計劃的風險，來估計其必要報酬率，故許多企業根據主觀方法經由調整已存在的必要報酬率，決定投資計劃的必要報酬率。假定某一投資計劃的風險較企業的平均風險為高，則利用較高的必要報酬率來評估投資計劃；反之，則利用較低的必要報酬率。

 ## 第四節　有限資金下資本預算的決定

理論上，互為獨立的投資方案，只要其淨現值大於 0（或內在報酬率大於資金成本）均應接受，以增加企業的價值。但是實際上企業的資金有限，故資金分配至為重要。一般而言，企業會在資金限制下，選擇最佳的可接受投資計劃，亦即尋求投資計劃的最佳組合，使淨現值總和最大。本節討論資金限制下投資方案選擇的兩種基本方法。

● 一、淨現值法

利用淨現值法選擇資金限制下的資本計劃最佳組合時，將各個投資計劃的內在報酬率按大小順序排列，然後選擇資本計劃的最佳組合，使其淨現值總和為最大，而所需資金總和不超過預算。未使用的預算不會增加企業的市場價值，當然，可將其投資於有價證券或以股利形式給予股東，但是這兩種方式都不會增加企業的市場價值。

幸福公司的總資本預算為 $450,000，資金成本為 8%，公司擬儘量使用這些資金以求市場價值的增加。下列表 11-2 為各個投資計劃的原始投資，內在報酬率，以及淨現值資料。投資計劃 D, C, A, F, B, 及 E 的淨現值都大於 0，而且內在報酬率都大於資金成本，因此都可接受，但是所需總資金為 $530,000，大於總資本預算 ($450,000)。若選擇投資計劃 D, C, A, F 及 B 的組合，所需總資金為 $410,000，淨現值總和為 $146,000。如果選擇投資計劃 D, C, A, F 及 E 的組合，所需總金額為 $450,000，淨現值總和為 $149,000。顯然第二組的投資計劃組合較佳，可以用盡企業的資本預算，產生最大的淨現值。淨現值法之缺點在假定

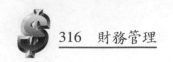

資金成本固定，忽略了不同投資計劃的風險不同，其資金成本也異。

表 11-2 幸福公司的投資計劃資料

			（資金成本 = 8%）
投資計劃	原始投資	內在報酬率	淨現值
D	$ 60,000	17%	$26,000
C	80,000	15	30,000
A	90,000	13	35,000
F	100,000	11	30,000
B	80,000	10	25,000
E	120,000	9	28,000
G*	70,000	7	−15,000

*投資計劃 G 應予拒絕，因其淨現值小於 0 或內在
報酬率小於資金成本。

二、內在報酬率法

　　利用內在報酬率法決定資本預算分配時，將各個投資計劃的內在報酬率按
照大小順序排列，然後將投資金額累加直至某一投資計劃的累加金額未超過預
算限制為止。若用圖形表示，橫軸為投資總額，縱軸為內在報酬率。將各個投
資計劃的內在報酬率按大小順序排列，並累加其投資金額可得**投資機會表** (In-
vestment opportunity schedule, IOS)❺。從企業的資金成本線及預算限制，財務
經理可以決定哪些投資計劃可以接受。當然此法並不保證企業的投資報酬可以
達到最大。

　　遠東機械公司的資本預算總額為 $400,000，有七個投資計劃，各個投資計
劃的內在報酬率及原始投資如表 11-3。假定公司的資金成本為 9%，將此公司
的投資計劃按大小順序排列，並累加其投資金額，得投資機會表。根據此表，
公司只能接受投資計劃 F、E、C、及 B，這些投資計劃的投資總額為 $390,000。
投資計劃 A 雖然可以接受，但因為資金的限制而無法執行。投資計劃 D 及 G 不
值得考慮，因為它們的內在報酬率低於資金成本。當然接受投資計劃 F、E、C、

---

❺　投資機會表的討論亦包括在第十二章內。

及 B 並不保證企業的市場價值會達到最大。此外，內在報酬率法假定資金成本固定，顯然忽略不同投資計劃由於風險的不同，其資金成本因而有別。

表 11–3 遠東機械公司七個投資計劃的有關資料

投資計劃	原始投資	內在報酬率
A	$ 40,000	10%
B	100,000	12
C	90,000	14
D	50,000	8
E	80,000	16
F	120,000	18
G	60,000	6

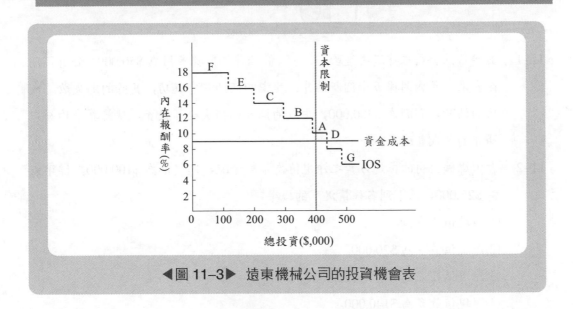

圖 11–3 遠東機械公司的投資機會表

 問　題

11–1　說明投資方案風險與投資組合風險之區別。

11–2　「投資計劃風險大時，企業投資組合風險也大」，試評論之。

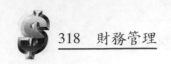

11-3　何以在決定資本預算時，必須考慮投資計劃的市場風險?

11-4　敘述如何利用現金流量法測量投資計劃的風險。

11-5　說明敏感性分析法及狀況分析法如何用於處理投資計劃風險。

11-6　討論如何估計某一計劃的確定等值之淨現值。

11-7　利用確定等值法估計投資計劃的淨現值時，每個人都會得出同樣結果嗎?

11-8　投資計劃的資金來自股權時，如何利用 CAPM 來估計投資計劃的資金成本。

11-9　如果投資計劃的資金來自負債，如何估計投資計劃的必要報酬率?

11-10　何謂資金分配?理論上，資金分配是否存在?實務上，何以資金分配經常發生?

 習　題

11-1　美孚石油公司根據過去經驗知，每一個油井的開採費用為 $50,000，公司預期
在未來一年內開採五十個新油井，其中四個油井會成功，其餘的則失敗。成
功的油井，利潤為 $400,000，失敗的油井則損失全部投資。試計算平均每口
油井的預期報酬率。

11-2　古田煤礦公司的採煤方案之淨現值為常態分配，期望值為 $100,000，標準差
為 $25,000，求下列各種情況下的機率:

(1)淨現值為負值。

(2)淨現值最少為 $20,000。

(3)淨現值在 $70,000 與 $120,000 之間。

(4)淨現值最多為 $140,000。

11-3　有甲、乙兩種投資方案，其中甲方案的淨現值之期望值為 $40,000，標準差為
$12,000;乙方案的淨現值之期望值為 $100,000，標準差為 $20,000。

(1)利用標準差為標準，哪種投資方案的風險較大?

(2)利用變異係數為標準，哪種投資方案的風險較大?

(3)上述兩種標準，哪一種比較適合用於比較兩種投資的風險?

11-4　明紀公司考慮購買 A、B 兩種機器之一以改進生產效率。此兩種機器的使用

壽命均為七年，原始投資均為 $80,000，公司的資金成本為 12%。根據「最好」，「最可能」及「最壞」情況下，兩種機器的每年現金流入之估計如下表：

	A 機器	B 機器	機率
最好	$16,000	$18,000	0.3
最可能	20,000	20,000	0.4
最壞	30,000	25,000	0.3

計算在各種可能情況下，兩種機器的淨現值。公司應購買哪種機器？解釋之。

11–5 某公司投資計劃的原始投資為 $200,000，未來各年的預期現金流量及確定等值因子如下表所示。

年別	預期現金流量	確定等值因子
0	−$200,000	1.00
1	50,000	0.95
2	60,000	0.90
3	60,000	0.80
4	70,000	0.75
5	60,000	0.60
6	50,000	0.50
7	40,000	0.40

(1)如果資金成本為 15%，求此投資計劃的淨現值。

(2)如果無風險利率為 8%，則此投資計劃的確定等值淨現值為何？

11–6 良友企業公司擬購買一新機器，價格為 $150,000，運費為 $15,000，安裝費為 $15,000。此機器按 MACRS 下七年類財產折舊。為了使用此新機器，公司的流動資產將增加 $30,000，流動負債將增加 $10,000。預期此新機器在第一年的銷售收入 $100,000。其後六年逐年增加銷售收入 $8,000。未包括折舊的營運費用在第一年為 $20,000，其後每年增加 10%。假定公司所得稅稅率為 40%，七年後此機器的市價為 $15,000。

(1)計算此投資計劃的原始投資。

(2)計算此投資計劃的每年現金流量。

(3)如果資金成本為 14%，公司是否應購買此機器？

(4)如果公司擬用確定等值法來評估此投資計劃，假定無風險報酬率為7%，未來七年每年的確定等值因子為 0.90, 0.85, 0.80, 0.70, 0.65, 0.60，及 0.50。計算此投資計劃的確定等值淨現值。此投資計劃應否採納？

11-7 康立紡織公司的投資計劃之原始投資為 $120,000，其後六年的每年現金流入為 $20,000, $30,000, $35,000, $45,000, $40,000 及 $30,000，無風險報酬率為7%，市場報酬率為12%。此投資計劃的 β 係數為 1.6，利用經過風險調整的報酬率計算此投資計劃的淨現值以決定是否應接受此投資計劃。

11-8 林立公司擬考慮是否進行某一投資計劃。公司的資本結構中，50% 為股權，50% 為負債，稅率為40%，使用槓桿的 β 係數為 1.55。若投資計劃所需資金，70% 來自股權，30% 來自負債。此外，假定無風險報酬率為5%，市場報酬率為11%，用來融資投資計劃的負債之稅後成本為8%，試計算此公司投資計劃的必要報酬率。

11-9 某公司的資金全部來自股權，公司的 β 係數為 1.4。無風險報酬率為5%，市場報酬率為12%。

(1)如果投資計劃的風險為一般水準，則此計劃的必要報酬率為何？

(2)如果投資計劃的 β 係數為 2.2，則此投資計劃的必要報酬率為何？

11-10 理想公司的投資計劃資料如下表所示。如果公司的總資本預算為 $200,000，資金成本為10%。

(1)利用淨現值法，選擇最佳的投資計劃組合。

(2)利用內在報酬率法，選擇最佳的投資計劃組合。

投資計劃	原始投資	內在報酬率	淨現值
A	$20,000	12%	$ 6,000
B	50,000	18	10,000
C	40,000	8	−2,000
D	30,000	16	8,000
E	35,000	13	4,500
F	45,000	15	5,000
G	25,000	11	2,000
H	30,000	9	−1,500

第 V 篇

資金成本、資本結構
與股利政策

第十二章

資金成本

第九至十一章有關資本預算決定的分析中，資金成本是一關鍵性的變數。在包含負債、特別股、和普通股的資本結構政策討論中，企業管理階層必須尋求在追求企業價值極大化下，如何使企業的資金成本最低。此外，企業的許多其他財務決策，如換債、租賃或購買、股利政策及併購等，都必須估計資金成本。

資金成本是指企業為維持其市場價值，投資計劃的資金所必須賺取的報酬率，為了取得資金以融通新投資所支付的成本，或是企業證券投資人所要求的報酬率。資金成本一如任何商品的價格，決定於資金市場的需要與供給，並且與新投資的風險有關。一般而言，投資風險越高，投資人的要求報酬率也越高，資金成本也越高。如果投資風險不變，投資報酬率高於資金成本，則企業價值隨之增加；反之，則企業價值隨之減少。

本章第一節說明資金成本的理論基礎。其次討論資本結構中的負債與特別股成本。第三節敘述保留盈餘（內部股權）成本。第四節說明新發行普通股（外部股權）成本。第五節討論如何由構成各種資金來源的成本，計算加權平均資金成本。第六節說明邊際資金成本的計算。最後一節則探討最適度資本預算之決定。

第一節 資金成本的理論基礎

企業的資金成本，亦即投資者之必要報酬率。如果必要報酬率未達到投資者的要求，則投資者不願意提供資金。因此，企業管理階層，必須慎選投資計

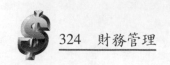

劃，以吸引投資人的資金。如果投資人不滿意企業管理階層的投資決定，將拋售企業股票，使其股價降低。投資人甚至可以行使他們的權利，選舉新的董事會，以撤換企業的管理階層。

資金成本也是一種機會成本。任何投資的成本，是放棄有類似風險的另一投資機會之報酬。企業資金之各種來源的成本，為投資者投資於企業證券所必須放棄的報酬。例如，投資者擬購買一家企業的債券，則此債券所提供的報酬，必須至少等於市場上風險相同的其他債券之報酬。同樣的道理，也可適用於特別股及普通股的投資上。

即使企業使用保留盈餘於投資上，亦有機會成本。如果保留盈餘投資於擬訂的資本預算方案，則無法投資於其他企業的證券，或以股利分配予股東。故保留盈餘的機會成本為，企業投資於風險相同的其他企業之報酬，或股東以股利投資於風險相同的其他證券之報酬。

企業的資金成本，應該反映長期間預期的資金平均成本：企業的資金有不同來源，通常為長期負債、特別股、保留盈餘，及發行新的普通股。不同來源的資金，代表不同的風險，因此其成本也不同。

在做財務決策時，資金成本應為企業的**總和資金成本** (Overall cost of capital) 或**加權平均資金成本** (Weighted average cost of capital, WACC)，亦即各種不同資金來源的成本，與該資金在資本結構中所佔比例（權數）相乘後加總而得。由於在評估資本預算時，稅負也包含在現金流量的估計裡，因此各項資金成本，根據稅後為基礎來估計。計算加權平均資金成本的一般公式如下：

$$k_w = w_d(k_d) \times (1 - t) + w_p(k_p) + w_r(k_r) + w_e(k_e) \qquad (12\text{--}1)$$

上式中，　w_d = 負債權數

　　　　　k_d = 負債成本

　　　　　t = 公司所得稅稅率

　　　　　w_p = 特別股權數

　　　　　k_p = 特別股成本

　　　　　w_r = 保留盈餘權數

k_r = 保留盈餘成本

w_e = 新股票權數

k_e = 新股票成本

上智公司的加權平均資金成本之計算如表 12-1 所示。第一欄為資金來源項目，第二欄為各項資金成本之代表符號，第三欄為各項資金之稅後成本，第四欄為各項資金佔所有資金的比例，即其權數，第五欄的加權成本，則為各項資金的稅後成本與其權數相乘而得。加權平均資金成本則為各別資金加權成本相加而得。此例中，上智公司的加權平均資金成本為 10.20%。

▉表 12-1▉　上智公司加權平均資金成本的計算

(1) 資金來源	(2) 資金成本符號	(3) 估計成本（稅後）	(4) 資金權數	(5) 加權成本(3)×(4)
負債	k_d	6.6%	50%	3.30%
特別股	k_p	10.5	10	1.05
保留盈餘	k_r	14.0	30	4.20
新普通股	k_e	16.5	10	1.65
總計				10.20%

如果企業擬以成本較低的負債來融資目前的投資計劃，則未來的投資計劃必須用成本較高的資金來融通，以維持適當的資本結構。如果目前投資計劃的報酬率為 8%，利用負債融資，我們接受此投資計劃，但是如果未來投資計劃的報酬率為 13%，利用保留盈餘或發行新普通股票來融資，則此未來投資計劃應該拒絕接受。為了使投資的最低必要報酬率一致，以決定投資計劃是否接受，企業必須使用加權平均資金成本作為必要報酬率，如此在不同時間做不同的投資決策時，有相同的標準。

資金成本是一動態觀念，受經濟及企業本身的許多因素影響。為了使資金成本可以使用於不同時間，必須做與風險及稅負有關的假定。一為企業接受的投資計劃，不影響其償付營運成本的企業風險；其次為企業不論以何種方式融資

投資計劃，不影響其償還融資成本的風險；最後，資金成本必須是稅後的資金成本。

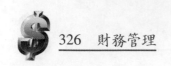 ## 第二節　負債與特別股成本

負債是指企業向銀行借款，或以發行公司債方式獲得所需資金，不論何種方式，企業均須償付利息及本金，本章所指負債是指企業發行公司債所引起的。特別股代表一種對公司獨特的所有權，特別股股東有權利在普通股股東獲得股利前獲得股利。企業由於發行公司債而支付的利息可以**扣抵稅款** (Tax deductible)，但是特別股股利的發放不能用來扣抵稅款。

● 一、負債成本

長期負債成本，是指經由借款取得的長期資金之稅後成本，本節並假定公司債的發行公司每年支付利息一次。

發行公司債的**淨收額** (Net proceeds) 為銷售公司債的實際收入。亦即從公司債的銷售收入，減去投資銀行銷售公司債的**承銷費用** (Underwriting cost) 及發行公司因發行公司債而產生的法律、會計、印刷等**行政費用** (Administrative cost) 後剩餘的部份❶。

明光電器公司擬發行三十年期，息票利率 10%，面值 $1,000，每年付息一次的公司債 $30,000,000。由於投資人對此公司債的要求報酬率高於 10%，因此公司債以 $985 出售。此公司債的發行成本為面值的 1.75%。因此每一公司債的淨收額為 $967.50 (= $985 − 0.0175 × $1,000)。明光公司發行價值 $30,000,000 公司債的淨收額則為 $967.50 × \dfrac{\$30,000,000}{\$1,000} = \$29,025,000。

若發行公司債的淨收額等於其面值，則此公司債的稅前成本等於息票利率。例如發行二十年期，息票利率 8%，面值 $1,000，每年付息一次的公司債，售價

---

❶ 因發行新證券所引起的承銷費用及行政費用之和，為發行新證券的發行成本 (Flotation cost)。

為 $1,000，則此公司債的稅前成本 ($k_d$) 為 8%。

公司的負債成本，為公司債權人的必要報酬率。此必要報酬率使公司債持有人在未來可以收到的利息 (I) 和面值 (M) 的現值，等於發行公司債的淨收額。公式如下：

$$P_N = \sum_{t=1}^{n} \frac{I}{(1+k_d)^t} + \frac{M}{(1+k_d)^n} \qquad (12\text{--}2)$$

$$= I(PVIFA_{k_d,n}) + M(PVIF_{k_d,n}) \qquad (12\text{--}3)$$

上式中，P_N = 發行公司債的淨收額

$\qquad\quad$ k_d = 公司債的稅前成本

假定宏遠公司發行二十五年期，息票利率 9%，面值 $1,000，每年付息一次的公司債 $15,000,000。每一公司債以 $1,030 出售。此公司債發行的承銷費用及行政費用各為面值的 1.2% 及 0.9%，則此公司債的稅前成本為何？

此公司債的淨收額為：

$$P_N = \$1,030 - (1.2\% + 0.9\%) \times \$1,000 = \$1,009$$

此公司債的每年利息 (I) = $1,000 × 9% = $90。將 P_N = $1,009, I = $90, M = $1,000，及 n = 25 代入公式 (12–3)，得：

$$\$1,009 = \$90(PVIFA_{k_d,25}) + \$1,000(PVIF_{k_d,25})$$

利用試誤法，及附表 3 及 4，可以求出 k_d 值為 8.9%。

稅前的負債成本，亦可由下述公式求得其近似值：

$$k_d = \frac{I + \dfrac{\$1,000 - P_N}{n}}{\dfrac{P_N + \$1,000}{2}} \qquad (12\text{--}4)$$

將宏遠公司的有關資料，代入公式 (12–4)，求得其稅前負債成本的近似值如下：

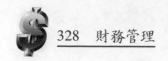

$$k_d = \frac{\$90 + \dfrac{\$1,000 - \$1,009}{25}}{\dfrac{\$1,009 + \$1,000}{2}} = 8.92\%$$

由於利息支出可以扣抵稅款，因此稅後的負債成本為：

$$稅後負債成本 = k_d(1 - t) \tag{12-5}$$

若宏遠公司的稅率(t)為30%，則其稅後負債成本為6.24% [= 8.91%(1 - 0.3)]。
利息支出的稅負扣抵之利益，只有獲利公司才有。如果公司有虧損，則稅率為 0，公司的稅後負債成本將等於稅前負債成本。

● 二、特別股成本

大部份特別股的股利以金額表示，如「$5 特別股」，表示每一股的特別股可以每年獲得股利 $5。有些特別股的股利則以年百分率表示，即以特別股面額的百分率表示每年的特別股股利。例如「10% 特別股面額 $30」，表示特別股股利每年為 $3 (= $30 × 10%)。

特別股成本 (k_p)，可以由特別股股利 (D_p) 除以特別股發行淨收額 (P_N) 求得。發行淨收額為發行公司扣除所有發行成本後收到的金額。特別股成本可由下列公式計算而得。

$$k_p = \frac{D_p}{P_N} \tag{12-6}$$

萊利公司擬發行特別股以改善財務結構，此特別股的售價與其面額相同為 $85，每股股利為 10%，發行成本為面值的 2%，特別股的股利為 $8.50 (= $85 × 10%)，淨收額為 $83.30 (= $85 - 0.02 × $85)。因此，特別股成本為：

$$k_p = \frac{\$8.50}{\$83.30} = 10.20\%$$

公司發行特別股的成本大於負債成本，因為負債利息在計算課稅所得已扣

除，而特別股股利是課稅後的支出。

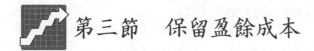

第三節　保留盈餘成本

　　一如負債成本和特別股成本，股權資金成本為公司股東所要求的報酬率。公司的股權資金，可以來自內部，即保留盈餘，或者發行新股票。本節討論保留盈餘成本，下一節則說明新發行股票成本。

　　有些人以為保留盈餘乃公司內部自有資金，使用時其成本為 0，此觀念基本上是錯誤的，因它忽略了機會成本觀念。當保留盈餘因為企業的盈餘而產生時，公司管理階層可以決定是否將這些資金以股利方式分配予股東，或保留作為未來再投資之用。故利用保留盈餘以為再投資之用時，其成本為股東以股利投資於風險相同的其他證券之報酬。保留盈餘的成本低於發行新股票的成本，因為發行新股票必須支付發行成本。計算保留盈餘成本有兩種不同方法，一為股利成長模型法，一為證券市場線法。

● 一、股利成長模型法

　　由第五章可知，若未來股利每年按一固定成長率 (g) 增加，則每股股票的市場價值由下述公式決定：

$$P_0 = \frac{D_1}{k_r - g} \tag{12-7}$$

從公式 (12-7) 可以求得保留盈餘成本 (k_r) 如下：

$$k_r = \frac{D_1}{P_0} + g \tag{12-8}$$

公式 (12-8) 表示保留盈餘成本為股利獲益率及股利年成長率之和。

　　假定美隆公司剛發放現金股利 \$2.50，目前股價為 \$40，預期股利每年成長 8%，則此公司的保留盈餘成本為何？

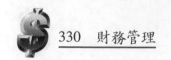

根據股利固定成長模型，下一年的預期股利為：

$$D_1 = D_0(1 + g) = \$2.50(1 + 8\%) = \$2.70$$

因此，美隆公司保留盈餘成本之計算如下：

$$k_r = \frac{\$2.70}{\$40} + 8\% = 14.75\%$$

14.75% 為公司管理階層預期公司股票的最低報酬率，用此來判斷是否應將盈餘作為股利分配予股東，或將盈餘保留作為未來再投資之用。

許多公司的股利成長率並非固定，在最初幾年經歷快速成長，而後成長率維持在較低水準並固定不變。這時的保留盈餘成本之計算，可以利用公式 (5–35) 來求得。此公式改寫成：

$$P_0 = \sum_{t=1}^{m} [D_0(1 + g_1)^t(PVIF_{k_r,t})] + \frac{D_{m+1}}{k_r - g_2}(PVIF_{k_r,m}) \tag{12--9}$$

上述公式中，m = 股利超常態成長之年數

　　　　　　D_{m+1} = 股票在第 m + 1 年底之股利

　　　　　　D_0 = 股票在第 0 年之股利

　　　　　　g_1 = 股票股利在超常態成長年間的年成長率

　　　　　　g_2 = 股票股利在超常態成長期間後的年成長率

假如美弘公司目前的股票股利為 \$3.00，股價為 \$60，預期未來 3 年每年股利成長 10%，此後每年股利成長率維持在 6%，則此公司的保留盈餘成本如何？美弘公司的保留盈餘成本，k_r，可由下式求得：

$$\$60 = \$3.3(PVIF_{k_r,1}) + \$3.63(PVIF_{k_r,2}) + \$3.99(PVIF_{k_r,3}) + \frac{\$4.23}{k_r - 0.06}(PVIF_{k_r,3})$$

利用試誤法及附表 3，可以估計保留盈餘成本為 11.89%。

理論上，不論股利成長型態如何，一般的股利評價模型，均可用來估計保留盈餘成本。在實際應用上，由於許多公司的過去股利年成長率固定，因此可

以假定，股利在未來年間可以維持此固定成長率，故利用股利固定成長模型來計算保留盈餘成本應該是適合的。

利用股利成長模型估計保留盈餘成本的優點為，易於瞭解和使用，但是缺點在於有些公司不支付股利，則此方法不能應用。即使公司支付股利，但是如果股利成長率並不穩定，利用此種方法，將扭曲保留盈餘成本之計算。其次股利成長率的估計，對保留盈餘成本的影響很大，如股利成長率被高估，則保留盈餘成本將增加甚多。最後，此方法並未考慮風險因素對保留盈餘成本的影響。

二、證券市場線法

在第六章討論證券市場線時，主要結論為任何投資的必要報酬率決定於：(1)無風險報酬率 (k_f)，通常用國庫券利率代表；(2)預期市場報酬率 (k_m)，通常以股票指數增加率代表；及(3)企業的 β 係數。

利用證券市場線法，保留盈餘成本（必要報酬率）的估計如下：

$$k_r = k_f + (k_m - k_f)\beta \qquad (12\text{--}10)$$

$(k_m - k_f)$ 為平均股票的風險貼水，$(k_m - k_f)\beta$ 為特定股票的風險貼水。

假定道明有限公司股票的 β 係數為 1.5，國庫券利率為 5%，預期市場報酬率為 12%，則此公司的保留盈餘成本之計算如下：

$$k_r = 5\% + (12\% - 5\%)(1.5) = 15.5\%$$

因此，根據證券市場線法，道明公司的保留盈餘成本為 15.5%。

利用證券市場線法估計保留盈餘成本之優點在於此法考慮了風險因素，而且可以應用於各種不同公司，不論其是否分派股利。然而，此法亦有其缺點，第一，市場風險貼水及 β 係數的估計，如果估計不正確，則保留盈餘成本的估計亦不正確。第二，一如股利成長模型法，證券市場線法也是根據以往的資料來估計。經濟情況瞬息萬變，過去的資料，有時很難用於指出未來的方向。由於這兩種方法均可用於估計保留盈餘成本，並有其優缺點，因此最好同時使用此兩種方法，以比較兩種不同的估計再做合理的判斷。

 ## 第四節　新發行普通股成本

新發行普通股成本，較保留盈餘成本為高，因為發售新普通股需要發行成本，而且新普通股的售價通常低於當前的市價。新普通股售價較低的原因為：第一，由於股票的增加，為了增加其需要，新普通股的售價必須較低；第二，由於新股票的發行，每股的所有權比例隨之減少，故此每股市價將因而降低；第三，投資者認為新股票的發行表示公司管理階層相信股價被高估，因此除非以較市價為低的價格，無法出售新股票。

假定減去新普通股發行成本後之淨價為 P_N，股利年成長率固定為 g，下一年度的股利為 D_1，則新發行普通股成本之計算如下：

$$k_e = \frac{D_1}{P_N} + g \tag{12-11}$$

通常新發行普通股成本超過任何其他長期資金成本，因為新普通股以較低價格出售，以及普通股利息是從稅後所得支付。

假定民本食品公司預期股利年成長率 8%，公司當前股利為 $3.50，普通股市價 $50，新普通股發行成本為 $4.5，則此公司新發行普通股成本計算如下：

減去發行成本 ($4.5) 後，新發行普通股淨價為 $45.5 (= $50 − $4.5)，下一年度的股利為 $3.78 (= $3.5 × 1.08)，將這兩個數字與股利年成長率 (8%) 代入公式 (12-11) 可得新發行股票成本為：

$$k_e = \frac{\$3.78}{\$45.5} + 8\% = 16.3\%$$

16.3% 為民本公司新發行普通股的成本。

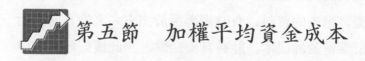 ## 第五節　加權平均資金成本

本章第一節述及企業的長期資金，由長期負債、特別股、保留盈餘，及新

普通股組成，而各個項目在總資金的比例並不相同，因此在計算資金成本時，應以各項資金的成本乘以其權數後，加總而得的加權平均成本代表之，在該節上智公司的各項資金之稅後成本如下表 12-2 所示。

表 12-2 上智公司各項資金之稅後成本

負債成本	6.6%
特別股成本	10.5
保留盈餘成本	14.0
新普通股成本	16.5

為了計算長期資金的加權平均成本，必須先決定各項資金的權數，權數可根據各個項目的面值、市值，或**目標資本結構** (Target capital structure) 來決定。

一、面值加權平均資金成本

各項資金的**面值權數** (Book value weight) 由企業目前的資產負債表求得。長期負債，特別股和保留盈餘的金額由表中直接獲得，普通股則由其金額與超額支付資本加總而得。每項資金除以長期資金總額求得各項資金的權數，各項資金權數與其成本相乘而得的加權成本加總起來，則得加權平均資金成本。上智公司根據長期資金的面值權數所估計的加權平均資金成本如表 12-3 所示。

表 12-3 上智公司根據面值權數計算的加權平均資金成本

(1) 資金來源	(2) 估計成本 (稅後)	(3) 面值 ($,000)	(4) 資金權數	(5) 加權成本(2)×(4)
長期負債	6.6%	$ 45,000	45%	2.97%
特別股	10.5	8,000	8	0.84
保留盈餘	14.0	35,000	35	4.90
普通股	16.5	12,000	12	1.98
總計		$100,000	100%	10.69%

利用面值權數計算加權平均資金成本的優點為簡單，而且各項資金的權數變動緩慢。但是其缺點為保留盈餘也許無法反映實際上的經濟價值；此種加權平均資金成本的計算也忽略了市場決定的權數，而無法真正表示市場的資金成本；最後，此種方法假定未來資金的籌措，也按各項資金在總資金的比例獲得，此種假定也不甚切實。

● 二、市值加權平均資金成本

各項資金的**市值權數**（Market value weight）由企業目前的各項資金之市值，佔總資金市值之比例而得。每項資金的成本乘以其權數而得之加權成本加總起來，可得按市值加權的平均資金成本。此種方法消除了面值加權平均資金成本的缺點，也使計算出來的加權平均資金成本更切實際。

上智公司根據長期資金市值權數所估計的加權平均資金成本約為 11.04%，如表 12-4 所示。由於保留盈餘與普通股均屬於普通股股權，其市值相同，故這兩種資金的市值，假定均按其面值增加 20% 來估計。如此保留盈餘及普通股佔長期資金的比例維持在 38.4%，及 13.2%。這種以市值作為權數來計算平均資金成本的缺點之一為，普通股股價變動甚快而且劇烈，故市值加權平均資金成本的估計不甚穩定，另一缺點為假設未來資金的籌措，按照各項資金的市值權數獲得，此種假定值得商榷。

表 12-4 上智公司根據市值權數計算的加權平均資金成本

(1) 資金來源	(2) 估計成本（稅後）	(3) 市值 ($,000)	(4) 資金權數	(5) 加權成本(2)×(4)
長期負債	6.6%	$45,000	41.1%	2.71%
特別股	10.5	8,000	7.3	0.77
保留盈餘	14.0	42,000*	38.4	5.38
普通股	16.5	14,400*	13.2	2.18
總計		$109,400	100.0%	11.04%

*保留盈餘與普通股的市值按表 12-3 的面值比例估計。

● 三、目標權數加權平均資金成本

目標權數 (Target weight) 是指組成企業長期資金的各個項目的權數，按企業的長期目標資金結構求得。每項資金的成本乘以其目標權數而得之加權平均成本加總起來，可得目標權數加權平均資金成本。此種方法體認未來資金的籌措，並非按照資金比例而來，企業可能一次的資金籌措來自負債，另一次來自保留盈餘，另一次則由兩種或三種不同資金而來，最終目的在使資金結構達成目標資本結構，以求得企業的加權平均資金成本為最低，進而求得公司的價值最大。

假定上智公司的目標資本結構為：長期負債佔 40%，特別股佔 8%，保留餘佔 34%，普通股佔 18%，則此公司的目標權數加權平均資金成本為 11.21%，其計算如表 12–5 所示。

表 12–5 上智公司根據目標權數計算的加權平均資金成本

(1) 資金來源	(2) 估計成本 (稅後)	(3) 目標權數	(4) 加權成本 (2)×(3)
長期負債	6.6%	40%	2.64%
特別股	10.5	8	0.84
保留盈餘	14.0	34	4.76
普通股	16.5	18	2.97
總計		100%	11.21%

此種方法的優點為企業可以往其資本結構目標追求，消除另外兩種方法的缺點，各項資金權數只有在企業的資金結構政策有所改變時才有所變動。然而此法的缺點在於，如目標權數與市值權數有很大的差異時，企業根據目標權數所計算的加權平均資金成本，可能與投資者的要求報酬率相差甚大，以致影響資金的籌措。然而，如果目標權數是根據最低加權平均資金成本來決定時，在長期間這種差異的偶而發生應是可以接受的。

第六節　加權邊際資金成本

　　企業的加權平均資金成本在投資決策中佔一相當重要的地位，若投資報酬率高於加權平均資金成本，則接受投資方案，否則拒絕投資方案。當企業所需資金因投資而增加時，資金成本不會固定不變。一般而言，資金需要越多時，資金成本也跟著增加。因而，與投資決定有關的，不是加權平均資金成本，而是加權邊際資金成本 (Weight Marginal Capital Cost, WMCC)。

　　在經濟學上，邊際成本是指每增加一單位產量時，總成本的增加額。故邊際資金成本的定義為，增加一元新資金的成本。新資金的籌措越多，邊際成本將隨之上升。為說明邊際資金成本概念，茲用長申製鋼公司的目標資本結構及其他有關資料為例。公司的目標資本結構為：負債佔50%，特別股佔5%，普通股佔45%。公司以負債方式籌措的稅前資金成本為8%，負債超過 $3,000,000 的部份之稅前負債成本為 9.5%。公司的邊際稅率為 30%。特別股的稅後成本為 9.5%，預期明年的保留盈餘為 $4,500,000。當前的股利 ($D_0$) 為 $1.5，股價為 $20，新普通股的淨股價為 $19。此外，公司並預期未來股利的年成長率為6%。

　　根據這些資料，長申公司長期資金的各項資金之成本計算如下：

負債成本（稅後）：

$$k_d(1-t) = 8\%(1-0.3) = 5.6\% \quad 未超過 \$3,000,000 的負債$$

$$k_d(1-t) = 9.5\%(1-0.3) = 6.65\% \quad 超過 \$3,000,000 的負債$$

特別股成本：

$$k_p = 9.5\%$$

保留盈餘成本：

$$k_r = \frac{D_1}{P_0} + g = \frac{\$1.5(1+6\%)}{\$20} + 6\% = 13.95\%$$

新普通股成本：

$$k_e = \frac{\$1.5(1 + 6\%)}{\$19} + 6\% = 14.37\%$$

若長申公司擬籌措的新資金，按照目標資本結構獲得，使資金成本最低的資金來源為：不超過 $3,000,000 的負債（稅後成本 = 5.6%），特別股（稅後成本 = 9.5%），及保留盈餘（稅後成本 = 13.95%）。當這些新資金來源耗盡後，公司應考慮特別股與成本較高的資金來源，如新普通股（稅後成本 = 14.37%）與額外負債（稅後成本 = 6.65%）之組和。

在 $3,000,000 的低成本負債用完前，公司可以籌措多少包含負債、特別股、及保留盈餘的總資金？由於目標資本結構中，負債佔 50%，故低成本負債可以支持的總資金籌措，為可利用的低成本負債除以負債在資本結構中的比例而得：

$$X = \frac{可利用低成本負債}{負債在資本結構中的比例} = \frac{\$3,000,000}{0.5} = \$6,000,000$$

X 為總融資的**折裂點** (Break point)，表示資金需要若超過 $6,000,000，新資金籌措的成本，亦即加權邊際資金成本將提高。

長申公司稅後成本為 5.6% 的 $3,000,000 負債，可以用來支持 $6,000,000 的融資，超過此數額的融資，必須以更高的稅後成本 (6.65%) 之負債來融資，因而提高其加權邊際資金成本。$6,000,000 的融資中，$3,000,000 來自負債，$300,000 (= $6,000,000 × 5%) 來自特別股，$2,700,000 (= $6,000,000 × 45%) 來自保留盈餘。因而此融資成本可計算如下：

$$k_w = 0.5 \times 5.6\% + 0.05 \times 9.5\% + 0.45 \times 13.95\% = 9.55\%$$

$4,500,000 的保留盈餘，可以用來求出另一個總融資的折裂點，即 $10,000,000 (= $4,500,000 / 0.45)，此為保留盈餘可以支持的總融資。超過此數額，公司必須發行新普通股，而使得加權邊際資金成本提高。第二筆的總融資金額為 $4,000,000 (= $10,000,000 − $6,000,000)，其中 $2,000,000 (= $4,000,000 × 50%) 來自負債，

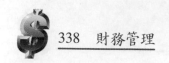

$200,000 (= $4,000,000 \times 5\%)$ 來自特別股，$1,800,000 (= $4,000,000 \times 45\%)$ 來自保留盈餘。第二筆融資的加權邊際資金成本為：

$$k_w = 0.5 \times 6.65\% + 0.05 \times 9.5\% + 0.45 \times 13.95\% = 10.08\%$$

超過第二筆資金的額外融資，必須以高成本的負債，特別股，及新普通股的發行來籌措。加權邊際資金成本則為：

$$k_w = 0.5 \times 6.65\% + 0.05 \times 9.5\% + 0.45 \times 14.37\% = 10.27\%$$

長申公司的加權邊際資金成本表可由圖 12–1 表示。而此加權邊際資金成本表，可以用來說明長申公司最適度資本預算的決定。

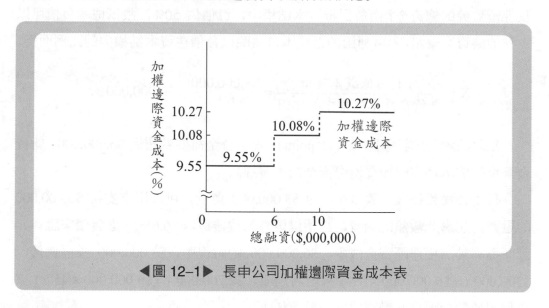

◀圖 12–1▶ 長申公司加權邊際資金成本表

第七節　最適度資本預算的決定

最適度資本預算由投資機會表與加權邊際資金成本表來決定。投資機會表是根據可能的投資機會按照其內在報酬率 (IRR) 的高低，及其累加投資金額而求得。表 12–6 為長申公司的投資機會表，第一欄表示各種投資機會，第二欄為各個投資機會的預期報酬率，亦即 IRR，第三欄為各個投資機會的原始投資額，

第四欄則為累加投資額。由第二欄的 IRR 及第四欄的累加投資額，可以構成投
資機會圖如圖 12-2 所示。

表 12-6 長申公司投資機會表 (IOS)

投資機會* (1)	IRR (2)	原始投資額 (3)	累加投資額 (4)
A	14.85%	$1,600,000	$ 1,600,000
B	13.28	1,900,000	3,500,000
C	12.55	2,000,000	5,500,000
D	12.03	2,200,000	7,700,000
E	11.28	2,500,000	10,200,000
F	10.55	1,500,000	11,700,000
G	10.00	1,000,000	12,700,000
H	9.65	1,200,000	13,900,000

*假定所有投資計劃是獨立的。

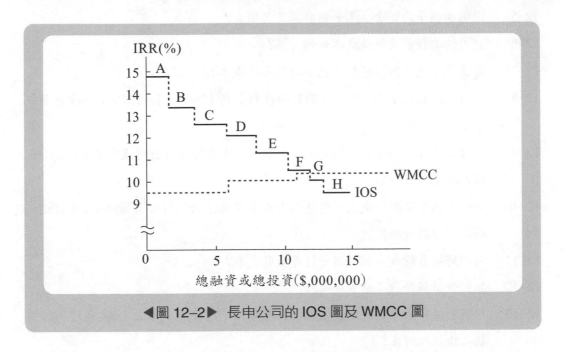

◀**圖 12-2**▶ 長申公司的 IOS 圖及 WMCC 圖

從圖 12-2 可知，投資報酬率 (IRR) 隨著投資額的增加而減少，而加權邊際

資金成本，則隨著融資額的增加而增加。只要投資報酬率超過新融資的加權邊際資金成本，則企業應接受投資計劃，因此企業應接受投資方案直至投資報酬率等於其加權邊際資金成本。長申公司依其 IOS 表及 WMCC 表，應接受六個投資計劃（A, B, C, D, E, 及 F），因其報酬率超過融資成本，而拒絕投資計劃 G 及 H，因為其報酬率低於融資成本。

 問　題

12-1　何謂資金成本？它在資本預算決定中有何重要性？

12-2　在資本預算分析中，何以企業的總和資金成本，為其要求報酬率？

12-3　資本投資如果全部以長期負債來融資，則此負債的成本用來決定是否接受投資計劃。試評論之。

12-4　何以在做財務決策時，資金成本應為加權平均資金成本？

12-5　說明加權平均資金成本如何計算及其假定？

12-6　公司債的稅前及稅後成本如何計算？

12-7　負債成本通常何以低於其他資金來源的成本？

12-8　公司債的獲利率為12%，特別股的獲利率為10%，對發行者言，哪種資金成本較高？解釋之。

12-9　保留盈餘屬於公司已經擁有的內部資金，故使用時對公司沒有成本，是否正確？試說明之。

12-10　說明如何利用股利成長模型法與證券市場線法估計保留盈餘成本？並敘述這兩種方法的優缺點。

12-11　何以保留盈餘成本低於新發行普通股成本？

12-12　如何估計新發行普通股成本？

12-13　說明利用面值權數及市值權數以計算加權平均資金成本之差異。兩種不同權數之優缺點何在？

12-14　何謂目標權數？用它來計算加權平均資金成本之優缺點何在？

12-15　加權平均資金成本與加權邊際資金成本有何差異? 在做資本預算決定時, 應
　　　　該用哪一種? 解釋之。

12-16　如何由 IOS 與 WMCC 求得最適資本預算?

習　題

12-1　假定公司所得稅稅率為 30%, 計算面額為 $1,000, 淨收額為 $950, 息票利
　　　率為 8%, 期限為十五年的債券之稅後成本。

12-2　若某公司發行二十年期, 息票利率 12%, 面額為 $1,000 的債券, 發行成本
　　　為面額的 3%, 如此債券按面值出售, 利用近似值公式計算稅後負債成本。
　　　假定公司所得稅稅率為 30%。

12-3　凱利公司於五年前發行二十年期, 息票利率為 8% 的公司債。此公司債目前的
　　　售價為面額的 105%, 若公司所得稅稅率為 25%, 問此公司債的稅後成本為何?

12-4　麗明公司發行面額為 $200 的特別股, 股利為面額的 9%, 售價為 $185, 此
　　　外發行成本為面額的 2.5%,
　　　(1)計算特別股成本。
　　　(2)若此特別股的股利為面額的 10%, 發行成本為面額的 3%, 則此特別股的
　　　　成本為何?

12-5　友利公司過去六年的股利由 $2.85 增加至 $4.23, 目前股價為 $58。
　　　(1)計算股利的年成長率。
　　　(2)若未來股利的年成長率如(1)所求得, 則此公司的保留盈餘成本為何?

12-6　假定某公司剛發放股利 (D_0) $2.5, 預期未來四年股利的年成長率為 15%, 其
　　　後每年成長 9%。公司股價目前為 $50, 若公司擬以保留盈餘作為新投資計
　　　劃的資金來源, 計算此保留盈餘成本。

12-7　伍道公司股票的 β 係數為 2.5, 無風險報酬率為 4%, 市場報酬率為 10%。
　　　計算(1)平均股票的風險貼水,(2)伍道公司股票的風險貼水及(3)伍道公司的保
　　　留盈餘成本。

12-8　昌民公司的目前股價為 $35，股利為 $3.5，$\beta$ 係數為 1.65，無風險報酬率為 4.5%，市場報酬率為 12%。根據過去的股利資料知平均每年股利成長率為 8%，並假定未來股利按此成長率繼續下去。

(1)利用股利成長模型法及(2)證券市場線法，計算保留盈餘成本。

12-9　誼生公司擬以保留盈餘融資投資計劃，公司股票的 β 係數為 1.25，預期市場報酬率為 13%，無風險報酬率為 5%。如果投資計劃的內在報酬率為 16%，則此投資計劃應否接受?

12-10　斐意公司需要 $3,000,000 以購買新機器。公司的目標負債／股權比率為 0.6。新股票的發行成本為 12%，債券的發行成本為 5%。

(1)購買新機器所需資金應由發行債券或新股票獲得? 解釋之。

(2)計算公司的加權平均資金成本。

(3)若考慮發行成本，公司購買新機器的真正成本為何?

12-11　某公司目前股價為 $35，股利為 $1.25，過去的股利成長率為 8%，新普通股的發行成本為 $1.05，問發行新普通股的成本為何?

12-12　新明機械公司的長期資本結構為: 長期負債佔 30%，特別股佔 10%，普通股股權佔 60%。稅前負債融資成本為 8%，特別股融資成本為 10%，保留盈餘融資成本為 13%，若公司稅率為 25%，計算其加權平均資金成本。若公司稅率提高為 40%，則其加權平均資金成本有何改變?

12-13　三叉公司的長期資金有關資料如下:

資金來源	面值	市值	稅後成本
長期負債	$3,500,000	$3,500,000	5.5%
特別股	800,000	1,200,000	8.2
保留盈餘	6,000,000	9,750,000	10.8
普通股	2,800,000	5,250,000	13.5

計算面值加權平均資金成本及市值加權平均資金成本，並說明其差異。

12-14　民華食品公司由於經營成功，計劃以 $30,000,000 擴充產能，為此公司需要融資。公司擬發行十五年期，面值為 $1,000，息票利率為 8% 的公司債。預期此公司債的售價為 $985，發行成本為面值的 1.2%。公司稅率為 30%。發

行特別股的成本為 13%。

公司目前的股價為 $30，股利為 $1.80，預期股利每年成長 8%，而且公司預期可以產生保留盈餘 $10,000,000 以供融資之用。發行新股票，則每股發行成本為 $1.2，新股票售價為 $28.5。若公司的目標資本結構為：長期負債佔 25%，特別股佔 10%，保留盈餘佔 40%，普通股佔 25%，則此公司的加權平均資金成本為何？

12-15　荷田攝影器材公司去年屬於普通股股東的盈餘為 $6,000,000，公司由此發放每股股利 $1.50。公司流通的普通股有 1,200,000 股，資本結構為公司債佔 30%，特別股佔 10%，普通股股權佔 60%，公司所得稅稅率為 30%。

(1)公司可以發行二十年期，息票利率為 12%，面額為 $1,000 的公司債，此公司債的售價為 $950，發行成本為 $20，則此新負債融資的稅後成本為何？

(2)公司可以發行面額為 $50 的特別股，股利為 10%，發行成本為面額的 2%，售價為 $46。計算特別股融資成本。

(3)公司普通股目前股價為 $50，假定股利年成長率為 9%，則此公司以保留盈餘融資的成本為何？

(4)如果公司發行普通股以融資，發行成本為 $1.5，售價為 $48，則此新股票融資的成本為何？

(5)試問公司在發行新股票前的最大投資金額為何？

(6)根據(5)的結果，計算公司的加權平均資金成本。

(7)如果投資額超過(5)的結果，公司的加權邊際資金成本為多少？

12-16　必勝公司的目標資本結構為：長期負債佔 35%，特別股佔 15%，普通股權益佔 50%。新普通股成本為 15%，保留盈餘成本為 15%，特別股成本為 13%。公司預期下一年度可以增加保留盈餘 $40,000,000，公司可以出售 $16,000,000 的抵押公司債，其稅後成本為 8%；出售 $12,000,000 的無擔保公司債，其稅後成本為 9%，其餘公司債發行的稅後成本為 10%。計算此公司的加權邊際資金成本表，及決定此表的折裂點。

12-17　朗伍公司的所得稅稅率為 30%，公司擬根據下述資料計算加權邊際成本。公司以公司債發行籌措資金，若不超過 $5,000,000，其稅前成本為 9%，超過

此金額的公司債之稅前成本為 10.5%。若發行特別股，其成本為 11%。公司預期明年有增加的保留盈餘 $8,000,000，如果此保留盈餘用盡，則公司必須發行新普通股。公司的普通股股價目前為 $40，預期明年股利為 $2，股利年成長率為 10%。如果發行新普通股，發行成本為 $1，售價為 $38。

⑴若目標資本結構為：長期負債佔 40%，特別股佔 20%，普通股股權佔 40%，求每項來源資金的成本。

⑵計算公司的加權邊際資金成本表以及決定此表的折裂點。

12–18 卓越公司的長期目標資本結構為：長期負債佔 25%，特別股佔 10%，保留盈餘佔 45%，普通股佔 20%。其他財務資料如下：

1. 公司可向銀行借款 $20,000,000，稅前成本為 12%。

2. 公司可發行公司債 $50,000,000，每一債券的面額為 $1,000，期限為十五年，發行成本為 $20，售價為 $920。

3. 超過 $50,000,000 的公司債發行之稅前成本為 14%。

4. 若發行特別股，其面額為 $100，股利為 11%，發行成本為 $2.5。

5. 公司預期在明年產生屬於普通股股東的純益 $70,000,000，並發放普通股股利 $2。

6. 公司預期普通股股利每年將成長 9%，目前股價為 $45。

7. 公司能發行新普通股，其售價為 $43，發行成本為 $1.8。

8. 公司所得稅稅率為 30%。

⑴求此公司的加權邊際資金成本表。

⑵若此公司的互為獨立之投資計劃如下，求此公司的最適資本預算。

投資計劃	原始投資	內在報酬率
A	$30,000,000	11.90%
B	40,000,000	13.00
C	35,000,000	11.80
D	48,000,000	12.70
E	24,000,000	10.40
F	12,000,000	10.95
G	26,000,000	12.00

第十三章

資本結構

企業的財務決策包含投資、融資及股利決策。第九至第十一章討論資本預算分析及各種評核技術以決定投資計劃是否應予接受。第十二章則說明在資本結構已知下，不同的長期融資方式，對資金成本的影響，並以之與投資機會合併，以求得最適資本預算的決定。本章則擬討論資本結構，即融資決策，對於公司股價的影響。經由資本結構與股價的關係，決定最適融資決策，以求得使股價極大化下的最適資本結構。有關股利決策的討論則包含在第十四章。

本章的資本結構分析重心，在如何達到企業的長期目標資本結構。而此資本結構的選擇，亦即報酬與風險間的選擇。公司舉債越多，其風險隨之增加，但是越多的債務表示較高的預期報酬。風險高使股價降低，但高的預期報酬則會提高股價。企業的長期最適資本結構，即在如何從報酬與風險間作一取捨，以求得股價極大化。

本章第一節敘述資本結構理論，第二節討論營運風險與營運槓桿，第三節為財務風險與財務槓桿，第四節探討總槓桿，第五節說明 EBIT – EPS 分析方法，第六節探討最適資本結構之決定，第七節則敘述影響最適資本結構的其他因素。

 ## 第一節　資本結構理論簡介

企業的資本結構是指企業長期資金來源，諸如負債、特別股、及普通股的組合，企業的目標在追求股東財富極大化，**最適資本結構** (Optimal capital structure) 指能使企業資金的加權平均成本最小的資本結構，使企業價值達到最大。

　　資本結構的討論中，爭議最多的是利用負債所引起的槓桿作用，對資金成本或企業價值是否有影響，如果有影響，則其影響如何。本節擬討論各種不同的資本結構理論。

一、直覺理論 (Naive theory)

　　直覺理論認為資金的加權成本隨著負債比例的增加而減少，如圖 13–1a 所示。此理論假定負債成本不因負債比例的增加而變動，並且假定股權成本穩定。由於稅後負債成本低於股權成本，因此隨著負債比例的增加，加權資金成本隨

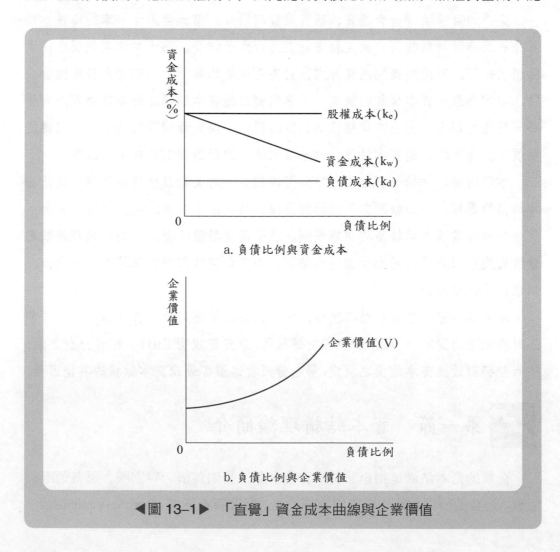

a. 負債比例與資金成本

b. 負債比例與企業價值

◀圖 13–1▶　「直覺」資金成本曲線與企業價值

之減少。據此可知企業價值隨著負債比例的增加而增加，如圖 13–1b 所示，當負債比例為 100% 時，企業價值為最大。

　　直覺理論之最大缺點在於假定負債成本及股權成本不受負債比例的影響。通常，負債比例超過某一水準，違約風險隨之增加，貸款者將要求更高的利率，以補償其承擔的風險，因此負債成本曲線為負債比例的增函數，亦即隨著負債比例的增加，負債成本也跟著增加。

　　股權成本一般而言也隨著負債比例的增加而增加，因為當負債比例增加時，普通股投資者以為公司的風險隨而增加，因而股票的必要報酬率跟著提高，普通股股價將會降低。因此，隨著負債比例的增加，股權成本跟著提高。

● 二、傳統理論 (Conventional theory)

　　傳統理論以為當負債比例提高時，資金成本也跟著改變。當資本結構全部為股權時，資金成本等於股權成本。而較低成本的負債與較高成本的股權結合在一起，而違約風險小時，資金成本將減少。但是，當負債比例更為提高時，由於更大的違約風險，因此負債成本與股權成本以更大的速度提高，資金成本乃由減少而趨於增加，以致資金成本曲線呈 U 型狀態，如圖 13–2a 所示。

　　圖 13–2b 表示企業價值與負債比例的關係。當企業的資金成本隨負債比例提高而降低時，企業價值隨之提高；當企業的資金成本隨負債比例提高而提高時，企業價值隨之降低；因此當資金成本最低時，企業價值為最大。在傳統理論下，最適資本結構發生在資金成本曲線的底部或企業價值線的頂點時，負債和股權所佔比例。

● 三、MM 理論（不課稅情況）

　　資本結構的數學證明，始自 1958 年 Modigliani 及 Miller (MM) 的論文 ❶。根據 MM 理論，在若干假設下，企業的資金成本及企業的價值，不受資本結構改變的影響，亦即企業價值決定於其獲利能利 (EBIT)，而與其資本結構無關。

---

❶　參閱 Franco Modigliani 及 Merton Miller, "The Cost of Capital, Corporate Finance, and the Theory of Investment," *American Economic Review 48* (June 1958), pp. 261 – 296.

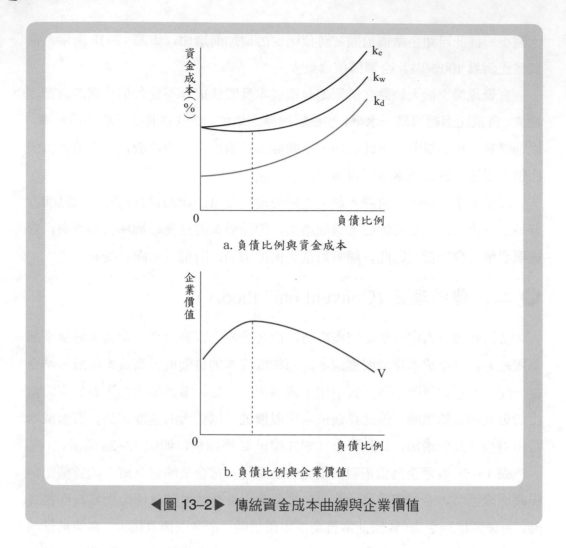

a. 負債比例與資金成本

b. 負債比例與企業價值

◀圖 13-2▶ 傳統資金成本曲線與企業價值

這些假設為:

(1)個人及公司所得稅不存在。

(2)所有投資人,包括個人及公司,可依相同的市場利率借款。

(3)債券及股票買賣沒有交易成本。

(4)債券及股票在完全市場交易,沒有任一投資人對證券價格有所影響。

(5)所有投資人不必付費可以獲得有關資料。

(6)投資人對公司盈餘的預期相同。

(7)在相似情況下經營的公司,其商業風險相同。

根據以上假設，MM 提出兩個定理。第一個定理為，在無稅情況下，負債成本與資金成本固定，不受企業的負債比例變動之影響，企業價值因此也固定不變（圖 13–3）。因為投資人對企業營業盈餘的估計相同，並且面對同樣的風險。營業盈餘固定，並由債權人及股東間分配。當負債比例增加時，由於違約風險之提高，因此股權成本隨之增加，股權成本之增加恰好為較低的負債成本抵消，因此總資金成本不因負債比例的增加而變動。因為企業的價值由未來的營業盈餘用資金成本折現而得，故此企業價值不受資本結構的影響。

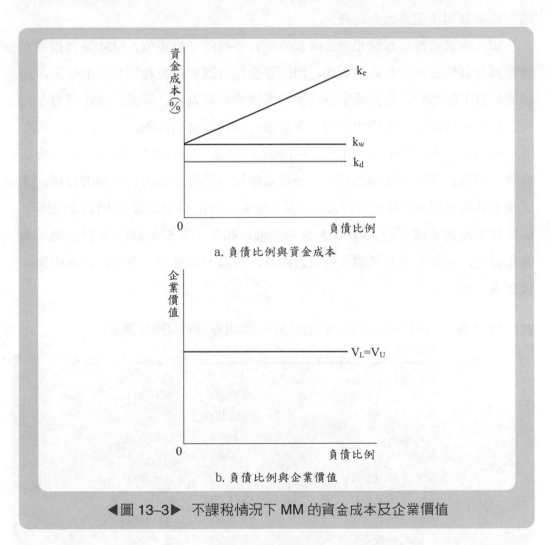

◀圖 13-3▶ 不課稅情況下 MM 的資金成本及企業價值

　　MM 利用套利過程來說明何以兩家相同的公司，不會因資本結構的不同而有不同的市場價值。**套利** (Arbitrage) 是指在不同的市場，由於證券價格不同，投資人同時買進和賣出此相同的證券，以賺取利潤。如果在相同產業的兩家公司，唯一差異為一家有負債，而另外一家沒有負債。若 MM 理論不存在，沒有負債的公司可以引進負債以提高其市場價值。但是，在沒有交易成本的完全資本市場下，MM 認為投資人不會因公司增加負債而提高其價值。股東會經由改變其自身的負債一股權比例，以獲得相同報酬，故股東不會由於公司增加其負債而認為公司價值將因而提高。

　　如果營業盈餘及風險相同的兩家公司有不同的市場價值，MM 認為投資人會賣掉有負債公司的被高估股票，而將資金用於購買沒有負債公司的股票，這種過程會不斷進行，直到兩家公司的市場價值相等為止。因此，MM 認為在無稅、無交易成本的完全資本市場，企業價值與資本結構無關。

　　無稅下的 MM 理論，可由表 13–1 的例子來說明。表中有兩家公司，L 公司為使用槓桿，即有負債的公司，U 公司為未使用槓桿，即沒有負債的公司，除了資本結構不同外，其他各方面都一樣。兩家公司的營業盈餘 (EBIT) 均相等。L 公司的資金 60%（即 $30,000）來自股權，40%（即 $20,000）來自負債。為簡化起見，假設兩家公司屬於股東之純益，均以股利發放予股東，因此股利年成長率為 0。

表 13–1 L 及 U 兩家公司的財務結構及有關財務資料（無所得稅）

	L 公司	U 公司
股權	$30,000	$50,000
負債	$20,000	–
股權成本	16%	12%
負債成本	6%	–
營業盈餘 (EBIT)	$ 6,000	$ 6,000
減：利息支出	$ 1,200	–
屬於股東的盈餘	$ 4,800	$ 6,000
分配於證券持有人的總盈餘	$ 6,000	$ 6,000

兩家公司的市場價值可用下述永續證券的評價模型求得：

公司的市場價值 = 債務的市場價值 + 股權的市場價值

$$= \frac{I}{k_d} + \frac{D}{k_e} \qquad\qquad (13\text{--}1)$$

上述公式中，I = 每年因負債而支付的利息

k_d = 負債的必要報酬率

D = 每年支付給股東的股利

k_e = 股權的必要報酬率

L 公司的市場價值，為負債與股權的未來預期現金流量之現值加總而得，其計算如下：

$$\text{L 公司的市場價值} = \frac{\$1,200}{6\%} + \frac{\$4,800}{16\%}$$
$$= \$50,000$$

U 公司的市場價值，則為股權的未來預期現金流量之現值，其計算為：

$$\text{U 公司的市場價值} = \frac{\$6,000}{12\%}$$
$$= \$50,000$$

由此可知，L 及 U 兩家公司的市場價值相等。如果不相等，則經由套利過程，最後兩家公司的市場價值必將相等。這表示，在沒有課稅及交易成本下，資本結構並不影響公司的市場價值❷。

為了使第一個定理成立，MM 提出第二個定理，即股權的必要報酬率 (k_e) 為資本加權平均成本加上風險貼水，而後者則決定於財務槓桿程度，如下式所示。

---

❷ L 及 U 兩家公司的加權平均成本均為 12%。L 公司的加權平均成本計算為 0.6(16%) + 0.4(6%) = 12%。可知如果 MM 理論存在，資本結構的變動，並不影響資金成本。

$$k_e = k_w + (k_w - k_d)\frac{D}{E} \text{ ❸}$$ (13–2)

公式 (13–2) 表示隨著負債（即財務槓桿）的增加，股權的必要報酬率也跟著增加，因而 L 公司的股權必要報酬率 (16%) 較 U 公司 (12%) 為高。

根據原始 MM 理論的假定下，企業的資本結構，並不影響企業的資金成本及其市場價值。但是在真實世界裡，完全的資本市場並不存在，個人及公司均須付稅，證券交易時都有佣金存在，所有投資者的借款利率也不相同，因此原始 MM 理論必須加以修正。

● 四、MM 理論（課稅情況）

在發表原始 MM 理論的五年後，原來的兩位作者在考慮課稅情況下，修正了他們的理論 ❹。修正的 MM 理論認為在有公司所得稅下，使用槓桿的公司，其價值也較高，因為負債的利息在計算公司的課稅所得時，可以當作費用予以減除。由於公司所得稅的存在，負債成本由原來的 k_d 減為 $k_d(1 - t)$，因此修正的 MM 理論認為資金成本隨著負債比例的增加而減少（圖 13–4a），公司的價值則因負債比例的增加而提高（圖 13–4b），故公司的負債應增加至所有資金全由

---

❸　數學證明：

$$V = D + E$$ (1)

$$k_w = k_e \cdot \frac{E}{V} + k_d \cdot \frac{D}{V}$$ (2)

$$k_s = k_d + (k_w - k_d)\frac{D}{E}$$ (3)

將式(1)及式(3)代入式(2)，得

$$k_e = k_w \cdot \frac{V}{E} - k_d \cdot \frac{D}{E}$$

$$= k_w \cdot (\frac{D + E}{E}) - k_d \cdot \frac{D}{E}$$

$$= k_w \cdot (1 + \frac{D}{E}) - k_d \cdot \frac{D}{E}$$

$$= k_w + (k_w - k_d)\frac{D}{E}$$

❹　參閱 Franco Modigliani and Merton Miller, "Corporate Income Taxes and the Cost of Capital: A Correction," *American Economic Review* (June 1963), pp. 433 – 443.

負債獲得，當公司價值最大時，資本結構中，百分之百的資金全部來自負債。

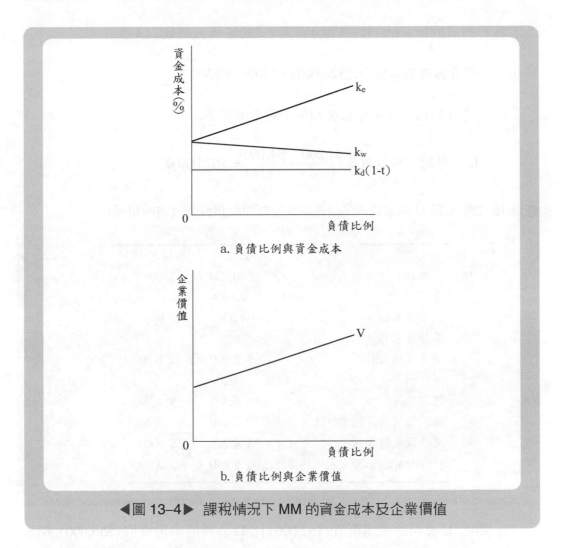

a. 負債比例與資金成本

b. 負債比例與企業價值

◀圖 13–4▶ 課稅情況下 MM 的資金成本及企業價值

有公司所得稅下的修正後之 MM 理論，可由表 13–2 來說明。表中的 L 公司使用槓桿，U 公司未使用槓桿，兩家公司的營業盈餘均相同為 $8,000。U 公司的屬於證券持有人的所得為 $5,600，當股權成本為 10% 時，U 公司的市場價值由公式 (13–1) 計算可得 $56,000 (= $5,600/0.1)。

由於支付予債權人的利息可當作費用予以減除，故 L 公司屬於債權人及股東的所得為 $5,960，此金額比 U 公司屬於股東所得 ($5,600) 超過 $360，代表因利息減除所節省之稅負。此**稅負節省額** (Tax shield amount) 之計算公式為：

$$稅負節省額 = k_d \times D \times t \tag{13-3}$$

將 L 公司的 $k_d = 6\%$, $D = \$20,000$ 及 $t = 30\%$ 代入公式 (13–3)，得：

$$稅負節省額 = 6\% \times (\$20,000) \times (30\%) = \$360$$

由公式 (13–1)，可求得 L 公司的市場價值如下：

$$L \ 公司的市場價值 = \frac{\$1,200}{0.06} + \frac{\$4,760}{0.1133} = \$62,000 ❺$$

表 13–2 L 及 U 兩家公司的財務結構及有關財務資料（有所得稅）

	L 公司	U 公司
股權 (E)	$30,000	$50,000
負債 (D)	20,000	–
股權成本 (k_e)	11.33%	10%
負債成本 (k_d)	6%	–
營業盈餘 (EBIT)	$ 8,000	$ 8,000
減：利息支出	1,200	–
課稅所得	$ 6,800	$ 8,000
減：公司所得稅 (30%)	2,040	2,400
屬於股東的盈餘	$ 4,760	$ 5,600
分配於證券所有人的總盈餘	$ 5,960	$ 5,600

此例中，L 公司的市場價值 ($62,000) 比 U 公司的市場價值 ($56,000) 多出 $6,000，此差額乃由於稅負節省所造成。事實上，這兩家公司市場價值之差等於每年稅負節省額的現值。

$$稅負節省額的現值 = \frac{k_d \times D \times t}{k_d}$$
$$= D \times t \tag{13-4}$$

---

❺ 計算數值不等於 $62,000 乃由於股權的必要報酬率經過四捨五入所致。

由上述公式可求得 L 公司稅負節省額的現值為 $6,000，其計算如下：

$$稅負節省額的現值 = \$20,000 \times 30\%$$
$$= \$6,000$$

由此例可知，使用槓桿的公司之市場價值等於未使用槓桿公司的市場價值與稅負節省額的現值之和。

$$使用槓桿公司的市場價值 = 未使用槓桿公司的市場價值 + 稅負節省額的現值 \text{❻}$$
$$(13\text{–}5)$$

在課稅下的 MM 理論認為使用槓桿越多的公司之加權平均資金成本越小，其價值越大，為達到價值極大化，公司的資金應全部來自負債。實際上，沒有一家公司的資金全部來自負債，因此最適資本結構必定也受到其他因素的影響。

---

❻　數學證明如下：

U 公司的現金流量 (CF_U) 為 $EBIT(1-t)$　　　　　　　　　　　　　　　(2)

L 公司的現金流量 (CF_L) 為：

$$CF_L = (EBIT - k_dD)(1-t) + k_d \times D$$
$$= EBIT(1-t) + k_d \times D \times t \qquad\qquad (3)$$

U 公司的市場價值 (V_U)，可由其現金流量之現值求得：

$$V_U = \frac{EBIT(1-t)}{k_e} \qquad\qquad\qquad\qquad (4)$$

L 公司的市場價值 (V_L) 可由下式求得：

$$V_L = \frac{EBIT(1-t)}{k_e} + \frac{k_d \times D \times t}{k_d}$$
$$= \frac{EBIT(1-t)}{k_e} + D \times t \qquad\qquad (1)$$

由此可知 $V_L = V_U + D \times t$　　　　　　　　　　　　　　　　　　(5)

由上述公式可知使用槓桿公司的價值高於未使用槓桿公司的價值。

表 13–2 中，$V_U = \dfrac{\$8,000(1-0.3)}{0.1} = \$56,000$

$$V_L = \frac{\$8,000(1-0.3)}{0.1} + \$20,000 \times (0.3) = \$62,000$$

故知 L 公司的價值比 U 公司的價值高 $6,000。

 第二節 營運風險與營運槓桿

在資本結構決策中，兩種風險必須加以考慮，一為**營運（或商業）風險** (Operating risk)，一為**財務風險** (Financial risk)。財務風險及有關的財務槓桿於下一節討論。本節則討論營運風險，營運本益平衡分析，營運槓桿程度的計算，以及營運本益平衡分析的限制。

● 一、營運風險

營運風險是指公司未來營業盈餘 (EBIT) 的變動及不確定性。營運風險由某一期間內，如 1990 與 2004 年間，公司營業盈餘的標準差及變異係數來衡量。各個產業的營運風險不同，同一產業內各個公司的營運風險也有差異，相同公司的營運風險也會因時間而改變。下列為影響營運風險的主要因素：

⑴需要：其他情況不變下，公司的產品需要越穩定，其營運風險越低。

⑵售價：產品售價變動較大的公司，其營運風險也較高。

⑶生產成本：生產成本變動越大的公司，其營運風險越高。

⑷市場能力：公司控制成本及售價的**市場能力** (Market power) 越大，其營運風險越低。

⑸產品分散：公司產品越是分散，其營業盈餘變動越小，營運風險也越低。

⑹固定成本：使用固定成本比率越大的公司，營業盈餘越不穩定，因此營運風險越高。

● 二、本益平衡分析 (Breakeven analysis)

本益平衡分析可以說明一家公司銷售、固定成本、可變成本和利潤 (EBIT) 之間的關係。此分析之用途包括⑴在營運成本及銷售水準已知下，預測公司的獲利能力，⑵決定銷售額以支付所有營運成本，⑶分析以固定成本代替可變成本的影響，及⑷分析降低固定成本對利潤的影響。一家公司的營運**本益平衡點** (Operating breakeven point, BEP) 是指為支付所有營運成本所需銷售量，亦即

EBIT 為零時的銷售量。

　　本益平衡分析可用圖形或數學式為之。在做此分析時，必須把營運成本分為**固定成本** (Fixed cost) 與**可變成本** (Variable cost)，固定成本不隨銷售量的變動而改變，可變成本則隨銷售量的變動而改變。

1.圖形的本益平衡分析

　　圖 13–5 用來說明本益平衡分析。**總固定成本** (Total fixed cost, TFC) 為一平行線，因為此成本不隨銷售量而改變。**總可變成本** (Total variable cost, TVC) 為銷售量的增函數，並假定**平均可變成本** (Average variable cost, AVC) 固定，因此總可變成本函數為一直線。**總成本** (Total cost, TC) 為總固定成本與總可變成本在不同銷售量下加總而得。假定每單位售價固定不變，則**總銷售額** (Total revenue, TR) 函數為一直線。本益平衡點發生在銷售量為 q_b 時，此時 TR = TC，亦即 EBIT = 0。若銷售量小於 q_b，如在 q_1 點，則 TC > TR, EBIT < 0，即公司有**營運損失** (Operating loss)；若銷售量大於 q_b，則 TR > TC, EBIT > 0，即公司有**營運利潤** (Operating income)。

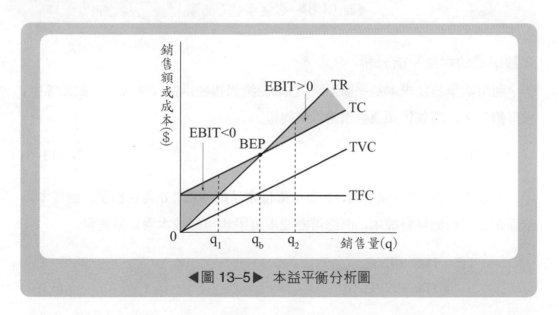

◀圖 13–5▶ 本益平衡分析圖

　　本益平衡分析圖可以用來說明不同成本結構對本益平衡點及不同銷售量下的營業盈餘之影響。圖 13–6 中，**低槓桿** (Low leverage) 表示低的總固定成本及

相對高的平均可變成本，因而導致高斜率的總成本曲線。在此情況下，本益平衡點較低，亦即銷售量較低。另一方面，**高槓桿** (High leverage) 表示高的總固定成本及相對低的平均可變成本，因而導致斜率較低的總成本曲線。這時的本益平衡點較高，亦即銷售量較高，此可由圖 13–6 表示。

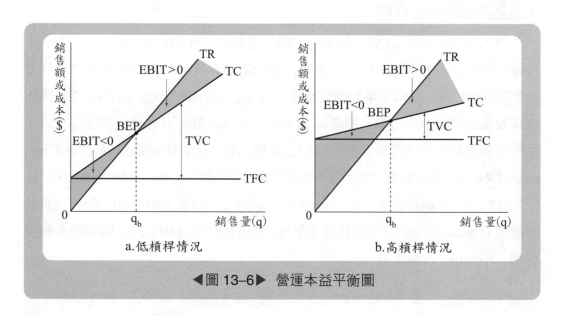

◀圖 13–6▶ 營運本益平衡圖

2.數學式的本益平衡分析

利用數學方法求本益平衡點時，必須從總銷售額函數及總成本函數相等中，求得銷售量。總銷售額為售價乘以銷售量。

$$TR = P \times q \tag{13-6}$$

上式中，TR 為總銷售額，P 為每單位產品的售價，q 為銷售量，總成本為總固定成本加總可變成本，而總可變成本為平均可變成本乘以銷售量。

$$
\begin{aligned}
TC &= TFC + TVC \\
&= TFC + AVC \times q
\end{aligned}
\tag{13-7}
$$

上式中，AVC 為平均可變成本。

設 TR = TC，亦即總銷售額等於總成本時，

$$P \times q_b = TFC + AVC \times q_b \tag{13-8}$$

由公式 (13-8)，求解 q_b（本益平衡銷售量）得：

$$q_b = \frac{TFC}{P - AVC} \tag{13-9}$$

如果欲求得**目標利潤** (Target profit) 下的**目標銷售量** (Target quantity sold)，公式 (13-9) 可修正成：

$$q_t = \frac{TFC + \pi_t}{P - AVC} \tag{13-10}$$

上述公式 (13-10) 中，q_t = 目標銷售量

π_t = 目標利潤

假設弘基半導體公司的產品每單位售價為 $100，公司的總固定成本為 $12,000,000，平均可變成本為 $60，則將這些數字代入公式 (13-9) 可得本益平衡銷售量如下：

$$q_b = \frac{\$12,000,000}{\$100 - \$60} = 300,000$$

如果每單位產品售價提高為 $110，則本益平衡銷售量變為：

$$q_b' = \frac{\$12,000,000}{\$110 - \$60} = 240,000$$

由於售價提高，本益平衡銷售量因而減少。

若公司不擬提高售價，而以某些固定成本代替可變成本，如以機器代替勞工，因此總固定成本增加至 $15,000,000，而平均可變成本減少至 $40，則本益平衡銷售量為：

$$q_b = \frac{\$15,000,000}{\$100 - \$40} = 250,000$$

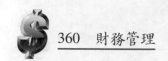

假定售價與成本均不變，但公司擬達成的目標利潤為 $4,000,000，則銷售量需多少?

將有關數字代入公式 (13–10)，得目標銷售量如下:

$$q_t = \frac{\$12,000,000 + \$4,000,000}{\$100 - \$60} = 400,000$$

● 三、營運槓桿程度 (Degree of operating leverage, DOL) 的測量

企業使用固定成本的程度，影響其營運風險，如果固定成本高，銷售量的小量減少，也會引起營業盈餘的大幅減少，因此固定成本越高，營運風險也越高。**營運槓桿** (Operating leverage) 是指利用固定成本以擴張銷售量變動時營業盈餘所受的影響。

假定純益公司的產品之售價為 $20，總固定成本為 $2,000，平均可變成本為 $10，表 13–3 可用來說明銷售量從 250 減少至 200（即減少 20%）及銷售量從 250 增加至 300（即增加 20%）時，營業盈餘 (EBIT) 所受到的影響。從表知當銷售量變動 20% 時，營業盈餘變動 100%，亦即營業盈餘的變動幅度，大於銷售量的變動幅度。

◀表 13–3▶ 純益公司的銷售量及營業盈餘

	情況 1		情況 2
	−20%		+20%
銷售量	200	250	300
總銷售額	$4,000	$5,000	$6,000
減: 總可變成本	2,000	2,500	3,000
減: 總固定成本	2,000	2,000	2,000
營業盈餘	$ 0	$ 500	$1,000
	−100%		+100%

營運槓桿程度（DOL）可用來說明銷售量的變動比率與營業盈餘的變動比率間之關係。

$$DOL = \frac{營業盈餘變動百分率}{銷售量變動百分率} = \frac{\Delta EBIT\%}{\Delta q\%} \qquad (13\text{--}11)$$

將公式 (13–11) 應用於表 13–3 之兩種情況可得：

情況 1：$DOL = \dfrac{-100\%}{-20\%} = 5$

情況 2：$DOL = \dfrac{+100\%}{+20\%} = 5$

在此例中，DOL = 5 表示銷售量變動 1% 時，營業盈餘變動 5%。

下述公式可用來計算任一銷售量下的 DOL：

$$DOL = \frac{q(P - AVC)}{q(P - AVC) - TFC} \qquad (13\text{--}12)$$

利用上述公式 (13–12) 可計算純益公司的銷售量為 250 時之 DOL 如下：

$$DOL = \frac{250(\$20 - \$10)}{250(\$20 - \$10) - \$2{,}000} = 5$$

由此可知利用公式 (13–12) 與公式 (13–11) 所求得的 DOL 均相同。

　　公司有時擬增加固定成本，以降低平均可變成本，這時 DOL 會受到劇烈的影響，同樣的結果也發生在以可變成本取代固定成本。若純益公司的固定成本增加至 $2,600，因而使平均可變成本減少至 $8，此時銷售量為 250 時之 DOL 變成：

$$DOL = \frac{250(\$20 - \$8)}{250(\$20 - \$8) - \$2{,}600} = 7.5$$

　　由於總固定成本的增加幅度大於平均可變成本的減少幅度，因此 DOL 變成更大。

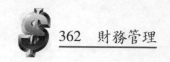

● 四、營運本益平衡分析的限制

前述的營運本益平衡分析存在於各種假定下，因此在應用時有許多限制。這些限制包括：

1.售價不穩定，平均可變成本並非固定

營運本益平衡分析假定產品售價及平均可變成本固定，因此總銷售額及總成本均與銷售量有直線型關係。事實上，為增加銷售量，產品價格必須降低，而且當銷售量增加時，平均可變成本首先降低而後上升，因此總銷售額及總成本與銷售量間的關係並非直線型。

非直線型的總銷售額及總成本函數，導致一個以上的本益平衡點，如圖 13-7 所示。本益平衡點發生在銷售量為 q_1 及 q_2 時。若銷售量小於 q_1 或大於 q_2，公司有虧損，只有在 q_1 及 q_2 之間時，公司有利潤 (EBIT > 0)。公司利潤最大時為在 q_1 與 q_2 間的銷售量使得 TR 與 TC 曲線間的垂直距離為最大者，此即銷售量等於 q^* 時，利潤為最大。

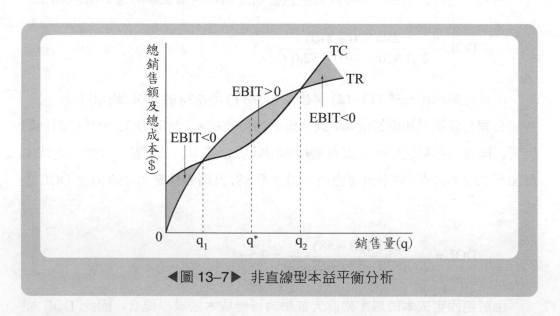

◀圖 13-7▶ 非直線型本益平衡分析

2.時間因素

本益平衡分析假定成本可以劃分為固定成本及可變成本。但是時間的長短

決定固定成本與可變成本。短期內的固定成本，在長期間成為可變成本，事實
上，如果期間夠長的話，則所有成本為可變成本。本益分析的考慮時間因素一
般僅限於一年。

3. 多種產品、多個廠房的企業

　　本益平衡分析假定企業僅生產與銷售一種產品，如果企業生產一種以上的
產品，則本益平衡分析變成更為複雜。此外，一家企業可能有一個以上的廠房，
不同廠房間的成本結構並不相同，此時很難決定本益平衡分析中的有關成本數
字。最後，一家企業也許跨足不同產業，生產為數眾多的產品，這使得本益平
衡分析變成幾乎不可能。

　　由這些因素可知，本益平衡分析甚難應用於一個企業，但是如果僅用於企
業內的一個小部門，因為有關資料較易掌握，則這些問題可以減少甚多。

第三節　財務風險與財務槓桿

　　財務風險是指企業由於在資本結構中使用**固定收益證券** (Fixed income se-
curities)，如債券及特別股，導致普通股股東承擔的額外風險。**財務槓桿** (Finan-
cial leverage) 則是使用有固定收益證券於長期融資中，對普通股股東報酬的影
響。如果企業發行公司債及特別股，不論企業的營業盈餘 (EBIT) 如何，均必須
支付利息及特別股股利。債券持有人及特別股股東對於企業盈餘的請求權，優
先於普通股股東，因此普通股股東的權益因而受到影響。故財務槓桿可用來表
示營業盈餘變動對每股盈餘的影響。

　　臺興塑膠公司有息票利率為 8% 的 $62,500 公司債，3,000 股的特別股，每
股面額為 $20，股利為面額的 10%，普通股的發行量為 10,000 股，並假定公司
所得稅稅率為 30%。表 13－4 表示公司營業盈餘為 $20,000, $25,000，及 $30,000
下的每股盈餘。

　　財務槓桿程度 (Degree of financial leverage, DFL) 可用來測量營業盈餘的變
動比率與每股盈餘的變動比率間之關係。

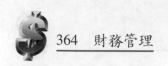

$$DFL = \frac{每股盈餘變動百分率}{營業盈餘變動百分率} = \frac{\Delta EPS\%}{\Delta EBIT\%} \qquad (13\text{–}13)$$

公式 (13–13) 應用於臺興塑膠公司之兩種情況可得:

◖表 13–4◗ 臺興塑膠公司的營業盈餘及每股盈餘

	情況 1		情況 2
	−20%		+20%
營業盈餘 (EBIT)	$20,000	$25,000	$30,000
減: 利息* (I)	5,000	5,000	5,000
稅前盈餘 (EBT)	$15,000	$20,000	$25,000
減: 公司所得稅 (t=30%)	4,500	6,000	7,500
稅後純益 (EAT)	$10,500	$14,000	$17,500
減: 特別股股利**	6,000	6,000	6,000
屬於普通股股東的純益	$ 4,500	$ 8,000	$11,500
每股盈餘	$\frac{\$4,500}{10,000}=\$0.45$	$\frac{\$8,000}{10,000}=\$0.80$	$\frac{\$11,500}{10,000}=\$1.15$
	−43.75%		+43.75%

*利息=$62,500×8%=$5,000

**特別股股利=$20×10%×3,000=$6,000

情況 1: $DFL = \dfrac{-43.75\%}{-20\%} = 2.19$

情況 2: $DFL = \dfrac{43.75}{20\%} = 2.19$

DFL = 2.19 表示臺興公司的營業盈餘變動 1% 時,每股盈餘變動 2.19%。

下述公式可用來計算任一營業盈餘水準下的 DFL❼:

$$DFL = \frac{EBIT}{EBIT - I - \dfrac{D_P}{1-t}} = \frac{q(P-AVC)-TFC}{q(P-AVC)-TFC-I-\dfrac{D_P}{1-t}} \qquad (13\text{–}14)$$

---

❼ 如果企業沒有發行特別股,則公式 (13–14) 變成:

$$DFL = \frac{EBIT}{EBIT-I}$$
$$= \frac{EBIT}{EBT}$$

上式中，D_p 為特別股股利。特別股股利不能當費用減除，而利息可當費用減除，故 $1 特別股股利的成本比 $1 利息為多。因此特別股股利必須除以 $(1 - t)$，才能使利息與特別股股利處在相同的稅前基礎下。

公式 (13–14) 可用來計算臺興公司的 EBIT 為 $25,000 時的 DFL 如下：

$$DFL = \frac{\$25,000}{\$25,000 - \$5,000 - \frac{\$6,000}{1 - 0.3}} = 2.19$$

由此可知利用公式 (13–14) 與 (13–13) 所求得的 DFL 相同。

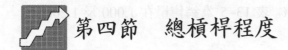 **第四節　總槓桿程度**

營運槓桿使得銷售量的變動對營業盈餘有擴大的影響，而財務槓桿使得營業盈餘的變動對每股盈餘有擴大的影響。營運槓桿與財務槓桿合併起來的**總槓桿** (Total leverage)，則可用來說明營運與財務結構的固定成本之總影響。亦即若企業的營運槓桿及財務槓桿程度相當高，則小量的銷售量變動，將會引起每股盈餘大幅度的變動。

總槓桿程度 (Degree of total leverage, DTL) 可用來測度銷售量的變動比率與每股盈餘的變動比率間之關係。

$$DTL = \frac{每股盈餘變動百分率}{銷售量變動百分率} = \frac{\Delta EPS\%}{\Delta q\%} \tag{13–15}$$

上述公式 (13–15) 可改寫成：

$$DTL = \frac{\frac{\Delta EPS}{EPS}}{\frac{\Delta q}{q}} \tag{13–16}$$

上述公式 (13–16) 的右邊分母與分子各除以 $\frac{\Delta EBIT}{EBIT}$，得：

$$DTL = \frac{\frac{\Delta EPS}{EPS} / \frac{\Delta EBIT}{EBIT}}{\frac{\Delta q}{q} / \frac{\Delta EBIT}{EBIT}}$$

$$= \frac{DFL}{1/DOL}$$

$$= DOL \times DFL \qquad\qquad (13\text{--}17)$$

上式表示 DTL 為 DOL 與 DFL 相乘而得。

假定太古鐘錶公司的產品每單位價格為 $20，固定營運成本為 $8,000，平均可變成本為 $7。公司的利息費用為 $2,000，特別股股利為 $1,100，普通股發行量為 5,000 股，公司所得稅率為 30%。表 13–5 為銷售量在 1,000 及 1,200 下，每股盈餘的計算。

◀表 13–5▶ 太古鐘錶公司每股盈餘計算表

銷售量	1,000	1,200
總銷售額	$20,000	$24,000
減：總可變成本	7,000	8,400
減：總固定成本	8,000	8,000
營業盈餘	$ 5,000	$ 7,600
減：利息	2,000	2,000
稅前盈餘	$ 3,000	$ 5,600
減：公司所得稅 (30%)	900	1,680
稅後純益	$ 2,100	$ 3,920
減：特別股股利	1,100	1,100
屬於普通股股東的純益	$ 1,000	$ 2,820
每股盈餘	$\frac{\$1,000}{5,000}=\$0.20$	$\frac{\$2,820}{5,000}=\$0.564$

由表 13–5 可知：

$$銷售量變動百分率 = \frac{1,200 - 1,000}{1,000} \times 100\% = 20\%$$

$$營業盈餘變動百分率 = \frac{\$7,600 - \$5,000}{\$500} \times 100\% = 52\%$$

$$每股盈餘變動百分率 = \frac{\$0.564 - \$0.20}{\$0.20} \times 100\% = 182\%$$

因此，

$$DOL = \frac{52\%}{20\%} = 2.6$$

$$DFL = \frac{182\%}{52\%} = 3.5$$

$$DTL = DOL \times DFL = 2.6 \times 3.5 = 9.1 \quad 或 \quad DTL = \frac{182\%}{20\%} = 9.1$$

將公式 (13–12) 及 (13–14) 合併起來，可直接計算任何銷售量下的 DTL。

$$DTL = \frac{q(P - AVC)}{q(P - AVC) - TFC} \times \frac{q(P - AVC) - TFC}{q(P - AVC) - TFC - I - \dfrac{D_P}{1 - t}}$$

$$= \frac{q(P - AVC)}{q(P - AVC) - TFC - I - \dfrac{D_P}{1 - t}} \tag{13–18}$$

太古鐘錶公司的有關數字：q = 1,000, P = \$20, AVC = \$7, TFC = \$8,000, I = \$2,000, D_P = \$1,100，及 t = 30% 代入公式 (13–18)，可得：

$$DTL = \frac{1,000(\$20 - \$7)}{1,000(\$20 - \$7) - \$8,000 - \$2,000 - \dfrac{\$1,100}{(1 - 30\%)}} = 9.1$$

可知利用公式 (13–18)、(13–15) 及 (13–17) 所求得的 DTL 相同。

由 DTL 可知，為了提高每股盈餘，企業可以增加 DOL, DFL，或兩者為之。但是營運槓桿及財務槓桿的利用有其限度。隨著槓桿程度的增加，風險也隨之提高，因而投資者對企業的必要報酬率也跟著提高，企業的資金成本因而上升，因此抵消了槓桿利用的報酬，過度的利用槓桿反而引起企業價值的下降。

第五節　EBIT–EPS 分析方法

影響公司股價的主要因素為公司的利潤，此可由公司所有人的報酬，即每股盈餘來代表。公司負債比例的改變會影響每股盈餘，進而引起股價的改變。負債比例越高，風險越大，債權人及股東要求的報酬率提高。EBIT – EPS 分析法，可以用來得知 EBIT 在某一範圍內，何種融資可使 EPS 最大。

假定福星公司目前的資本結構中只有股權融資，普通股發行數量為 10,000,000 股。由於市場對公司產品的需求增加，公司擬擴充設備，為此而必須考慮融資方式❽。

若公司有兩種計劃可供選擇，A 計劃為負債融資，為此公司必須發行息票利率為 10% 的債券 $40,000,000。B 計劃為股權融資，公司因而必須發行每股售價為 $8 的普通股5,000,000股。如採行 B 計劃，公司仍未使用財務槓桿；如使用 A 計劃，則公司的資金有一部份來自負債，即公司使用財務槓桿。問題在負債融資是否有利於公司股東。

EBIT – EPS 分析方法可以用來說明何種融資方式對股東有利。表 13–6 為在相同的 EBIT 時，兩種不同融資計劃下的 EPS 之計算。在負債融資方式下，當營業盈餘增加 40% 時，即由 $10,000,000 增加至 $14,000,000，每股盈餘增加 66.67% [= ($0.70 – $0.42)/$0.42]，亦即財務槓桿程度為 1.67 (= 66.67%/40%)。而在股權融資方式下，當營業盈餘增加 40% 時，每股盈餘增加 38.3% [= ($0.65 – $0.47)/$0.47]。每股盈餘增加幅度在負債融資下較高，乃由於負債的使用，使公司的財務風險增加，因此股東要求的報酬率提高更多。

圖 13–8 可用來說明福星公司在兩種融資計劃下，EBIT 與 EPS 間的關係。

---

❽　為簡化分析起見，特別股融資方式不予考慮。

表 13–6 福星公司的 EBIT–EPS 分析

	負債融資（A 計劃）	股權融資（B 計劃）
營業盈餘 (EBIT)	$10,000,000	$10,000,000
減：利息 (I)	4,000,000	0
稅前盈餘 (EBT)	$ 6,000,000	$10,000,000
減：公司所得稅 (30%)	1,800,000	3,000,000
稅後純益 (EAT)	$ 4,200,000	$ 7,000,000
普通股股數	10,000,000	15,000,000
每股盈餘	$ 0.42	$ 0.47
營業盈餘 (EBIT)	$14,000,000	$14,000,000
減：利息 (I)	4,000,000	0
稅前盈餘 (EBT)	$10,000,000	$14,000,000
減：公司所得稅 (30%)	3,000,000	4,200,000
稅後純益 (EAT)	$ 7,000,000	$ 9,800,000
普通股股數	10,000,000	15,000,000
每股盈餘	$ 0.70	$ 0.65

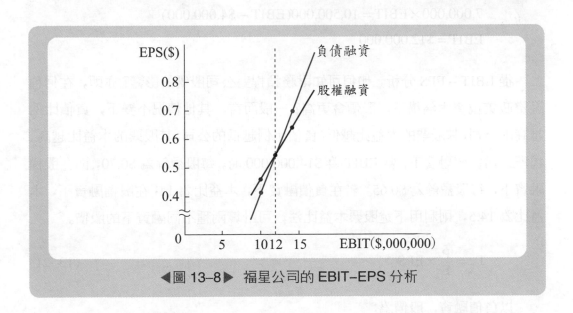

◀圖 13–8▶ 福星公司的 EBIT–EPS 分析

此圖顯示當 EBIT 小於 $12,000,000 時，股權融資有較高的 EPS，當 EBIT 大於 $12,000,000 時，負債融資有較高的 EPS，當 EBIT 等於 $12,000,000 時，股權融資與負債融資沒有差別，EPS 均為 $0.56，此 $12,000,000 稱為 EBIT – EPS **無異點** (Indifferent point)，即：

$$EPS（股權融資）= EPS（負債融資）\qquad (13-19)$$

根據 EPS 的下述定義式：

$$EPS = \frac{(EBIT - I)(1 - t) - D_P}{n}\qquad (13-20)$$

公式 (13-20) 中，n 為普通股股數。

將福星公司的有關數字（除 EBIT 外）代入公式 (13-20)，得：

$$\frac{(EBIT - \$0)(1 - 30\%) - \$0}{15,000,000} = \frac{(EBIT - \$4,000,000)(1 - 30\%) - \$0}{10,000,000}$$

$$\frac{0.7 \times EBIT}{15,000,000} = \frac{0.7 \times (EBIT - \$4,000,000)}{10,000,000}$$

$$7,000,000 \times EBIT = 10,500,000(EBIT - \$4,000,000)$$

$$EBIT = \$12,000,000$$

從 EBIT – EPS 分析，如何可知財務槓桿對公司股價的影響？亦即，在何種融資政策或資本結構下，股價會更高？一般而言，其他情況不變下，負債比例越高的公司，其股票的本益比越低；負債比例越低的公司，其股票的本益比越高。福斯公司負債融資下，當 EBIT 為 $14,000,000 時，每股盈餘為 $0.70，而在股權融資下，每股盈餘為 $0.65。若在負債融資下，本益比為 14；在股權融資下，本益比為 14.5，則利用下述股票本益比法，可計算兩種不同融資下的股價。

$$P_0 = \frac{P}{E} \times EPS\qquad (13-21)$$

以負債融資，股價為：

$$P_0 = 14 \times \$0.70 = \$9.80$$

以股權融資，股價為：

$$P_0 = 14.5 \times \$0.65 = \$9.43$$

由此可知，負債融資時的股票本益比雖然稍低，但是股價卻較高，顯示每股盈餘的增加大大地抵消了財務風險的增加後還有剩餘。

如果 EBIT 仍為 \$14,000,000，但是福星公司必須增加更多的負債，以使其每股盈餘提高到 \$1.05，股票投資人意識到公司的風險將大為增加，因此公司股票的本益比降低至 8，則股價將為 \$8.40，可知此種資本結構不是公司所想要的。此例中的本益比僅是一種假定，但亦表示 EBIT – EPS 分析方法並未告知在何種資本結構下，股價達到最大。

基本上，EBIT – EPS 分析法著重在如何使利潤達到最大，而不是如何使股價達到最大。如第一章所述，公司在追求每股盈餘最大時，通常忽略了風險。如果公司負債比例提高，但是隨著風險的增加，股東若不要求更高的補償，則當每股盈餘達到最大時，股價也達到最大。但是，當財務槓桿增加導致股東要求更高的補償時，每股盈餘的最大並不表示股價的最大。在尋求最適資本結構，以使股價最大時，必須同時考慮每股盈餘及風險，此於下節中討論。

 第六節 最適資本結構的決定

本書一直假定公司的目標在追求股東財富的極大化，亦即股價的最大化。財務經理在做財務結構的決策時，必須根據此目標以尋求最適資本結構，亦即最適負債比例。負債比例高，風險增加，但是報酬也隨之增加。

在決定何種資本結構下，股價可以極大化，公司必須探求股東的報酬多少時，足以補償其所承擔的風險。風險測量的最普遍方法為報酬的變異係數，當變異係數越大時，風險越高；反之，則越低。不論以何種方法估計報酬，只要風險增加，必要報酬也隨之提高。表 13–7 可以用來說明在各種負債比例下，立德

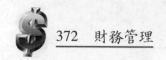

公司每股盈餘的變異係數，及其相對的必要報酬率。

表 13–7　立德公司在不同資本結構下的每股盈餘期望值，標準差，變異係數及必要報酬率之估計

資本結構負債比例	每股盈餘期望值(1)	每股盈餘的標準差(2)	每股盈餘的變異係數$(3)=\dfrac{(2)}{(1)}$	必要報酬率 (k_s) 估計(4)
0%	$1.50	$0.98	0.65	8.2%
10	1.75	1.21	0.69	8.6
20	1.92	1.50	0.78	9.3
30	2.19	1.93	0.88	10.1
40	2.49	2.54	1.06	11.3
50	2.75	3.16	1.15	12.9
60	3.00	4.64	1.45	14.9
70	2.85	6.80	1.80	17.5

　　如果立德公司的盈餘全部以股利發放予股東，並且假定每年的股利不變，則在不同資本結構下的股價可以從下述公式 (13–22) 求得：

$$P_0 = \frac{EPS}{k_s} \tag{13–22}$$

　　表 13–8 為立德公司在不同資本結構下的股價。由表可知，立德公司的負債比例為 40% 時，股價為最高 ($22.04)，此時的每股盈餘期望值為 $2.49。當每股盈餘期望值最高時 ($3.00)，股價並不在最高點，表示隨著負債比例的提高（由 40% 至 60%），風險的增加並未獲得適足的補償，亦即每股盈餘的增加率小於必要報酬率的增加率。

　　表 13–8 的資本結構，每股盈餘期望值，以及股價之資料可以圖 13–9 來說明每股盈餘期望值及股價的關係。股價最高時的負債比例為 40%，而每股盈餘最高時的負債比例為 60%。

■表 13–8 ▶ 立德公司在不同資本結構下的股價

資本結構 負債比例	每股盈餘 期望值*(1)	必要報酬率* (2)	股價估計 (3) = $\frac{(1)}{(2)}$
0%	$1.50	8.2%	$18.29
10	1.75	8.6	20.35
20	1.92	9.3	20.65
30	2.19	10.1	21.68
40	2.49	11.3	22.04
50	2.75	12.9	21.32
60	3.00	14.9	20.13
70	2.85	17.5	16.29

*每股盈餘期望值及必要報酬率的數字來自表 13–7。

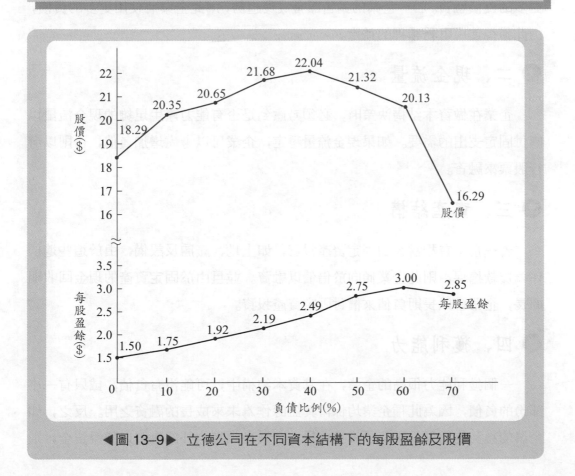

◀圖 13–9▶ 立德公司在不同資本結構下的每股盈餘及股價

第七節　其他有關因素

本章迄今討論的企業資本結構決策，有其理論基礎，但是仍然過於簡單。許多其他有關因素，即使不易測量其對企業價值的影響，但是在做資本結構政策決定時，必須加以考慮，因為它們對股價均有影響。本節擬逐一略述這些影響資本結構的因素。

● 一、銷售額的穩定性

若企業的銷售額較為穩定且容易預測，則此企業比銷售額變動甚大的企業可以有更高的負債比例，例如公用事業由於銷售額穩定，因此比其他產業利用更多的負債融資。若一企業的銷售額有成長趨勢，則此企業將使用更多的負債，由此獲得使用財務槓桿的益處。

● 二、現金流量

企業在做資本結構決策時，必須考慮到是否有能力產生足夠的現金流量以應付固定支出的需要。如果現金流量穩定，企業可以考慮增加負債，否則以發行股票來融資。

● 三、資產結構

若一企業有相當大的固定資產投資，如土地、廠房及設備，由於這些適於作為貸款擔保，則此企業傾向於借債以融資。並且由於固定資產的現金回收期間長，企業會以長期負債來償付固定資產投資。

● 四、獲利能力

一個獲利能力很高的企業，在其資本結構中，可能沒有負債，或只有一小部份的負債，因為此種企業均保留其盈餘作為未來成長的融資之用。反之，如企業的獲利能力低，則為了維持成長，企業必須經由外部融資以獲得資金，通

常以儘量舉債為之。

五、管理階層的態度

由於無法確定一種資本結構是否較另一種資本結構導致更高的股價，管理階層將按照自己的判斷來決定最適資本結構。較為保守的管理階層，為了降低財務風險，因而傾向於低的負債比例；反之，較為放任（或積極）的管理階層，為了獲得槓桿的益處，願意提高財務風險，因而傾向於負債融資。

六、企業控制

股權融資與負債融資可能影響企業管理階層的控制地位，因而影響了企業的資本結構之決定。若管理階層有足夠的控制權，則在需要新融資時，可能選擇負債。然而如果企業財務狀況甚差，則增加的負債可能使企業無法償還，管理階層因而有失去職務的風險。若管理階層選擇發行新股票以籌集資金，則由於股權的增加，管理階層的控制地位很可能剝弱，而且負債比例過低，可能引起其他企業企圖兼併其企業。一般而言，企業管理階層在決定資本結構時，都會考慮其對控制權的影響。

七、貸款人及信用評等機構的態度

財務經理對於企業的最適資本結構可以經由分析而加以決定，但是貸款人及信用評等機構對其企業的資本結構之態度，亦可影響企業的財務結構決策。

債券投資人的決定，多少受到債券信用評等機構的影響。債券等級表示信用評等機構對企業違約風險的看法。債券等級下降，表示債券投資風險的增加，因此債券的要求報酬率也提高，股票投資的要求報酬率也會提高，債券與股票投資人只願在較低價格下買進新發行證券。

由於貸款人及信用評等機構的建議決定了負債融資的適合水準及成本，因此財務經理在做資本結構的劇烈變動時，必定徵求他們的意見，甚至根據債券等級來決定其資本結構。

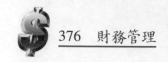

八、資本市場狀況

　　資本市場狀況的改變，對於企業的最適資本結構有重大的影響。有時資本市場不利於債券的發行，有時則不利於股票的發行。例如，在 1980 年代初期，公司的最適資本結構分析，指出公司應以舉債方式融資，但是由於高利率及資金短缺，公司只有另尋其他方式來籌措資金。同樣地，在 2000 年代初期，一些公司擬發行股票以籌集資金，但是由於股票市場大幅下降，使得公司無法在股票市場獲得所需資金。因此可知債券及股票市場狀況，可以影響公司的融資方式，進而改變了公司的資本結構。

 問　題

13-1　何以說明企業資本結構與其加權平均資金成本的關係之直覺理論為直覺？

13-2　敘述資本結構的傳統理論，及此理論與直覺理論有何差別？

13-3　說明不課稅情況下的 MM 理論及其基本假設。

13-4　在課稅情況下，MM 理論如何說明資本結構與企業價值間的關係？

13-5　何謂營運風險？什麼因素可影響企業的營運風險？

13-6　何謂本益平衡分析？有何用途？哪些資料包含在此分析中？

13-7　簡述如何利用圖形及數學式做本益平衡分析？

13-8　何謂營運槓桿程度？某一企業的銷售量增加 40%，營業盈餘則增加 75%，計算此企業的營運槓桿程度。

13-9　討論本益平衡分析在應用上的限制。

13-10　何謂財務風險？若一家公司的營業盈餘增加 30%，每股盈餘則增加 80%，計算此公司的財務槓桿程度。

13-11　何以營運風險低的企業，可以承受較高的財務風險？

13-12　說明營運槓桿程度、財務槓桿程度，及總槓桿程度間的關係。

13-13　如果銷售量增加 15%，每股盈餘則增加 55%，計算總槓桿程度。

13–14 用圖說明 EBIT – EPS 分析方法，又此法有何用處？

13–15 EBIT – EPS 分析方法是否說明在何種資本結構下股東財富可以達到最大？

13–16 EPS 最大時的資本結構即是最適資本結構？討論之。

13–17 在決定最適資本結構時，還有哪些重要有關因素必須考慮？

 習　題

13–1 有 A、B 兩家公司，A 公司沒有負債融資，B 公司有負債融資，在不課稅的 MM 理論下，根據下述資料，證明兩家公司的市場價值相同。

	A 公司	B 公司
股權	$300,000	$200,000
負債	–	100,000
股權成本	8%	8.5%
負債成本	–	6%
營業盈餘	80,000	80,000

13–2 有 M、N 兩家公司，M 公司使用財務槓桿，N 公司未使用財務槓桿，兩家公司的所得稅稅率均在 40%，根據下述資料，計算兩家公司的市場價值，並說明何以有差異？此差異從何而來？

	M 公司	N 公司
股權	$40,000	$60,000
負債	20,000	–
股權成本	9%	$8\frac{1}{3}$%
負債成本	5%	–
營業盈餘	10,000	10,000

13–3 諾亞電話公司估計其 XT – 250 型的行動電話售價為 $25，總固定成本為 $120,000，平均可變成本為 $10，請在下述不同情況下，計算此公司的本益平

衡點。

(1)所有數字不變。

(2)價格上升至 $30,其他數字不變。

(3)平均可變成本降低至 $9,其他數字不變。

(4)總固定成本降低至 $110,000,其他數字不變。

(5)總固定成本增加至 $130,000,其他數字不變。

(6)從這些不同的本益平衡點,試引申結論。

13-4　第一公司的襯衫售價為 $18,總固定成本為 $20,000,平均可變成本為 $10。

(1)計算此公司的本益平衡點。

(2)若公司擬達到目標利潤 $10,000,銷售量應為多少?

(3)若銷售量從 6,000 增加到 9,000,平均可變成本由 $7 減為 $5,EBIT 增加多少? 又銷售量及 EBIT 的百分率變動為何?

(4)根據(3)的數字,計算營運槓桿程度,並解釋其意義。

13-5　公益公司的利息成本為 $20,000,稅率為 40%,特別股股利為 $10,000,普通股數量為 20,000 股,若公司的營業盈餘從 $60,000 增加至 $90,000,計算此公司的財務槓桿程度。

13-6　弘揚公司的總固定成本為 $50,000,平均可變成本為 $20,產品售價為 $36,求銷售量為(1) 5,000 及(2) 8,000 時的營運槓桿程度。

13-7　臺一公司有息票利率為 8% 的公司債 $2,000,000, 10,000 股的特別股,其股利為面額 $50 的 10%,普通股流通量為 200,000 股,其本益比為 25,公司所得稅稅率為 40%。若公司的營業盈餘為 $500,000:

(1)求此公司普通股的股價。

(2)若公司的營業盈餘為 $4,500,000,求此公司的財務槓桿程度。

13-8　圓滿公司的資本結構包含利率為 12% 的負債 $500,000,以及普通股股票 5,000 股,公司的所得稅稅率為 30%。若公司的營業盈餘為 $120,000, $150,000, 及 $180,000。

(1)求不同的營業盈餘下之每股盈餘。

(2)以營業盈餘 $150,000 為基礎,求公司的財務槓桿程度。

13-9 理想公司的產品售價為 $5，銷售量為 30,000，總固定成本為 $20,000，平均可變成本為 $3.50。公司的特別股股利為 $3,000，息票利率為 8% 的公司債 $75,000，公司所得稅稅率為 30%。

(1)計算此公司的本益平衡點。

(2)計算此公司的營運槓桿程度，財務槓桿程度，以及總槓桿程度。

13-10 美玲時裝公司預估產品銷售量為 30,000，單位售價為 $30，總固定成本為 $200,000，平均可變成本為 $20。公司的特別股數量為 4,000 股，特別股每股股利為 $6，普通股數量為 8,000 股，利率為 8% 的公司債 $300,000，公司所得稅稅率為 30%。

(1)計算此公司的每股盈餘。

(2)如果公司的產品銷售量增加 20%，則每股盈餘為何？

(3)計算銷售量為 30,000 時的營運槓桿程度、財務槓桿程度，及總槓桿程度。

(4)若銷售量增加 20%，則營運槓桿程度、財務槓桿程度，及總槓桿程度有何變動？

13-11 天祥公司今年的產品售價為 $10，銷售量為 60,000，總固定成本為 $200,000，總可變成本為 $200,000。公司有利率為 10% 的負債 $500,000，每股股利為 $3 的特別股 2,000 股，普通股 15,000 股，公司所得稅稅率 30%。

(1)計算天祥公司今年的總槓桿程度。

(2)如果公司預期明年的銷售量增加 50%，為此公司必須增加固定成本 60%，但平均可變成本可降低 20%，增加長期負債 30%，增加的負債之利率為 12%，則總槓桿程度為何？

(3)若公司擬維持原來的總槓桿程度，則明年的負債應減少若干？

13-12 亞虎科技公司目前的資本結構只有普通股 1,500,000 股,由於市場對其產品的需求迅速增加，公司必須擴充。公司的融資計劃為:

H 計劃: 負債融資——發行息票利率為 8% 的公司債 $20,000,000。

K 計劃: 股權融資——發行新股票 1,000,000 股，每股售價為 $20。

(1)用圖形及數學式找出此公司的 EBIT-EPS 無異點。

(2)如果股票售價提高，公司債利率不變，則 EBIT-EPS 無異點有何變動？

⑶如果股票售價不變，公司債利率提高，則 EBIT – EPS 無異點有何變動?

13-13 如意公司目前的資本結構為: 普通股 2,000,000 股，每股股權價值為 $25，以及公司債 $50,000,000，利率為 12%。公司擴充所需資金為 $40,000,000，若以負債融資，利率為 14%，若以股票融資，每股可售 $50。公司的所得稅稅率為 30%。

⑴用圖形及數學式求此公司的 EBIT – EPS 無異點。

⑵如果公司的營業盈餘為 $20,000,000 及 $80,000,000，應用何種融資?

13-14 高見出版社的總資產為 $5,000,000，公司的資本結構包含負債與普通股股權，公司所得稅稅率為 30%，營業盈餘為 $1,500,000。公司的有關財務資料如下:

負債比例	負債成本	普通股股數	股東要求報酬率
0%	0%	200,000	7.00%
10	6.0	190,000	7.15
20	7.5	180,000	8.20
30	8.5	170,000	9.65
40	10.0	160,000	11.50
50	12.0	150,000	13.65
60	14.5	150,000	16.05

⑴計算不同資本結構下的每股盈餘。

⑵根據公式 (13–22) 計算不同資本結構下的股價。

⑶公司的最適資本結構為何?

13-15 宏圖公司產品銷售量的機率分配如下:

銷售量	100,000	150,000	200,000	250,000
機率	0.2	0.3	0.3	0.2

產品售價為 $8，總固定成本為 $300,000，平均可變成本為 $4，總資產為 $2,000,000，普通股面額為 $40，公司所得稅稅率為 30%。在不同負債比例下的負債成本及股東要求報酬率如下:

負債比例	負債成本	股東要求報酬率
0%	0%	9.0%
20	10	10.0
40	12	11.0
60	15	13.0
80	20	16.0

(1)計算不同銷售量下的營業盈餘。

(2)計算不同負債比例下的利息費用。

(3)根據(1)的結果，計算不同銷售量下的每股盈餘。

(4)計算不同負債比例下每股盈餘的期望值、標準差、及變異係數。

(5)根據(4)的結果，畫圖表示負債比率與每股盈餘的關係。

(6)根據公式 (13-22) 計算不同負債比例下的股價。

(7)比較(4)與(6)的結果，為使股東財富最大的負債比例如何?為使每股盈餘最大
的負債比例如何?

第十四章

股利政策

　　企業有三個財務決策，即投資、融資，及股利決策。此三種決策並非互為獨立，它們之間是互為關聯的。投資決策影響了企業的資本結構及未來盈餘的處理，資本結構政策影響資金成本以及投資機會之是否接受，而股利政策影響資金來源及資金成本。當然，每一種財務決策的目標均為追求股東財富極大化。

　　股利政策是指企業將盈餘以股利分配予股東，或將盈餘保留作為將來再投資之決策。股利政策之影響股價，可由第五章股票評價的固定成長模型說明之。

$$P_0 = \frac{D_1}{k_e - g} \tag{14-1}$$

　　上式中決定股價的每一變數均與股利決策有關。若企業發放更多股利(D_1)，則股價將上漲。然而，越多的股利表示企業保留盈餘作為未來再投資之用將減少，因此股利的成長率 (g) 將降低，股價因而下跌。股利政策也影響股票的必要報酬率，當企業需要融資時，一般而言，保留盈餘成本較新發行股票成本為低，股利發放比率低的企業，由於有較多的保留盈餘，因而其資金成本較低，股價將會上漲。因此財務經理必須在股利與保留盈餘之間尋求平衡點，以獲得**最適股利政策** (Optimal dividend policy)，使股價在長期間達到最高點。

　　本章第一節敘述主要的股利理論，第二節說明股利政策的主要決定因素，第三節為不同型態的股利政策，第四節檢討企業如何支付現金股利，第五節說明其他方式的股利支付。

第一節　股利理論

股利政策所關心的是，企業應保留多少盈餘以作為未來融資之用。有關股利的論著甚多，其中主要的學派有三，一為股利剩餘理論，次為股利不相干理論，最後為股利相干理論。這三種理論各有其假設，這些理論互相抵觸，沒有一個理論可以充分作為股利決策之用。但是，對於 不同理論的瞭解，可以有助於企業在複雜的企業環境中處理股利政策決定。

● 一、股利剩餘理論 (Residual theory of dividend)

股利剩餘理論是指企業在執行所有可接受的投資計劃後，剩餘的保留盈餘以股利形式發放予股東。企業在決定最適度資本預算後，根據最適資本結構，決定資本支出所需的股權融資。股權融資來自保留盈餘或發行新股票。由於發行新股票有發行成本，因此發行新股票成本高於保留盈餘成本。故當企業需要資金時，先考慮保留盈餘，不足的則由發行新股票獲得。如果保留盈餘超過所需要的，則超過部份應以股利方式發放予股東。因此股利政策是透過投資政策及融資政策來決定。盈餘只有在用於投資計劃融資後還有剩餘時，才能以股利形式分配予股東。

不同年間融通可接受的投資計劃之金額變動甚大，如果剩餘理論用於股利決策，則當可接受投資計劃需要甚多資金時，股利為零，而當盈餘遠超過股權融資所需時，股利數額甚大。因此，在剩餘理論下，無股利政策可言，股利變動幅度劇烈，而且股票必要報酬率不受股利政策影響。

● 二、股利不相干理論 (Irrelevance theory of dividend)

股利不相干理論的論者，認為股利政策無關緊要，因為它並不影響公司的資金成本及股票價格。支持這個論點的 Miller 及 Modigliani[1]認為股票價格，即

---

[1]　Merton H. Miller and Franco Modigliani, "Dividend Policy, Growth, and the Valuation of Shares," *Journal of Business* 34(October 1961), pp. 411 – 433.

企業價值，決定於企業的獲利能力及風險，至於企業對於其盈餘在股利與保留盈餘間如何分配並不影響股價，因此股利政策是不相干的。

　　MM 認為如果公司不支付股利，則股價會因保留盈餘的增加而上漲，股價上漲的部份正如股東所獲股利，個別股東可以藉出售價格較高的股票，以創造自己的股利。反之，如果公司將所有盈餘以股利形式分配予股東，股東可以將收到的股利購買更多的公司股票。因此，股東財富不因公司之是否分配股利而有所變動，股利政策不會影響股東財富。

　　MM 理論植基於下列假設：(1)個人或公司所得稅均不存在，(2)沒有股票發行或交易成本，(3)財務槓桿對資金成本沒有影響，(4)投資者與公司管理階層對於公司遠景有相同的資料，及(5)公司的資本預算政策與股利政策沒有關聯。顯然地，這些假設並不存在於真實世界。

　　許多研究指出股利變動可影響股價，股利增加引起股價上漲，股利減少導致股價下跌。對此 MM 認為股價的變動不是由於股利的變動，而是股東從股利變動對公司未來獲利性的看法之變動所引起的。MM 也進一步指出**顧客效果** (Clientele effect) 的存在。投資者若比較偏好有穩定股利所得，則會持有每期支付固定股利的公司股票；投資者若偏好賺取資本利得，則會持有以盈餘用於再投資的成長公司股票。由於股東獲得他們所期望的，因此 MM 認為公司股價不受股利政策影響，公司也就不必有股利政策。

● 三、股利相干理論 (Relevance theory of dividend)

　　股利相干理論的支持者認為股利支付及盈餘保留對股票持有人是有差異的，因此股利政策會影響公司的股票價格。Lintner 及 Gordon ❷ 主張投資者對目前的股利較之未來的股利或資本利得賦予較低的風險，亦即目前收到的一塊錢股利之價值高於一塊錢保留盈餘之價值。他們以為目前的股利支付，減少了投

❷. 參閱 John Lintner, "Dividends, Earnings, Leverage, Stock Prices, and the Supply of Capital to Corporations," *Review of Economics and Statistics* 44 (August 1962), pp. 243－269 及 Myron J. Gordon, "Optimal Investment and Financing Policy," *Journal of Finance* 18 (May 1963), pp. 264－272.

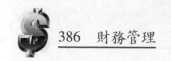

資者的不確定性，投資者對公司盈餘會以較低的利率予以折現，因而給予公司股票較高的評價。反之，若公司不發放股利或發放甚少股利，則投資者的不確定性增加，投資者因而提高了必要報酬率，以致降低了公司的股票價值。

　　MM 不同意 Lintner 及 Gordon 的論點，並認為股利相干理論不正確。MM 認為股票必要報酬率不受股利政策所影響，因此股利與資本利得沒有差異，因為大部份的投資者會將股利投資於相同或相似的公司，而且在長期間對投資者而言，公司現金流量的風險是決定於公司的營運現金流量之風險而非其股利政策。

　　雖然還有許多與股利相干有關的理論，但是實證研究仍然無法支持股利相干論。在實務上，財務經理與股東仍傾向於支持股利政策會影響股價，因此公司必須探求適當的股利政策，以獲得公司股價的極大化。

第二節　影響股利政策的因素

　　股利政策代表公司如何分配其盈餘，作為股利或保留下來以為未來再投資之用。一般的新公司或成長的公司保留全部或大部份的盈餘，而趨於或處於成熟期的公司則以較大比例的盈餘分配於股東。保留盈餘在公司中的股權融資中佔有重要的地位，因為保留盈餘可用來促進公司的未來繼續成長，影響公司未來的獲利能力以及股票價格。股利則可提供股東一種收入來源，也表示對公司獲利能力的肯定。公司在擬訂股利政策時，與任何其他財務政策一樣，必須考慮到如何達到股價極大化。本節先討論影響股利政策的各種因素。

● 一、法律限制

　　在美國大部份的州都有法律來規範公司的股利支付以保護債權人，主要的法律限制如下：

1.公司的「法定資本」(Legal capital) 不能用來支付股利

　　大部份的州規定公司不能以法定資本的任何比例來支付股利，有些州將「法定資本」定義為普通股面值，有些州則更廣義的將超額支付資本也包含在內。

佳保健康食品公司普通股股東權益表如下表 14–1 所示。

表 14–1　佳保健康食品公司的普通股股東權益表

普通股（每股面額 $20, 500,000 股）	$ 10,000,000
超額支付資本	50,000,000
保留盈餘	40,000,000
普通股股東權益	$100,000,000

如果公司所註冊的州將「法定資本」只包含普通股，則此公司最多可以支付**現金股利** (Cash dividend) $10,000,000。如果「法定資本」也包含超額支付資本，則此公司最多可以支付現金股利 $60,000,000 (= $10,000,000 + $50,000,000)。

2.股利必須來自過去及現在盈餘

公司的股利不能超過過去及現在盈餘的總和，但是只要不超過此盈餘總和，公司的股利可以超過最近一期的盈餘。即使最近一期有虧損，公司也可分配股利。

以上述佳保健康食品公司為例，如果公司剛結束的年度有稅後純益 $10,000,000，則此公司最多可以支付股利 $50,000,000 (= $40,000,000 + $10,000,000)；若公司有虧損 $5,000,000，則此公司最多可以支付股利 $35,000,000 (= $40,000,000 – $5,000,000)。

3.無償債能力的公司不能支付股利

無償債能力 (Insolvency) 是指公司的負債總額超過資產總額，法律規定處在這種狀態的公司不能支付股利，以免損害債權人的利益。

4.不當累積盈餘處罰

公司為了減低股東稅負而累積盈餘會受到國稅局的處罰。如果沒有適當理由，保留盈餘只是為了股東逃避或拖延因股利而發生的個人所得稅，則公司會受到嚴重的處罰。

臺灣的公司法及證交法等，也有與美國相類似的股利發放限制，以保護債

權人，其要點如下：

1.資本損害限制 (Capital impairment restriction)

　　為了保護債權人的權益，公司發放的股利不得逾越資產負債表上保留盈餘科目的金額。

2.淨盈餘限制 (Net earnings restriction)

　　公司在會計年度結束時，如有稅前盈餘，必須先彌補虧損，扣除負稅，提出法定公積，及保留員工分紅後，才能就其剩餘發放股利。

3.無償債能力限制 (Insolvency restriction)

　　公司負債總額超過資產總額，導致公司面臨破產危機時，為保障債權人的權益，公司不得發放股利。

4.無盈餘限制

　　公司在會計年度結束時，沒有盈餘，不得發放股利。但是如果法定盈餘公積已超過實收資本額百分之五十時，可以就其超過部份發放股利。

● 二、契約限制

　　公司的債務契約，如定期貸款合約以及租賃契約，都有股利支付的限制。這些限制包括公司盈餘未達到某一水準不能支付股利，股利支付不能超過盈餘的某一百分比，不能使流動比例低於某一水準，不能影響公司的償債基金支付能力，或其他財務比例的限制等，這些都是為了保障債權人不致因公司無償債能力而引起重大損失。

● 三、內部考慮

　　股利支出來自盈餘，但是必須以現金支付。公司雖有利潤，但利潤並不代表現金，而現金可能用來作為其他資產的投資之用，或償付到期負債。因此公司若缺乏現金，股利發放將受到限制。當然，為了發放股利，公司可能向銀行借款，但是一般銀行不願為此貸款予公司。

　　其次，投資機會的存在與否，大大影響公司的股利政策。繼續成長的公司，為了未來的投資融通需要，將不發放股利，或維持低的股利發放比例。達到成

熟階段或業務縮減的公司，由於缺乏投資機會，因此會以大部份或全部的盈餘分配予股東。

最後，公司管理階層對公司的控制權也影響股利政策。為了維持公司的控制權，管理階層將維持低的股利發放比例以累積更多的盈餘，作為未來的融資之需，否則增加新股票發行以籌措資金，將會影響管理階層對公司的控制權。

四、賦稅考慮

如果個人的長期資本利得稅稅率低於其股利所得稅稅率，則公司將分配低比例股利，使其股東可以獲得較大比例的資本利得，以增加稅後報酬。即使資本利得稅稅率與股利所得稅稅率相同，但是股利所得必須立即課稅，而資本利得可延遲到未來才課稅，因此公司保留大部份盈餘，作為未來再投資之用，而使股價上漲，股東只有在出售股票後才付稅，因而未來資本利得稅的現值將低於目前數額相同的股利所得稅之現值。

基於賦稅考慮，公司將儘量保留盈餘以減輕股東稅負，但是美國的稅法上對於公司過度累積盈餘課徵特別的附加稅。至於公司是否不當的累積過多的盈餘，則由稅務當局擔負舉證責任。臺灣自民國 87 年起實施「兩稅合一」後，對於保留盈餘已無保留限額之規定，但是對每年的未分配盈餘則加徵 10% 的營利事業所得稅。臺灣目前仍未對資本利得課稅，即證券交易所得稅，以前雖曾開徵，但不久即因反對聲浪過大而取消。但是「兩稅合一」的稅制，實行數年來事實上已對公司的股利政策產生影響。「兩稅合一」的股利政策影響，由於篇幅所限，本書不擬加以討論。

五、股東的態度

公司的股利政策也受到股東的股利偏好所影響。如果公司的股東數目很少，而且大部份股東很富有，則公司將以低比例的盈餘分配予股東，使其延遲至出售股票時才付稅。另一方面，所得較低的股東則希望公司分配較多的股利。

另外，如果股東將股利用來投資於風險相似的其他機會獲致的報酬高於公司的投資機會報酬，公司應將高比例的盈餘分配予股東；反之，則公司應保留大

部份的盈餘，亦即分配較少股利予股東。

　　最後，公司考慮股利政策對所有權的影響。如果股利發放比例高，公司必須發行新股票以獲取資金，因而稀釋了公司股東的所有權及盈餘，低的股利發放比例則可使稀釋效果減至最小。

● 六、市場狀況

　　股票市場對公司股利政策的反應，也是公司在決定股利政策時必須考慮的因素。股東對股利固定及增加的公司有較高的評價，因而管理階層不願因盈餘減少而減少股利。如果公司股利固定或持續增加，股東對公司遠景的顧慮將減少，因此股價會上漲，股東財富可以增加。

　　股利政策也受到公司是否容易在信用市場獲取所需資金的影響，如果公司可以很容易地在信用市場出售商業票據、公司債，或直接向銀行借款以獲得所需資金，以掌握財務或投資機會，則公司可以支付較高比例的股利。

　　但是，一般的小公司在信用市場發行證券有困難，且不容易向銀行借到所需資金，因此保留盈餘變成唯一的資金來源。為了將來投資資金的需要，此種公司的股利發放比例將很低，或不發放股利。

 ## 第三節　不同型態的股利政策

　　股利政策的種類甚多，公司的管理階層必須在考慮第二節所述因素後，選擇能使股價極大化的股利政策。本節擬討論四種主要的股利政策。

● 一、穩定的股利政策 (Stable dividend policy)

　　穩定的股利政策是指每年的每股股利不變。如果公司的每股盈餘變動幅度小，並且預期未來的盈餘沒有增加趨勢，則穩定的股利政策將很合適。若其他條件一樣，股利穩定的股票，較之股利變動的股票有較高的價值。股票投資人喜好穩定的股利之理由包括股票投資人以為股利變動表示公司經營績效之不確定，股利減少表示公司的遠景不樂觀，股利增加則表示公司未來的盈餘將會增

加。許多投資人也依賴穩定的股利作為其所得來源，由於交易成本的考慮而不願出售全部或部份股票以為所得來源的替代。最後有些金融機構，如銀行、保險公司，及退休基金等，在選擇股票投資時，穩定的股利是一重要的考慮因素。

　　表 14–2 遠見公司 1993 至 2004 年的每股盈餘及每股股利說明穩定的股利政策。由於公司不預期未來有合適的投資機會以促進其成長，因此可以有能力將盈餘的 80% 左右用來支付股利。公司的每股盈餘大致甚為穩定，平均數為 $1.25，每股盈餘的變動，從最低的 $0.78 至最高的 $1.50。只有三年的每股盈餘低於每股股利，若每股股利因而減少，則這三年的股價將大幅下跌，因為投資者可能以為股利的降低變成永久性，而降低對公司的信心。為了減少股利降低的風險，公司寧可在每股盈餘低於固定股利時，設法支付相同的股利。

◖表 14–2◗ 遠見公司每股盈餘及每股股利

年別	每股盈餘	每股股利
2004	$1.39	$1.00
2003	0.95	1.00
2002	0.78	1.00
2001	1.35	1.00
2000	1.48	1.00
1999	1.23	1.00
1998	0.96	1.00
1997	1.32	1.00
1996	1.38	1.00
1995	1.25	1.00
1994	1.50	1.00
1993	1.35	1.00

● 二、穩定與遞增的股利政策

　　許多投資者期望所投資的證券，每年至少有某一數額的所得，若股利增加，他們更為高興；若股利減少，他們會增加對公司的不滿，因而出售公司股票使股

價下跌，甚或設法換掉管理階層。為了滿足投資者的需要，許多公司的股利政策為維持固定的每股股利，在盈餘確定可以持續增加時，則提高每股股利。

　　表 14-3 用來說明光明電器公司的股利政策。公司的每股股利在 2001 年前維持固定不變 ($1.10)，但是 1999 年起的三年，每年的每股盈餘均超過 $3.00，管理階層以為未來的每股盈餘可以維持在 $3.00 以上，因此在 2001 年時將每股股利提高至 $1.50。即使 2002 年的每股盈餘低於 $3.00，但是管理階層認為這是暫時的現象，因此將股利維持在 $1.50，以表示對公司未來盈餘的信心。其後兩年公司的每股盈餘均超過 $3.00 以上，每年股利則不再變動。

表 14-3 光明電器公司的每股盈餘及每股股利

年別	每股盈餘	每股股利
2004	$3.25	$1.50
2003	3.00	1.50
2002	2.70	1.50
2001	3.19	1.50
2000	3.62	1.10
1999	3.35	1.10
1998	2.83	1.10
1997	2.10	1.10
1996	1.40	1.10
1995	0.90	1.10
1994	1.52	1.10
1993	1.83	1.10
1992	1.75	1.10

三、固定支付比率 (Constant payout ratio)

　　固定支付比率的股利政策，是指公司以固定比率的盈餘用來支付股利，每年的每股股利由每股盈餘乘以固定支付比率求得。表 14-4 為柯爾公司的每股盈餘資料，以及在固定支付比率 (60%) 下求得的每股股利。根據固定支付比率

的股利政策，公司的每股盈餘為零或負數時，股利為零；每股盈餘增加，股利跟著增加；每股盈餘減少，股利跟著減少。如果每股盈餘有劇烈的變動，則股利也將大幅度的上漲或下跌，股價也隨著受到劇烈的影響。柯爾公司在 1995 年的每股股利為零，因為該年公司有虧損，公司的每股股利在 2000 年起一直下降直到 2003 年為止，2004 年的每股股利又回復增加。由資料可知，柯爾公司的股東很難確定公司的盈餘，投資風險較之股利固定的公司為高，故柯爾公司如擬以發行新股票以融資，其成本將甚高。雖然有些公司採取固定支付比率的股利政策，但此政策不太可能使股價極大化，因而這種股利政策不甚普遍。

● 表 14–4 柯爾公司每股盈餘及每股股利（假定股利支付比率為 60%）

年別	每股盈餘	每股股利
2004	$2.45	$1.47
2003	0.38	0.23
2002	0.62	0.37
2001	1.55	1.11
2000	2.03	1.22
1999	2.42	1.45
1998	1.25	0.75
1997	2.51	1.51
1996	1.83	1.10
1995	−0.42	0.00
1994	1.05	0.63

● 四、正常加額外股利 (Regular-plus-extra dividend)

有些公司採取正常加額外股利政策，支付較低的股利，但是當盈餘超過一般年間的水準時，則給予額外股利。如公司的盈餘和現金流量有循環性時，此種股利政策是最好的選擇。給予股東正常股利，可以建立股東對公司的信心，而額外股利可讓股東有機會在業績很好的期間分享盈餘。利用這種股利政策，管理階層可以滿足股東對股利的要求，也可以更有彈性的保留盈餘。

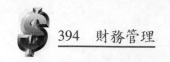

第四節　現金股利支付程序

公司的股利政策，代表公司管理階層對將來營運的看法。在美國一般公司平均以盈餘的 50% 用來支付現金股利，但是成長型公司 (Growth company) 則為了未來的成長需要，而保留大部份或全部的盈餘。價值型公司 (Value company)，則由於處在或接近於成熟期，較為缺乏投資機會，因此以盈餘的大部份透過股利形式發放予股東。在臺灣大多數的公司股利發放以股票股利為主，但有時也發放現金股利。本節則討論美國及臺灣的現金股利支付。

● 一、美國現金股利支付程序

美國公司的股利發放一般以現金股利為主，股票股利則不常發生。通常公司的財務長建議董事會有關公司的股利政策及股利數額，而由董事會宣告股利，而股利分配一般為每季一次，當然各公司的股利分配期間可能不同。股利數額決定於公司上一期的財務業績，以及未來的可能財務表現。一般的股利支付程序如下：

在董事會會議結束後，公司發佈新聞，宣告支付股利。一般的股利宣告如：珍妮公司的董事在 2003 年 10 月 15 日集會，並宣佈每季股利為每股 $0.48，付予 11 月 15 日在記錄簿上的股票持有人，此股利於 12 月 1 日支付。在宣佈股利發放消息後，公司有義務支付股利。在 11 月 15 日下午五點以前，名字在股東名冊上的股東可以收到股利。由於證券交易所需要兩天時間來轉移和編製股東名冊，以確定股利所有權人，因此登記日的兩天前為除息日 (Ex-dividend date)，在 11 月 13 日或以後購買股票的股東收不到股利，而於 11 月 13 日前擁有股票的舊股東可以收到股利。若股票市場變動不大，則在除息日此股票的價格將下跌，其跌幅大致為股利數額。例如，假定珍妮公司的股票收盤價格在 11 月 12 日時為 $35，則 11 月 13 日時的開盤價格大致為 $34.52。公司在 12 月 1 日將股利支票郵寄給股利所有權人。下圖可用來說明珍妮公司的現金股利支付程序。

```
                              2日
                           ┌──┐
   10/15              11/13 11/15      12/1
   ────────────────────────────────────────
   宣                    除   登        支
   布                    息   記        付
   日                    日   日        日
```

這些年來，許多美國大的公開公司建立了**股利再投資計劃** (Dividend rein-vestment plans, DRPs)，在此計劃下股東可以自動將所收到的股利再投資於支付股利的公司。此種計劃有兩種型態，一為購買已發行的股票，一為購買新發行的股票。在第一種計劃下，支付股利的公司選擇一家股票經紀商在市場購買公司的股票，並按照比例將之分配到參加股東的帳戶上。由於購買的股票數量大，因此股票交易的成本低，此低交易成本的利益則由參加股東獲得。在第二種計劃下，股利則用來購買新發行的股票。故此種計劃可為公司籌措新資本。通常公司對參加的股東給予 5% 的折扣，因為公司以這種方式出售股票時，不需負擔發行成本。當然，參加股利再投資計劃的股東，仍須對股利所得付稅。

● 二、臺灣現金股利支付程序

臺灣的大部份上市公司每年發放股利一次，並以股票股利為主，但是仍有發放現金股利的。除息日的規定與美國的大同小異。在股東會通過股利發放的議案後，發佈股利支付金額、登記基準日及發放日。例如萬利公司的股東會在 2004 年 1 月 12 日集會，並宣佈每股股利為新臺幣 1.25 元，付予 2 月 11 日在股東記錄簿上的股票持有人，此股利於 3 月 4 日支付。股利消息發佈後，公司有義務履行股利支付。

在臺灣，投資人在買進股票後，交割和過戶是在買進股票後的第二個營業日完成，而公司需要五天的時間來編製股東名冊。為了使在 2 月 11 日營業結束前，名字在股東名冊上的股東可以收到股利，因此登記基準日的前六天為除息日，在 2 月 5 日或以後購買股票的股東收不到股利，而於 2 月 5 日前擁有股票的股東可以收到股利。若股票市場完全及有效率，則除息日（2 月 5 日）時此股票的價格將下跌 1.25 元。假定萬利公司的股價在 2 月 4 日時的收盤價為新臺

幣 $25.50，則 2 月 5 日時的開盤價格大致為 $24.25 (= $25.50 – $1.25)。公司在 3 月 4 日將股利支票郵寄給有權利收到現金股利的股東。下圖可用來說明萬利公司的現金股利支付程序。

```
  1/12        2/5  2/11              3/4
 ──┼──────────┼────┼─────────────────┼──
   宣          除   登                 支
   布          息   記                 付
   日          日   基                 日
                    準
                    日
```

第五節　其他方式的股利支付

除了現金股利外，公司也可能以其他方式支付股利。如股票股利，股票分割，與股票購回。公司在支付現金股利時，將稅後盈餘減去現金股利後，剩餘部份亦即為保留盈餘，資產負債表中的累積保留盈餘將增加，但是股權帳的其他科目不受影響，然而其他方式的股利支付則會影響股權帳的其他科目。本節對此將予以討論。

● 一、股票股利 (Stock dividend)

股票股利是指以額外股份給予股東作為股利。股票股利的宣告和分配程序與現金股利相同。在會計上，股票股利的支付將把資本從保留盈餘移轉至普通股與超額支付資本。一般的股票股利小於公司發行股數的 20% 至 25%。

高昇公司的普通股股權如下表 14–5 所示。

表 14–5 高昇公司的普通股股權

普通股（500,000 股，每股面額 $1）	$ 500,000
超額支付資本	1,000,000
保留盈餘	4,500,000
普通股股權總額	$6,000,000

若公司當股價在 $20 時，宣佈 20% 的股票股利，由於新股票發行數為 100,000 股 (= 500,000 × 20%)，因此 $2,000,000 (= $20 × 100,000) 將從保留盈餘移轉至普通股及超額支付資本。其中 $100,000 (= $1 × 100,000) 將移轉至普通股，其餘的 $1,900,000 [= ($20 − $1) × 100,000] 將移轉至超額支付資本。高昇公司在支付股票股利後，普通股股權變成如下：

表 14−6　支付股票股利後高昇公司的普通股股權

普通股（600,000 股，每股面額 $1）	$　600,000
超額支付資本	2,900,000
保留盈餘	2,500,000
普通股股權總額	$6,000,000

由此可知，支付股票股利後，高昇公司的總發行股數變成 600,000 股 [= 500,000 × (1 + 20%)]，但普通股股權不變，每個股東的公司所有權百分率也不變。如某一股東在收到股票股利前有 5,000 股，即 1% 的所有權，由於 20% 的股票股利，此股東可以從公司另外獲得 1,000 股 (= 5,000 × 20%)，經過股票股利的分配後，此股東在公司的所有權不變，仍為 1% [= (5,000 + 1,000) / 600,000]。

由於股票股利並不影響普通股股權以及股東對公司所有權的百分率，因此支付股票股利後的股價將隨股票數量增加的百分率而下降，其公式如下：

$$\text{支付股票股利後的股價} = \frac{\text{支付股票股利前的股價}}{1 + \text{股票股利百分率}} \tag{14-2}$$

高昇公司在支付股票股利前的股價為 $20，因此支付股票股利後的股價為：

$$\text{支付股票股利後的股價} = \frac{\$20}{1 + 0.20} = \$16.67$$

擁有高昇公司股票 5,000 股的股東財富在獲得股票股利前為 $100,000 (= $20 × 5,000)，在獲得股票股利後，其財富不變，仍為 $100,000 (= $16.67 × 6,000 ❸)。

---

❸　乘積結果不等於 $100,000 乃由於支付股票股利後的股價取近似值所造成。

　　股票股利僅僅使得股東擁有股票的數量增加，而未增加股東財富。公司支付股票股利而非現金股利的理由為：第一、如果原股東出售股票，則股票股利使得公司的股東數量增加❹。第二、由於股票數量的增加，股價因此下跌，更多的投資人也許更有意願購買公司的股票。第三、股票股利使得公司可以累積更多的現金，作為未來投資之用，公司盈餘因此增加，有利於未來股價的上漲。然而，如果由於股票股利而保留的現金用於支付過期的欠帳，則股價可能下跌。

● 二、股票分割 (Stock split)

　　當一家公司持續成長並保留盈餘時，若股票發行數量不變，則每股盈餘將繼續增加，公司的股價也會上升。若股價過高，則只有少數投資者買得起公司的股票，因而限制對公司股票的需要，不利於公司價值的增加。

　　為了吸引更多的投資者對公司股票的興趣，當股價過高時，公司以為設法降低股價可以促進更多的股票交易，因此股票分割可使股票數量增加，股價下跌，股票在市場上會更為活絡。2 比 1 的股票分割，使得發行股票數量倍增，每股盈餘及每股股利減半，股價因而下跌。若股票分割前的價格為 $60，則經過 2 比 1 的股票分割後，股價變為 $30，股東在股票分割前與分割後的財富完全不變。如分割後價格高於 $30，股東財富可以增加；如低於 $30，則股東財富將減少。

　　民本食品公司在股票分割前的普通股股權如下表 14–7 所示。

表 14–7 民本食品公司的普通股股權

普通股（100,000 股，每股面額 $3）	$ 300,000
超額支付資本	3,000,000
保留盈餘	2,700,000
普通股股權總額	$6,000,000

---

❹　參閱 C. Austin Barker, "Evaluation of Stock Dividends," *Harvard Business Review* (July – August 1958), pp. 99 – 114.

當公司股價過高時，如 $70，公司宣佈 2 比 1 股票分割，分割後公司發行股數增至 200,000 股。由於股票分割並不是保留盈餘的轉移，故普通股股權內的各項金額不受影響。但是由於股數倍增，因此每股面額減半，成為 $1.50。在 2 比 1 股票分割後，民本公司的普通股股權成為：

◤表 14-8◢ 經過 2 比 1 股票分割後民本食品公司的普通股股權

普通股（200,000 股，每股面值 $1.50）	$ 300,000
超額支付資本	3,000,000
保留盈餘	2,700,000
普通股股權總額	$6,000,000

股票可以任何比例分割，如 2 比 1，5 比 1，2.5 比 1。有時當公司股價太低，很難吸引投資人時，為了提高股價，公司可能採取**逆向股票分割** (Reverse stock split) 方式為之。如 1 比 5 股票分割，五舊股轉換成一新股，因而新股股價變成舊股股價的五倍。

● 三、股票購回 (Stock repurchase)

近年來美國許多公司宣佈購回自己的股票，因為公司管理階層以為公司的股票在市場被低估，因此投資於自己公司的股票相當有利。公司購回股票的其他原因包括：第一、減少公司在外發行的股數，以提高股價，並抑制其他公司對本公司的敵意兼併，第二、暫時維持公司股價在某一水準，否則股價可能進一步下跌，第三、避免現金股利的高個人所得稅稅率，第四、利用購回股票作為併購其他公司之用，第五、利用購回股票作為員工股票認股權之用。當然公司不能經常在市場上購回股票，否則國稅局會認定購回股票是企圖逃避稅負，而處罰公司。

一般而言，如果盈餘不變，股票購回將使發行在外的股票數量減少，因而提高了每股盈餘，股價因此上揚。上鳴公司有關普通股的財務資料如下表 14-9 所示。

表 14-9　上鳴公司有關普通股的財務資料

	股票購回前	股票購回後
屬於普通股股東的盈餘	$200,000	$200,000
發行在外的普通股股數	50,000	48,387
每股盈餘 ($200,000÷50,000)	$4.00	$4.1334
本益比 (P/E)	15X	15X
股價	$60	$62
每股股利	$2	$0

*X 用來表示倍數。

　　如果上鳴公司擬將屬於普通股股東的盈餘之 50%，即 $100,000 支付股利或購回股票。若支付現金股利，則每股股利為 $2 (= $100,000/50,000)，若以每股 $62 的價格購回股票，則可以購回約 1,613 股 (= $100,000/62)，因此發行在外的股票變成 48,387 股 (= 50,000 – 1,613)，每股盈餘上升至 $4.1334 (= $200,000/48,387)，如果本益比仍為 15，則股價將上漲至 $62。由此可知，不論哪種情況，股東每股將收到 $2 利益，即現金股利 $2，或股價上漲 $2。

　　對普通股股東而言，如果收到現金股利，股東必須支付股利所得稅。如果公司購回股票，則 $2 的股價上漲必須等到股東出售股票時才付稅，資本利得稅的稅率一般較低，即使沒有較低的資本利得稅率，股東也得到延後付稅的利益。此外，購回股票也有正面的訊息，表示公司對未來的盈餘及現金流量有信心。

　　在會計處理上，購回股票將減少公司的現金，為了會計報表上的平衡起見，設立一對稱科目，即**庫藏股** (Treasury stock)，用以表示普通股股權的減少，亦表示公司的股票購回。

　　當公司擬購回股票時，必須讓股東知道其目的何在，以及將如何處理購回的股票。通常公司有三種不同的方式購回股票：⑴從公開市場購回股票，如果數量大，則公司股價將會上漲，⑵**出價收購** (Tender offer)，即公司以比市價為高的價格向股東購回股票，如果出價收購無法達成目標，公司會輔以從公開市場購買不足的股數，及⑶與股東以**議價** (Negotiated price) 方式購回股票，議價必須合理以保障其餘股東的利益。

問　題

14-1　說明三種財務決策間的關係。

14-2　試由股利的固定成長模型，說明股利政策對股價的影響。

14-3　何謂股利的剩餘理論？此理論會導致股利的穩定性？

14-4　MM 理論認為股利政策不會影響股價，為何？此理論有何假定？試評論 MM 理論。

14-5　何謂股利相干理論？MM 對此理論有何批判？

14-6　稅法上哪些方面鼓勵公司支付股利？哪些方法抑制股利支付？

14-7　說明其他因素對公司股利政策的影響。

14-8　論述各種不同的股利政策及其優缺點。

14-9　何謂股利再投資計劃？對股東及公司有何優缺點？

14-10　何謂股票股利？何以許多公司支付股票股利而非現金股利予股東？

14-11　股票股利對股東的財富有何影響？

14-12　何謂股票分割？為何公司將股票分割？

14-13　說明公司購回股票的方式及理由。稅法對此有何限制？

14-14　比較臺灣與美國公司的現金股利支付程序之異同。

習　題

14-1　某公司的普通股股東權益如下：

普通股（100,000 股，每股面額 $5）	$500,000
超額支付資本	250,000
保留盈餘	300,000
普通股股東權益	$600,000

　　在下列各種情況下，公司可支付的最大現金股利為多少？

　　(1)法定資本只包含普通股。

　　(2)法定資本包含普通股及超額支付資本。

14-2　如果康橋公司至 2004 年年底的累積保留盈餘為 $2,000,000，公司預期 2005 年年底的稅後純益為 $300,000，則此公司在 2005 年可以支付的最多股利為何？

14-3　保時公司的稅後純益為 $800,000，特別股股利為 $100,000，公司有發行在外普通股 500,000 股。

　　(1)計算保時公司的每股盈餘。

　　(2)如果股利支付比例為 40%，計算總的股利支付及每股股利。

　　(3)如果公司股票的本益比為 30，則公司的股價若干？

14-4　利民公司歷年的每股盈餘如下表所示：

年別	每股盈餘
2004	$0.85
2003	1.23
2002	0.49
2001	0.38
2000	1.08
1999	0.94
1998	0.85
1997	0.75
1996	0.60
1995	0.83
1994	0.64
1993	0.38

　　(1)如果公司採取穩定的股利政策，每股股利應為多少？

　　(2)如果股利支付比率為 45%，則每年股利為多少？

　　(3)在決定每股股利時，何種因素必須考慮？

14-5　美國富貴公司的董事會於 2004 年 9 月 10 日（星期五）宣佈發放股利 $1.25 支

付予 10 月 25 日在記錄簿上的股東，此股利在 11 月 10 日發放。

(1)試問股利公告日、登錄日、除息日，及股利支付日為何？

(2)如果你在除息日購買富貴公司的股票，你是否可以獲得此公司的股利？

(3)如果富貴公司的股票收盤價格在 10 月 22 日為 $29.38，則 10 月 23 日的開盤價格大約為多少？

14-6　威利公司的普通股股權如下：

普通股（40,000 股，每股面額 $5）	$ 200,000
超額支付資本	500,000
保留盈餘	1,500,000
普通股股權總額	$2,200,000

假定公司股價為 $60：

(1)如果公司宣佈 25% 的股票股利，則公司的普通股股權帳上有何影響？

(2)股東的財富及對公司所有權的百分率有否影響？解釋之。

(3)若市場是完全競爭市場，支付股票股利後的股價應為多少？

(4)若公司支付現金股利 $1.5，則支付 25% 的股票股利後，股東財富有何改變？解釋之。

14-7　如果上一題的威利公司宣佈 4 比 3 的股票分割，則

(1)普通股股權帳上的影響如何？

(2)股東的財富及對公司所有權的百分率之影響如何？說明之。

(3)在完全競爭市場下，經過分割後的股價應為多少？

(4)若公司支付現金股利 $1.5，則經過股票分割後，股東財富有何變動？解釋之。

14-8　林內公司在股票分割前的普通股股權如下：

普通股（1,000,000 股，每股面額 $0.50）	$ 500,000
超額支付資本	1,000,000
保留盈餘	2,000,000
普通股股權總額	$3,500,000

假定公司的股價為 $3。若公司宣佈 1 比 5 的逆向股票分割。

(1)普通股股權帳上的影響如何？

(2)股東的財富及對公司所有權的百分率有何影響？

(3)在完全競爭市場下，經過逆向分割後的股價應為多少？

14-9　高明公司的股權帳如下：

特別股	$ 50,000
普通股（50,000 股，每股面額 $2）	100,000
超額支付資本	200,000
保留盈餘	300,000
股權總額	$650,000

說明在下列各種情況下，股權帳、股東財富、股東所有權，及股價所受影響：

(1) 4 比 1 的股票分割。

(2) 2 比 5 的逆向股票分割。

(3) 10% 的股票股利。

14-10　鹿鳴公司有如下的財務資料：

屬於普通股股東的盈餘	$400,000
發行在外的普通股股數	200,000
每股盈餘	$2.00
本益比 (P/E)	20X
股價	$40

公司正在考慮是否以其盈餘的 60%，即 $240,000，用來支付現金股利，即每股股利 $1.20，或以每股 $41.20 的價格購回股票。

(1)如果公司以擬支付的現金股利用來購回股票（按 $41.20 的價格），則大約可以購回多少股？還剩多少股在外發行？

(2)經過股票購回後，每股盈餘為多少？

(3)若本益比仍為 20，則經過股票購回後的股價為何？

(4)說明比較支付現金股利與購回股票對股東財富的影響。

14–11 化生公司的歷年每股盈餘如下：

年別	每股盈餘
2004	$2.38
2003	1.96
2002	2.02
2001	1.85
2000	1.63
1999	1.46
1998	1.23
1997	0.75
1996	−0.38
1995	0.85
1994	0.64

在下列各個不同股利政策下，公司每年支付股利多少？

(1)每年以盈餘的 40% 用來支付現金股利。

(2)每年支付現金股利 $0.45，若每股盈餘超過 $1.20，則超過 $1.20 的每股盈餘之 50% 用來支付額外股利。

(3)支付現金股利 $0.45，但若連續三年的每股盈餘超過 $1.50，則現金股利增加至 $0.65。

第VI篇

長期資金的來源

第十五章

長期負債融資與租賃

　　在第十二及十三章財務槓桿、資金成本，和資本結構的討論中，曾強調長期負債融資在企業資本結構中的重要性。負債在資本結構中提供了財務槓桿，擴張了營運盈餘對股東報酬的影響。由於負債所產生的利息可由稅負抵減，因而負債是成本最低的長期融資，長期負債乃成為資本結構中重要的一部份。由於長期負債的低成本，總資金成本因而降低了❶，企業更易於在各種不同可接受的投資方案中作一選擇。

　　長期負債融資可由兩種方式取得，一為直接借款，此種**定期貸款** (Term loan) 可由金融機構獲得，另一種方式為發行公司債。此外，為了維持企業的流動性和不提高其財務風險，越來越多的企業利用租賃而非借債購買的方式，取得固定資產的使用權。租賃成為長期融資來源的情況越來越普遍。

　　本章第一節敘述長期負債融資的特性。第二節則討論定期貸款的特質及主要供應者。第三節為租賃的特質與型態。第四節說明租賃視為融資來源時，其所佔的稅負地位，租金之決定，及其有關會計實務。第五節分析租賃的優點與缺點。

---

❶　由於利息可以抵減稅負，因此負債成本低，但是如果負債在資本結構中的比例大幅增加，則企業風險也將提高，因而加權平均資金成本亦隨著負債比例的增加而提高。

第一節　長期負債融資的特性

長期負債是指償還期限超過一年的負債❷。典型的長期負債之償還期限為五至二十年間。許多會計人員在長期負債只剩一年的債還期限時，將負債餘額由長期負債項目轉移至短期負債項目，因為這時長期負債事實上已成為短期應付債務。除了發行債券外，企業也向金融機構借款以取得長期資金。本節則討論長期貸款融資的特性。

一、標準貸款條款

長期貸款合約內一般包括若干標準條款，這些條款保證借款企業會繼續存在，並且以適當方式經營，茲說明如下：

1.保留令人滿意的會計紀錄

借款企業必須按照一般可接受的會計原理保留會計資料，使貸款機構確信借款企業的會計資料正確，而且容易解釋營運結果。

2.提供財務報表

借款企業必須對貸款機構提供經過審核的財務報表，使得貸款機構能夠有效執行貸款合約上的限制條款，並監督企業的營運。通常貸款機構會要求借款企業提供銀行帳目以評估其支出項目是否妥當。

3.支付稅款和履行其他債務

借款企業必須按期支付稅款和其他債務。貸款機構關心的是能否從借款企業收到利息及部份本金，及借款企業是否按期償還其他債務。由於未償還其他債務可能迫使借款企業因而倒閉，因此如借款企業有未償還債務，則貸款機構可以利用適當途徑要借款企業償還貸款。

4.適當維護設備

貸款機構可要求借款企業適當地維護生產設備，使其維持在良好狀況，不

---

❷ 有些學者把償還期限在一至七年者視為中期負債，本書則以償還期限不超過一年的負債視為短期負債，而償還期限在一年以上者為長期負債。

致使其擁有的資產價值降低。

5.不出售應收帳款

　　通常貸款機構禁止借款企業出售應收帳款以預防長期流動性的減少。出售應收帳款被視為犧牲長期流動性以滿足短期債務的履行，就長期觀點言，貸款機構不希望這種行為的發生。

● 二、限制性貸款條款

　　長期貸款**契約** (Covenant) 通常包含若干對借款企業的財務及營運上之限制性條款。限制條款通常要求借款企業維持特定的財務狀況和管理結構，這些限制條款在貸款合約期間一直有效。一般的限制條款包含下述項目。

1.營運資金限制

　　貸款機構通常要求借款企業隨時維持最起碼的營運資金水準，此水準由借貸雙方協議訂定。如果營運資金低於此水準，這表示借款企業的財務狀況惡化，此時貸款機構可要求借款企業立即償還借款。雖然借款企業的營運資金低於所訂水準並不表示企業臨近倒閉，但是營運資金限制使貸款機構可以有機會評估借款企業的財務狀況和決定是否繼續貸款契約。

　　除了營運資金限制外，有些貸款契約規定最低流動資產水準或最低流動比率，或兩者。這些條款均是為了使借款企業維持流動性，如果企業無法維持短期償債能力，則長期債務的償還能力是很可懷疑的，企業在短期無法生存，則更不必說長期的存在。

2.固定資產限制

　　長期貸款機構通常限制借款企業出售或抵押固定資產。若借款企業沒有足夠的流動資產以清償債務，則可能出售固定資產以獲得現金，用來償還短期債務，但是企業償還長期債務的能力則受到影響，因此貸款機構通常禁止借款企業出售固定資產。有時借款企業出售不需要的固定資產，則為貸款機構所允許。

　　貸款機構也禁止借款企業以固定資產作為抵押來借款。若借款企業以固定資產作抵押來借款，則在企業倒閉時，長期貸款機構在企業出售固定資產時，也許無法獲得清償。

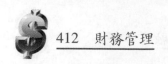

3. 未來借款限制

　　許多貸款契約禁止借款企業有額外的長期貸款。短期貸款通常不受限制，但是額外長期貸款的債權人之清償權必須在一般債權人之後，以保護原來的長期貸款機構在借款企業倒閉時可以收回本金及應付利息。

4. 租賃限制

　　借款企業可能被禁止從事融資租賃。貸款機構也許對借款企業的租賃債務予以某一金額的限制，若企業可以有無限制的租賃契約，則資本支出和負債限制的有效性變成很小。租賃限制主要的是確定借款企業的租賃契約之金額在可以控制範圍內。

5. 合併限制

　　貸款機構有時要求借款企業不得與其他企業合併，因為合併將完全改變企業的經營和財務結構，因而增加借款企業的財務風險。貸款機構也可能禁止借款企業改變經營路線，若借款企業擬改變經營路線，必須經過貸款機構的允許。

6. 薪資限制

　　為了防止由於巨額薪資的增加而迫使企業處分若干資產，貸款機構可能限制某些員工薪資的增加。當然貸款條款可能允許薪資增加的百分率。限制薪資是為了增加企業的流動性及減少財務風險，在薪資限制條款中，也可能包括禁止貸款或給予員工預支。

7. 經營限制

　　貸款機構可能要求借款企業留住若干「關鍵員工」，否則企業的未來變成不確定。如果借款企業的重要員工辭職，貸款機構可能參與遴選新的員工。當若干員工對企業的成敗有決定性時，貸款機構的管理限制條款變成有必要的。

8. 貸款資金使用的限制

　　貸款契約可能也限制借款企業使用所獲資金於若干項目上，以防止借款企業將資金用於生產性較低的地方，或與企業無關的途徑，而迫使企業將資金用於財務需要上。

　　上面的限制條款一般均包括在長期貸款契約內。在交涉過程中，貸款機構和借款企業最後必須達成協議，否則借款企業無法得到資金。通常貸款機構掌

控限制條款，以保護自己的債權。如果借款企業違反任何限制條款，貸款機構可立即要求借款企業償還本金及已發生的利息。貸款機構一般不會要求借款企業立即還債，但是會依評估結果決定收回貸款，免除違約及繼續貸款，或免除違約但是更改原來的貸款契約。

● 三、長期融資成本

由於未來的不確定，長期融資成本通常高於短期融資成本。長期融資契約規定借款者實際支付的利率、償還期間，以及償還金額。借款者在借款時所考慮的是利率，或借款成本，而影響借款人的貨幣成本為貸款期限、貸款金額、財務風險，以及基本利率 (Prime rate)。

1. 貸款期限

一般而言，長期貸款利率較短期貸款利率為高。利率差異乃由於期限越長，越不容易正確預測未來利率。而且，期限越長借款者無法償付本金或利息的機會更大。為了補償利率風險及違約風險，貸款人對長期貸款要求更高的利率。

若預期未來利率高於目前利率，貸款者會要求更高的利率。在物價上漲率高的期間，短期利率甚高，由於預期物價上漲率將下跌，則貸款者要求的長期貸款利率將低於短期貸款利率。當長期利率水準很高時，需要資金的企業通常會考慮以其他方式融資，如短期負債、特別股、或普通股。本益分析法可用來決定哪種融資方式較為適當。

2. 貸款金額

貸款金額影響借款成本。貸款金額增加，貸款行政費用減少，但是貸款者的風險增加，因為長期負債越多，借款者違約的可能性越大。另外，貸款額佔貸款者總資金的比率也影響利率，若比率高則貸款者要求的利率也高，因為借款者沒有分散貸款。

3. 財務風險

借款者的低利息週轉倍數及高長期負債股權比率，表示借款者的財務風險高。貸款者關心的是借款者之償債能力，如借款者的財務風險高，顯示其償債能力有問題，則貸款者將拒絕貸款。貸款者可由借款者的財務風險及以往償債

紀錄來決定貸款利率。

4.基本利率

　　基本利率為無風險下的長期債務利率。通常，期限相同的政府債券利率作為基本利率，貸款者然後根據貸款數額、期限，以及借款人的財務風險，加上若干百分比作為貼水，以決定貸款利率。有些貸款者根據借款者的財務資料來決定借款者的風險等級❸，以訂定貸款利率；有些貸款者則以市場上慣用的風險貼水應用於相似的貸款上。不論用何種方法決定貸款利率，借貸雙方必須都同意所訂貸款利率。

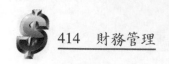 第二節　定期貸款

　　定期貸款的償還期限在一至十年，借款者根據合約同意在特定時日，對貸款者償付利息和本金。定期貸款為長期融資的主要來源，此項貸款主要用於融通營運資金需要，購買機器設備，及結清其他貸款。

　　定期貸款通常由借款者與金融機構，如商業銀行直接磋商，因此其成本較發行債券或普通股為低。因為公開發行債券或股票的企業，必須支付登記費及發行費用以銷售證券。若發行數額小，則相對於所籌資金，費用將甚為可觀，因而定期貸款頗適於一般借款者的需要。

　　定期貸款契約通常包括下列項目: 貸款額、貸款期間、付款日、利率、標準條款、限制條款、抵押品、貸款目的、違約時可能採取的行動、以及股票購買條款。

● 一、付款日

　　定期貸款契約通常規定借款者在貸款期限內，分期攤還本金及利息，以減少貸款者的風險，因為借款人可能無法在貸款到期日一次付清所有貸款額。

　　從定期貸款分期攤還明細表可知借款者每季、每半年、或每年分期攤還本金與利息的數額。假定某一公司有七年期的定期貸款 $200,000，未償還餘額的

---

❸　風險等級反映企業的所有風險。公開上市公司通常用 β 係數來區別風險等級。

利息以 6% 計算，本金及利息分七次平均償還，則每年應償還多少？每次付款後
還欠多少？每次付款中多少屬於利息及本金？

第四章的公式 (4–25) 重述如下：

$$PVA_0 = A(PVIFA_{i,n}) \tag{15-1}$$

其中 PVA_0 為貸款金額 ($200,000)，A 為每年年底的包括本金及利息之攤
還款項，i 為利率 (6%)，n 為貸款年限 (7 年)。由附表 4 知 $PVIFA_{6\%,7} = 5.5824$，
將此數字與貸款額 $200,000 代入公式 (15-1)，得：

$$\$200{,}000 = A(5.5824)$$

因此借款者每年償還金額為：

$$A = \frac{\$200{,}000}{5.5824}$$
$$= \$35{,}827$$

借款者每年償還 $35,827，連續七年貸款者可收回 $200,000 的貸款及衍生
的利息。下表 15–1 為借款者每年攤還的本金及利息數額。

表 15–1 定期貸款 $200,000 的分期攤還明細表

年底	還款金額	利息	攤還本金	未償還本金餘額
1	$35,827	$12,000	$23,827	$176,173
2	35,827	10,570	25,257	150,916
3	35,827	9,055	26,772	124,144
4	35,827	7,449	28,378	95,766
5	35,827	5,746	30,081	65,685
6	35,827	3,941	31,886	33,799
7	35,827	2,028	33,799	0

由上表知，在貸款期限內，借款者總共償還 $250,789，其中 $200,000 為償

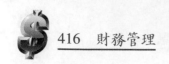

還本金，其餘的 $50,789 為利息支付。分期攤還明細表甚為重要，因為它指出貸款攤還部份，多少屬於本金攤還，多少用於支付利息，而利息支付是可以抵稅的。

二、補償性餘額 (Compensating balance)

有時貸款銀行要求借款者必須將貸款餘額的一定百分比，如 15% 存放於存款帳戶上，作為補償性餘額。若此補償性餘額高於借款者通常保留於存款帳戶上的，則此補償性餘額要求，將提高借款者的借款成本。

三、抵押品要求

定期貸款可為擔保或無擔保貸款。通常由於長期貸款契約的風險較高，銀行會要求借款者以某種資產作為抵押品。是否要求抵押品，決定於貸款者對借款者財務狀況的評估，而抵押品可為設備、廠房、存貨、證券、及應收帳款等。如果借款者以貸款用於購買固定資產，則貸款者將這些固定資產作為抵押品。如果借款者以流動資產，如證券及應收帳款作為抵押品，則貸款者可要求此種流動資產繼續作為抵押品直到貸款獲得清償為止。

四、股票購買認證權

貸款者除了要求借款者償付利息外，也可以要求借款者提供股票購買認證權，使貸款者在某一期間內，以特定價格購買借款者某一數額的普通股股票。當貸款銀行以為借款企業有成長潛力時，貸款銀行通常要求股票購買認證權，而借款企業也可能發行股票購買認證權，以獲得較佳的貸款利率。

 第三節　租賃的特質與型態

固定資產如廠房和機器設備等的價值在於其使用，而非其所有權。企業不是只想獲得資產的所有權，而是擬以所獲得的資產予以使用，來生產商品或提供服務。根據臺灣民法第 421 條:「稱租賃者，謂當事人約定，一方以物租與他

方使用收益，他方支付租金之契約」，由此可知**租賃** (Lease) 是為了獲得某種資產的使用權，而不是獲得此種資產的所有權。在租賃契約內，財產所有者亦即**出租人** (Lessor) 同意財產使用者即**承租人** (Lessee) 在一指定期間內使用財產，為此承租人對出租人在租賃期間，每期支付固定的款額。而承租人將租賃支付作為抵稅的費用，出租人將租賃收入作為所得。

第二次世界大戰以來，租賃成為長期融資來源的情況越來越普遍。第二次世界大戰前，大部份的租賃契約涉及房地產及農業財產，目前的租賃資產則包括運輸工具、電腦、醫療設備、工業設備、採礦設備，以及能源設備等。有些企業租賃包含整個廠房設備，在旅館業，租賃甚至包括臥房的傢俱、油畫、及床舖等。

在 1970 年代以來，美國租賃活動的擴充率約為經濟成長率的兩倍，1980 年代的租賃活動之年成長率大約為 16%❹。1980 年代早期，大約有 20% 的總資本支出透過租賃來融資。1990 年代的後半期開始，設備租賃活動大幅增加，由 1997 年的 $1,790 億美元增加至 2004 年的 $2,200 億美元❺。目前超過 30% 的企業設備投資透過租賃來融資，超過 80% 的美國公司利用設備租賃取得全部或部分設備的使用權。許多不同的企業從事租賃融資，如商業銀行、儲蓄貸款機構、保險公司、投資銀行、財務公司、設備製造公司、以及獨立融資公司。

企業使用租賃以融資的原因，可由租賃或購買某一特定資產之比較得知。企業獲得資產使用的服務方法有二：購買或租賃此資產。為了購買此資產，企業必須支付總價，或分期攤還價款，因而有長期負債。購買資產和與之俱來的長期負債會出現在資產負債表上。租賃資產對企業提供了服務，但不影響企業的資產負債表❻。租賃作為融資來源，使得企業可以使用固定資產而不會直接增

---

❹　參閱 M. Bruce McAdams, "Equipment Leasing: An Integral Part of Financial Services," *Business Economics* (July 1958), pp. 43 – 47.

❺　參閱 "2004 ELA State of the Industry Report" (New York: Equipment Leasing Association, 2004).

❻　美國會計標準委員會最近規定若干特定租賃必須出現在資產負債表的資產和相關的負債科目上。

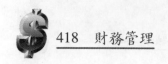

加任何負債。

由於租賃融資越來越重要，並且廣泛地被接受，因而財務經理必須瞭解此種融資方法。以下擬討論各種不同型態的租賃。

一、營運租賃 (Operating lease)

營運租賃要求承租人同意定期支付固定款額（民法第439條），使其得以在特定期間使用資產，而出租人則仍保有租賃物的所有權。營運租賃期間通常比租賃資產的預期使用年間為短，承租人所付款額小於資產成本。在租賃期滿時，承租人將租賃資產還給出租人（民法第455條），而出租人可將此資產再租出去，或者予以出售，以收回成本及賺取報酬。有時租賃契約內包含給予承租人購買租賃資產的機會。

承租人可以通知出租人解除租賃契約（民法第453條），通常承租人必須為此支付罰款，但是總比繼續使用過時及效率較差的租賃資產為佳。例如，許多公司租用電腦、影印機及汽車於數年後租賃期滿前即解除租賃契約。一般的營運租賃契約要求出租人妥善維護及修繕租賃資產（民法第437條）及支付各項稅款（民法第427條）和保險費等，並且承擔租賃資產性能減退或價值減少的風險。當然，這些費用已經包括在租金內。承租人因為支付租金而取得租賃資產的使用權，但仍應盡善良管理租賃資產的義務，如違反此項義務，致租賃資產毀損、滅失者，應負損害賠償責任（民法第432條）。

二、融資租賃 (Financial lease)

融資租賃亦稱**資本租賃** (Capital lease)，是指企業所使用的資產，由租賃公司提供資金融通，然後經由分期收取租金的方式，收回融資金額及利息。通常融資租賃的期限較營運租賃為長，而且不能提前解約。即使租賃資產不再有經濟利益，承租人在租賃期間，仍然必須支付租金，否則出租人可以迫使承租人破產。

承租人負擔資產維護責任，支付保險費及各項稅款。承租人所付租金應足夠攤還資產成本，並使出租人獲得報酬。有些融資租賃同意在期約屆滿時承租

人可以續約，或者購買資產。租賃資產的風險及產生的利益，全部由承租人擔當，但出租人則仍保有租賃資產的所有權。

由於融資租賃不能中途取消，故與長期負債甚為近似。承租人在租賃期間所支付的固定款項可以扣抵稅款。此外，在租賃期間，承租人的總付款額超過資產成本，故租賃期間與資產的預期使用年限相近。當資產的殘值為 0 時，出租人必須獲得比資產成本更高的款額，以獲取必要的報酬。

新資產的融資租賃必須具備下述條件之一：

(1)租賃契約須包含租賃期滿時，資產的所有權可以轉換予承租人的條款。

(2)租賃契約中允許承租人在租賃期滿時，以低於公平的市場價格購買資產之條款。

(3)租賃期限達租賃資產估計壽命的 75% 以上。

(4)最低租賃支付的現值總和必須至少等於租賃資產最初價值的 90%。

舊資產的融資租賃要件稍微不同。如果租賃前原使用期間已逾總估計使用年限 75% 以上，假定租賃合乎前述第一或第二個要件之一，則為融資租賃；若低於 75%，而符合任一要件，亦視為融資租賃。

● 三、售出租回 (Sale and leaseback)

售出租回是指一家公司將資產出售予金融機構，並立即根據協議在特定條件下予以租回使用。金融機構可為商業銀行、保險公司，或租賃公司。出售資產者（承租人），可以立即獲得購買者（出租人）的購買價款，並同時繼續使用此資產。

通常，出租人所付資產價格，接近於資產的市價，租金應足以攤還資產成本，並給予出租人合理的報酬，此與金融機構的抵押貸款相同。售出租回對承租人有下述優點：(1)承租人可從資產銷售獲得現金，然後將之再投資於其他計劃，或增加公司的流動性。(2)即使資產所有權已經轉讓，但公司可以繼續使用該資產。

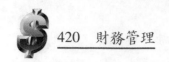

四、槓桿租賃 (Leveraged lease)

　　傳統的租賃只涉及出租人及承租人。近年來，美國大約有 85% 的融資租賃為槓桿租賃 ❼。槓桿租賃則涉及出租人、承租人，和貸款人。出租人提供資金以購買資產，不足金額則由貸款人湊足。有時出租人提供的資金為資產價格的 20% 至 40%，貸款人則提供剩餘的 60% 至 80%。承租人支付定期租金，並獲致使用該資產所產生的收益。

　　在槓桿租賃中，貸款人對出租人提供長期資金，如果承租人違約，貸款人不得向出租人請求償還，因此出租人承擔的風險限於資產價格的 20% 至 40%。作為資產所有者，出租人所收租金為其毛所得，並且從可以抵稅的利息及加速折舊獲得利益，但相對地只做小額的資產投資。故出租人可對承租人提供甚為吸引人的利率，當基本貸款利率為 8% 至 10% 時，租賃利率可能只有 5% 至 7%。

 第四節　租賃作為融資來源

　　租賃可被視為出租人對承租人提供融資，承租人因此在某一特定期間獲得使用某一特定資產，但也對出租人定期支付固定金額。當然承租人也可購買此資產，但也因此需要融資。也許承租人有足夠的資金購買資產而不需借款，但是利用自有資金，仍然必須考慮其機會成本。由此在某一特定期間定期支付固定租金，因而租賃可以視同長期融資來源。本節擬討論在美國制度下，租賃的稅負地位、租賃支付的決定，以及租賃的會計實務。

一、租賃的稅負地位

　　只要是美國內地稅局同意的真正租賃，承租人在使用租賃資產期間所支付的租金，可由公司的稅前盈餘扣抵，因而租賃與借款購買資產有類似作用。許

---

❼　參閱 Edward W. Reed et al., *Commercial Banking* (Englewood Cliffs, N.J.: Prentice-Hall, 1976), p. 244.

多租賃涉及土地,而土地不能折舊,但租賃土地所付的租金可以從稅款上扣抵,故此租賃比購買土地有利。出租人所收到的租賃支付,則視為其所得。

　　美國內地稅局有關租賃的一般規則如下:

　　(1)設備在租賃期滿時的剩餘可使用期間超過一年或原來估計可使用年限的20%。

　　(2)租賃支付必須能提供出租人以合理的市場報酬率。

　　(3)續約選擇權必須合理,亦即續約的租賃支付必須與續約期間資產的經濟價值有關。

　　(4)如果是槓桿租賃,出租人必須提供至少20%的資產產權。

　　(5)超過三十年的租賃不能視為因為稅負而發生的租賃。

　　(6)若承租人得以在租賃契約結束時購買資產,則買價必須是當時的資產公平價格。

　　(7)租賃支付時間表不能在早期時租賃支付高,末期時租賃支付低,因為此種租賃支付時間表顯示租賃僅是為了避稅。

　　如果美國內地稅局不同意租賃契約,則視同資產售予承租人而抵押予出租人的方式課稅。內地稅局的此種限制乃是禁止為了加速節省稅負而設立的租賃交易。例如,一項資產在 MACRS 下折舊十年,若利用五年租賃契約,而使承租人由於稅負關係在五年內攤銷資產成本,承租人的稅負節省更為增加,但是稅收因而大量減少。

● 二、租賃支付的計算

　　通常在資產尚未產生收益前,出租人即要求承租人在期初支付租金,故承租人在評估購買抑或租賃時,必須確定租金支付時間。稅法規定租金只有在租賃利益收到期間作為費用予以扣除,因此預付租金使稅負利益較實際費用支出落後一年。

　　出租人在決定租賃支付(亦即租金)時,必須考慮必要報酬、租賃期間、以及租賃期間屆滿時租賃資產的殘值等因素。根據第四章的現值概念,可以下述例子說明如何計算租賃支付。

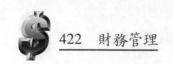

　　長申租賃公司以 $500,000 購得水泥攪拌機，宏昇水泥製品公司則向長申公司租賃此機器使用十年，租賃期滿時的機器殘值估計為 $100,00，如果長申租賃公司的必要報酬率為 10%，則宏昇公司未來十年每年年初應付租金為何？

　　首先必須計算長申公司的原始投資。因為十年底時水泥攪拌機的殘值為 $100,000，由目前的買價減去以 10% 報酬率折算 $100,000 的現值，得知長申公司的原始投資，可計算如下。

表 15–2 長申公司原始投資

購買水泥攪拌機的目前支出	$500,000
減：水泥攪拌機殘值的現值 ($100,000×PVIF$_{10\%,10}$=$100,000×0.3855)	38,550
水泥攪拌機的原始投資	$461,450

　　故長申公司水泥攪拌機的原始投資為 $461,450。

　　其次，可以計算宏昇公司未來十年每年年初的租賃支付。宏昇公司在未來十年的每年年初必須支付租金，此租金能夠使長申公司收回原始投資，並且獲致 10% 的報酬率。根據計算期首年金現值的公式可以計算每年年初宏昇公司應付的租金。假設 R 為每年年初的租金支出，則當未來十年每年年初的租金支出之現值等於原始投資時，可以決定 R 的數值，亦即：

$$原始投資 = R(PVIFA_{10\%,10})(1 + 10\%)$$
$$\$461,450 = R(6.1446)(1 + 10\%)$$
$$\$461,450 = R(6.7591)$$
$$故\ R = \$68,270.92$$

　　由上述計算可知宏昇公司在未來十年的每年年初應付予長申公司的租金為 $68,270.92。

● 三、租賃的會計實務

最近幾年越來越多的公司開始公開更多有關租賃的資料。1976 年 11 月美國的**財務會計標準委員會** (Financial Accounting Standards Board, FASB) 公佈第十三號標準。如果租賃不合乎融資租賃的要件，則此租賃當作營運租賃來處理，而融資租賃則應予以資本化，並將之包含在承租人資產負債表上適當的資產和負債項目上。而營運租賃不必予以資本化，也不必出現在承租人的資產負債表上。臺灣的有關租賃，亦有類似內容規定在財務會計準則公報第二號「租賃會計處理準則」中。

在融資租賃中，租賃出現在承租人資產負債表上，但是資產及負債項目的原始值為最低租賃支付的現值。資產項目中的科目為資本租賃下的租賃資產。資產項目以直線折舊法或加速折舊法予以攤銷。然而只有一部份的租賃支付用來減少負債，故在支付第一次的租賃款後，資產項目和負債項目的價值將不會一樣。在營運租賃中，租賃支付則在損益表上當作費用來處理。

假定揚銘公司擬簽訂 $250,000 資產的租賃合約。此租賃對承租人資產負債表的影響決定於此租賃是否資本化。如果承租人的其他資產價值為 $400,000，營運租賃不會影響其資產負債表的數值，但是融資租賃則使承租人的總資產及總負債均增加 $250,000，如下表 15–3 所示。

表 15–3 楊銘公司不同租賃型態下的資產負債表

	營運租賃	融資租賃
資產		
資本租賃下的租賃資產	$　　　0	$250,000
其他資產	400,000	400,000
資產總額	$400,000	$650,000
負債與股權		
資本租賃下的義務	$　　　0	$250,000
長期負債	150,000	150,000
股東股權	250,000	250,000
負債與股權總額	$400,000	$650,000

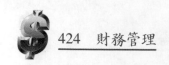

　　融資租賃下，資產與負債均增加了 $250,000。在營運租賃下，負債比率為 37.5% (= $150,000/$400,000)，但是在融資租賃下則增加至 61.5% (= $400,000/$650,000)。

　　至於租賃是否為融資租賃，則以全球公司的例子來說明。全球公司與楊明租賃公司簽訂一租賃契約，以使用某一設備。契約包括：設備的使用年限為十年，價值為 $480,000，租賃年限為八年，不能中途解約，每年的租金為 $85,000，其中 $5,000 用於保險、維修及賦稅。租金必須於每年年初支付，八年底的設備殘值為 $6,000，貼現率為 13%。

　　根據這些資料，最低租賃支付為 $80,000 (= $85,000 – $5,000)。此設備八年間，每年年初之最低租賃支付及八年底的殘值之現值計算如下：

$$\$80,000(\text{PVIFA}_{13\%,8})(1 + 13\%) + \$6,000(\text{PVIF}_{13\%,8})$$
$$= \$80,000(4.7988)(1.13) + \$6,000(0.3762)$$
$$= \$433,812 + \$2,257$$
$$= \$436,069$$

　　由於此設備的目前價值為 $480,000，而每年最低租金及設備殘值的現值 ($436,069) 超過設備目前價值的 90% ($432,000)，因而此租賃為融資租賃，必須將之資本化。全球公司的設備租賃必須予以資本化的另一個原因為租賃期間(八年) 超過此設備使用年限的 75% (10 × 75% = 7.5)。

　　資本預算評估方法可以用來決定租賃是否恰當。因為營運租賃不必予以資本化，其現金流量包含租金以及把租金視為損益表中的費用而引起的稅負減少。融資租賃的現金流量則包含租賃支付以及因攤銷資產負債表中的資產而產生的稅負節省。

　　現金支付為最低租賃支付加上有關的保險、維修、以及稅負支出。在全球公司的例子中，每年的現金支付為 $85,000，其中 $80,000 為最低租賃支付，剩下的 $5,000 則用於保險、維修、及稅負支出。

　　融資租賃情況下，資本化的租賃價值列為資產負債表中的資產，而用直線法按租賃期間來攤銷。全球公司的例子中，租賃的資本化價值為 $436,069，此

為目前資本負債表中的租賃價值，由於租賃期限為八年，因此用直線法時每年的攤銷額為 $54,509(= $436,069/8)。

　　租賃的資本化價值亦列在資產負債表中的長期負債，租賃支付減少了資產負債表的負債項目。每年年初的租賃支付減少年底的租賃負債一如長期貸款之本金減少。在租賃期滿時，資產負債表中的負債將等於租賃契約中記載的任何殘餘價值。

　　一如第四章的貸款攤銷表，全球公司的租賃負債在租賃期間每年的攤銷金額可由表 15–4 得知。第一年年初的租賃負債為 $436,069，同時付出的租金為 $80,000，減去此金額得出第一年年底的利息計算基礎$356,069 (= $436,069–$80,000)，第一年年底的利息支付為$46,289 (= $356,069×0.13)，本金支付為$33,711 (= $80,000 – $46,289)，第一年年底的租賃負債為$402,358 (= $436,069–$33,711)。以此方法可求出其他各年年底的租賃負債。第八年年底租賃期滿時的租賃負債應等於殘值 ($6,000)，而表中數字為 $6,008 乃由於計算誤差所造成。

◖表 15–4◗ 全球公司租賃負債攤銷表

年別	年初租賃負債	最低租金	利息計算基礎	利息支付	本金支付	年底租賃負債
1	$436,069	$80,000	$356,069	$46,289	$33,711	$402,358
2	402,358	80,000	322,358	41,907	38,093	364,265
3	364,265	80,000	284,265	36,954	43,046	321,219
4	321,219	80,000	241,219	31,358	48,642	272,577
5	272,577	80,000	192,577	25,035	54,965	217,612
6	217,612	80,000	137,612	17,890	62,110	155,502
7	155,502	80,000	75,502	9,815	70,185	85,317
8	85,317	80,000	5,317	691	79,309	6,008

　　財務經理必須知道由於租賃所引起的租賃支付及可抵減稅負的費用項目之現金流量時間的重要性，為此下面表 15–5 可用來說明全球公司資本租賃所引起的現金流量項目。利息及攤銷總額與其他費用均出現於損益表上，但是其他費用項目為每年年初的現金流出。

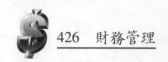

表 15-5 全球公司資本租賃的現金流量項目

年底	利息*	攤銷	利息及攤銷總額	其他費用**	租賃的現金支付
0	$ 0	$ 0	$ 0	$ 0	$85,000
1	46,289	54,509	100,798	5,000	85,000
2	41,907	54,509	96,416	5,000	85,000
3	36,954	54,509	91,463	5,000	85,000
4	31,358	54,509	85,867	5,000	85,000
5	25,035	54,509	79,544	5,000	85,000
6	17,890	54,509	72,399	5,000	85,000
7	9,815	54,509	64,324	5,000	85,000
8	691	54,509	55,200	5,000	6,000

*利息來自表 15-4。

**其他費用包括保險、維修、及稅負費用。

第五節　租賃的優點與缺點

　　租賃作為長期融資來源的情況越來越普遍，而且廣為一般企業接受，但財務經理在做購買抑或租賃資產決定時，必須考慮租賃的優缺點。

● 一、租賃的優點

1.土地的有效折舊

　　企業購買的土地不能予以折舊，但是土地承租人則可將土地折舊。承租人可為稅負目的將租賃土地所付的租金視同費用予以抵減，金額越大的土地包括在租賃合約中，對承租人越為有利。然而此種賦稅上的利益多少被沖淡了，因為土地的購買者，而非承租人，擁有土地的殘值。

2.百分之百的融資

　　租賃對承租人提供百分之百的融資。大部份的固定資產購買合約要求借款

人（即購買者）支付買價的一部份作為首期款，因此借款人獲得資產買價的 90
～ 95% 之貸款。在租賃時，承租人不必支付首期款，只需在租賃期間每期支付
固定租金即可，故租賃使得企業可以支付較少的首期成本，即可使用資產。然
而，承租人通常需要預先支付大量的首期租金，此預付租金可視同資產購買者
支付的首期款❽。

3.增加流動性

利用售出租回的方式，企業可將資產轉換成現金而增加其流動性。企業在
流動性降低或缺乏營運資金時，可將資產售予出租人，而後將此資產租回以繼
續使用。當然企業在租賃期間必須每年支付固定租金，因此流動性增加的利益，
為未來增加的固定租金支付所損害。

4.避免資產陳舊與耗損的風險

在租賃契約上，若出租人沒有正確預測資產的耗損，則承租企業可以避免
承擔資產耗損的風險，但是大部份的出租人會要求足夠的租金，以補償資產耗
損的可能發生。

5.提供彈性

租賃為企業提供了融資彈性，此種彈性是由於企業不必為所需的資產安排
其他融資，而可以經由租賃以獲得資產的使用，企業也可以保留融資能力於正
確時間籌措合乎經濟原則的資金，因而降低總體的資金成本。在短期的營運融
資，租賃使企業能夠比較各種的資產價格，使其在長期間獲致股東財富極大化
下，選擇購買最有利的資產。

6.破產或重組時的有限清償權

在美國，企業破產或重組時，出租人的最高清償權為三年租金❾。如果企
業舉債以購買資產，則債權人可以請求清償未付的融資額，當然，企業可以資

---

❽　由於承租人必須在每年年初支付租金，故租賃資產的融資額並不一定多於借款購買資
　　產的融資額，有時租賃所提供的融資額反而較少。

❾　對邊際企業而言，租賃通常為其唯一的融資來源，因為租賃資產的所有權仍屬於出租
　　人，以及可以減少出租人在承租人失敗時承擔的風險。若承租人沒有失敗，出租人可
　　以很快地收回租賃資產。

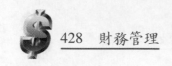

產殘值用來支付債權人。

7.缺乏很多限制條款

租賃使承租人避免了許多限制條款，如最低營運資金要求、管理改變及連續融資等限制均不包括在租賃契約內，因而承租人在企業經營上更有彈性。

● 二、租賃的缺點

儘管租賃對承租人有許多如上所述的優點，但是租賃亦有下述缺點：

1.高利率或高成本

一般的租賃合約內，並未指明利息成本，但出租人已將必要報酬包含在租金內。許多租賃契約內，出租人的內涵報酬相當高，故企業舉債購買資產較為划算，因而承租人必須詳細分析出租人的內涵報酬率，以決定租賃資產是否划算。業績良好的企業，容易在信用市場籌措資金，並獲致擁有資產所有權的稅負利益，租賃反而是一種昂貴的融資方法。

2.缺乏殘值的損失

在租賃契約期滿時，如果資產尚有殘值，則此殘值屬於出租人。當企業購買資產，則資產的殘值屬於企業。若資產在租賃期屆滿前已完全折舊，也許購買資產較為划算。當然有些資產如土地和建築物很可能增值，若租賃契約中有承租人可以有購買選擇權的條款，則承租人缺乏殘值的損失不再存在。

3.資產改善的困難

在租賃契約下，沒有出租人的許可，承租人無法改善租賃資產，以提高其效能。

4.租賃資產過時

如果租賃資產變成陳舊了，承租人仍得繼續使用此過時的資產，並在其餘的租賃期間繼續支付租金。此種情形下，企業的生產力會降低，競爭能力會減弱，因為生產成本的提高，將迫使企業提高產品價格，以獲得利潤。若承租人擬取消租賃契約，則必須面對很高的罰款。

 問　題

15-1　何以長期負債是企業資本結構的重要部份?

15-2　說明一般長期貸款合約中包含的標準貸款條款及限制條款。

15-3　說明影響長期融資成本的主要因素。

15-4　何謂定期貸款?企業何以需要定期貸款?

15-5　定期貸款契約通常包含什麼內容?

15-6　何謂租賃?出租人和承租人佔有何種地位?

15-7　何以租賃通常被視為融資的來源?

15-8　企業何以使用租賃而非借債以融資?

15-9　何謂營運租賃?有何特質?營運租賃期滿時租賃資產如何處理?

15-10　何謂融資(或資本)租賃?其與營運租賃有何差別?

15-11　敘述新資產的融資租賃必須具備之條件。

15-12　何謂售出租回?對承租人有何好處?

15-13　何謂槓桿租賃?出租人擔負的風險為何?

15-14　哪些要件構成美國內地稅局所認定的真正租賃?

15-15　租賃支付如何計算?

15-16　營運租賃與融資租賃對承租人的資產負債表有何不同影響?

15-17　租賃如何能有效地使土地「折舊」?

15-18　租賃支付的時間如何決定?其對稅負及現金流出的影響如何?

15-19　敘述租賃的優點與缺點。

15-20　在何種情況下,企業應租賃資產而非舉債購買資產?

15-21　根據美國財務會計標準委員會公佈的第十三號標準,何種型態的租賃必須予以資本化,並且出現在資產負債表上?如何對此種租賃予以資本化?

習　題

15-1　試用貸款攤銷明細表,說明六年期,利率為8%,貸款額為 $1,000,000 的每年年底攤還金額,並出示每次攤還額中,多少用於支付利息,多少用於減少本金,以及還欠多少借款。

15-2　和興公司擬向萬大銀行申請七年期貸款以擴充營業,公司根據資料估計每年年底的攤還額最多為 $380,000,如果利率為10%,則此公司最多可向銀行借多少?

15-3　古意公司擬向太吉公司租用一新機器,此機器的成本為 $200,000,壽命為七年,七年後的殘值為 $10,000,若太吉公司的要求報酬率為12%,則古意公司每年年初應付多少租金?

15-4　長憶租賃公司以 $5,100,000 購買一新機器,並將之租予建銘公司,建銘公司承諾在未來十年每年年初支付租金 $900,000。

　　⑴如果租賃公司以直線法折舊,預期十年後機器殘值為零,公司稅率為30%,則長憶公司的稅後報酬率為何?

　　⑵如果租賃公司以 MACRS 法折舊,則對其報酬率有何影響?

15-5　楊辛公司的目前資產總額為 $50,000,負債為 $20,000,股權為 $30,000。公司擬租賃一生產設備來支應市場需要的增加,此租賃資產的價值為 $15,000。若此租賃為營運租賃,對此公司的資產負債表有何影響?如為融資租賃,其影響又如何?

15-6　和宜公司與明復租賃公司簽訂租賃合約,以使用某一採礦設備。目前設備的價值為 $2,000,000,使用壽命為七年,租賃期為七年,每年的租金為 $380,000,其中 $10,000 用於保險及維護等費用,租金於每年年初支付,七年後此設備的殘值為 $280,000,若明復公司的必要報酬率為15%,問此租賃是否應予資本化?

15-7　宏宜紡織公司與信泰機械租賃公司簽訂租賃契約以使用新織布機,此機器的

使用壽命為八年，價值為 $900,000，租賃期為八年，每年的租金為 $180,000，其中 $20,000 用於保險及維修之用，租金必須於每年年初支付，並假定八年底的機器殘值為 $20,000，貼現率為 14%，求此租賃的現值，並編製宏宜公司的租賃負債攤銷表，及各年因租賃而引起的現金流出表。

15-8　艾林公司擬租用價值 $600,000 的機器，要求甲、乙兩家租賃公司計算每年的租金。兩家租賃公司均要求租賃的稅前報酬率為 15%，若甲公司估計租賃期滿時的機器殘值為 $40,000，而乙公司的估計為 $60,000。根據此資料，若租期為八年，則兩家租賃公司要求的每年年初之租金各為多少？

第十六章

公司債、特別股及普通股

　　除了第十五章的定期貸款及租賃外，企業可經由資本市場發行公司債、特別股與普通股來募集長期資金。公司債及特別股被稱為**所得固定證券** (Fixed income securities)，因為發行企業必須對其持有人定期支付利息或股利。普通股則**為所得可變證券** (Variable income securities)，因為其股利可以變動。由於普通股的風險較大，股價變動也較激烈，因此普通股的投資報酬率較公司債及特別股的投資報酬率之變動為大。

　　即使同樣是所得固定的證券，公司債與特別股間亦有差別。公司對公司債持有人所付利息可作為費用以抵付稅款，但是公司對特別股持有人所付股利則不能作為費用以抵付稅款。法律上，公司債持有人為公司的債權人，而特別股股東則視為公司所有人。因此法律沒有要求公司必須對特別股股東支付股利。通常為了易於籌措資金，公司對特別股股東都付予股利，如果公司因為營運上的困難而停發特別股股利，特別股股東可以累積未收到股利而於未來得償。由於公司在法律上沒有被要求支付股利，因而公司對特別股股東止付股利的影響，不如止付利息予公司債持有人來得嚴重。此外，公司債有一定期限，而特別股則為永續的。

　　本章第一節為公司債的特質，第二節討論公司債的種類，第三節則比較公司債的優點與缺點。第四節說明特別股，第五節敘述普通股。最後一節則討論投資銀行在長期證券發行中的地位。

第一節　公司債的特質

公司債是發行公司為了籌措資金而承諾債權人按期（通常每半年）支付約定利息，及於到期日支付本金的一種長期契約。公司借入長期資金將增加其財務風險，但是如果其報酬率高於其所付利率，則公司股價將會上漲。許多經營良好的公司，長期負債（主要是公司債）在其資本結構中所佔比率，一般均在40%或以上。只要公司不過度使用長期負債，財務槓桿的利益，大致會超過增加財務風險的不利。大部份的公司債期限為十至三十年，**面額** (Par value) 在美國一般為 1,000 美元，臺灣則為新臺幣 100,000 元。公司債上所指明的息票利率為發行公司每年支付公司債面額的百分比（即公司債利息）予持有人。

● 一、公司債的法律面

公司發行鉅額公司債而為許多人持有，為了保護公司債購買者，若干法律規定及安排至為重要。透過**債券契約** (Bond indenture) 及**受託人** (Trustee)，公司債持有人在法律上獲得保護。

1.債券契約

債券契約設定債券發行條件的法律文件，確定債券持有人的權利和發行公司的義務間之關係。債券契約通常有數百頁，詳細說明債券發行的特質，確定到期前還本的條件，以及對發行公司的限制。這些限制稱為限制條款，發行公司必須遵守不得有違❶。限制條款包括公司的最高負債比率，公司必須維持的最低營運資金、必須維持的最低利息週轉倍數、能夠支付的最高股利、以及額外發行債券的限制。債券發行公司如果違反債券契約，受託人可以代表公司債持有人處理公司違約行為。

2.受託人

在美國因為公司債持有人分散各地，1939 年的**信託契約法** (Trust indenture

---

❶　如果發行公司不能準時支付利息或必要的本金，則全部本金必須立即支付，此可導致公司破產。

act) 要求受託人代表公司債持有人向公司交涉有關事項。受託人可為個人、公司、銀行，或信託公司。受託人保證公司債發行公司確實執行債券契約條款。受託人的職責為：⑴確保發行公司並無違反契約中的責任，如果公司違約，受託人應採取必要的行動；⑵參加債券契約的擬訂，以確定契約包含對債券持有人的必須法律保護；⑶代表發行公司支付公司債的利息與本金；⑷發行公司如果有設定抵押權，此抵押權可由受託人為債權人取得，而受託人對此抵押權或抵押品應善盡保管責任；⑸代表公司債持有人監督發行公司履行債券契約義務，以保障公司債持有人利益；⑹召集公司債持有人會議並執行會議決定事宜。由於受託人所盡的職責，公司債發行公司必須對其支付費用。

　　為保障公司債債權人的利益，我國的公司法第 248 條第一項第十二款及第 255 條規定公司債債權人之受託人，為債權人之利益，有查核及監督發行公司履行公司債發行事項之權。由於權責甚大，非一般人能夠勝任，故公司法規定公司債受託人限於金融機構或信託事業。受託人的權責與美國的大致相同。

● 二、公司債契約的一般特質

　　負債成本及負債契約的限制會影響公司未來的決定。本小節擬討論影響公司負債成本或公司未來融資彈性的公司債契約之特質。

1.轉換公司債 (Conversion bond)

　　有些公司允許公司債持有人將公司債轉換成特別股或普通股。只有在股價高於**轉換價格** (Conversion price) 時，公司債持有人願意將公司債轉換。例如，宏觀公司面額 \$1,000 的公司債可轉換為普通股 20 股，公司債市價為 \$1,050，普通股股價為 \$54，此時公司債的轉換價格為 \$52.50 (= \$1,050/20)，比普通股市價為低，因此公司債持有人願意將公司債轉換成普通股。若普通股的市價為 \$51，則公司債持有人不願意將公司債轉換成普通股。一般而言，轉換公司債的利息成本比一般公司債為低，因為投資人將轉換價值視為總報酬的一部份，為了吸引投資人的興趣，許多公司發行轉換公司債。

2.贖回特質 (Call feature)

　　幾乎所有公司債都包含贖回條款，使發行公司在公司債到期前以較面額為

高的價格收回公司債，此多出的金額稱為**贖回溢價** (Call premium)。贖回溢價在公司債發行的早期，大約為一年的利息，有些公司則已訂定**固定贖回溢價** (Fixed call premium)，有些則為**遞減贖回溢價** (Declining call premium)。例如，光洋公司於 2000 年發行三十年期，息票利率為 8.5% 的無擔保公司債，2010 年時公司可以面值的 108.5% 贖回全部或部份的公司債，2015 年時的贖回價格則為面額的106%，此後贖回價格逐年降低直到 2020 年為止。許多公司債在發行後的若干年間不得贖回，此稱為遞延贖回。

贖回債券的權利使得公司在融資計劃中更有彈性，但也使公司債持有人繼續持有公司債到屆期日的利益被剝削了。例如，公司在發行公司債後市場利率下跌，發行公司因此贖回公司債，另外發行較低利率的新公司債。為了彌補持有人喪失持有利率較高的原來公司債至到期日的損失，公司債的贖回價格必須高於面額。為了節省利息支出，大部份公司在發行公司債時，都附有贖回條款，以期未來利率下降到一定水準時，可以贖回公司債。此種贖回利率較高的公司債，代之以利率較低的公司債之過程，稱為**換債** (Bond refunding)。

3.認股權證 (Warrant)

公司在發行公司債時，為了吸引投資者，有時附加認股權證，使公司債持有人可以於一定期間以既定價格購買一定數量普通股的權利。

4.償債基金 (Sinking fund)

通常公司債持有人要求發行公司逐年減少債券餘額，而非在二十年或三十年後一次收回所有的債券，償債基金則可用為逐年收回發行的公司債。償債基金通常是每年以一指定金額（如發行公司債的 4%）存入償債基金帳。但是，實際上公司可以在債券市場上，每年購回發行債券的一定百分比，或用抽籤方式決定每年收回的公司債。一般而言，如果目前市場利率高於公司債的息票利率，債券價格將低於面額，公司應該在公開市場購回公司債；另一方面，如果目前市場利率低於公司債的息票利率，債券價格將高於面額，則公司應以溢價方式收回公司債。

5.到期日 (Maturity)

在美國典型的公司債期限為二十年或三十年，一般公司在需要資金時，只

願意借款十年，尤其如果目前利率甚高之時，如 1970 年代至 1980 年代初期，一般公司均發行十年期的公司債，1980 年代中期以後，許多大公司再度發行二十年及三十年期的公司債。

● 三、公司債銷售

新公司債有兩種方式銷售，即直接銷售（臺灣稱為私下募集）與公開發行（臺灣稱為公開募集）。

1.直接銷售 (Direct placement)

在美國，公司可將新發行的公司債直接出售予購買者，通常為金融機構，如年金基金或人壽保險公司。直接銷售公司債與長期貸款沒有顯著的差別，此種公司債事實上沒有次級市場，而且證券管理委員會也不要求登記此種債券的發行。由於直接銷售，某些行政及發行成本得以免除，故此種公司債的利率較類似的公開發行公司債為高。在臺灣，發行公司亦得以向特定人銷售方式私下募集資金。

2.公開發行 (Public offering)

一般而言，在美國，投資大眾購得的公司債是由投資銀行出售。投資銀行由發行公司獲得公司債發行額的 0.5% 至 10% 作為補償費用，此費用由發行額大小及發行公司的信譽來決定。公開發行的公司債，必須在證券管理委員會登記。此種公司債可在次級市場交易。公開發行的公司債之價格常常與面額不同。如果風險相似的公司債報酬率高於息票利率，則此公司債必須折價（低於面額）出售；反之，如果風險相似的公司債報酬率低於息票利率，則此公司債必須溢價（高於面額）出售。只有在風險相似的公司債報酬率等於息票利率時，公司債才以等於面額的價格出售。在臺灣，如果發行公司對公司債採取對外公開銷售發行，則發行公司必須委託證券承銷商進行承銷。不論是私下募集或公開募集，臺灣的公司債發行程序及流通市場與美國的大同小異。

● 四、債券評等

在美國，公開發行的公司債，由主要債券評等機構，如穆迪投資人服務公

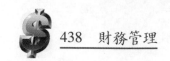

司 (Moody's Investors Service) 及標準普爾 (Standard & Poor's, S&P) 按債券品質及風險程度加以評等。債券評等可以反映發行公司的償債能力，以保障債券投資人，並促使發行公司改善經營管理及財務結構。債券評等機構在評定公司債的等級時，所依據的因素，包括公司獲利穩定性、負債比率、固定費用週轉倍數、流動比率、抵押條款、償債基金，以及公司過去的紀錄等。

穆迪公司的債券評等，最高品質及風險最低的公司債等級為 Aaa，其他依序為 Aa，A，Baa，Ba，B，Caa，Ca，及 C。而標準普爾的債券等級按高低順序為 AAA，AA，A，BBB，BB，B，CCC，CC，C，DDD，DD，及 D。債券具有最少等於 Baa 或 BBB 的才被稱為投資級債券，未達 Baa 或 BBB 等級的則具有投機性。等級越高的債券風險越低，價格越高，報酬率也低；反之，等級越低的債券風險越高，價格越低，報酬率也高。當公司考慮發行公司債以籌措資金時，財務經理必須預測債券等級，因為債券等級將影響債券銷售的可能性和債券成本。

為了維護債券投資人的利益，臺灣於 1997 年 5 月成立第一家信用評等公司，即「中華信用評等公司」，並規定企業發行的無擔保公司債，必須接受債券評等。該公司成立的主旨在提供公正且獨立的債券評估意見，提高債券投資人的風險意識，以及建立債券市場公開透明的交易秩序。在中華信用評等公司及標準普爾公司等的合作下，對公司的短期及長期公司債予以評等。短期公司債的最高等級為 twA–1，其他依序為 twA–2, twA–3, twB, twC 及 twD，長期公司債的評等，依序為 twAAA, twAA, twA, twBBB, twBB, twB, twCCC, twCC，twR 及 twSD，等級越高的債券，風險越低，價格越高，報酬越低；反之，亦然。

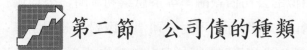 第二節　公司債的種類

公司發行的債券種類甚多，以下僅討論較重要者。

● 一、無擔保公司債 (Debentures)

無擔保公司債亦即信用債券，是發行公司在發行公司債時，僅憑信用而不

提供任何特定資產作為債務的擔保。因此無擔保公司債持有人，與一般債權人處於同等地位，只有在有擔保債權人之請求權獲得滿足後，公司還有剩餘財產時，才能獲得清償。由於公司債沒有任何抵押品，因此發行條件較為嚴格。事實上，若公司的債信甚佳，公司不必擔保品，即可發行無擔保公司債。可轉換公司債通常是無擔保公司債。

● 二、附屬無擔保公司債 (Subordinated debentures)

附屬無擔保公司債的持有人對公司財產的請求權，在任何其他債權人之後。在公司清算時，附屬無擔保公司債契約中所指明的有優先獲得清償之債權人未獲得清償前，附屬無擔保公司債持有人不能獲得清償。附屬無擔保公司債的風險較高，故發行成本也較高。若附屬無擔保公司債具有轉換性，則其報酬率可能低於無擔保公司債。附屬無擔保公司債的存在，使得一般無擔保公司債持有人在清償時較為有利。

明亮公司的一般負債為 $500 萬，公司有 $400 萬的無擔保公司債，以及 $300萬的附屬無擔保公司債。這些債權人對公司的清償債權總共為 $1,200 萬。公司倒閉清算資產後共得 $720 萬，為負債總額的 60% （= $720 萬 / $1,200 萬）。無擔保及附屬無擔保公司債持有人共可獲償 $720 萬的 7/12〔= （$400 萬 + $300 萬）/（$500 萬 + $400 萬 + $300 萬）〕，即 $420 萬。其中無擔保公司債持有人優先受償，可獲償 $400 萬，附屬無擔保債權人僅能獲償剩餘的 $20 萬（$420 萬 − $20 萬）。而一般債權人求償順位和無擔保債權人同，可獲償 $300 萬，即清算後剩餘資產的 5/12 （$500 萬 / $1,200 萬）。

				單位：萬元
債務種類	金　額	清算後可獲償	可獲償	求償順位
一般公司債	$500	$720 × $500 / $1,200 = $300	$300	1
無擔保公司債	$400	$720 × $700 / $1,200 = $420	$400	1
附屬無擔保公司債	$300		$420 − $400=$20	2
總計	$1,200（原始）	$720（清算後）	$720（清算後）	

如果沒有附屬無擔保公司債，則公司的總負債為 $900 萬，清算資產後獲得 $720 萬，亦即總負債的 80%（＝$720 萬／$900 萬）。因為一般債權人和無擔保債權人的請求債權順位相同，因此一般債權人可獲債 $400 萬 （＝$500 萬 × 80%），無擔保債權人可獲債 $320 萬（＝$400 萬×80%）。

● 三、收益公司債 (Income bond)

收益公司債只有在發行公司能夠獲得足夠的盈餘時，才支付利息。如果公司沒有盈餘，則沒有義務支付利息，故這種公司債不會因為發行公司無法支付利息而破產。這種公司債多半在公司進行破產重整或轉換附屬無擔保公司債時發行。因此，收益公司債的風險大於一般公司債。

● 四、有擔保公司債 (Secured bonds)

有許多不同種類的有擔保公司債可作為籌措長期資金之用。如**抵押公司債** (Mortgage bonds)，**抵押信託公司債** (Collateral trust bonds)，以及**設備信託憑證** (Equipment trust certificates)。

1.抵押公司債

抵押公司債是發行公司以建築物或實質資產作質以發行公司債。此種公司債極為普遍，如果發行公司無法履行債務的償還，公司債持有人可將質押的建築物或資產出售，以收回本息。一般而言，抵押品的市價高於抵押公司債的發行額。**第一順位抵押公司債** (First-mortgage bond) 持有人在公司清算財產時，有第一優先清償權，而**第二順位抵押公司債** (Second-mortgage bond) 持有人只有在第一順位抵押公司債持有人的清償權獲得滿足後，還有剩餘時才能獲得清償。

抵押公司債可依已設質資產後是否能夠再發行抵押公司債而有各種不同種類，即**開放型抵押公司債** (Open-end mortgage bonds) **封閉型抵押公司債** (Closed-end mortgage bonds)。開放型抵押公司債是指財產在設定抵押發行公司債後，仍然可以用此財產作為抵押以發行公司債，當然，抵押公司債發行額不能超過財產價值。開放型抵押公司債使得公司在籌資時更有彈性。封閉型抵押公司債是指公司財產經過抵押後，不能以同一抵押品，發行額外公司債。

2.抵押信託公司債

　　如果信託人擁有其他公司的股票或債券，則以這些證券作為抵押以發行的公司債，稱為抵押信託公司債。控股公司 (Holding company) 由於持有其他公司債的股票或債券，因而是抵押信託公司債的主要發行者❷。作為抵押的證券價值通常必須高於債券發行額的 25% 以上。

3.設備信託憑證

　　設備信託憑證始於鐵路公司為購買設備時的籌資方式。目前，卡車公司、航空公司及輪船公司等利用此籌資方式來購買卡車、飛機以及船舶。為了購買設備，舉債公司通常支付設備價值的 20%～25% 作為首期款支付予信託人（通常為銀行）。信託人則出售憑單來籌措額外資金以購買設備。舉債公司按期支付款額予信託人，信託人則用以支付利息予憑證持有人。舉債公司最末期支付的款額則用來付清憑單餘額。支付最末期款項後，信託人則將設備所有權轉移予舉債公司。舉債公司每年支付予信託人的款項，足以支付利息，付清憑單餘額，及信託期間的信託費用。由此可知設備信託憑單本質上是租賃的一種形式。

● 五、零息債券 (Zero coupon bond)

　　零息債券在到期前不支付任何利息,發行公司在到期時支付面額予持有人,因此這種債券以遠低於面額的價格出售。這種債券於 1981 年首次由公司採用以籌措資金,近年來許多大公司以及地方政府也發行此種債券以取得資金。例如,亞洲公司擬籌資二億元而於市場上出售零息債券, 每一債券的面額為 $1,000, 期限為十年, 由於到期前持有人沒有利息收入,因此債券在市場上以很大的折扣出售,如只要花 $400, 即可獲得此零息債券,持有人在十年後可以獲得 $1,000。如果每年複利兩次,則持有人的報酬率為 9.42%。

　　對發行零息債券公司言,其優點為公司在未來十年不必支付利息,而且這種債券的到期獲利率甚低,但是缺點則為此種債券不得在到期前收回,故當利率下跌時,發行公司不得進行贖回或換債,此外發行公司在到期時面臨巨額的

---

❷　控股公司是對其他公司有控制權的公司, 為了維持控制權, 通常需要控制一家公司發行股票的 10%～20%。

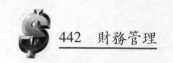

現金支出。對零息債券的投資者言，其優點為不必擔心發行公司會在到期前贖回債券，投資報酬率不受市場利率變動的影響。

第三節　公司債的優點及缺點

以公司債作為融資方式，有其優點及缺點，其優點為：

(1)公司債所有人無權選舉公司董事，因而無權參加公司的管理經營，亦即普通股股東可以維持控制權。故當公司在選擇融資方式時，現有的管理集團若擔心喪失對公司經營權的控制，則會優先考慮出售公司債以獲得融資。

(2)公司債的利息可作為費用處理以抵減稅負，由於稅負減少，發行公司債的稅後成本相對較低。

(3)如果公司目前或將來獲利，公司債的發行透過財務槓桿作用可以增加每股盈餘，對股價有正面的影響。

但是發行公司債有下述缺點：

(1)由於公司負債增加，因而提高財務風險，當銷售額與盈餘減少時，普通股股東的損失更大。

(2)公司債持有人為公司的債權人，為保障本身利益，對公司的財務及經營管理因而設下種種限制。

(3)如果公司經營發生困難，無法償付利息費用，以及償還本金，則發行公司債的風險甚高。

(4)一個公司在經營良好時，其負債比率可能達到上限，如果由於經營不善，而須增加公司債的發行，則公司的負債比率將大為提高，公司的財務風險將大幅度增加，公司債的發行成本也隨之大幅上漲，因而無法進行負債融資。

對公司債持有人而言，公司債通常支付固定利息，而且公司債持有人對公司資產的請求權在普通股及特別股股東之前，因此其面臨的風險較低。然而，公司債持有人無權參與公司的經營管理，也無法分享公司成長及盈餘增加的成

果。此外，由於每年的利息固定，在通貨膨脹率高的時候，公司債持有人的真實利息反而減少。

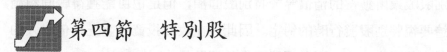

第四節 特別股

作為公司長期資金來源，特別股介於公司債與普通股之間。一般的公司通常不大量發行特別股，因此特別股在股東權益上的比例甚小。如同公司債，特別股為一有固定收益的證券，因為特別股股東可按期收到股利。由於發行公司通常並不保證在特定日期償付本金，因而特別股較之公司債更具有永久性的籌資方式。與普通股相同的是，特別股為股東權益的一部份。

由於特別股股利視為盈餘的分配，不能當作費用以扣抵稅負，而公司債利息支付則可以當作費用處理，因此特別股的稅後成本較之公司債的稅後成本為高，此乃近年來公司越來越少以發行特別股方式籌資的原因。本節擬討論特別股股東的基本權利，特徵，種類，以及優缺點。

● 一、特別股股東的基本權利

1.盈餘分配

特別股股東對於公司盈餘分配有優先於普通股股東之權利，如果公司不發放特別股股利，則公司不得發放普通股股利。由於特別股股東有盈餘分配的優先權，因而普通股股東在預期收益上成為風險的承擔者。除非公司確定有足夠資金可以支付特別股股利，否則不會發行特別股，此可確保公司至少會對普通股股東發放若干股利。為了使普通股市價維持在某一水準，對普通股股東發放股利是有必要的，如果公司不發放特別股股利，則對普通股股價會有不良影響。

如果公司盈餘不足以支付特別股股利，則未支付的特別股股利可以累積，公司必須在付清累積的特別股股利後，才能支付普通股股利。雖然不支付特別股股利不會迫使公司破產，但是不支付特別股股利會妨礙公司支付普通股股利，也影響公司發行長期證券以籌措資金。

2.資產分配

　　若公司經營不善而倒閉，雖然特別股股東在公司清算資產時，必須等到所有債權人獲得清償後，但是特別股股東有優先於普通股股東分配剩餘資產的權利。通常特別股股東所獲得的清償等於特別股面額，但是也可能獲得較面額稍高的貼水，這要視特別股發行時的約定。因此，在收回投資資金上，債權人的風險最小，特別股股東次之，而普通股股東的風險最大。

3. 投票權

　　特別股股東具有債權人和所有人的特徵。由於特別股股東可以獲得固定股利，但是無法期望所投資本在到期日獲得清償，因此特別股股東常被視為**準負債供給者** (Quasi-debt supplier)。由於特別股投資是恆常的，此代表所有權，但是特別股股東可以獲得固定股利，且優先於普通股股東，故其承擔風險較普通股股東為小，因而特別股股東通常沒有投票權。然而，在某些特定情況下，特別股股東有投票權。例如，公司由於經營不善而有虧損，或公司未按規定發放特別股股利之時。

● 二、特別股的特徵

1. 售價與面額

　　售價為特別股公開發行時的價格，面額為發行公司對於特別股每股指定的價值。通常特別股的售價與面額相同。在美國，特別股面額通常在 $25 與 $100 之間。在臺灣，特別股的面額多為新臺幣 $10。特別股股利或以金額表示，或以面額的百分比表示。例如，泛亞公司出售 20,000 股，面額為 $50 的特別股，此特別股的股利設為面額的 10%，則特別股股利為 $5 (= $50 × 10%)。此特別股股利將永遠固定，若發行後特別股的市價發生變化，則此特別股的獲利率也隨之變動。如特別股價格下降為 $40，則此特別股的獲利率將為 12.5% (= $5/$40)。

2. 參加性質

　　若特別股具有參加性質，則特別股股東在獲得約定的基本股利後，公司尚有盈餘，仍然可與普通股股東共同分配該盈餘，而獲得額外股利。但是，幾乎所有的特別股為非參加特別股，亦即特別股的股利固定，不論公司盈餘再多，仍不能與普通股股東共同分配增加的盈餘。

3.累積性質

　　大部份的特別股為**累積特別股** (Cumultive preferred stock)。若由於某種原因公司無法發放特別股股利，公司在補足發放特別股股利前，不得發放普通股股利。通常為了吸引投資者，特別股多具有累積性質。

4.期　限

　　技術上言，特別股為公司股權資本的一部份，因此若干公司發行具有恆常性的特別股，亦即無特定期限之股東權益。然而，許多特別股投資者期望有償債基金條款，以保證特別股股東在一特定期間內可以獲得清償。

5.贖回特質

　　如同可贖回公司債，特別股有時可以依據發行契約規定的價格予以贖回。例如，菱藝公司以每股 $100 發行股利為 $9 的特別股，發行公司約定在第四年以每股 $108 贖回所有或部份的特別股，第五年以 $107，第六年以 $106.5，……，第十年以 $100 贖回特別股。此種**可贖回特別股** (Callable preferred stock) 對於公司融資計劃提供較大的彈性，但是不甚吸引投資者。因而為了吸引投資者，公司通常必須對投資者提供贖回溢價 (Call premium)。公司贖回特別股的時機，大致在市場利率低於發行時之利率。

6.轉換特質

　　有些公司為吸引投資者而發行**可轉換特別股** (Convertible preferred stock)，使特別股股東在一定期間後可以將特別股轉換成普通股，因而分享公司的成長與盈餘的增加。

● 三、特別股發行者

　　許多公用事業由於融資受政府規定限制，因此常發行特別股來融資。例如，美國政府要求公用事業使用抵押公司債融資不得超過新資產額的 60%，使用普通股融資則不能低於新資產額的 30%，因此公用事業的特別股約佔其資本的10%。這使得公用事業能利用收益固定的證券使其財務槓桿使用到極限。另外，公用事業的特別股股利可作為費用處理，也鼓勵了公用事業發行特別股。

　　在美國，過去三十年來，特別股（通常為可轉換）廣泛地被用於公司合併

或收購。通常收購公司發行特別股以交換被收購公司的普通股，因而收購公司的普通股盈餘可以增加。

資本密集企業在擴充時也發行特別股以融資，原因為其資本結構及各種限制使其無法使用額外公司債來融資，或由於其普通股股價甚低，因而無法發行新的普通股來融資。臺灣對於發行特別股的申請之審核至為保守，故特別股的數量不多。

四、特別股融資的優點及缺點

特別股融資的優點如下：

1.提高槓桿效果

特別股股利固定不變，故當公司盈餘增加甚多時，也只能支付固定股利予特別股股東，剩下的盈餘則全部歸於普通股股東，顯然地，特別股可以提高槓桿效果。

例如三洋公司的資本結構如下表 16–1 所示。

表 16–1 三洋公司的資本結構

資金來源	金額	總資本額的百分比
長期負債 (8%)	$300,000	30%
特別股 (10%)	300,000	30
普通股	400,000	40
總計	$1,000,000	100%

若三洋公司的所得稅稅率為40%，公司的息前及稅前盈餘為 $120,000，或總資本額的12%。長期負債的稅後成本為4.8% [= 8%(1 – 40%)] ❸。在稅後基礎中，公司必須支付長期債權人$14,400 (= 4.8% × $300,000)，特別股股東$30,000

---

❸ 由於利息可以抵減稅負，故公司負債的稅後成本為約定利率 × (1 – 稅率)。在此例中，$120,000為息前稅前盈餘，為求得息後稅後盈餘，利息 × (1 – 稅率) 必須從息前稅後盈餘中扣除。

(＝10%×$300,000)，剩餘的$75,600 (＝$120,000－$14,400－$30,000) 為普通股股東所有。普通股股東的報酬率為18.9% (＝$75,600/$400,000)。特別股增加公司的槓桿效果，以及普通股報酬率，此因總資本報酬率大於固定融資成本所致。

如果公司沒有特別股，而普通股成為$700,000，則屬於普通股股東的盈餘增加為$105,600 (＝$120,000－$14,400)，普通股報酬率僅為15.1% (＝$105,600/$700,000)。普通股報酬率的減少，乃由於以普通股代替了特別股，因而降低了槓桿效果。由此可知，特別股可以增加財務槓桿，因而提高了普通股報酬率。

2.彈性

當公司盈餘欠佳時，公司董事會可以宣佈停發特別股股利。如果公司以公司債取代特別股，則當利息未能按時給付時，公司可能因而宣佈倒閉。

3.企業合併或收購時使用

收購公司經常以特別股（通常具轉換性質）交換被收購公司的普通股，因此只需支付固定股利，其他盈餘則可用於再投資，促使合併後的企業繼續成長。

4.普通股股東的控制權不受到損害

如果公司以普通股取代特別股，由於普通股股數增加，原來股東在公司的控制權因而降低。由於特別股股東沒有投票權，因此發行特別股不致使得原來普通股股東的權益受損。

5.沒有期限

特別股沒有到期日，故發行公司不必擔心償還本金。

特別股融資的主要缺點如下：

1.風　險

對公司來說，發行特別股比發行普通股的風險為大，因為一般的特別股股利必須發放，但是普通股股利可以不必發放，公司可能因為特別股股利的發放，而影響其流動性和現金流量。

2.成　本

特別股融資成本通常高於負債融資成本，此因特別股股利在若干情況下可以不必支付，而負債利息必須支付，故投資者對於特別股所要求的報酬率較高，以補償特別股所增加的風險。此外，長期負債的利息可視同費用處理，而特別

股股利的發放是在稅後，亦即不能當作費用處理。故此長期負債的稅後成本較特別股低得多，大部份公司在考慮收益固定證券的長期融資時，因而選擇公司債而非特別股。

總之，公司是否選擇發行特別股以籌措長期資金，不只取決於公司的資本結構及資本市場狀況，亦須考慮各種不同長期融資的成本及風險等。衡量了特別股的長期利益與成本後，公司以之比較公司債與普通股的優缺點，來決定發行特別股是否符合公司的長期利益。若是發行特別股，則必須考慮是否為累積或非累積特別股，參加或不參加特別股，贖回或不贖回特別股，轉換或非轉換特別股。可知特別股融資的決定是很困難的。故此，在長期資金的外部來源中，特別股融資最不為一般公司所用。

 第五節　普通股

公司的真正所有人為普通股股東。普通股股東有時被稱為**殘餘所有者** (Residual owner)，因為公司的盈餘或資產的分配上，普通股股東的請求權必須在債權人和特別股股東之後。因此，普通股股東的風險較高，為補償這種風險，普通股股東的預期或要求報酬率較高。

普通股沒有到期日，因而具有永續性的長期融資性質。普通股股東的風險以其出資額為限，不對公司負債擔負完全責任，除了公司解散外，普通股股東的投資必須保留在公司內部，不得以任何形式將資金償還予股東。

公司債與特別股是收益固定的證券，而普通股則為收益變動的證券。普通股股東參與公司盈餘的分配，如果公司盈餘增加，他們獲得更多的股利，如果盈餘減少，則股利減少。本節擬討論普通股的特質，普通股股東的權利，以及發行普通股的優點及缺點。

● 一、普通股的特質

1.面　額

普通股可以有面額或無面額。面額沒有實質上的意義，只是公司章程規定

股票的價值。一般而言，面額相當低，以避免市價低於面額。股票上市後，市價與面額有相當差異，在經過一段時間後，經營情況改變，市價與面額幾乎沒有關係。公司有時也發行無面額的股票，這時公司可將股票售價放在帳簿上。

荷敏公司發行 10,000 股普通股，面額 \$10，每股售價 \$50，其會計分錄如下：

◀表 16–2▶　荷敏公司發行新普通股的會計分錄

普通股（10,000 股，每股面額 \$10）	\$100,000
超額支付資本	400,000
普通股權益	\$500,000

2. 授權、流通在外，與已發行普通股股數

公司章程中必須規定公司能夠發行的普通股股數，稱為**授權股數**（Authorized shares）。由於不容易修改公司章程以發行更多股數，通常公司的授權股數均多於**已發行股數**（Issued shares），以減少未來增加發行股數時修改公司章程的麻煩。

公司的已發行股數可能較在外**流通股數**（Outstanding shares）為多，因為公司可能從市場購回已發行股票，此種購回自己發行的股票稱為庫存股票。故已發行股數為在外流流通股數與庫存股數之和。

3. 投票權

通常普通股股東有權出席股東會，選舉公司的董事，以控制公司管理權。有時，原來股東在增發普通股以籌措資金時不擬放棄投票權，則發行**無投票權普通股**（Nonvoting common stock）。**A 級普通股**（Class A common stock）通常沒有投票權，而 **B 級普通股**（Class B common stock）則有投票權。由於 A 級普通股股東沒有投票權，因此在分配盈餘及資產時，較 B 級普通股股東有優先權。普通股股東在投票時，有三點事項值得一提，即**委託書**（Proxy），**多數選舉法**（Majority voting），及**累積選舉法**（Cumulative voting）。

⑴委託書

普通股股東可以親自出席股東會，但是大多數小股東無法參加股東會以投票，因此他們可以簽寫委託書，委託代理人出席股東會。為了獲得足夠的選票以更換管理階層，收購公司委託書的情況時常可見，此即委託書爭奪戰。在管理階層表現拙劣之時，大量收購委託書的情況可能出現，但是非管理階層欲在委託書爭奪戰中獲勝的機會甚小。

(2)多數選舉法

在多數選舉法下，每一股均有一票，而董事會的每一職位分開投票，故一個股東可將所有票數投給一個他所喜歡的董事，獲得多數票的董事即為當選。管理階層只要能夠控制多數票，就可贏得所有董事。

例如三洋公司流通在外的普通股股數為 10,000 股，其中管理階層控制 55%。公司擬選舉五個董事，管理階層支持五個候選人，另外非管理階層支持其餘的五個候選人，管理階層以 5,500 股 (= 10,000×55%) 給予其支持的每個候選人，而非管理階層以 4,500 股 (= 10,000×45%) 給予其支持的每個候選人，因此管理階層支持的五個候選人都獲得當選，非管理階層支持的候選人則無法獲得董事職位。

(3)累積選舉法

在累積選舉法下，每個普通股股東的投票數等於其所持有股數乘以擬選出的董事名額。若公司擬選出五名董事，某股東擁有 1,000 股，則其投票數為 5,000 (= 1,000 股 × 5)。此 5,000 票可以全部投給某一候選人，亦可將 5,000 票分散投給不同的候選人。在累積選舉法下，獲得多數票的人當選董事，少數集團也有機會選出其所支持的部份董事。

例如，前述三洋公司的例子中，如用累積選舉法，總共投票數為 50,000 票 (= 10,000×5)，管理集團有 27,500 票 (= 5,500×5)，而少數集團有 22,500 票 (= 4,500×5)，這時管理集團最多可以選出三個董事，而少數集團最少可以選出一個最多兩個的董事。

選舉某一數額董事所需股數 (NE) 的公式如下：

$$NE = \frac{O \times D}{T+1} + 1 \tag{16-1}$$

式中，NE = 選舉某一數額董事所需股數

O = 流通在外總股數

D = 擬當選董事名額

T = 總共擬選出董事名額

將 O = 10,000, T = 5，及 D = 1, 2, 3, 4 與 5 代入公式 (16–1) 得 NE 等於 1,668, 3,335, 5,001, 6,668，及 8,334。由於少數集團控制 4,500 股，他們最多能夠選出二名董事，而管理集團控制的 5,500 股，最多能夠選出三名董事。由此可知累積選舉使得少數集團能夠選出自己支持的董事。但是，多數集團可藉選舉過程，或減少董事名額的改選，使少數集團無法選出其所代表的董事。

4.股　利

公司董事會決定股利支付。大部份公司在董事會的每季開會後，支付每季股利。股利可為現金、股票，或實物。現金股利最普遍，實物股利則少見。股票分割與股票股利有若干相似之外，有時用之以加強股票的市場性。普通股股東沒有保證可以得到股利，但是從公司的股利紀錄，他們可以預期股利。在分配股利予普通股股東前，政府、債權人，及特別股股東的請求權必須獲得滿足。

5.財產權

在公司清算其財產時，普通股股東對公司財產的請求權，在政府、公司員工、債權人及特別股股東之後。

6.股票購回

公司購回的股票稱為庫存股票。股票購回是用在改變其資本結構或增加股票報酬率。若公司的流動性良好，而且缺乏投資機會，則很可能購回股票。

7.每股帳面價值 (Book value per share, BVPS)

普通股每股帳面價值計算公式如下：

$$每股帳面價值 = \frac{普通股權益總額}{普通股流通在外股數} \qquad (16\text{–}2)$$

若利多公司的股東權益如下表 16–3 所示：

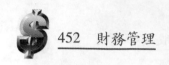

◖表 16–3◗　利多公司的股東權益表

特別股，每股面額 $10，授權股數 1,000,000 股， 已發行及流通在外股數 600,000 股	$ 6,000,000
普通股，每股面額 $1，授權股數 15,000,000 股， 已發行及流通在外股數 10,000,000 股	10,000,000
超額支付資本	40,000,000
保留盈餘	50,000,000
股東權益總額（淨值）	$106,000,000

　　屬於普通股股東的權益為股東權益總額（淨值）減去特別股，即 $106,000,000 − $6,000,000 = $100,000,000，亦即普通股權益為普通股、超額支付資本，及保留盈餘之和。

　　根據公式 (16–2)，利多公司的每股帳面價值為：

$$\frac{\$100,000,000}{10,000,000} = \$10$$

　　普通股每股帳面價值與普通股市價沒有關係。股票市價受到股票供需、經濟、政治、預期股利等許多因素影響而有甚大變動，故股票市價與每股帳面價值常常產生差異。

8.逆向股票分割

　　逆向股票分割是為了減少股數，使低股價上升至期望的水準。例如，某公司的股票價格跌至 $2，投資者因為股價太低而不願購買，此時公司選擇 1 比 10 逆向股票分割，股價因而提高至 $20，公司財務狀況不受影響。但是許多投資者則認為逆向股票分割乃意謂公司業績不彰，故甚少公司採取這種逆向股票分割。

● 二、普通股股東權利

　　公司章程中通常規定普通股股東在公司增發新股時，有優先購買的權利，此即**優先認股權** (Preemptive right)。優先認股權使得現有股東可以維護公司的控制權，若原有股東不願增購股份，可將此認股權在市場出售。若無優先購買

權，則管理集團可以大量發行股票，並由自己購買，以取得公司的控制權。

例如，民有公司流通在外的股票有 10,000 股，公司擬增發新股 2,000 股，每一股東每股有**一權利** (One right) 認購新股，每一權利可購買新股 1/5 股 (= 2,000/10,000)，因此每 5 股可以認購 1 股。原有普通股 1,000 股的股東，可擁有 1,000 權利以認購新股 200 股 (= 1,000 × 1/5)，如果他認購了 200 股，則其總股數增為 1,200 股，或總流通股數 12,000 股 (= 10,000 + 2,000) 的十分之一，此股東對公司的控制權得以維持不變。若此股東不願增購新股，則可將其擁有的 1,000 權利從市場出售。

優先認購權亦可保護現有股東的利益不被稀釋。例如某公司已發行普通股 100,000 股，每股價格為 $50，故公司的市場價值為 $5,000,000。如果公司額外發行 100,000 股，每股售價 $40，共得 $4,000,000，公司的市場價值增為 $9,000,000，但是每股價值變成 $45 (= $9,000,000/200,000)。故公司以低於市價發行新股時，如原有股東沒有優先權認購，則其利益將受到損害，優先認購權則可防止此種現象的發生。

公司提供認股權時，董事會必須設定登錄日，由於登錄日的落後，股票通常在登錄日前三個交易日除權。若在除權日前出售股票，則新的購買人擁有新股認購權，此為**帶權** (Cum right) 銷售，如在除權日或其後出售，則原有股票持有人擁有新股認購權。例如某公司在 3 月 10 日宣佈將於 4 月 1 日至 15 日寄發新股認股權，任何在 3 月 12 日或以前購買股票者獲得新股認股權，而在 3 月 12 日以後購買股票者，無法獲得新股認購權，故此 3 月 12 日及其以前為帶權銷售，3 月 12 日以後為**除權** (Ex right) 銷售。

獲得新股認購權的股東，可將此認購權執行、出售，或任其逾期。認購權可以在市場上買賣，其價值則由必須有多少權以購買一股，以及此認購權的供需情形來決定。

在提供新股認購權時，公司的管理階層必須決定在何種價格下現有股東可以購買新股，一般而言此新股的**認購價格** (Subscription price) 必須低於目前股價，低於市價多少則決定於管理階層對股價反映之評價，預期公司管理權及盈餘的稀釋程度，以及認股權的大小。在決定認購價格後，管理階層必須決定有

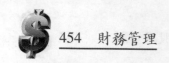

多少認股權才可以購買一股。因為公司所需籌措金額已知，將此金額除以認購價格即得總共必須出售新股數量，然後以總流通股數除以新股發行數，得知需要多少股權才可以購買一股。

芳銘公司擬藉給予股東認股權以籌措資金 4 百萬元。公司的流通股票為 400,000 股，股價在 $42 與 $50 之間。公司僱用的投資銀行建議新股票的認購價格為 $40，並且以為在此價格下股東會認購。公司因而必須額外發行 100,000 股 (= $4,000,000/$40)，亦即需要 4 個股權 (= 400,000/100,000) 才可購買一股，故原有股東的每一股權可以購買新股四分之一股。

理論上，**權值** (Value of right) 在帶權或除權下出售股票都應該相同，但是認購權的市價與權值很可能有差異。

1.帶　權

股票帶權出售時，權值的計算公式為：

$$R_o = \frac{M_o - S}{N + 1} \qquad\qquad (16\text{–}3)$$

公式中，R_o = 股票帶權出售時理論上的權值

$\quad\quad\quad M_o$ = 帶權股票的市價

$\quad\quad\quad S$ = 股票認購價格

$\quad\quad\quad N$ = 購買每一新股所需權數

假如某公司帶權股票的每股市價為 $50，每股認購價格為 $45，每 4 個認股權可認購一新股，則權值為：

$$R_o = \frac{\$50 - \$45}{4 + 1} = \$1$$

2.除　權

若股票為除權交易，則權值不包括在股票市價內，理論上股票市價將下跌 R_o 值。故除權交易的股票市價 (M_e) 為：

$$M_e = M_o - R_o \qquad\qquad (16\text{–}4)$$

除權交易股票的權值 (R_e) 因而為:

$$R_e = \frac{M_e - S}{N} \qquad\qquad (16\text{--}5)$$

上述公司除權交易股票的權值為:

$$R_e = \frac{(\$50 - \$1) - \$45}{4} = \$1$$

由此可知,不論股票是帶權或除權出售,其權值均相同。

股權可以在市場上交易,其市價與理論值可能不同,其差異在於行權期間對公司股價的預期。當股價上漲時,購買股權可以獲得更高的報酬;反之,則購買股權的損失也更高。

● 三、普通股的優點及缺點

對發行公司而言,發行普通股有下列優點:

(1)普通股沒有到期日,發行公司沒有義務償還資金。

(2)對於普通股股東,公司沒有義務發放股利,公司在營業不良時,可以停發股利,然而如果公司無法支付公司債利息,很可能迫使公司面臨破產及清算的命運。

(3)普通股融資使公司在融資計劃上有較大伸縮性,而以公司債融資,則限制較多,因此對公司而言,普通股的風險較公司債的風險為低,如發行公司債,則公司的額外負債和必須維持一定水準的加權資金成本都有所限制。

(4)發行普通股可以增加公司的借債能力。公司發行更多的普通股,股權基礎越大,因此更容易以較低成本獲得長期債務融資,因為發行普通股使公司的負債比率降低,公司的信用因而提高。

不過,發行普通股也有若干缺點:

(1)發行普通股使股數增加,原來股東在公司的控制權因而降低。

(2)由於普通股的股數增加，公司的每股盈餘因此減少。

(3)普通股的發行成本通常較公司債為高，因為普通股股利不能當作費用以抵減稅負，而且普通股的風險較公司債或特別股為高。

第六節　投資銀行的地位

投資銀行為一金融媒介機構，將長期資金的需要者和供給者在資本市場聯繫起來。一個公司擬在資本市場籌措資金時，幾乎都會僱用投資銀行，以獲得財務諮詢服務。一般而言，投資銀行可提供的財務諮詢服務包括長期財務計劃，證券發行、購買、及銷售時機，安排私人貸款和租賃、以及併購談判等。

為了籌措長期資金，公司可以在初級資本市場中透過投資銀行以不同方式銷售證券，即公開發行，個別銷售 (臺灣稱為私下募集)，以及提供**認購權** (Right offering)。

一、公開發行

過去臺灣證券的公開發行分為強制與自願兩種，實收資本額在新臺幣 5 億元以上的股份有限公司強制公開發行，以下者則由公司自行決定。2001 年 11 月 12 日修正的「公司法」，取消強制公開發行的規定，讓公司自行決定其證券是否公開發行。

一般情況下的公開發行為：公司向投資大眾銷售新證券時，與投資銀行達成協議，由投資銀行以約定價格購買擬發行的新證券，此即所謂的**承銷** (Underwriting)，投資銀行然後以較高價格出售予投資大眾。

承銷可經由公司與承銷投資銀行間的談判達成，或經由投資銀行間的競價方式達成。大部份的大公司均委託與其有業務來往的投資銀行銷售新發行證券，而在競價情況下，發行公司將其證券銷售予出價最高的投資銀行。

由於承銷新發行證券的投資銀行承擔若干風險，因而要求**承銷折扣** (Underwriting discount) 的補償。

$$承銷折扣 = 出售予投資大眾的價格 - 發行公司收到的款額 \qquad (16\text{--}6)$$

魯賓公司擬發行新的普通股以籌措 $500 萬的資金,公司預計新股售予投資大眾的價格為 $28,發行公司收到的每股款額為 $25,為了籌措足夠的 $500 萬,公司必須發行 200,000 新股,因此承銷投資銀行的每股承銷折扣為 $3 (= $28 – $25)。

如果發行公司擬銷售的證券金額不大,一家投資銀行可以承擔風險,但是如果發行額甚大,則數個投資銀行組織**承銷集團** (Underwriting syndicates),同意承銷證券以分散風險。

在臺灣承銷方式有兩種,即「包銷」與「代銷」。在包銷下,於承銷期屆滿後,若未能全部銷售出去,證券承銷商必須將剩餘證券悉數買下。在代銷下,未售完證券則可退還給發行公司。

二、個別銷售

許多公司在發行證券時不用公開發行方式銷售予投資大眾,而是直接將證券售予一個或更多的**團體投資人** (Institutional investor)❹。在這種情況下,投資銀行從發行公司收取**尋覓者酬金** (Finder's fee) 以尋找購買者,並且談判購買協議。

個別銷售方式為小公司籌措長期資金的重要來源,1953 至 1970 年間,美國最大的五百家工業公司以此種方式籌措 37% 的債務資金,同期間較小公司以同樣方式獲得約 75% 的債務資金❺。

以往臺灣公司多以個別銷售方式發行公司債,而由於「證券交易法」的限制,股票的個別銷售,僅限於未上市上櫃公司。2002 年起證期會允許公開發行公司採用個別銷售方式發行股票。

以個別銷售方式籌措長期資金之優點為:

---

❹　團體投資人包括商業銀行、保險公司、共同基金,以及退休基金。

❺　參閱 Eli Shapiro and Charles R. Wolf, *The Role of Private Placements in Corporate Finance*, (Boston: Harvard University Graduate School of Business Administration, 1972).

(1)由於消除承銷費用因而節省了發行費用。

(2)避免登記及等待時間所引起的延誤。

(3)借貸雙方的契約條件更具伸縮性。

至於個別銷售的缺點，則為利率比透過承銷投資銀行出售債券和特別股為高些。對於小額債券和特別股，承銷商的承銷費用相當大，因此一般均經由個別銷售方式由團體投資人購買。

● 三、認購權

公司可以對現有股東發行普通股認購權，使現有股東可以低於市價的認購價格購買新發行股票。在發行認購權以銷售新股時，投資銀行同意以認購價格購買新股，然後將之銷售予現有股東，投資銀行承擔股價波動的風險，並對現有股東提供服務，因此獲得承銷費用作為補償。

● 四、發行成本 (Flotation cost)

發行成本為發行新證券所發生的成本。透過承銷銀行出售新證券的總發行成本由下述公式計算而得：

$$總發行成本＝承銷折扣＋公司的發行費用 \qquad (16-7)$$

通常公司的發行費用比承銷折扣小得多。總發行成本由於擬發行證券種類、證券品質，以及發行金額而有很大差別。品質良好的債券之總發行成本約在 0.3%～3%，而普通股的總發行成本可從 2%～20%，特別股的總發行成本則在債券與普通股之間。不同種類證券的總發行成本不同，乃由於其風險不同之故。對承銷銀行而言，普通股的風險最高，特別股次之，而債券最低。另一個原因為，普通股通常銷售予眾多的個人投資者，而債券則由少數團體投資人購買，因此普通股的推銷費用高於債券。此外，證券品質也影響總發行成本。品質低的債券比品質高的債券有較高的總發行成本，因為承銷銀行對低品質債券承擔較大風險。最後，證券金額也決定總發行成本。由於承銷銀行的費用，如廣告、法律，及登記等費用固定不變，因此證券發行金額較小的總發行成本較高。

問　題

16-1　何謂所得固定證券?何謂所得可變證券?

16-2　試述公司債與特別股的差別。

16-3　特別股與公司債相似的地方為何?與普通股相似的地方為何?

16-4　公司債所有人如何獲得法律上的保護?

16-5　何謂轉換公司債?何謂認股權證?公司何以發行這類公司債?在發行公司債時,
　　　何以附加認股權證?

16-6　公司何以發行可贖回債券?

16-7　何謂償債基金?

16-8　說明公司債的銷售方式。

16-9　主要債券評等機構如何對公開發行的公司債予以評等?債券評等的目的何在?

16-10　評論以公司債發行作為長期融資方式的優點及缺點。

16-11　何謂特別股?特別股股東對公司的盈餘及資產有何請求權?特別股股利如何表
　　　 示?

16-12　特別股股利好幾年沒有分配,則特別股股東有權在董事會選舉數名董事。但
　　　 是,公司債利息沒有給付時,債權人不能選舉董事。為何有此差異?

16-13　何謂可贖回特別股?公司應在何時何種價格下贖回特別股?

16-14　各種產業都有特別股發行,但是有一種產業為特別股的主要發行者,此產業
　　　 為何?為何此產業發行很多的特別股?

16-15　說明並比較發行特別股的優點及缺點。

16-16　授權、流通在外,與已發行普通股股數之區別何在?

16-17　A 級普通股及 B 級普通股的差別何在?

16-18　何謂委託書?如何使用?何謂委託書戰?因何發生?何以少數集團很難贏得委
　　　 託書戰?

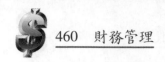

16–19　多數選舉法與累積選舉法有何差異？何種選舉法對少數集團有利？解釋之。

16–20　何謂庫存股票？有何用途？

16–21　何謂股票分割？何謂逆向股票分割？

16–22　何謂優先認股權？有何作用？

16–23　何謂認購價格？如何決定？如果認購價格已知，公司需要什麼來決定權數？

16–24　何謂權值？權值與股權的市價何以不同？

16–25　以普通股作為長期融資的優點及缺點為何？

16–26　何謂股權登記日？何謂帶權及除權？股權可以交易嗎？

16–27　公司如何在初級市場銷售新發行證券？投資銀行扮演何種角色？

16–28　哪些因素影響證券發行成本？

習　題

16–1　宏通公司擬發行額外公司債以籌措資金，作為擴充之用。目前公司已發行公司債 4,000 萬元，利率為 8%，稅後盈餘為 1,200 萬元，邊際稅率為 40%。公司債持有人要求公司至少維持 1.5 的固定支出償付比率。公司另外有租賃支出 200 萬元及特別股股利支付 60 萬元。假設公司的營業盈餘為 $1,800 萬元。

(1)目前公司的利息週轉倍數為何？

(2)目前公司的固定支出償付比率為何？

(3)為符合最低固定支出償付比率規定，公司可額外發行利率為 9% 的公司債若干？

(4)若利率為 10%，公司可額外發行若干公司債而不超過最低固定支出償付比率？

16–2　瑞華食品公司的特別股面額為 $200，每年股利為 8%。

(1)求每年股利金額。如果股利在每季發放，則每季股利如何？

(2)若特別股為非參加特別股，公司董事會在過去兩年皆未發放特別股股利，問在分發普通股股利前，特別股股東應獲得若干股利？

(3)若特別股為累積特別股，公司董事會在過去兩年皆未發放特別股股利，問在分發普通股股利前，特別股股東應獲得若干股利？

16-3　萬能機械公司的資本結構如下：

資金來源	金額	總資本額的百分比
長期負債 (10%)	$4,000,000	40%
特別股 (12%)	2,000,000	20
普通股	4,000,000	40
總　計	$10,000,000	100%

如果萬能公司的所得稅稅率為40%，息前及稅前盈餘為 $1,000,000。

(1)計算長期負債的稅後成本以及公司支付予債權人的稅後金額。

(2)計算特別股股利支付金額。

(3)計算普通股報酬率。

若公司沒有特別股，普通股金額成為 $6,000,000，則普通股報酬率為若干？

16-4　臺新肥料公司去年息前及稅前盈餘為 $200,000，邊際稅率為40%，目前的資本結構如下：

資本來源	金額	總資本百分比
公司債 (8%)	$500,000	25%
特別股 (9%)	500,000	25
普通股	1,000,000	50
總計	$2,000,000	100%

(1)計算公司息前及稅前總資本報酬率。

(2)計算公司普通股報酬率。

(3)若公司額外出售 $500,000 的普通股以代替特別股，則普通股報酬率為何？

(4)如果特別股變成公司債，則普通股報酬率為何？

(5)利用(2)及(4)的答案，評估特別股對公司財務槓桿之影響。

(6)如果 $250,000 的公司債轉換成特別股，則普通股報酬率受何影響？

(7)如果 $250,000 的特別股轉換成普通股，則普通股報酬率受何影響？

16-5 下述個案對公司資產負債表的會計分錄有何影響?

(1)公司以每股 $15 出售普通股 5,000 股，此普通股的面額為 $2。

(2)公司出售面額為 $1 的普通股 30,000 股，收到 $300,000。

(3)公司出售無面額的普通股 2,000 股，收到 $10,000。

(4)公司以面額 $5 出售普通股 25,000 股。

16-6 獨行公司擬選舉四名董事，公司流通在外普通股為 25,000 股，管理集團控制 52%，支持候選人 A、B、C 及 D。少數集團則支持候選人 E、F、G 及 H。

(1)如用多數選舉法，各個集團可獲得若干董事席位?

(2)如用累積選舉法，各個集團可獲得若干董事席位?

(3)討論兩種選舉法之差異及選舉結果。

16-7 理光公司擬使用認股權以出售新普通股方式籌資三百萬元，公司流通在外普通股為 400,000 股，最近的股價在 $32 與 $35 之間，公司認為認購價格為 $30 時，所有新股可以完成認購。

(1)為了籌足所需資金，應出售若干新股?

(2)每一股權可以認購多少新股?

(3)若認購價格為 $25，重新計算上述(1)及(2)題。

(4)若目前股價為 $32，認購價格為 $30，理論上股權價值（帶權及除權）為何?

(5)若認購價格為 $25，重新計算上述(4)題。

16-8 林二持有展望公司普通股 500 股以及現金 $4,000。該公司給予股東每五股可以 $40 的價格認購一股，目前股價為 $46。

(1)試問每一股權的價值為何?

(2)在下述各個情況下，林二的總資產為何?

①以股權認購股票。

②出售所有股權。

③出售 300 股權與執行 200 股權。

④不出售股權也不執行認股權。

第VII篇

流動資產及流動負債的管理

第十七章

流動資產管理

前面幾章主要討論公司的長期財務管理，而本章及下一章則分析公司的短期財務管理。公司資產負債表的左邊表示公司的投資結構，右邊則為融資來源。公司的資金可用於流動資產或固定資產的投資，美國製造業公司之流動資產約為總資產的 40%，非製造業公司之流動資產比率則更高。流動資產主要包括現金、有價證券、應收帳款與存貨。

流動負債是指在一年內必須支付的債務，而流動資產是指在一年內可以轉換為現金以償還流動負債的資產。流動資產減流動負債為淨營運資金。此淨營運資金可以用來表示公司的流動性，淨營運資金越多，公司的短期償債能力越高。當然用淨營運資金來比較不同公司的流動性並不恰當，因為公司間的規模並不一樣。

短期財務管理至為重要，如果公司的流動資產太低則無法償還到期債務，但是如果流動資產太高，則影響其獲利能力。故短期財務管理的目標在如何管理流動資產及流動負債的每一項目，使公司的獲利能力及風險間得到平衡，因而提高公司的價值。

本章僅討論流動資產各個項目的管理，第一節討論現金管理，第二節為有價證券管理，第三節分析應收帳款管理，最後一節則為存貨管理。

 第一節　現金管理

本節討論公司持有現金的動機與如何有效管理現金。

● 一、持有現金的動機

現金管理的目的有二，一為提供足夠的現金以備公司的支付，另一為使公司持有的現金極小化，因為現金不會產生任何報酬。但是這兩種目的互相衝突，蓋減少現金持有，可能使公司無法應付所需的付款。然而，應付公司的支付應比持有現金極小化來得重要。現金包含公司在銀行的活期存款與所持有的通貨。現金管理則指公司的現金流入及流出，公司內部現金流通，以及公司持有現金餘額之管理。

一般而言，公司持有現金的動機有四：

1. 交易動機 (Transaction motive)

公司經營必須支付經常發生的交易行為，例如購買原料，支付薪資，稅負以及股利等，因此為交易目的，公司必須持有現金。

2. 預防動機 (Precautionary motive)

公司經營有些現金支付無法預期，因此公司必須持有現金，以應付緊急支出的需要。

3. 投機動機 (Speculative motive)

當利率變動引起證券價格波動時，公司持有現金可以從事投機以便獲利。

4. 補償性餘額 (Compensating balance)

若公司向銀行借款，銀行一般會要求將借款的一部份存在銀行裡，這種存款稱為補償性餘額。

● 二、有效的現金管理

如果公司能夠準確的預測現金流入及流出，則公司不需持有現金，但這種情況幾乎不可能發生。為了有效掌握現金流入與流出，公司應審慎編製現金預

算，此在第八章中已述及。除此之外，提高現金管理效率有下述方法：

1.利用浮帳 (Float)

浮帳是指付款者已經支付欠款，但是**收款人** (Payee) 尚未能夠使用此款，亦即付款人存款簿的餘額與銀行存款帳餘額間的差額，浮帳的發生乃由於支票的遞送與處理之延誤所引起。當然如果電子付款系統建立時，浮帳不會存在，但在此之前財務經理仍將繼續運用浮帳。

公司在交易時很有可能發生**收款浮帳** (Collection float) 與**付款浮帳** (Disbursement float)。收款浮帳發生在顧客已從其存款帳戶上減去付款至公司實際上已收到款項並可以使用的時間延誤。付款浮帳則為公司已從存款帳戶上減去付款額至此付款實際上已被提取之間的時間延誤。

浮帳發生的主要原因為**郵寄浮帳** (Mail float)，**處理浮帳** (Processing float) 以及**結清浮帳** (Clearing float)。郵寄浮帳乃是付款者郵寄支票至收款者收到支票所需時間。處理浮帳則為公司收到支票至將此支票存在帳戶的時間。結清浮帳則為公司將收到支票存入帳戶至資金可以使用的時間。如果皇冠公司的顧客將付款支票郵寄予公司，郵寄浮帳為 4 天，公司處理支票需要 2 天，金融體系的結清浮帳為 3 天，則總共的收款浮帳為 9 天。

2.加速收款

公司一方面欲顧客儘速付款，另一方面欲儘速的能夠使用收到的資金，因此如何使收款浮帳減至最小以加速收款甚為重要。加速收款的方式有設立收款中心，郵箱，以及直接寄送等。設立收款中心是指公司業務遍及全國或含蓋很大區域時，可以指定若干地區的辦事處作為收款中心，要求顧客將付款支票寄至地區的收款中心，各地區的收款中心則將所收支票存至當地銀行，以儘速結清此支票。設立收款中心的目的在減少郵寄浮帳以及結清浮帳。郵寄浮帳的減少乃因顧客寄付支票距離收款中心較近之故，結清浮帳的減少乃因公司的地區銀行可能與票據交換所屬於同一地區所致。

郵箱制度是指顧客將付款支票寄至郵箱，公司指定的銀行每天數次到郵箱收集顧客的付款支票，並直接存入公司的銀行帳戶上。設立郵箱減少了郵寄浮帳、處理浮帳及結清浮帳。公司的指定銀行收到顧客的付款支票後立即存入銀

行帳戶，支票處理可以立即進行，使得公司可以幾乎立即增加資金的運用。郵寄浮帳的減少乃因付款支票不必遞送而由銀行在郵局收取之故。

　　直接寄送為公司要求顧客將付款支票直接寄到指定銀行，銀行收到付款即可直接存入公司的帳戶內，如此公司可以立即獲得資金的運用。此外，公司也可用**電傳** (Wire transfer) 方式以減少浮帳。不論公司使用何種方式加速收款，均需詳細估計每種方法的成本及利益，以決定是否採用。

3.延緩支付

　　公司為了增加現金以加強其流動性，除了加速收款外，可以在不損及公司商譽下，儘量延遲付款予供應商及員工，亦即使付款浮帳極大化，延遲支付的策略為控制支付、浮帳運用與使用匯票。控制支付是指儘量利用郵寄以及銀行帳戶方式增加郵寄浮帳和結清浮帳。當供應商要求的最遲付款日可以郵戳日標示時，公司等至最遲付款日才郵寄付款支票，如此郵寄時間及付款從帳戶提領的時間可以延長，或者選擇需要很長郵寄時間才能使供應商收到付款支票的偏遠地方寄發付款支票。

　　浮帳運用是指公司在目前銀行帳戶沒有足夠資金下，簽發付款支票，因為供應商在接到支票以及將支票存入銀行均需一段時間，公司因而可以利用浮帳延遲支付，並且儘量使現金保留在能賺取利息的帳戶上。另外，公司也可以根據以往的記錄知道員工的薪資支票被結清的狀況，決定多少資金必須轉移至沒有利息的活期帳戶上。當然，這種方式的風險為，公司可能沒有轉移足夠的資金至活期帳戶上，員工無法兌現公司發出的支票。

　　另一延緩支付的方式為使用**匯票** (Draft)。公司可簽發匯票予收款人，收款人將此匯票存入其銀行，而銀行將此匯票送至公司核認後才用公司在銀行的存款來支付該匯票。使用匯票的好處在公司可以等待匯票在銀行結清時才存入款額，在此之前，公司可將之投資於短期貨幣市場以賺取利息。

 第二節　有價證券管理

　　有價證券是指短期內可以很容易轉換成現金並賺取利息的貨幣市場工具。

本節擬討論影響有價證券選擇的因素，以及利用 Baumol 模型決定最適度現金餘額。

● 一、影響有價證券選擇的因素

公司投資的有價證券必須是具有市場性，及安全性的短期證券。此短期證券可為政府發行的，如國庫券，亦可為非政府發行的，如商業本票，銀行承兌匯票，貨幣市場共同基金，購回協定，以及銀行存款證。

公司的財務經理在做有價證券的投資組合時，必須考慮各種證券的報酬及風險，如違約風險，流動性風險及利率風險。

1.證券報酬

證券報酬與風險成正比，風險愈高，報酬愈高；風險愈低，報酬愈低。財務經理在選擇有價證券投資組合時，必須在風險及報酬間作一抉擇。通常在選擇有價證券投資組合時，財務經理寧願犧牲報酬，而選擇安全性較高的證券，如政府或信譽卓著公司所發行的短期證券。

2.違約風險

證券發行者無法支付利息，或償還本金的風險，稱為違約風險。若證券發行者為政府機構，則無違約風險；而公司發行的證券則存在有違約風險。

3.流動性風險

如果證券容易在市場上按市價出售，則具有高度流動性，如果公司擁有國庫券，或信譽卓著公司發行的有價證券，則能夠很快的以市價出售，因而此類證券的流動性風險很小。

4.利率風險

由證券評價模型知，利率變動，則證券價格隨之變動，長期證券較之短期證券對利率的變動更為敏感。本節所討論的各種有價證券，由於期限甚短，因此利率變動不致使其價格有很大的變動，所引起的損失也就有限。

● 二、最適度現金餘額的決定──Baumol 模型

在短期間公司持有現金超出所需時，應設法將多餘現金，投資於短期有價

證券以賺取所得。反之，當公司需要現金時，則將持有的短期有價證券出售。公司的財務經理必須決定當有多餘現金時，轉換成有價證券的最適度現金餘額，以及當需要現金時，轉換成現金的最適度有價證券數額。此現金轉換數量決定於現金與有價證券間的轉換成本，有價證券報酬率，以及公司的現金需要量。Baumol 模型 ❶ 可用來決定公司最適度的現金持有量。

　　Baumol 模型將現金視同存貨，其流入與流出可以正確的預測，有價證券組合則作為資金的後援，當需要資金時，可以出售證券，而當資金過多時，可以用來購買證券以賺取所得。在尋求最適度現金持有量時的成本，包括賣出有價證券或購買有價證券的交易成本，以及持有現金而非有價證券的機會成本。交易成本是固定的，包括研究資金轉換、交易佣金，以及其他與交易有關的費用，此交易成本以金額表示。機會成本則為持有有價證券時的報酬率。

　　持有現金的總成本為總交易成本與總機會成本之和，總交易成本為每次交易成本乘以每期交易次數，每期交易次數為每期現金需要除以最適度現金餘額。總機會成本則為機會成本乘以**平均現金餘額** (Average cash balance) 而得，而平均現金餘額則為最適度現金餘額除以 2 得之。

　　持有現金的總成本公式如下：

　　　　持有現金總成本

　　　　＝總交易成本＋總機會成本

　　　　＝每次交易成本×每期交易次數＋機會成本×平均現金餘額　　(17-1)

　　假設，TC＝持有現金總成本

　　　　　F＝每次交易成本

　　　　　T＝每期需要現金

　　　　　C＝現金餘額

　　　　　i＝持有現金的機會成本（以年利率計算）

　　公式 (17-1) 可改寫為：

❶　參閱 William J. Baumol, "The Transactions Demand for Cash: An Inventory Theoretic Approach," *Quarterly Jourval of Economics* (November 1952), pp. 545 – 556.

$$TC = F(\frac{T}{C}) + i(\frac{C}{2})$$ (17–2)

公式 (17–2) 中，F, T 及 i 為已知數，C 為未知數。有兩種方法可以求得 C 值使 TC 為最小：即圖解法與數學法。圖 17–1 表示總交易成本 $F(\frac{T}{C})$ 隨現金餘額的增加而減少，蓋現金餘額 (C) 越大，所需交易次數 $(\frac{T}{C})$ 越少。總機會成本 $i(\frac{C}{2})$ 隨現金餘額的增加而呈同比例增加，蓋 i 固定，當現金餘額 (C) 增加時，平均現金餘額也跟著增加，故總機會成本為一正斜率的直線。總交易成本與總機會成本兩條曲線相加則為總成本線。由總成本線的最低點，或總交易成本曲線與與總機會成本線相交處，可求得持有現金總成本最低時的最適度現金餘額 (C^*)。

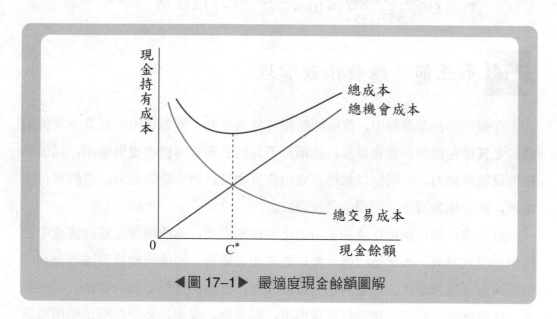

◀圖 17–1▶　最適度現金餘額圖解

如用數學法，在決定最適度現金餘額 (C^*) 以使持有現金總成本為最小時，可將公式 (17–2) 對 C 求一階導數，並使其等於零，得公式 (17–3)❶：

---

❶ $\dfrac{dTC}{dC} = -\dfrac{FT}{C^2} + \dfrac{i}{2} = 0$

$\dfrac{FT}{C^2} = \dfrac{i}{2}$

$iC^2 = 2FT$

$$C^* = \sqrt{\frac{2FT}{i}} \qquad\qquad (17\text{--}3)$$

例如華生公司預期一年的現金總需要為 \$2,000,000，每次交易成本為 \$50，有價證券的年報酬率為 6%，則此公司的最適度現金餘額為：

$$C^* = \sqrt{\frac{2(50)(2,000,000)}{6\%}} = \$57,735$$

此公司每年交易次數為 34.641 (= \$2,000,000/\$57,735)，平均現金餘額為 \$28,867.50 (= \$57,735/2)，持有現金總成本為：

$$TC = \$50(\frac{\$2,000,000}{\$57,735}) + 0.06(\frac{\$57,735}{2}) = \$3,464.10$$

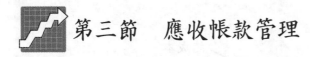

第三節　應收帳款管理

在現代的企業經營中，應收帳款投資甚為重要，因為信用交易為一常態現象，尤其是在批發和零售業裡，必須給予其他公司或消費者提供信用，以加強銷售及競爭能力。公司在以信用方式出售貨物時，產生應收帳款，當顧客付清帳款，應收帳款減少，而現金將會增加。

近年來，信用銷售在總銷售中的比例逐漸提高，應收帳款在流動資產中的比例也越來越高，因此應收帳款管理更加顯得重要。應收帳款管理涉及公司的信用政策及收款政策，而這兩種政策的改變，都會影響到公司的銷售、呆帳損失、應收帳款的投資、銷貨及管理費用，與報酬。亦即，公司在訂定信用政策及收款政策時，必須分析及估計政策的改變對利益及成本的影響，以求得最適信用及收款政策。本節擬討論信用政策中的信用標準與信用條件，收款政策，以及顧客信用分析。

$$C^2 = \frac{2FT}{i}$$

故 $C^* = \sqrt{\frac{2FT}{i}}$

● 一、信用標準 (Credit standards)

信用標準是指對何種顧客給予信用以及多少信用的最低標準。顧客的財務結構、財務比率、信用評價、及平均付款日數等，都可以作為是否給予信用之參考。信用標準的寬鬆與嚴格會影響公司的銷售額、應收帳款的投資、呆帳費用、以及管理費用。

公司降低信用標準，可以增加銷售額，利潤隨之增加；反之，提高信用標準，銷售額將減少，利潤因而減少。但是降低信用標準，銷售額會增加，應收帳款投資隨之增加，成本也因而提高；反之，提高信用標準，銷售額會減少，應收帳款投資隨之減少，成本也因而降低。公司降低信用標準，則信用較差的顧客可以獲得信用購貨，呆帳費用隨之增加；反之，提高信用標準，則信用較差的顧客可能因此無法獲得信用購貨，呆帳費用隨之減少。此外，若公司降低信用標準，信用銷售增加，需要更多的人來處理增加的應收帳款，管理費用隨之增加；反之，提高信用標準，信用銷售減少，可以用更少的人來處理減少的應收帳款，管理費用隨之減少。最後，公司降低信用標準，由於銷售額增加，存貨隨之增加，存貨管理成本因而提高；反之，提高信用標準，則減少銷售額，存貨及其管理成本也隨之減少。

設李明公司的產品每單位售價為 $12，一年銷售量為 80,000 單位，每單位可變成本為 $8，總固定成本為 $150,000。公司擬考慮降低信用標準，此可使銷售量增加 10,000 單位，存貨增加 $40,000，平均收款日數則由目前的 40 天增加至 60 天，呆帳費用則由銷售額的1%增加至2%。此公司的必要投資報酬率為14%。為決定公司是否應該降低信用標準，必須計算邊際利潤及邊際成本。

A. 邊際利潤
= 每單位利潤增加額 × 銷售量增加數
= ($12 − $8) × 10,000
= $40,000

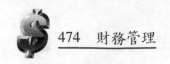

B. 應收帳款投資增加的成本

　= 必要投資報酬率 × 應收帳款投資的增加

　= 必要投資報酬率 × ($\begin{matrix}新信用標準下\\應收帳款投資額\end{matrix} - \begin{matrix}目前信用標準下\\應收帳款投資額\end{matrix}$)

　= $14\% \times (\dfrac{\$12 \times 90,000}{360} \times 60 - \dfrac{\$12 \times 80,000}{360} \times 40)$

　= $0.14 \times (\$180,000 - \$106,667)$

　= $\$10,267$

C. 存貨投資增加的成本

　= 必要投資報酬率 × 存貨投資增加

　= $14\% \times \$40,000$

　= $\$5,600$

D. 呆帳費用的增加

　= 新信用標準下的呆帳費用 − 目前信用標準下的呆帳費用

　= $2\% \times \$12 \times 90,000 - 1\% \times \$12 \times 80,000$

　= $\$12,000$

E. 新信用標準下的淨利潤

　= $A - (B + C + D)$

　= $\$40,000 - (\$10,267 + \$5,600 + \$12,000)$

　= $\$12,133$

　　新信用標準下的淨利潤 ($12,133) 為正值，亦即邊際利潤 ($40,000) 大於邊際成本 $27,867 ($10,267 + $5,600 + $12,000)，因此李明公司應降低信用標準。

● 二、信用條件 (Term of credit)

　　公司的信用條件明確說明顧客償付款項的條件，包括信用期間 (Credit period) 以及為使顧客儘速償付的**現金折扣** (Cash discount) 及現金折扣期間。例如 2/10, net 40 表示購買者若在信用期間開始的 10 天內付款可以獲得 2% 的折扣，若不接受此現金折扣，則必須在信用期間開始的 40 天內支付全部款項。信

用條件中任何一項的改變，都會影響公司的利潤。

1. 信用期間

　　公司給予顧客的信用期間因產業而異，可能短至 7 天或長至 6 個月。若信用期間延長，原有顧客可能增加購買，或吸引新顧客，因而銷售額會增加，公司的存貨可能隨之提高。由於信用期間較長，應收帳款收回日數隨之增加，應收帳款投資因而提高。較長的信用期間，也可能導致呆帳損失的增加，故知延長信用期間，利潤會因銷售額的增加而增加，但成本則因應收帳款投資、存貨，以及呆帳損失的增加而增加。其淨影響則視利潤與成本之增加孰大來決定。公司若縮短信用期間，則影響方向相反。

　　若恆生公司擬考慮將信用期間由 "net 30" 延長為 "net 50"。由於信用期間的延長，公司預期銷售量由 80,000 單位增至 88,000 單位，存貨增加 1,000 單位，應收帳款平均收回日數由 50 天增為 75 天，呆帳損失由銷售額的 1% 增為 2.5%。公司的產品單價為 $12，平均可變成本為 $8，若公司的必要報酬率為 14%，則此公司是否應延長信用期間？

A. 邊際利潤

= 每單位利潤增加額 × 銷售量增加數

= ($12 − $8) × (88,000 − 80,000)

= $32,000

B. 應收帳款投資增加的成本

$$= 必要報酬率 \times \left(\begin{matrix} 新信用期間下 \\ 應收帳款投資額 \end{matrix} - \begin{matrix} 目前信用期間下 \\ 應收帳款投資額 \end{matrix} \right)$$

$$= 14\% \times \left(\frac{\$12 \times 88,000}{360} \times 75 - \frac{\$12 \times 80,000}{360} \times 50 \right)$$

$$= 0.14 \times (\$220,000 - \$133,333)$$

$$= \$12,133$$

C. 存貨投資增加的成本

= 14% × $8 × 1,000

= $1,120

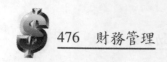

D. 呆帳費用的增加

　= 新信用期間下的呆帳費用 − 目前信用期間下的呆帳費用

　= 2.5% × \$12 × 88,000 − 1% × \$12 × 80,000

　= \$16,800

E. 新信用期間的淨利潤

　= A − (B + C + D)

　= \$32,000 − (\$12,133 + \$1,120 + \$16,800)

　= \$1,947

　　由上可知，公司延長信用期間至 50 天，其淨利潤可增加 \$1,947，因此公司應該延長信用期間。

2. 現金折扣

　　公司實行或增加現金折扣給予顧客，銷售額因而增加，存貨也隨之增加。由於現金折扣，更多的顧客提早付款以獲得折扣；故應收帳款隨之減少，應收帳款平均收回日數降低，呆帳損失也減少。但由於新的現金折扣，單位利潤因而降低。若公司取消或減少現金折扣，則其影響剛好相反。

　　假設吉祥公司產品銷售量為 50,000 單位，每單位售價為 \$10，平均每單位可變成本為 \$6，信用期間為 40 天，沒有現金折扣。公司規劃要實施 2/10, net 40 的信用條件以增加銷售量。公司估計應收帳款的平均收回期間將從 30 天減為 20 天，銷售量將增加 12%，約有 60% 的顧客將在十天內付款。由於銷售量的增加，預估存貨將增加 1,000 單位。呆帳損失因現金折扣的授予而從銷售額的 1.5% 減至 1.25%。如果吉祥公司的必要報酬率為 16%，則此公司是否應給予顧客現金折扣？

A. 邊際利潤

　= 每單位利潤增加額 × 銷售量增加數

　= (\$10 − \$6) × (50,000 × 12%)

　= \$24,000

B. 應收帳款投資增加的成本

$$= 必要報酬率 \times \left(\begin{matrix} 有現金折扣下 \\ 應收帳款投資額 \end{matrix} - \begin{matrix} 無現金折扣下 \\ 應收帳款投資額 \end{matrix} \right)$$

$$= 16\% \times (\frac{\$10 \times 50,000(1+12\%)}{360} \times 20 - \frac{\$10 \times 50,000}{360} \times 30)$$

$$= 0.16 \times (\$31,111 - \$41,667)$$

$$= -\$1,689$$

C. 存貨投資增加的成本

$$= 16\% \times \$6 \times 1,000$$

$$= \$960$$

D. 呆帳費用的增加

= 新計劃下的呆帳費用 − 目前計劃下的呆帳費用

$$= 1.25\% \times \$10 \times 50,000 \times (1+12\%) - 1.5\% \times \$10 \times 50,000$$

$$= \$7,000 - \$7,500$$

$$= -\$500$$

E. 現金折扣成本

$$= 0.02 \times 0.6 \times \$10 \times 50,000 \times (1+.12)$$

$$= \$6,720$$

F. 新計劃下的淨利潤

$$= A - (B + C + D + E)$$

$$= \$24,000 - (-\$1,689 + \$960 - \$500 + \$6,720)$$

$$= \$18,509$$

由於在新計劃下的淨利潤為正值 ($18,509)，因此應給予 2% 的現金折扣。

3. 現金折扣期間 (Cash discount period)

現金折扣期間的改變對公司淨利潤的影響很難分析，蓋其影響因素甚多。但一般而言，延長現金折扣期間會增加銷售量，存貨投資也會增加，吸引的新顧客以及已利用折扣並遲延付款的舊顧客會使應收帳款投資增加，但是未利用折扣的舊顧客因而提前付款則會減少應收帳款投資及呆帳損失，單位利潤則會因現金折扣期間的延長而減少。

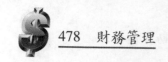

三、收款政策 (Collection policy)

　　收款政策是指應收帳款逾期後，收回此未付帳款的程序。收款方法包括用信函催繳、電話催討或訪問催債、僱用討債公司收款，以及採取法律行動以收回欠款。有時公司亦可拒絕運送新貨給顧客，除非顧客支付逾期的應付款項。收款政策是否有效，可由呆帳損失之多少得知。通常增加收款費用可以減少呆帳損失，但是在某一水準後，收款費用的增加，呆帳費用不會再減少，因為若干顧客實在欠缺償債能力。圖 17-2 可以看出收款費用與呆帳費用間的關係。

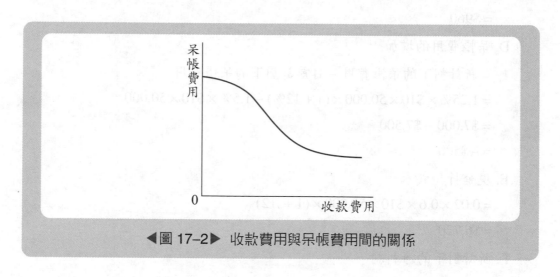

◀圖 17-2▶ 收款費用與呆帳費用間的關係

　　收款行動的目的是儘速收回逾期帳款及減少呆帳損失，但是公司也必須避免影響與顧客的關係，因為有些顧客無法按期付款乃是由於短期或暫時有流動性問題，如果催繳行動過於激烈，則此顧客在將來會轉向其他公司購買，因而損失了未來的銷售及利潤。公司只有在增加收款費用少於呆帳損失減少的情況下，才應增加收款費用以收回逾期帳款，亦即利用本益分析法決定應使用多少收款費用以減少呆帳損失。

四、顧客信用分析

　　公司建立的信用與收款政策，可以用來分析顧客的信用，以減少呆帳損失

及應收帳款投資的成本。哪些顧客應該給予信用，合乎信用標準的顧客又應給予多少信用額度呢?一般而言，顧客的信用分析步驟為(1)搜集顧客的有關資料，(2)分析資料以決定顧客的信用等級，與(3)決定是否給予顧客信用以及信用額度。

1.搜集資料

公司在顧客要求授予信用時，可以從各種途徑獲得顧客的信用資料，如要求顧客提供財務報表，從顧客的財務報表可知顧客的負債，獲利力，及償債能力等狀況。公司也可從其往來銀行提供信用服務，以獲知顧客的銀行往來紀錄，從而判斷顧客的信用狀況。公司還可從徵信機構購買顧客的信用資料，作為是否給予顧客信用的參考。公司並可與顧客的往來公司交換有關信用資料，從其他公司與顧客的交易經驗、付款紀錄等，增加對顧客信用狀況的認識。

2.信用分析

公司的信用部門從各方面獲得顧客的有關信用資料後，必須加以分析以判斷顧客的信用品質，評估顧客的違約風險。為了評估顧客的信用風險，信用部經理可以信用的**五個 C** 作為指標，即品德 (Character)，能力 (Capacity)，資本 (Capital)，抵押品 (Collateral)，與狀況 (Conditions)。品德是指顧客願意償還債務的可能性。從顧客的以往付款紀錄可以得知顧客的信用等級。能力是指顧客是否有能力償還債務，這可從顧客的流動性及現金流量的預測來決定其償債能力。資本是指顧客的財務力量，通常指顧客的淨值而言。顧客的能力可以從其資產負債表項目求得財務比率，如負債比率及流動比率等來測度。抵押品是指顧客以資產作為抵押以獲得信用。然而抵押品之有無，不是決定授信予顧客之主要因素，因為公司在乎的是顧客按期付款，而非將抵押品拍賣以獲得償付。狀況則指一般的經濟情況對顧客償債能力的影響，即使風險低的顧客，在經濟衰退時也可能遭遇短期間無法履行義務的能力。

3.信用決定

對於顧客的信用請求，公司的信用部門在分析顧客的信用後，必須作個決定。如果顧客的信用品質良好，償債能力高，則應給予信用，並授予較高的信用額度;如果顧客的信用品質差，償債能力低，則應拒絕授予信用，以減少可能的呆帳損失。

第四節　存貨管理

與應收帳款一樣，存貨是流動資產中的重要項目，對於製造商、批發商，及零售商而言，存貨在流動資產中的比例高於應收帳款。存貨是公司必須投資的一項資產，存貨不足將引起生產不順暢或顧客流失的結果；存貨過多將使存貨管理成本提高，而且過多的資金被存貨套牢而無法使用於其他投資。存貨過多過少都會影響公司的成本及利潤，因此有效地控制存貨水準甚為重要。

存貨包括原料、在製品及製成品。這三種存貨與公司營運息息相關。原料為從事生產所必須投入的基本材料，在製品為正在生產過程中的項目，而製成品為已經生產的產品而未出售之項目。這三種不同種類存貨的水準則與預期銷售量有關，預期銷售量高，則存貨水準高；反之則低。

同一公司內，銷售部門與存貨管理部門，對於存貨水準的觀點往往不同。銷售部門希望維持較高的存貨水準，因為當顧客在採購產品時，如果存貨不足，則將喪失銷售機會。而存貨管理部門希望維持較低的存貨水準，為了使存貨管理成本降低，因而希望維持較低的存貨水準。財務部門必須從公司的總體目標來決定最適度的存貨水準，確定存貨不至於過多或有不足的情形。下面討論兩種存貨管理方法。

● 一、ABC 分析法

一般公司均有為數眾多的存貨項目，有些價格甚高，有些價格則甚低。若是每項存貨均予以詳細分析，以決定最適當的存貨水準，則耗費時日且所費不貲。因此公司可用 ABC 分析法來管理存貨。此種方法把存貨項目分成三類，A 類包含 20% 的存貨項目，但佔有公司存貨投資的 70%，這些存貨項目的管理是最值得注意的。B 類包含 30% 的存貨項目，但佔公司存貨投資的 20% 而已。C 類則佔存貨項目的 50%，但只佔公司存貨投資的 10%。

把存貨項目劃分為 A, B 及 C 三類可使公司能夠決定所需的存貨水準及存貨控制程序。A 類存貨因為投資金額大，因此必須利用最精細的方法來管理，

如每日的存貨紀錄或下一小節將討論的**經濟訂購量** (Economic order quantity, EOQ) 來察知存貨水準是否適當。B 類存貨項目因為投資金額較小，因此定期如每星期查核存貨水準即可。C 類存貨項目種類繁多，且投資金額小，故不必花費多少時間及人力來管理，利用紅記號方法來表示存貨降低至某一水準時，需要重新訂貨即可。

● 二、經濟訂購量

存貨管理人員面對的兩個問題是訂購量，以及何時訂購。訂購量大，每年訂購次數少，**總訂購成本** (Ordering cost) 低，但是由於每次的訂購量大，存貨水準高，因此總**儲存成本** (Holding cost) 高。反之，訂購量小，每年訂購次數多，總訂購成本高，但是由於每次的訂購量小，存貨水準低，因此總儲存成本低。

訂購成本包括製作及發出訂單、處理與驗收進貨、帳款支付、採購部門的水電、通訊、員工的薪資，及辦公用具與紙張等的支出。訂購成本一般以每次訂購所需金額來計算。儲存成本是指每一單位產品一年的儲存成本，通常以金額來表示。儲存成本包括資金成本、稅負、保險、腐壞、毀損、倉庫管理員工的薪資、倉庫水電及建築費用、以及倉庫管理所需的文具用品支出等。

經濟訂購量模型容易使用，一如任何數量模型，此模型建立在幾個重要的假設上：(1)產品每年需要量已知及固定，(2)發出訂單至接到訂貨的**前置時間** (Lead time) 已知及固定，(3)訂貨在存貨水準為零時到達，(4)沒有數量折扣，(5)僅有的可變成本為訂購成本及儲存成本。由於產品需要量已知而且固定，因此存貨量每天以固定數量減少，當存貨量減為零時，新訂貨恰好收到，因此顧客的需要可以滿足。

存貨管理模型的主要目的在使存貨管理成本最小。利用下述變數，我們可以決定全年訂購成本、全年儲存成本，以及經濟訂購量：

Q: 每次訂購量

Q^*: 經濟訂購量

D: 全年需要量

C_o: 每次訂購成本

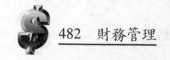

C_h: 全年每單位產品儲存成本

TC: 存貨管理成本

存貨管理成本 = 全年訂購成本 + 全年儲存成本

　　　　　　= (全年訂購次數)(每次訂購成本) + (平均存貨量) × (全年每
　　　　　　　 單位產品儲存成本)

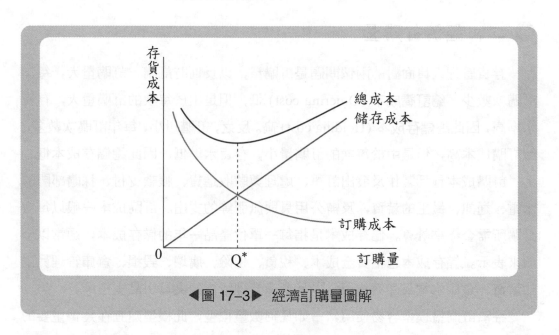

◀圖 17–3▶ 經濟訂購量圖解

$$TC = \frac{D}{Q} \cdot C_o + \frac{Q}{2} \cdot C_h \tag{17–4}$$

　　公式 (17–4) 中，D, C_o 及 C_h 為已知，Q 為未知數。用圖解法及數學法可求得使 TC 為最小的 Q 值。圖 17–3 表示全年訂購成本 ($\frac{D}{Q}C_o$) 隨訂購量的增加而減少，蓋訂購量 (Q) 越大，所需訂購次數 ($\frac{D}{Q}$) 越少。全年儲存成本 ($\frac{Q}{2}C_h$) 隨訂購量的增加而呈同比例增加，蓋全年每單位儲存成本 (C_h) 固定，當訂購量增加時，平均存貨量也跟著增加，故全年儲存成本乃斜率為正的直線。訂購成本與儲存成本線相交之處，可求得總存貨管理成本為最低的經濟訂購量 (Q^*)。

　　如用數學法求解經濟訂購量 (Q^*)，則可將公式 (17–4) 對 Q 求導數，並使之為零，得出公式 (17–5)❷。

$$Q^* = \sqrt{\frac{2DC_o}{C_h}} \tag{17-5}$$

假設復明公司的某一產品一年銷售量為 50,000 單位,每次訂購成本為 $20,全年每單位產品的儲存成本為 $2,利用這些數字,則此產品的經濟訂購量為:

$$Q^* = \sqrt{\frac{2(50,000)(20)}{2}} = 1,000$$

復明公司全年訂購成本為:

$$\frac{50,000}{1,000} \times \$20 = \$1,000$$

全年儲存成本為:

$$\frac{1,000}{2} \times \$2 = \$1,000$$

全年的存貨管理成本為:

$$TC = \$1,000 + \$1,000 = \$2,000$$

如果每天銷售量已知為 d,發出訂購單至接到貨物的前置時間為 L,則決定何時必須發出訂購單的**再訂購點** (Reorder point, ROP) 為:

$$ROP = d \cdot L \tag{17-6}$$

若某公司每天銷售量為 40 單位,發出訂購單至接到貨物的前置時間為 5 天,則其:

---

❷ $\dfrac{dTC}{dQ} = -\dfrac{DC_o}{Q^2} + \dfrac{C_h}{2} = 0$

$\dfrac{DC_o}{Q^2} = \dfrac{C_h}{2}$

$Q^2 C_h = 2DC_o \quad Q^2 = \dfrac{2DC_o}{C_h} \quad Q^* = \sqrt{\dfrac{2DC_o}{C_h}}$

$$ROP = 40 \times 5 = 200$$

此即當存貨水準降至 200 單位時，公司必須發出訂購單以免存貨不足以應付顧客需要，此 200 單位即為安全存量。

 問　題

17-1 公司持有現金的主要原因為何?

17-2 現金管理的目的為何? 公司有何方法可以提高現金管理效率?

17-3 財務經理在選擇有價證券時，有哪些因素必須考慮?

17-4 簡單說明如何用 Baumol 模型決定公司的最適度現金餘額。

17-5 何謂信用標準? 信用標準的變動對銷售額、應收帳款、存貨、及呆帳費用等有何影響?

17-6 說明信用條件的內容。

17-7 敘述信用期間、現金折扣、及現金折扣期間的變動對銷售額、應收帳款、存貨、及呆帳費用的影響。

17-8 何謂收款政策? 其與呆帳費用的關係如何?

17-9 如何分析顧客的信用?

17-10 存貨管理有何重要性? 存貨有哪幾種?

17-11 如何利用 ABC 分析法管理存貨?

17-12 何謂經濟訂購量模型? 有何基本假設? 哪種存貨項目應使用 EOQ 模型來管理?

 習　題

17-1 宏利有限公司預估一年的現金支出為 $2,400,000，每次的證券交易成本為 $80，持有現金的機會成本為 5%，假設現金支出甚為穩定，利用 Baumol 模型

決定：

(1)最適度現金餘額。

(2)平均現金餘額。

(3)證券交易次數。

(4)總證券交易成本及總機會成本。

(5)持有現金的總成本。

(6)如果公司一年的證券交易次數為 24（每月交易兩次），則總證券交易成本，總機會成本，及持有現金的總成本為何？

17-2　朗月公司目前的平均收款日數為 50 天，每年的信用銷售額為 $4,000,000。假定一年有 360 天。

(1)計算公司的平均應收帳款餘額。

(2)若平均可變成本為銷售額的 65%，計算平均應收帳款投資額。

(3)如公司的必要報酬率為 8%，計算應收帳款投資的機會成本。

17-3　福林公司以 2/10, net 40 的條件售貨，每年的銷售量為 50,000 單位，每單位售價為 $20。30% 的顧客在 10 天內付款以得到現金折扣，70% 的顧客平均在售後的 60 天才付款。

(1)計算此公司的平均收款期間。

(2)計算此公司的應收帳款。

(3)如公司的必要報酬率為 12%，計算應收帳款的投資成本。

(4)如公司將其售貨條件改成 2/10, net 30，對公司的銷售量及應收帳款投資有何影響？若售貨條件改成 2/20, net 50，其影響又如何？

17-4　森霖公司每年銷貨量為 60,000 單位，每單位售價為 $25，平均可變成本為 $20，平均收回期間為 60 天。公司擬改變信用政策，以縮短平均收回期間至 50 天，平均存貨水準因而可減少 1,500 單位，每年銷貨量減少 10%，呆帳費用可從銷售額的 1.5% 減為 1%。設一年為 360 天，公司的必要投資報酬率為 12%，試問公司應否變更信用政策？

17-5　利民公司的售貨均為信用售貨，每年銷貨量為 100,000 單位，每單位售價為 $12，平均可變成本為 $9，公司擬考慮將信用條件從 2/10, net 30 改為 3/15,

net 45。變更信用條件後，預期現有顧客利用現金折扣的比率會從 80% 降為 70%，平均收款期間則從 40 天增至 50 天。預期銷貨量將增加 10%，平均存貨水準增加 2,000 單位，新顧客有 80% 將利用現金折扣，其平均收回期間為 60 天。呆帳費用將從銷售額的 1.6% 增至 2%。若一年為 360 天，公司的必要報酬率為 18%，試問公司應否改變信用條件？

17–6　威爾公司擬考慮取消給予顧客的 1.5% 現金折扣。目前公司產品的年銷售額為 $5,000,000，產品售價為 $40，平均可變成本為 $34，平均收回期間為 40 天。取消現金折扣後，銷售額減至 $4,500,000，平均存貨水準將減少 500 單位，呆帳費用將從銷售額的 1% 增至 1.5%，平均收回期間增加為 50 天。若公司的必要報酬率為 20%，試問公司是否應取消現金折扣？

17–7　牧祥公司目前的年銷售量為 10,000 單位，單位售價為 $20，平均可變成本為 $15。當前的呆帳費用為 2%，平均收回期間為 50 天，公司擬增加收款費用 $3,000，使呆帳費用減至 1.2%，平均收回期間縮短至 35 天。問此公司是否應改變收款政策？

17–8　穩固公司某種產品每年銷售量為 5,000 單位，每次訂購成本為 $10，每年每單位產品儲存成本為 $0.8，試問每次訂購量為 100, 200, 400 及 EOQ 時之：

(1)每年訂購次數。

(2)每年訂購成本。

(3)每年儲存成本。

(4)平均存貨水準。

(5)每隔多少天必須發出訂購單。

(6)每年存貨管理總成本。

(7)如果發出訂單與收貨間的時差為 3 天，問存貨水準降至何種程度時，公司必須發出訂購單？

第十八章

短期資金之來源

第十七章討論了流動資產的管理，流動資產是指一年內可以變現的資產，此類資產通常以短期資金來融通，而短期融資是指在一年內必須償還的債務。短期融資來源可以是自發性 (Spontaneous) 或商議性 (Negotiated)。自發性來源包括交易信用 (Trade credit) 與應付費用 (Accrued expenses)，而商議性來源主要為短期銀行信用 (Bank credit)，及商業本票 (Commercial paper)。

各種不同短期資金來源的成本不同，公司在選擇短期融資時除了考慮成本因素外，尚須考慮其可靠性、伸縮性及對其信用的影響。

本章第一節說明短期資金成本，第二節討論交易信用，第三節為應付費用，第四節分析短期銀行信用，最後一節則敘述商業本票。

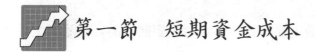 ## 第一節　短期資金成本

財務經理在選擇短期融資前，必須知道各種短期資金來源的成本，下述為**年融資成本** (Annual financing cost, AFC) 的計算公式：

$$AFC = \frac{利息成本 + 費用}{可使用資金} \times \frac{365}{到期日數} \tag{18-1}$$

短期融資除了利息成本外可能還有其他費用。365／到期日數則用來轉換成年融資成本。

公式 (18–1) 僅是融資的有效**年百分率** (Annual percentage rate, APR) 的近似值而已，因其未考慮複利因素，並且短期融資期間一般均在一年以下。下面公式則可用來計算短期融資的 APR：

$$APR = (1 + \frac{利息成本 + 費用}{可使用資金})^m - 1 \qquad (18\text{–}2)$$

公式 (18–2) 中，m 為每年複利次數。

如果某公司借款 \$50,000，期限為 4 個月，利息為 \$2,000，費用為 \$200，若本金、利息及費用均在到期日支付，則年融資成本為：

$$AFC = \frac{\$2,000 + \$200}{\$50,000} \times \frac{365}{120} = 13.38\%$$

此公司借款的 APR 計算如下：

$$APR = (1 + \frac{\$2,000 + \$200}{\$50,000})^{365/120} - 1 = 13.99\%$$

除非 m 值甚大，否則 AFC 的值與 APR 的值很相近。

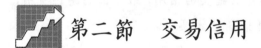 第二節　交易信用

交易信用為企業短期融資的最主要方式。公司在收到商品時，並不馬上支付現金，而等待一段期間後才付款，此即在等待付款期間，為賣方給予短期融資。若賣方以**發貨單** (Invoice) 給予買方，在發貨單上表明貨品種類及數量與交易金額及銷貨條件，而未要求買方簽發任何法律文件以承認此項債務，希望買方在一段期間內付款，此種隨買賣而發生的自發性融資，在賣方的帳簿上為應收帳款，在買方的帳簿上則為應付帳款。有時賣方可要求買方於收貨後簽發**本票** (Promissory notes)，承認於到期日前應付款額的負債，此類的交易信用，即成為買方帳簿上的應付票據。

賣方給予買方的信用條件，包括信用期間、信用期間的起始日、現金折扣百分率、以及現金折扣期間。信用期間是指所有應付帳款必須在信用期間起始日算起的一定日數內付清。信用期間的起始日一般是指**發貨單的日期** (Date of invoice)。現金折扣是指如果買方在限定期間內付清款項的話可以享受現金折扣。現金折扣期間是指信用期間開始的某一時日內，買方可以享受現金折扣。例如信用條件為 "2/10, net 30"，則從發貨單日期起算的 10 天內，買方如果付清款項可以享受 2% 的現金折扣，否則買方應在發貨當日起算的 30 天內付清款項。

　　買方從賣方的信用條件中獲得許可在購貨後的一段期間內付款，因為在收款前賣方的一部份資金投資於應收帳款，因此其應收帳款投資的成本可能轉嫁在價格上，而買方則間接負擔此成本。買方在獲得交易信用時必須仔細分析信用條件以決定最佳的交易信用條件之策略。如果信用條件中包括現金折扣，買方可以選擇利用或放棄現金折扣。

　　如果買方在一定限期內付款可以享受現金折扣，則應在現金折扣期間的最後一天付款，以節省購貨成本，因為利用現金折扣並無任何成本發生。例如某公司購貨 \$2,000，賣方授予信用條件 "2/20, net 40"，如果在現金折扣的最後一天，即發貨單日期起算的 20 天內付款，可以獲得現金折扣 2%，只需付款 \$1,960 [= \$2,000 − (\$2,000 × 0.02)]。

　　如果買方不在現金折扣期間付款，而在信用期間的最後一天付款，將會產生放棄現金折扣所引起的**內露成本** (Implicit cost)，亦即為了持有現金的日數增加，所必須支付的利息。放棄現金折扣的成本可由下述公式計算：

$$放棄現金折扣的成本 = \frac{現金折扣百分率}{100\% - 現金折扣百分率} \times \frac{360}{n} \tag{18-3}$$

　　公式 (18–3) 中的 n 為買方放棄現金折扣而能夠延期付款的天數。

　　假設信用條件為 "3/10, net 40"，買方如果在發貨單日期起算的第十日或之前付款，可以獲得 3% 的現金折扣，否則必須在第 40 日前付清貨款。如果買方放棄現金折扣，則利用公式 (18–3) 可以計算其：

$$放棄現金折扣的成本 = \frac{3\%}{100\% - 3\%} \times \frac{360}{30} = 37.11\%$$

可知買方放棄現金折扣的成本，以年率計算為 37.11%。

流暢公司有三個供應商 A, B 及 C，三個供應商給予的信用條件各為 "1/10, net 40"，"2/10, net 30"，及 "3/20, net 60"，若公司向銀行借款，年利率為 15%，試問公司可以放棄哪家供應商的現金折扣?利用公式 (18–3) 求得放棄三家供應商現金折扣的成本為:

$$A: \frac{1\%}{100\% - 1\%} \times \frac{360}{30} = 12.12\%$$

$$B: \frac{2\%}{100\% - 2\%} \times \frac{360}{20} = 36.73\%$$

$$C: \frac{3\%}{100\% - 3\%} \times \frac{360}{40} = 27.84\%$$

由上可知流暢公司可以放棄 A 供應商提供的現金折扣，因為其內露成本 (12.12%) 小於銀行借款成本 (15%)，但是應利用 B 及 C 供應商提供的現金折扣，因其放棄成本（36.73% 及 27.84%）高於銀行借款成本。

第三節　應付費用

應付費用為另一種的自發性短期資金來源。自發性費用如工資、稅款及利息等代表公司已獲得服務，但是並未支付款額，這些負債構成公司不必支付利息的短期資金來源之一。

應付薪資為公司所欠員工的金錢。員工提供勞務予公司，過了一段期間後才獲得報酬，這段期間可視為員工提供短期融資予公司，付款期間越長，員工所提供的免息資金越多。例如支付薪資予員工的期間從每半個月變成一個月，則應付薪資可以倍增。同樣的，支付予售貨員的佣金與獎金，如果能夠延期，則公司的應付費用也可以增加。

公司的納稅日期由法律規定。公司經營獲得利潤，但是公司所得稅在一段

期間之後繳納，此相當於政府對公司提供遞延支付稅款的短期融資。同樣地，公司發行公司債或借得資金後，用於每天的營運，但是利息在每季後或每半年年後才支付，因此利息費用亦成為資金的來源。精明的財務經理，必須深入瞭解同一產業內不同公司如何管理應付費用，利用本益分析法決定應付費用最適度的遞延支付期間，以取得最大的無息短期資金。

 ## 第四節　短期銀行信用

除了自發性短期融資來源外，公司也可從銀行短期貸款及商業本票等商議性融資來源獲得短期資金。銀行短期貸款最為普遍，因為不論公司大小如何，在營運的旺季中，自發性融資不夠應付短期資金需要時，可以向銀行申請短期貸款。

銀行在提供短期資金時，往往要求借款公司簽發本票，承認借款金額、利率，及償付本金及利息日期，有時貸款契約也包含各種限制條款。在公司的資產負債表中，銀行短期貸款通常以應付票據項目出現。

銀行提供予公司的短期貸款中，註明銀行要求的利率，此即**名目利率** (Nominal interest rate)，此名目利率與**有效利率** (Effective interest rate) 不同，後者為貸款的實際利率，因其考慮了複利因素。名目利率的決定與**基本利率** (Prime rate) 有關，而基本利率為銀行給予信用最佳顧客的貸款利率，決定於可貸資金的供需與通貨膨脹率。

銀行短期融資主要為(1)單一貸款，(2)信用額度，及(3)週轉信用合約。

● 一、單一貸款 (Single loan)

當公司在短期間為某一特別事項而需融資時，可向銀行申請貸款，而此種貸款通常需要借款公司簽發本票，承諾於本票到期時，會按貸款條件償還貸款金額與利息。此種短期貸款期限為 30 天至 1 年，大部份為 30 天至 90 天。

單一貸款的利率決定於借款公司的信用狀況，通常為基本利率加一個至二個或更多個百分點。若公司的營運及財務風險甚高，銀行則拒絕予以貸款；若公

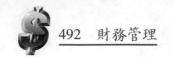

司的信用狀況合乎銀行的標準，銀行可視與借款公司的關係，以及其他銀行對風險相似公司的貸款利率，而決定貸款金額及利率。

　　若宏基公司剛從銀行獲得 $20,000 的六個月期貸款，當時的基本利率為 6%，銀行要求的貸款利率為基本利率加 1%，貸款期間的基本利率如果變動，銀行貸款利率仍然維持 7%。故此貸款的利息成本為 $700 [= $20,000 × (7% × 180/360)]，六個月的有效利率為 3.5% (= $700/$20,000)。

　　如果此貸款可以每六個月週轉一次，則因為六個月的貸款成本為 3.5%，故利息必須一年複利兩次，以求得有效年利率 (EAR) 如下：

$$EAR = (1 + 0.035)^2 - 1 = 7.12\%$$

　　如果銀行在借款公司獲得貸款時預扣利息，則借款公司沒有得到全部貸款額，其貸款成本則比銀行的名目利率為高。若宏基公司的銀行預扣利息 $700，公司所得貸款金額為 $19,300 (= $20,000 - $700)，六個月的有效利率為 3.63% (= $700/$19,300)，其有效年利率則為：

$$EAR = (1 + 0.0363)^2 - 1 = 7.39\%$$

● 二、信用額度 (Line of credit)

　　如果借款公司於每次需要短期資金時均向銀行申請，則手續繁多，為了減輕銀行貸款作業的處理業務，借款公司可與銀行間達成協議，允許它在某一特定期間內，可以獲得最高的借款數額，此即信用額度。信用額度並不代表銀行一定對借款公司給予最高的貸款額，而是當借款公司需要資金，且銀行有足夠資金時才貸放予公司，如此借款公司在需要借款時更具伸縮性，也不必每次均需向銀行申請貸款。

　　銀行給予借款公司信用額度的期間通常為一年，期限屆滿時雙方可再協議新的信用額度，信用額度的大小則視借款公司信用情況及其預估所需資金來決定。信用額度的利率則隨著基本利率的變動而改變。

　　理想公司在 2004 年 3 月 1 日獲得富國銀行授予為期一年的信用額度

$4,000,000，言明利率為基本利率加 1.5%。公司在一年內平均借款 $1,000,000，3 月 1 日至 11 月 30 日的基本利率為 5%，12 月 1 日基本利率降至 4.75% 直到 2005 年 2 月 28 日。公司的年融資成本計算如下：

$$利息成本 (2004/03/01 \sim 2004/11/30) = \$1,000,000 \times (5\% + 1.5\%) \times \frac{270}{365}$$
$$= \$48,082.19$$

$$利息成本 (2004/12/01 \sim 2005/02/28) = \$1,000,000 \times (4.75\% + 1.5\%) \times \frac{90}{365}$$
$$= \$15,410.96$$

$$總利息成本 = \$48,082.19 + \$15,410.96 = \$63,493.15$$

$$AFC = \frac{\$63,493.15}{\$1,000,000} \times \frac{365}{365} = 6.35\%$$

有時銀行要求借款公司在銀行的活期存款帳戶中維持 10% 至 20% 的借款額，用以提高借款公司的借款成本。例如才高公司從信用額度內借款 $500,000，利率為 6%，公司必須在銀行帳戶中維持最少 20% 的補償性餘額。如公司沒有餘額在銀行帳戶中，則必須將 $100,000 存放在銀行，故真正能使用的資金僅有 $400,000。如果借款期為一年，公司必須支付的利息為 $30,000 (= 6% × $500,000)，由於公司能夠使用的資金只有 $400,000，故其有效年利率為7.5% (= $30,000/$400,000)。

如果公司經常保有至少 $100,000 於銀行帳戶中，則 $500,000 的借款不必再存放任何款額，故有效年利率與名目利率相同均為 6%。如公司經常維持 $50,000 於銀行帳戶中，則必須將 $500,000 的借款中，再存放 $50,000 於銀行帳戶中，以滿足最低補償性餘額需要。公司真正使用的資金則為 $450,000，此時的有效年利率為 6.67% (= $30,000/$450,000)。

三、週轉信用合約 (Revolving credit agreement)

法律上，信用額度合約內銀行沒有保證借款公司必定可以獲得所需資金，但通常銀行會儘量滿足借款公司的資金需要。如果借款公司的財務狀況惡化，

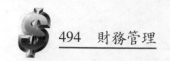

銀行甚至停止提供融資，並要求借款公司償還所借資金及所欠利息。如果借款公司擬得到保證的信用額度，則必須與銀行協議獲得週轉信用合約。

在週轉信用合約下，銀行承諾公司在需要資金時，即使缺乏資金也必須提供。因為銀行承諾提供借款公司所需資金，因此銀行對借款公司未使用的信用額度收取**承諾費用** (Commitment fee)，一般約為 0.25%～0.5%。週轉信用合約期間一般均超過一年，在二至五年之間。

週轉信用合約下，融資成本的計算較為複雜，利率、補償性餘額、公司經常維持的銀行帳餘額、信用額度、借款額、以及承諾費用等因素均需考慮。根據公式 (18–1)，年融資成本的計算公式如下：

$$\text{AFC} = \frac{利息成本 + 承諾費用}{可使用資金} \times \frac{365}{到期日數} \tag{18–4}$$

假設南山公司與銀行有 $3,000,000 的週轉信用合約，可以按基本利率加 1% 借款，另外公司必須在銀行帳戶下有 10% 的補償性餘額，並且對未使用資金支付 0.4% 的承諾費用。假設基本利率為 6%，公司在一年內平均借款數為 $1,000,000，並且經常維持銀行存款 $50,000。

由於公司的平均借款為$1,000,000，其補償性餘額要求為$100,000 (= 10 %× $1,000,000)，而經常維持銀行存款 $50,000，因此可使用資金為 $950,000 [= $1,000,000 – (10% × $1,000,000) + $50,000]。根據平均借款$1,000,000可以計算利息成本為$70,000 (= 7% × $1,000,000)，承諾費用為$8,000 [= 0.4% × ($3,000,000 – $1,000,000)]，故借款的年融資成本為：

$$\text{AFC} = \frac{\$70,000 + \$8,000}{\$950,000} \times \frac{365}{365} = 8.21\%$$

由此可知週轉信用合約下的年融資成本比名目利率為高。

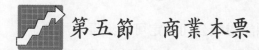

第五節　商業本票

商業本票為信譽卓著的大公司所發行之短期無擔保本票，由於無擔保性質，

一般公司如信譽不足，其所發行的商業本票不易售出以取得短期資金。大公司的商業本票主要銷售予其他公司、銀行、保險公司、退休基金、貨幣市場基金，以及其他財務機構。

　　商業本票的期限一般在幾天至九個月之間，由於期限短，許多公司和金融機構利用多餘資金購買商業本票來保持流動性。而大公司及金融機構樂於發行商業本票作為短期融資來源，蓋其利率通常低於基本利率。

　　但發行商業本票亦有其缺點。第一、公司遭遇暫時性的財務困難時，可能發現其所發行的商業本票，投資者不願意購買。第二、商業本票市場的可貸資金受到其購買者的超額資金所限，在信用緊縮期間，發行者可能無法找到購買者來購買商業本票。第三、商業本票在到期日才償還，故在到期日前即使發行公司不需利用資金，仍須支付利息。第四、如果商業本票到期而發行公司無力清償，它將遭遇嚴重的財務問題，此時若公司與銀行有良好關係，銀行可以給予幫助。

　　商業本票以折扣方式賣出，故發行者所收到的金額少於面值，在到期時發行者必須按面值清償。商業本票的融資成本決定於其期限和當時的短期市場利率，此外銷售時的**發行費用** (Placement fee) 亦須考慮。

　　根據公式 (18-1)，商業本票發行的年融資成本公式如下：

$$AFC = \frac{利息成本 + 發行費用}{可使用資金} \times \frac{365}{到期日（天數）} \tag{18-5}$$

可使用資金為商業本票發行面值減去利息成本與發行費用而得。

　　銘宣公司發行 180 天期的商業本票 $5,000,000，年利率為 6%，發行費用為 $8,600，其年融資成本計算如下：

$$利息成本 = \$5,000,000 \times 0.06 \times \frac{180}{365} = \$147,945$$

$$AFC = \frac{\$147,945 + \$8,600}{\$5,000,000 - \$147,945 - \$8,600} \times \frac{365}{180} = 6.55\%$$

問　題

18–1　簡述短期資金的兩大來源。

18–2　說明短期資金成本的計算方法。

18–3　討論交易信用條件的內容。

18–4　如何計算放棄現金折扣的成本?

18–5　何謂應付費用? 簡述各種應付費用的發生。

18–6　說明名目利率、基本利率與有效利率的差別。

18–7　何謂單一貸款?，其貸款利率如何決定?

18–8　何謂信用額度? 銀行是否有義務滿足借款公司的短期融資要求?

18–9　何謂週轉信用合約? 其與信用額度有何差別?

18–10　何謂商業本票? 發行商業本票的優缺點為何?

18–11　如何計算單一貸款，信用額度，週轉信用額度，及商業本票的年融資成本及
融資有效年利率?

習　題

18–1　復旦公司向銀行借款 $40,000 為期 90 天(假定一年有 360 天)，到期時公司還
清銀行外，支付利息 $850 及申請手續費用 $100。試計算公司的年融資成本及
融資有效年百分率。

18–2　計算下述不同信用條件下放棄現金折扣的成本。
(1) 1/10, net 30，(2) 2/30, net 70，(3) 2/20, net 40。

18–3　黎明公司目前每半個月支付薪水，每次支付薪水 $500 萬，公司資金的機會成
本為 10%。
(1)若薪水改為每個月支付一次，問其應付薪水為多少? 公司因而省了多少?

(2)若薪水改為每個星期支付一次,問其應付薪水為多少?公司因而增加了多少成本?

18–4 和利公司剛獲得三個月期的銀行貸款 $500,000,利率為 8%。

(1)求此貸款三個月的有效利率。

(2)求此貸款的有效年利率。

(3)如果銀行在貸款時預扣利息,則此貸款的有效年利率為何?

18–5 良民公司 2004 年 1 月 1 日得到銀行為期一年的信用額度 $300,000,利率為基本利率加 1%。公司在一年內平均借款 $200,000。1 月 1 日至 6 月 30 日的基本利率為 4%,7 月 1 日開始的基本利率為 4.5%。計算此公司的年融資成本。

18–6 民有公司獲得銀行年利率為 10% 的信用額度 $200 萬,但銀行要求 10% 的最低補償餘額存款。公司在一年內平均借款 $100 萬,計算公司經常在銀行的存款為(1) $0, (2) $60,000, 及(3) $110,000 下之有效年利率。

18–7 聲寶公司獲得銀行授予信用額度 $500,000,其年利率為 8%,銀行要求 20% 的最低補償性餘額存款, 並且預扣利息。公司一年內平均借款 $200,000, 計算公司經常在銀行的存款為(1) $0, (2) $10,000, 及(3) $20,000 下的有效年利率。

18–8 潤泰公司從銀行獲得 $300 萬的週轉信用合同,年利率為基本利率（目前為 4.5%）加 1%。公司必須在銀行存款維持最少 15% 的補償性餘額,未使用資金的承諾費用為 0.4%,計算下面不同狀況下的年融資成本:

(1)公司借款 $100 萬, 經常在銀行的存款為 $0。

(2)公司借款 $100 萬, 經常在銀行的存款為 $60,000。

(3)公司借款 $100 萬, 經常在銀行的存款為 $120,000。

(4)公司借款 $200 萬, 經常在銀行的存款為 0。

(5)公司借款 $200 萬, 經常在銀行的存款為 $80,000。

(6)公司借款 $200 萬, 經常在銀行的存款為 $150,000。

18–9 太平公司擬出售 90 天期的商業本票 $500 萬, 公司實收額為 $490 萬。

(1)求此商業本票的年融資成本。

(2)若發行費用為 $3,500, 則其年融資成本為何?

(3)若商業本票為 120 天期, 重新計算上述問題。

第十九章

企業的合併、失敗、重整與清算

現代的商業社會競爭日益激烈，因此企業必須持續成長，以增加產能，增強獲利力及提高股價。成長可經由內部 (Internal) 或外部 (External) 達成。**內部成長** (Internal growth) 是指利用公司的內部資金 (Internal fund) 或**對外籌措資金** (External fund) 來購買資產，以擴大企業規模，而**外部成長** (External growth) 則為合併另外的公司以擴大規模。

本書討論公司財務管理之各種理論、觀念、工具，和方法，利用這些並不保證公司可以永遠存在，每年總有許多公司由於各種不同原因而失敗。有時失敗可能是暫時的，可以透過其他公司的援助加以克服；有時則須透過法律程序予以重整來解決問題，如果問題無法克服，則須透過法律程序將公司予以**清算** (Liquidation)。

本章第一節敘述企業合併的種類、原因及考慮因素，第二節為**合併標的公司** (Target company) 的評價與收購，第三節為企業合併後的分析，第四節敘述控股公司，第五節說明企業失敗的原因及型態，第六節檢討企業的重整，最後一節則為企業清算的討論。

 第一節　企業合併的種類、原因及考慮因素

一、企業合併的種類

　　企業合併的主要目的在提高合併公司的價值，若合併後的公司價值高過各別公司價值之和，則產生**增益效果** (Synergy)。技術上，**歸併** (Merger) 是指兩個或兩個以上的企業組合後，只有一家企業以其原有名字繼續存在和營運，而其他企業則消失。通常在歸併後，較大企業繼續存在，而較小企業則消失。**結合** (Consolidation) 為至少兩個以上的企業組合後，所有原企業不再存在，而形成一家新企業。理論上歸併與結合有許多類似之處，本章均以合併來表示。

　　經濟學上，合併可分為三種，即**水平合併** (Horizontal merger)，**垂直合併** (Vertical merger)，以及**異業合併** (Conglomerate merger)。水平合併為一家公司與直接相競爭的公司合併。例如兩家電腦公司的合併，或兩家玩具公司的合併。美國的反托拉斯法禁止會使市場競爭劇烈減少的企業合併，但是如果被合併的企業是面臨失敗的企業，則水平合併仍被允許。水平合併可以擴充已存產品的產能，減除競爭者，並且可以避免員工和機構的重疊，增加企業的營運效率。例如，不再需要兩個財務經理和兩個採購經理，管理成本可以減少。另外，合併後商品或原料的採購量較大，供應商也會提供較大的折扣，採購成本因而降低。最後合併後產品種類增加，合併後的企業之銷售額因而增加。

　　垂直合併是指有買賣關係的兩家公司間之合併，亦即公司將營運範圍擴充至原料市場，或擴充至消費市場。例如一家成衣製造公司合併一家成衣零售公司，或一家煉油公司合併一家石油開採公司。垂直合併的利益為獲得原料或產品分配的更大控制。**總體整合** (Totally integrated) 的公司控制從原料取得至產品最後銷售的整個產銷過程。

　　異業合併為兩家公司間的合併，但是公司間並不存在互相競爭或買方與賣方之間的關係。例如一家塑膠公司併購一家生物科技公司。此種異業合併的主要利益在分散企業經營風險，使銷售及利潤能夠穩定。

● 二、企業合併的原因

公司合併主要是為達成某些特定目標，如成長、增益效果、籌資、分散風險、增強管理技術、稅負利益、以及作為反併購的防衛措施。

1.成　長

企業經由內部成長以擴大營業規模往往耗費時日及資源，當各種資產購置後開始營運時，市場情況可能與原先的預期相異，因此風險甚高。經由合併企業可以在短期內迅速成長，避免了內部成長的各種風險，如設計、建築和新產品銷售的風險，而且也減少了競爭者的風險。

2.增益效果

企業合併可以獲得經濟規模的利益，使經營成本降低，合併後的企業之利潤大於合併前個別企業利潤之和。水平合併的增益效果最為顯著，因為重複的單位和人員可以除去，人事管理費用因而減少。垂直合併則因減少了若干行政人員而有增益效果。異業合併的增益效果，則表現在籌措資金成本的降低上。

3.分散風險

一家企業如受季節因素或經濟循環變動的影響，為了降低營運風險，從事異業合併則可使其銷售額及利潤更為穩定。例如一家冬季運動器材公司與一家夏季運動器材公司合併，或辦公用品公司合併玩具公司，可使企業經營分散而降低風險。

4.降低籌措資金成本

若企業無法從內部獲得資金以擴張，則合併另外一家企業可能因而獲得所需資金來改善其財務狀況，增強其借款能力，並降低其融資成本。如一家企業可能合併另一家資產流動性高及負債比率低的企業，以改善其借款能力及減少財務風險。

5.增強管理技術

一家企業如果缺乏所需的管理人才時，經由合併另外一家企業可以獲得重要及所需的管理人員，當然企業不能因為需要管理人才，而合併一家財務狀況不良的企業。

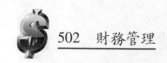

6.稅負利益

企業合併的動機可能是基於稅負考慮。若一家企業營運有損失，則此企業可以使用稅負損失後延方式在未來二十年內沖銷，因而此企業可以合併有利潤的企業，以減少被合併企業的稅負。如果有利潤的企業沒有被合併，則稅負損失後延不會發生。反之，有利潤企業可以合併有虧損企業，以利用稅負損失後延而減少未來稅負。當然企業合併不應僅考慮稅負利益，合併後的獲利力及長期內股東財富極大化目標能否達成更應考慮。

假設 A 公司過去兩年每年的營運虧損為 $400 萬，故其兩年的稅負損失後延總共為 $800 萬，為了分散經營和稅負利益，A 公司與 B 公司合併。B 公司過去兩年的稅前盈餘為每年 $500 萬。若公司稅率為 30%，則合併前後的稅負可計算如下：

表 19–1 A、B 公司合併前後的稅負比較

合併前			合併後		
	年別			年別	
	1	2		1	2
稅前盈餘	$5,000,000	$5,000,000	稅負損失後延前盈餘	$5,000,000	$5,000,000
稅負 (30%)	1,500,000	1,500,000	稅負損失後延	5,000,000	3,000,000
稅後純益	$3,500,000	$3,500,000	稅前盈餘	$ 0	$2,000,000
			稅負 (30%)	0	600,000
			稅後純益	$ 0	$1,400,000

由表 19–1 可知，A、B 兩公司合併後兩年的總稅負可從$3,000,000 (= $1,500,000 + $1,500,000) 減至$600,000。

7.作為抵抗被合併的防衛措施

若一家公司成為被**收購對象** (Takeover target)，則可以利用收購另外一家公司，以防止被合併。在收購一家公司時，收購公司往往需要增加負債（向銀行借款或發行公司債），因而增加其財務風險，如此可以阻止其他公司的**敵對收購** (Hostile takeover)。當然在採取這種防衛措施時，應考慮其對股票價格的長期影響。

● 三、企業合併的考慮因素

財務經理在做企業合併的決定時，上述目標的達成甚為重要，但是長期目標——股東財富極大化更為重要。如果這些目標可以達成，則應進行合併。不過合併其他企業後的影響，必須加以預測。

1.每股盈餘

財務經理在決定合併可能性時，應預測合併對每股盈餘的可能影響。通常企業期望在合併後每股盈餘的變動幅度可以減少，而每股盈餘在長期可以增加，以提高股價。

2.每股股利

企業合併後每股股利的預測甚為重要，財務經理必須擬訂最適度的股利政策，使合併後的股利不致減少，以求股價的穩定。

3.股　價

企業收購另一家企業時所出價格合適與否為一重要考慮因素，因其影響合併後的企業營運成本及獲利力，進而影響到股票的長期價格。故企業在考慮合併時，必須分析其對股價的長期影響。

4.商業與財務風險

在做合併考慮時，合併對企業的商業與財務風險之影響，是一重要的因素。投資者的預期（必要）報酬率，受到投資風險的影響，如果風險因合併而增加，投資者的必要報酬率將提高；反之，則降低。若合併後盈餘增加足以抵銷風險增加，股價將上揚；反之，則股價將下跌。

企業合併後的各種影響不易預測，但是財務經理必須予以考慮，其中最重要者為合併對公司股價的長期影響。

 ## 第二節　標的公司的評價及收購

企圖合併其他公司的收購公司在決定了合併標的公司可以達成公司的各項目標後，必須對標的公司的價值予以評估，然後進行收購。

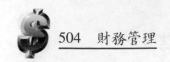

● 一、標的公司的評價

評價標的公司的主要方法有二，即本益比法與貼現的自由現金流量法。

1.本益比法

本益比法是將在同一產業內最近被合併公司的本益比與標的公司本益比做一比較，來決定標的公司的價值。如果同一產業內最近被合併公司的本益比為20，則其他類似公司的本益比為 20 應是合理的。標的公司的每股盈餘如果為 $2.5，則其收購價格為 $50。實際上，收購公司為了使被收購公司的股票持有人以其股票換取現金或收購公司的證券，收購公司通常會以高於市價的 10% 至 30% 的價格收購，當然股東也可能等待更高的出價者。

2.貼現的自由現金流量 (Discounted free cash flow) 法

利用此法來評定標的公司的價值時，首先須估計未來年間標的公司的自由現金流量，再用資金成本將其換算成現值而得。自由現金流量之計算公式如下：

$$自由現金流量 (FCF) = 營運活動產生的現金流量 + 利息費用 - 用於投資活動的現金淨額 - 為商業目的保留的現金$$

$$(19–1)$$

上述公式表示自由現金流量為公司利用其資產從事商業活動時所產生的現金流量超過其營運需要的部份，可以用來付予其投資者。每年估計的標的公司之自由現金流量，以資金成本折現後加總起來即可得出標的公司的價值。

$$V = \sum_{t=1}^{\infty} \frac{FCF_t}{(1 + k_w)^t} \qquad (19–2)$$

式中，V = 公司的價值

　　　　FCF$_t$ = 第 t 年的自由現金流量

　　　　k$_w$ = 資金成本

假設環宇公司擬合併潤泰公司以增強市場競爭力，根據潤泰企業的財務資料,環宇公司估計未來三十年內潤泰公司每年由營運活動可產生現金 $250,000,

利息費用 \$15,000，用於投資活動的現金淨額為 \$50,000，為商業目的保留的現金為 \$70,000，若公司的資金成本為 15%，則環宇公司為購買潤泰公司願意支付的最高價格為何？

潤泰公司每年的淨現金流量計算如下：

$$FCF = \$250,000 + \$15,000 - \$50,000 - \$70,000 = \$145,000$$

潤泰公司的價值估計如下：

$$V = \sum_{t=1}^{30} \frac{\$145,000}{(1 + 15\%)^t}$$
$$= \$145,000(PVIFA_{15\%,30}) = \$145,000(6.566) = \$952,070$$

可知為合併潤泰公司環宇公司所願支付的最高價款為 \$952,070。折現的自由現金流量法較為正確，但是未來的自由現金流量則甚難估計。

● 二、公司合併交易方式

經過詳細評估後，收購公司對於標的公司可以兩種交易方式獲得控制權，即**現金收購** (Cash acquisition) 與**股票交換** (Stock swap)。

1.現金收購

若收購公司以現金合併被收購公司，利用資本預算評估技術，可以得知合併是否可行。利用此種技術時所需變數為被合併公司的預期現金流量與合併後的資金成本。當然現金流量的大小及時間估計不易，合併後資金成本影響的預測也很難。若兩家公司的財務結構差異甚大，合併後的財務結構會有很大的變動，因而影響資金成本；若兩家公司的財務結構相似，則合併後的財務結構變動不大，資金成本不會有多大變動。不論情況如何，收購公司的財務經理必須估計合併後現金流量的變動數額及其時限，與新的資金成本，然後利用資本預算評估方法來決定應否收購另一家公司。

若泰易公司正考慮是否合併萬宜公司，估計此合併可為公司帶來的現金流量為：第一至第五年每年為 \$60,000，第六至第十年每年為 \$80,000，第十一至第

二十年每年為 $70,000。泰易公司的資金成本為 11%，萬宜公司因為財務槓桿較低，其資金成本為 8%，合併後的總資金成本為 10%。若萬宜公司要價 $530,000，則泰易公司應否合併萬宜公司？

將估計的各年現金流量以資金成本 10% 來折現，求出萬宜公司的價值為：

$$V = \$60,000(PVIFA_{10\%,5}) + \$80,000(PVIFA_{10\%,5})(PVIF_{10\%,5})$$
$$+ \$70,000(PVIFA_{10\%,10})(PVIF_{10\%,10})$$
$$= \$534,482.49$$

由於上述金額大於 $530,000，因此泰易公司應該合併萬宜公司，如果進行合併，則合併後的公司價值會上漲。收購標的公司所需現金可以來自公司內部、向外借款、或兩者兼用。

2.股票交換

公司合併時常以透過股票交換方式為之，即收購公司以事先約定的交換比率，用本公司股票交換被收購公司的股票。交換比率極為重要，因它可以影響收購公司的營運及財務槓桿，進而影響兩家公司股東的權益。為了進行股票交換，收購公司必須有足夠的未發行授權股數及庫藏股，而交換比率可以兩家公司的股價來決定，如收購公司的股價為 $50，被收購公司的股價為 $40，則交換比率為 0.8 (= $40/$50)，表示被收購公司的股票一股，可以交換收購公司的股票 0.8 股。當然，在實際進行合併時，收購公司一般均以溢價方式使被收購公司股東同意合併。如收購公司同意以 $48 的每股價格收購，則交換比率變為 0.96 (= $48/$50)，被收購公司的股東可以一股換取收購公司的股票 0.96 股。

第三節　企業合併後的分析

一、每股盈餘

若在合併前兩家公司的每股盈餘相同，股票交換比率為 1，則合併後公司的每股盈餘在期初不致改變，但是這種情形極為少見。通常合併後的公司之期

初每股盈餘在經過股票交換調整後，介於兩家公司未合併前的每股盈餘。

假設林韋公司目前股價為 $100，民利公司股價為 $50，林韋公司擬以每股 $60 的價格購買民利公司，因此交換比率為 0.6。兩家公司的有關財務資料如下表 19–2。

■表 19–2■ 林韋及民利公司的有關財務資料

	林韋公司	民利公司
屬於普通股股東的稅後純益(1)	$600,000	$200,000
普通股流通股數(2)	150,000	80,000
每股盈餘(3)＝(1)/(2)	$ 4	$ 2.5
股價(4)	$ 100	$ 50
本益比(5)＝(4)/(3)	25	20

若民利公司股東同意股票交換比率，則民利公司股東將可換得林韋公司股票48,000股（＝0.6×80,000），合併後林韋公司的股數成為198,000股（＝150,000+48,000），屬於普通股股東的稅後純益為$800,000（＝$600,000＋$200,000），每股盈餘為$4.04（＝$800,000/198,000），民利公司的每股盈餘為$2.42（＝$4.04×0.6）。這些資料彙總如下表 19–3 所示。

■表 19–3■ 林韋及民利公司合併後的有關財務資料（交換比率為 0.6）

	林韋公司	民利公司
屬於普通股股東的稅後純益	$800,000	
普通股流通股數	198,000	
合併前每股盈餘	$ 4.00	$2.50
合併後每股盈餘	$ 4.04	$2.42

可知若交換比率為 0.6，合併後林韋公司的每股盈餘增加，但是民利公司的每股盈餘減少。

如果股票交換比率為 0.7，則民利公司股東將獲得林韋公司股票 56,000 股（＝80,000×0.7），合併後林韋公司的股數成為 206,000 股（＝150,000＋56,000），

每股盈餘為 $3.88 (= $800,000/206,000)，而民利公司的每股盈餘變為 $2.72，這些資料如下表 19–4 所示。

●表 19–4 ●　林韋及民利公司合併後的有關財務資料（交換比率為 0.7）

	林韋公司	民利公司
屬於普通股股東的稅後純益	$800,000	
普通股流通股數	206,000	
合併前每股盈餘	$ 　4.00	$2.50
合併後每股盈餘	$ 　3.88	$2.72

可知若交換比率為 0.7，合併後林韋公司的每股盈餘減少，而民利公司的每股盈餘增加。上述兩個例子說明了當交換比率低時，合併公司股東較有利，而被合併公司股東則不利；若交換比率高則合併公司股東較不利，而被合併公司股東較有利。

公司是否合併當然不能取決於合併後的期初影響，若合併後的期初每股盈餘增加，而未來預期的每股盈餘減少，則合併反而不利。合併後每股盈餘是否增加，決定於合併後的公司盈餘是否成長。如果被合併公司的每股盈餘在期初減少，但若合併後的盈餘在長期比兩家公司個別盈餘之和為多，則被合併公司的股東，就長期言是有利的。

● 二、股　價

兩家公司合併後，新公司的股價變動的可能性甚大，因為合併後的盈餘預期、商業及財務風險，和其他管理和財務上的變動，都會引起投資者的預期投資報酬率改變，因而影響股價。

在前述例子中林韋公司的本益比高過民利公司（被收購公司）的本益比，如股票交換比率為 0.6，合併後公司的本益比仍為 25，則合併後的股價為 $101 (= $4.04 × 25)；若交換比率為 0.7，則其合併後的股價為 $97。可知若交換比率低，合併後公司的股價較高；交換比率高，則合併後公司的股價較低。長期而言，合併後的公司股價決定於許多因素，如管理效率、財務結構，及其他經濟因素等。

當然，理論上公司合併之最大目的仍為達到股價極大化，否則合併不會發生。

● 三、每股股利

有些股東在乎股利的變動，但是股利並非公司是否合併的重要因素，因為股利決定於公司與市場因素，每股盈餘是否提高為每股股利能否增加的主要考慮因素，但是合併後每股股利的預測甚為困難。

● 四、商業與財務風險

商業風險指的是銷售穩定性，財務風險則由財務結構決定。在分析合併對象時，必須考慮及估計合併後的風險，因為風險變動影響合併後的股價。風險增加，股價降低，本益比也減少；反之，風險減少，股價提高，本益比則增加。

不論是現金或股票交換方式合併,當合併公司發現合適的合併標的公司時,可以與被合併對象的公司管理階層或股東交涉。通常是先向管理階層交涉，如果交涉破裂，則向股東直接出價收購方式在市場上購買股票，以取得控制。在與被合併公司交涉時，出價愈高，合併成功的機會愈大。此外，對被合併公司的管理階層授予適宜的誘因，如報酬及未來扮演的角色等，甚為重要，否則無法獲得合併的同意。如果合併談判沒有成功，則可經由股票市場，收購被合併公司的股票，當然出價必須高於市價。

若被合併公司的管理階層認為維持獨立是股東的長期最佳利益，或合併公司的出價太低，則可以採取防衛措施來拒絕合併。防衛措施包含給予股東特別現金或股票股利，給予股東以甚低價格購買增發的股票，尋求另外更合適的公司進行合併，或提出法律訴訟等。

 ## 第四節　控股公司

美國的紐澤西 (New Jersey) 州於 1889 年通過法案允許控股公司 (Holding company) 的設立。此公司可以控制一家或更多公司的股權，這些被控制的公司稱為子公司。如果子公司的股權甚為集中，大約需要 30% 至 40% 的股票，以控

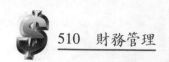

制公司的經營權；如果子公司的股權甚為分散，則只需要 5% 至 20% 的股票，即可控制公司。控股公司可以在市場或直接出價收購的方式購買足夠的股票以控制一家公司。

　　近年來，歐洲、美國及日本的金融機構紛紛透過兼併，成立包含銀行、保險及證券行業的金融集團，以進行多元化經營，提供不同類型的金融服務，並增進營運效能。為了因應潮流及加入世界貿易組織 (World Trade Organization, WTO)，臺灣於 2001 年起實施「金融控股公司法」，允許金融業可以進行兼併以提供各種不同的金融服務。其後金融控股公司紛紛成立，如富邦、中國信託、中華開發、新光、國泰、玉山、復華等，它們的主要業務包含銀行、信託、保險、證券、創業投資、信用卡，及其他金融業務。本節僅討論控股公司的優缺點。

● 一、控股公司的優點

1. 槓桿效果

　　控股公司不必經過合併交涉可以少數資金控制鉅額資產。例如美林公司為一控股公司，投資於 A 及 B 兩家公司，各個公司的資產負債表如下：

■表 19–5 ■ 美林公司資產負債表

資產		負債與股東權益	
持有普通股股票		負債總額	$30,000
A 公司	$50,000	特別股	20,000
B 公司	40,000	普通股	40,000
總額	$90,000	負債與股東權益總額	$90,000

■表 19–6 ■ A 公司資產負債表

資產		負債與股東權益	
流動資產	$200,000	負債總額	$150,000
固定資產淨額	300,000	特別股	100,000
總額	$500,000	普通股	250,000
		負債與股東權益總額	$500,000

表 19–7 B 公司資產負債表

資產		負債與股東權益	
流動資產	$400,000	負債總額	$400,000
固定資產淨額	400,000	特別股	170,000
總額	$800,000	普通股	230,000
		負債與股東權益總額	$800,000

美林公司擁有 A 公司的股權20% (= $50,000/$250,000)，以及 B 公司的股權17.39% (= $40,000/$230,000)。美林公司的股東以$40,000的股權，即可控制$1,300,000 (= $500,000 + $800,000) 的資產，即每一元的股權可以控制$32.50 (= $1,300,000/$40,000) 的資產，槓桿效果之大可知。若某一投資者擁有美林公司的股權$10,000，即足夠控制該公司，亦即事實上可以控制$1,300,000的資產，此代表僅需 A 及 B 兩家公司總資產的0.77% (= $10,000/$1,300,000)，即可控制$1,300,000的總資產，其槓桿效果更為巨大。

透過控股公司獲致的槓桿效果，增加了其盈餘及損失，如果一家控股公司控制了另一家控股公司，則槓桿效果更為增加。當然槓桿效果越大，風險越高，故風險報酬取捨的因素，為控股公司在做決定時必須考慮的。

2.較低風險

當一個子公司倒閉時，因為各個子公司間的會計互相獨立，因此不會連累其他子公司，控股公司的損失僅及於對失敗子公司的投資，而不致引起整個公司的失敗。當然，通常對控股公司的子公司貸款的金融機構，均要求控股公司擔保其子公司的借款，以期在子公司失敗時，可以獲得保護。

3.不需談判

公司合併往往經過長期的交涉才得完成，交涉過程發生的費用甚為可觀。但是控股公司只需在市場上購買足夠的股票，即可控制一家公司，而不需公司管理階層或股東的同意。

4.法律利益

利用控股公司的安排，子公司仍維持其獨立性，因此，對某一子公司的法

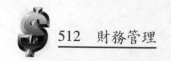

律訴訟不會波及其他公司。此種法律利益均存在於美國及臺灣。

● 二、控股公司的缺點

控股公司有其缺點，如高管理費用，重複課稅，以及損失的擴大。

1.高管理費用

控股公司的管理費用比一般透過合併的單一公司為高，此乃由於每一子公司為獨立單位所引起的維持費用，以及無法獲得規模經濟利益。此外，控股公司與子公司間的溝通亦需費用，管理上的不經濟由此可見。

2.重複課稅

在美國，子公司在支付股利前必須支付聯邦及州所得稅，控股公司在收到子公司所發放的股利時，只有70%可以免除所得稅，其餘的30%仍需課稅，如果稅率為40%，則從子公司收到的股利之有效稅率為12% (= 40% × 30%)。如果控股公司擁有子公司的股權比例甚大時，如80%或以上，美國內地稅局對於控股公司所獲股利，予以100%的免稅。臺灣自實施兩稅合一後，企業股利不再課稅，因此免除了雙重課稅問題。

3.損失的擴大

前面述及控股公司可以甚小的投資額控制巨額的資產，槓桿效果極大，子公司有盈餘時，固然報酬甚高，但在子公司有虧損時，虧損也高。經濟衰退時，子公司的失敗，由於損失的擴大效果，可能導致控股公司破產。

第五節　企業失敗的原因及型態

許多企業在成立後的幾年間倒閉，有些則繼續成長而在許多年後面臨失敗的命運。企業失敗可由財務和經濟觀點上來說明。經濟上，企業失敗是指企業投資不能獲致適當報酬。但是重要的課題為，失敗是否為暫時的或恆久的。如果是暫時的，則可採取適宜措施以使企業重生；如果是恆久的，則企業必須清算。

然而，一般均從財務觀點來說明企業失敗，將企業失敗視為**技術性無償債能力** (Technical insolvency)，即公司無力償還到期的債務 (即使其資產價值超過

債務）；與**法律上無償債能力** (Legal insolvency) 或**破產** (Bankruptcy)，即指公司資產總額小於其負債總額。公司破產則為公司無法償債，根據法律聲請破產。本節擬討論企業失敗的原因及型態。

● 一、企業失敗的原因

他山之石可以攻錯，瞭解企業失敗的主要原因，可以使經營者從失敗的企業中學得教訓，以免犯同樣錯誤。

管理不良乃企業失敗的最重要原因，而管理階層對企業失敗應負最大責任。由於決定的錯誤，企業經營策略不妥，擴張過程太快，行銷能力拙劣，財務決策缺失，生產成本過高等等原因，都可能導致企業失敗。就財務管理方面而言，現金流出入及計劃預測不適，應收帳款及存貨管理不當，資本預算評估錯誤，營運槓桿過度使用等，都可能引發財務危機，而導致企業的失敗。事實上，所有企業決策及活動背後均具有財務意義，因此各部門管理階層都須承擔企業失敗的責任，尤其是高階管理人員，因為這些人的表現，對企業成敗有最關鍵性的影響。

經濟活動，尤其是景氣衰退能夠造成企業失敗。若經濟衰退，則銷售額急劇降低，收入不足以支付固定費用，若衰退繼續甚或惡化，則企業生存可能性降低。並非所有企業都平等地受到總體經濟活動影響❶。雖然總體經濟情況好，但是某些產業可能陷於衰退，故這些產業中的企業可能失敗。當總體與個體經濟都在低水準時，產業內的企業競爭更為劇烈，故在衰退時，增加的競爭通常為企業失敗的原因。

當企業銷售下降或難以增加而營運費用提高時，容易發生現金流量問題，因而企業必須從事短期借款，若此問題長期存在，則現金流量問題會越趨嚴重，使企業無法償還到期債款，因而走向失敗的命運。

---

❶ 若干企業的成功與經濟活動有相反關係，有些企業則不受經濟變動影響。如衰退期間舊車銷售量增加，因為更多的人擔心工作保障而不願購買新車。經濟衰退時，奢侈品的銷售量下降，但是電力銷售不受影響。股票的 β 係數為負的公司之活動則與經濟變動有相反關係。

如同個人，企業生命並非無限。每個企業都經過誕生、成長、成熟，和最後下降的階段。企業管理階層應利用併購、研究，及發展新產品來延長成熟階段。若經過成熟階段並開始下降，則應合併其他企業以成長及避免失敗。良好的管理計劃應可幫助企業遲延下降和免於失敗。

● 二、企業失敗的型態

以下討論企業失敗的各種型態：

1.低報酬或負報酬

企業可能因為報酬過低或為負值而失敗。一家公司如果營運收入低於成本，則產生損失，或營運收入稍微高出成本，以致公司股東不滿意公司的表現，因而拋售股票，減少了公司價值。若公司的資產報酬率小於資金成本，亦為公司失敗的前兆。在短期間低報酬或負報酬不會影響公司的生存，但是在長期間如果沒有採取必要措施予以矯正，則會引起公司倒閉。

2.技術性無償債能力

技術性無償債能力發生在企業無法償還到期債務。即使企業的資產大於負債，但由於**流動性危機** (Liquidity crisis)，無法獲得資金以償還到期負債，則會導致企業失敗。在合理期間內，如果一些資產能夠轉換成現金，則企業可以避免失敗。然而流動性危機在長期內不予解決，則債權人不允許延期債務償還時，企業很難繼續經營，終而導致失敗。

3.破　產

破產乃是由於企業的負債超過資產，亦即股東權益為負值。這表示除非企業資產在清算後其價值超過面值，否則債權人的債務清償請求權無法滿足。雖然破產是企業失敗的明兆，但是法院對技術性無償債能力及破產予以同等待遇，蓋兩者均表示企業財務的失敗。法律上的企業失敗定義，乃是為了保護債權人，若債權人的債務清償請求權受到不利影響，法律允許債權人向企業求償。

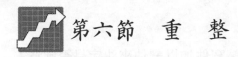 第六節　重　整

通常失敗的企業有兩種選擇，一為請求法院協助並正式宣告倒閉，另一為與債權人根據自願基礎，自行和解。當然債權人亦可上訴法院，迫使企業宣告倒閉。透過法院耗費時日，費用亦高，因此在法庭外自願性和解常被優先考慮。

自願性和解是指由債權人與債務人即失敗企業商談解決策略，包括展延債務，減免部份債務，債權人取得控制權，以及清算。展延債務是指債權人如認為企業終有好轉的機會，而能收回全額債款，因此願意展延債務期限。減免部份債務為債權人願意接受某一百分比的債款償還。債權人取得控制權是指債權人將企業的管理人員換掉，而自行接管企業的經營權，直到債務獲得清償為止。清算則為債權人若以為企業未來繼續存在的可能性極小，因而結束此企業，然後出售企業財產，以取回全部或部份債款。

如果自願性和解沒有辦法達成，則債權人可以經由法律上的破產程序，進行企業的**重整** (Reorganization) 或清算。美國最早的破產立法始於 1880 年的美國破產法 (American Bankruptcy Act)，經過無數次的辯論和修正，1898 年的破產法 (Bankruptcy Act) 獲得通過，成為許多年後破產法的支柱。1978 年的**破產改革法案** (Bankruptcy Reform Act of 1978) 對破產法作一大幅改革，期使破產案件可以更迅速更有效地解決。其中最重要的為第十一章 (Chapter 11) 及第七章 (Chapter 7)。第十一章說明公司重整的程序，第七章則詳細敘述公司清算的法律程序。在臺灣，股份有限公司發生財務困難，若業務經營、財務結構及人事管理仍有可能改善，則企業有浴火重生的機會時，公司法允許此種企業進行重整。本節說明有關重整的程序，下一節則為有關清算的步驟。

1. 重整聲請

失敗的企業，如果其**重整價值** (Reorganization value) 超過**清算價值** (Liquidation value)，則可透過資本結構的改變，債權人及股東利益的調整等，使其可以繼續經營，此即所謂的企業重整。企業重整的聲請可為自願性和非自願性。自願性重整並不需要是公司無力償還債務，一般公司均可聲請重整。非自願性

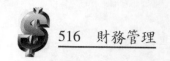

重整則可由債權人發起，以對抗失敗企業。

2.重整人的指定

接受公司重整聲請的法院，對於重整聲請案件加以評估來決定是否同意。如果同意，則會指定重整人。重整人可為對公司經營有經驗及專門知識者、公司董事、股東、或債權人，法院亦會指定重整監督人，以監督重整人的職務，重整監督人則是對企業經營有專門學識及經驗者或金融機構。重整人在法院核准重整後，接管企業的經營，並擬訂重整計劃。

3.重整計劃

重整人在瞭解公司情況後，擬訂重建計劃予法院，舉行聽證會，來決定是否准許重整計劃。法院在做決定時，公平性與可行性是主要考慮因素。如果公司重整計劃維持公司請求權的優先順序仍為債權人、特別股股東，以及普通股股東，則重整計劃合乎公平原則。但是公平的重整計劃，必須具有可行性，亦即經過重整的公司必須有充分的營運資金以支付費用，有能力按期清償債務，來確保重整後的公司能有效經營，以避免未來的重整或清算。

4.重整計劃的批准

法院在認定重整計劃是公平的及可行的以後，應給予公司債權人與股東認可。若債權人與股東對於重整計劃有爭議，法院應指示變更重整計劃，一旦修正後的重整計劃為債權人及股東接受，則此重整計劃應迅速執行，否則法院可裁決重整計劃的終止。

5.費用支付

不論重整計劃是否被接受，重整人以及其他團體在重整計劃中提供服務者，都可申請費用支付。若法院認可費用請求，債務人則須在合理期間內支付這些費用。

重整人在企業重整中之主要責任為評定公司的價值，決定重整後的資本結構，以及決定新舊證券的交換。重整人的首要責任在評定公司是否值得重整，如果估計的清算值大於繼續經營的價值，重整人會建議清算公司，否則應重整公司。公司重整的價值之估計與一般資產的評價相似。重整人估計重整後的銷售額與營運費用而求得利潤，將未來的估計利潤予以資本化，即可得出公司的

重整價值。當然重整價值僅為一估計數，很難精確。

　　黃山公司由於數年來的經濟衰退導致財務困難，公司乃申請重整，並獲得法院許可。法院指定的重整人發現扣除費用後公司的清算值為 8 百萬元。重整人深入調查公司的營業狀況和未來的可能趨勢來估計將來的銷售額，進而預測未來的成本及費用，由此估計重整後公司的每年稅後純益為 1 百萬元。根據重整後的資本結構和目前資本市場，重整人以資本化率為 11% 來估計重整價值。若每年稅後純益和資本化率固定不變，則此公司的重整價值為$9,090,909 (= $1,000,000/0.11)，大於清算價值，因此重整人乃建議公司重整。如果資本化率為13%，則重整價值為$7,692,308 (= $1,000,000/0.13)，小於清算價值，因此重整人將建議清算公司。

　　若重整人建議公司重整，則必須擬訂重整計劃，此計劃之主要部份為資本結構之調整。由於大部份公司的財務困難主要原因為太高的固定費用，因而經由資本結構的改變，可以減少固定費用，使重整後的公司有能力支付，增加利潤產生的機會。通常在重整計劃中包括將負債變換成股權，或將債務期限延長，以減少固定利息支出。有時以收益公司債代替無抵押公司債或抵押公司債，因為收益公司債只在公司有盈餘時才必須支付利息，若公司沒有盈餘，則不須支付利息，因而減少固定利息費用支出，減少了公司的財務困難❷。

　　明利公司目前的資本結構如下表 19-8 所示。

表 19-8 明利公司目前的資本結構

無抵押公司債	$ 300,000
抵押公司債	400,000
特別股	100,000
普通股	200,000
總額	$1,000,000

❷ 雖然收益公司債不是一般投資者的選擇對象，因為其利息支付具有高度不穩定性，但是卻常用於公司重整。不過收益公司債為一種負債，持有人在利息和資本清償上較之股東有優先權。

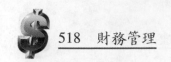

由於債權佔總資本的比率甚高，為70% [= ($300,000 + $400,000)/$1,000,000]，故公司每年支付的固定利息沈重。若重整人評估公司的價值為$600,000，其擬訂的重整後資本結構如下：

◤表 19-9◢ 明利公司重整後資本結構

無抵押公司債	$100,000
抵押公司債	200,000
收益公司債	100,000
特別股	50,000
普通股	150,000
總計	$600,000

因為收益公司債在有盈餘時才須支付利息，故在評估公司的槓桿時，將之視同股權，因而重整後的公司之債權佔總資本的比率降為50% [= ($100,000+ $200,000)/$600,000]，比重整前大為降低，公司的財務風險可以減少許多。

在決定了新的資本結構後，重整人必須計劃如何以舊證券交換新證券。指導原則為優先順序，即有較高優先請求權的舊證券持有人比有較低優先請求權的須給予充分滿足，然後有較低優先請求權的舊證券持有人才能分配剩下的新證券，而普通股股東則為最後獲得新證券分配者。通常，由於重整後公司價值劇跌，普通股股東因而沒有得到新證券。

前述明利公司重整後的新舊證券交換如下：

(1)$300,000舊的無抵押公司債轉換成$100,000新的無抵押公司債以及$200,000新的抵押公司債。

(2)$400,000舊的抵押公司債轉換成$100,000收益公司債、新的特別股$50,000，及新的普通股$150,000。

(3)特別股及普通股股東無法獲得任何新證券。因而在重整後普通股及特別股股東完全退出了公司，原來的抵押公司債債權人變成重整後公司的普通股股東。

此例說明了重整的優先順序及公司繼續存在的價值，重整價值，新資本結

構，與新舊證券交換之間有密切關係。在許多的重整例子中，原來的普通股股東也許仍擁有多少的所有權，但也可能完全退出重整後的公司。

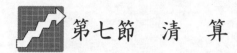 **第七節　清　算**

在美國一旦法院裁定破產公司無法重整，則必須按照破產改革法的第七章所述之清算程序予以清算。公司重整的聲請，可由債權人或破產公司的管理階層提出。若沒有提出重整聲請，提出聲請但是被拒絕，或重整計劃未被接受，則公司應予清算。

當公司被宣告破產時，法院可以指定清算人執行破產下的工作，此清算人保管公司記錄，編造資產負債表，檢查債權人的請求權，支付因清算所發生的費用，並編製清算報告。清算人在拍賣破產公司的資產後，必須把有關費用及稅負扣除，再把剩餘部份，按照破產改革法第七章規定的請求權優先順序予以分配。

若干非債務持有人的請求權，高於擔保債權人的請求權。與清算有關的費用、工資、未支付的員工福利、欠稅，若干無擔保顧客的請求權等必須先予支付。其次擔保債權人獲得處分抵押財產的價款，然後一般債權人及附屬債權人的請求權獲得分配，最後才由特別股股東及普通股股東分配剩餘部份。

在臺灣，企業清算有兩種，及協商清算與法定清算。協商清算為公司債權人與股東協商，自行拍賣公司資產，以償還對公司有請求權者之請求權價值及債務。此法因為不必經過複雜的法定程序，因而相當省時省錢。然而，如果協議無法達成，則必須經過法定程序來清算公司資產。

臺灣的公司法將清算分為兩種，一種為普通清算，另一為特別清算。普通清算是指股份有限公司因合併與破產的原因解散後，按照一般的清算程序，由債權人處理公司財產者。若普通清算的實行有顯著困難時，法院可依債權人或股東的聲請或依職權命令，在法院監督下，實行特別清算程序。特別清算人由法院派遣，負責清算公司資產。

不論使用何種清算法，清算人在清算公司資產後所得價款，必須首先償還

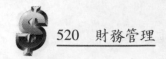

由於清算所產生的費用，如律師費、清算人報酬，未支付員工薪資與福利及欠稅等，所剩價款則按請求權的先後順序，即抵押債權人、一般債權人、特別股股東，及普通股股東予以分配。

 問 題

19–1 解釋內部成長與外部成長之區別。

19–2 水平合併、垂直合併，與異業合併有何不同?

19–3 簡述企業合併的主要原因。

19–4 某一企業何以合併一家有虧損的企業?

19–5 說明財務經理在合併另一家企業時考慮的因素。

19–6 如何評價合併標的企業? 有何困難?

19–7 說明兩家公司合併的交易方式。

19–8 討論企業合併對每股盈餘及股價的短期及長期影響。

19–9 何謂控股公司?控股公司所控制的公司如何稱呼?控股公司與公司合併有何差異? 控股公司有何優點及缺點?

19–10 一家公司的成本與收益在每一期都相同，是否失敗? 說明之。

19–11 技術性無償債能力與破產有何差異?

19–12 企業失敗的主要原因及型態為何?

19–13 何謂自願性和解? 其內容為何?

19–14 說明公司重整的程序。

19–15 在何種情況下，公司在破產時應予以清算?

19–16 破產公司清算的法律程序如何? 清算人扮演何種角色?

19–17 破產公司的財產在清算後，各種請求權的優先順序如何?

習　題

19-1 正義公司經過數年的快速成長後，為維持高度成長率，擬收購業務不振的誠信公司。根據誠信公司的財務資料，正義公司估計在未來四十年內誠信公司每年的營運可以產生現金流量 $4,000,000，利息費用 $80,000，用於投資活動的現金淨額為 $500,000，為商業目的而保留的現金為 $300,000。如果資金成本為 12%，以現金流量現值法計算誠信公司的價值。

19-2 甲公司擬合併乙公司，合併後預期未來六年內每年的現金流量可以增加 $300,000，其後十年每年增加 $500,000。由於乙公司的財務槓桿高，故甲公司預期合併後的資金成本增加至 16%。

　(1)計算甲公司願意付的最高價格。

　(2)若甲公司以上述價格的 80% 購買設備，未來十六年每年現金流量可以增加 $300,000，問應否合併乙公司？

　(3)如果合併後資金成本維持於 14%，其第(2)項的結果是否不同？

19-3 合興公司過去幾年有巨額虧損，未來十年內不會改善，預估每年虧損為 2 百萬元。嘉年公司擬合併合興公司，預估合併前的每年稅前盈餘為 1.8 百萬元。假設公司稅稅率為 30%。

　(1)若沒有合併，嘉年公司未來十年的每年稅負多少？

　(2)若進行合併，嘉年公司未來十年的每年稅負多少？

　(3)基於稅負考慮，為進行合併嘉年公司須付 $800,000，問合併是否划算？假設資金成本為① 10%，② 12%。

19-4 理律公司擬以現金 $400,000 合併陽光公司，陽光公司的負債為 1 百萬元，合併後理律公司可以將陽光公司的一部份資產出售獲得 $800,000。理律公司估計在未來十五年每年可增加現金流量 $95,000，資金成本為 12%。

　(1)理律公司應否合併陽光公司？

　(2)若理律公司可以 $800,000 購買新設備，因此未來十五年每年增加現金流量

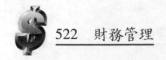
$118,000，問公司是否應購買此設備？

19-5　建立公司擬合併商民公司，此兩公司的一些財務資料如下：

	建立公司	商民公司
屬於普通股股東的稅後盈餘	$50,000	$10,000
普通股流通股數	40,000	10,000
股價	$　40	$　15

若股票交換比率為(1) 0.7，(2) 0.9，合併後的每股盈餘及預期股價為何？

19-6　和利控股公司及其子公司（建和與興利公司）之資產負債表如下：

和利公司			
持有普通股股票		負債總額	$25,000
建和	$30,000	普通股	25,000
興利	20,000	負債與股東權益總額	$50,000
總額	$50,000		

建和公司			
流動資產	$200,000	流動負債	$300,000
固定資產淨額	400,000	長期負債	100,000
總額	$600,000	普通股	200,000
		負債與股東權益總額	$600,000

興利公司			
流動資產	$200,000	流動負債	$250,000
固定資產淨額	200,000	長期負債	50,000
總額	$400,000	普通股	100,000
		負債與股東權益總額	$400,000

(1)計算和利公司在兩家子公司的股權百分比各為多少？

(2)和利公司的股東每一元股權可以控制兩家子公司多少資產？

(3)若和利公司的某一股東擁有 $5,000 的股權即可控制公司，則此股東的一元股權可以控制多少建和與興利的總資產？

(4)控股公司何以能夠以甚小金額控制其他公司？

19-7　某公司經過重整後每年稅後純益為 $80,000，公司的清算價值為 $650,000，若

資本化率為 12.5%，問此公司應進行重整或清算？

19-8　福利公司目前及重整後的資本結構如下：

	目前	重整後
無抵押公司債	$ 50,000	
抵押公司債	70,000	3,000
收益公司債		9,000
特別股	20,000	4,000
普通股	60,000	34,000
總額	$200,000	$50,000

(1)比較目前與重整後債權佔總資本的比例。

(2)重整的利益何在？重整後的特別股及普通股股東有何地位？債權人的地位是否變動？

附　錄

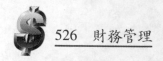 附表 1 將來值利息因子

目前 \$1 在第 n 期期末的將來值 $= \mathrm{FVIF}_{i,n} = (1+i)^n$

期數	1%	2%	3%	4%	5%	6%	7%	8%	9%	10%
1	1.0100	1.0200	1.0300	1.0400	1.0500	1.0600	1.0700	1.0800	1.0900	1.1000
2	1.0201	1.0404	1.0609	1.0816	1.1025	1.1236	1.1449	1.1664	1.1881	1.2100
3	1.0303	1.0612	1.0927	1.1249	1.1576	1.1910	1.2250	1.2597	1.2950	1.3310
4	1.0406	1.0824	1.1255	1.1699	1.2155	1.2625	1.3108	1.3605	1.4116	1.4641
5	1.0510	1.1041	1.1593	1.2167	1.2763	1.3382	1.4026	1.4693	1.5386	1.6105
6	1.0615	1.1262	1.1941	1.2653	1.3401	1.4185	1.5007	1.5869	1.6771	1.7716
7	1.0721	1.1487	1.2299	1.3159	1.4071	1.5036	1.6058	1.7138	1.8280	1.9487
8	1.0829	1.1717	1.2668	1.3686	1.4775	1.5938	1.7182	1.8509	1.9926	2.1436
9	1.0937	1.1951	1.3048	1.4233	1.5513	1.6895	1.8385	1.9990	2.1719	2.3579
10	1.1046	1.2190	1.3439	1.4802	1.6289	1.7908	1.9672	2.1589	2.3674	2.5937
11	1.1157	1.2434	1.3842	1.5395	1.7103	1.8983	2.1049	2.3316	2.5804	2.8531
12	1.1268	1.2682	1.4258	1.6010	1.7959	2.0122	2.2522	2.5182	2.8127	3.1384
13	1.1381	1.2936	1.4685	1.6651	1.8856	2.1329	2.4098	2.7196	3.0658	3.4523
14	1.1495	1.3195	1.5126	1.7317	1.9799	2.2609	2.5785	2.9372	3.3417	3.7975
15	1.1610	1.3459	1.5580	1.8009	2.0789	2.3966	2.7590	3.1722	3.6425	4.1772
16	1.1726	1.3728	1.6047	1.8730	2.1829	2.5404	2.9522	3.4259	3.9703	4.5950
17	1.1843	1.4002	1.6528	1.9479	2.2920	2.6928	3.1588	3.7000	4.3276	5.0545
18	1.1961	1.4282	1.7024	2.0258	2.4066	2.8543	3.3799	3.9960	4.7171	5.5599
19	1.2081	1.4568	1.7535	2.1068	2.5270	3.0256	3.6165	4.3157	5.1417	6.1159
20	1.2202	1.4859	1.8061	2.1911	2.6533	3.2071	3.8697	4.6610	5.6044	6.7275
21	1.2324	1.5157	1.8603	2.2788	2.7860	3.3996	4.1406	5.0338	6.1088	7.4002
22	1.2447	1.5460	1.9161	2.3699	2.9253	3.6035	4.4304	5.4365	6.6586	8.1403
23	1.2572	1.5769	1.9736	2.4647	3.0715	3.8197	4.7405	5.8715	7.2579	8.9543
24	1.2697	1.6084	2.0328	2.5633	3.2251	4.0489	5.0724	6.3412	7.9111	9.8497
25	1.2824	1.6406	2.0938	2.6658	3.3864	4.2919	5.4274	6.8485	8.6231	10.835
26	1.2953	1.6734	2.1566	2.7725	3.5557	4.5494	5.8074	7.3964	9.3992	11.918
27	1.3082	1.7069	2.2213	2.8834	3.7335	4.8223	6.2139	7.9881	10.245	13.110
28	1.3213	1.7410	2.2879	2.9987	3.9201	5.1117	6.6488	8.6271	11.167	14.421
29	1.3345	1.7758	2.3566	3.1187	4.1161	5.4184	7.1143	9.3173	12.172	15.863
30	1.3478	1.8114	2.4273	3.2434	4.3219	5.7435	7.6123	10.063	13.268	17.449
40	1.4889	2.2080	3.2620	4.8010	7.0400	10.286	14.974	21.725	31.409	45.259
50	1.6446	2.6916	4.3839	7.1067	11.467	18.420	29.457	46.902	74.358	117.39

期數	11%	12%	13%	14%	15%	16%	18%	20%	24%	28%
1	1.1100	1.1200	1.1300	1.1400	1.1500	1.1600	1.1800	1.2000	1.2400	1.2800
2	1.2321	1.2544	1.2769	1.2996	1.3225	1.3456	1.3924	1.4400	1.5376	1.6384
3	1.3676	1.4049	1.4429	1.4815	1.5209	1.5609	1.6430	1.7280	1.9066	2.0972
4	1.5181	1.5735	1.6305	1.6890	1.7490	1.8106	1.9388	2.0736	2.3642	2.6844
5	1.6851	1.7623	1.8424	1.9254	2.0114	2.1003	2.2878	2.4883	2.9316	3.4360
6	1.8704	1.9738	2.0820	2.1950	2.3131	2.4364	2.6996	2.9860	3.6352	4.3980
7	2.0762	2.2107	2.3526	2.5023	2.6600	2.8262	3.1855	3.5832	4.5077	5.6295
8	2.3045	2.4760	2.6584	2.8526	3.0590	3.2784	3.7589	4.2998	5.5895	7.2058
9	2.5580	2.7731	3.0040	3.2519	3.5179	3.8030	4.4355	5.1598	6.9310	9.2234
10	2.8394	3.1058	3.3946	3.7072	4.0456	4.4114	5.2338	6.1917	8.5944	11.806
11	3.1518	3.4785	3.8359	4.2262	4.6524	5.1173	6.1759	7.4301	10.657	15.112
12	3.4985	3.8960	4.3345	4.8179	5.3503	5.9360	7.2876	8.9161	13.215	19.343
13	3.8833	4.3635	4.8980	5.4924	6.1528	6.8858	8.5994	10.699	16.386	24.759
14	4.3104	4.8871	5.5348	6.2613	7.0757	7.9875	10.147	12.839	20.319	31.691
15	4.7846	5.4736	6.2543	7.1379	8.1371	9.2655	11.974	15.407	25.196	40.565
16	5.3109	6.1304	7.0673	8.1372	9.3576	10.748	14.129	18.488	31.243	51.923
17	5.8951	6.8660	7.9861	9.2765	10.761	12.468	16.672	22.186	38.741	66.461
18	6.5436	7.6900	9.0243	10.575	12.375	14.463	19.673	26.623	48.039	85.071
19	7.2633	8.6128	10.197	12.056	14.232	16.777	23.214	31.948	59.568	108.89
20	8.0623	9.6463	11.523	13.743	16.367	19.461	27.393	38.338	73.864	139.38
21	8.9492	10.804	13.021	15.668	18.822	22.574	32.324	46.005	91.592	178.41
22	9.9336	12.100	14.714	17.861	21.645	26.186	38.142	55.206	113.57	228.36
23	11.026	13.552	16.627	20.362	24.891	30.376	45.008	66.247	140.83	292.30
24	12.239	15.179	18.788	23.212	28.625	35.236	53.109	79.497	174.63	374.14
25	13.585	17.000	21.231	26.462	32.919	40.874	62.669	95.396	216.54	478.90
26	15.080	19.040	23.991	30.167	37.857	47.414	73.949	114.48	268.51	613.00
27	16.739	21.325	27.109	34.390	43.535	55.000	87.260	137.37	332.95	784.64
28	18.580	23.884	30.633	39.204	50.066	63.800	102.97	164.84	412.86	1004.3
29	20.624	26.750	34.616	44.693	57.575	74.009	121.50	197.81	511.95	1285.6
30	22.892	29.960	39.116	50.950	66.212	85.850	143.37	237.38	634.82	1645.5
40	65.001	93.051	132.78	188.88	267.86	378.72	750.38	1469.8	5455.9	19427
50	184.56	289.00	450.74	700.23	1083.7	1670.7	3927.4	9100.4	46890	*

附表 2 普通年金將來值利息因子

n 期間每期期末年金 \$1 的將來值 $= \text{FVIFA}_{i,n} = \sum_{t=1}^{n} (1+i)^{n-t}$

期數	1%	2%	3%	4%	5%	6%	7%	8%	9%	10%
1	1.0000	1.0000	1.0000	1.0000	1.0000	1.0000	1.0000	1.0000	1.0000	1.0000
2	2.0100	2.0200	2.0300	2.0400	2.0500	2.0600	2.0700	2.0800	2.0900	2.1000
3	3.0301	3.0604	3.0909	3.1216	3.1525	3.1836	3.2149	3.2464	3.2781	3.3100
4	4.0604	4.1216	4.1836	4.2465	4.3101	4.3746	4.4399	4.5061	4.5731	4.6410
5	5.1010	5.2040	5.3091	5.4163	5.5256	5.6371	5.7507	5.8666	5.9847	6.1051
6	6.1520	6.3081	6.4684	6.6330	6.8019	6.9753	7.1533	7.3359	7.5233	7.7156
7	7.2135	7.4343	7.6625	7.8983	8.1420	8.3938	8.6540	8.9228	9.2004	9.4872
8	8.2857	8.5830	8.8923	9.2142	9.5491	9.8975	10.260	10.637	11.028	11.436
9	9.3685	9.7546	10.159	10.583	11.027	11.491	11.978	12.488	13.021	13.579
10	10.462	10.950	11.464	12.006	12.578	13.181	13.816	14.487	15.193	15.937
11	11.567	12.169	12.808	13.486	14.207	14.972	15.784	16.645	17.560	18.531
12	12.683	13.412	14.192	15.026	15.917	16.870	17.888	18.977	20.141	21.384
13	13.809	14.680	15.618	16.627	17.713	18.882	20.141	21.495	22.953	24.523
14	14.947	15.974	17.086	18.292	19.599	21.015	22.550	24.215	26.019	27.975
15	16.097	17.293	18.599	20.024	21.579	23.276	25.129	27.152	29.361	31.772
16	17.258	18.639	20.157	21.825	23.657	25.673	27.888	30.324	33.003	35.950
17	18.430	20.012	21.762	23.698	25.840	28.213	30.840	33.750	36.974	40.545
18	19.615	21.412	23.414	25.645	28.132	30.906	33.999	37.450	41.301	45.599
19	20.811	22.841	25.117	27.671	30.539	33.760	37.379	41.446	46.018	51.159
20	22.019	24.297	26.870	29.778	33.066	36.786	40.995	45.762	51.160	57.275
21	23.239	25.783	28.676	31.969	35.719	39.993	44.865	50.423	56.765	64.002
22	24.472	27.299	30.537	34.248	38.505	43.392	49.006	55.457	62.873	71.403
23	25.716	28.845	32.453	36.618	41.430	46.996	53.436	60.893	69.532	79.543
24	26.973	30.422	34.426	39.083	44.502	50.816	58.177	66.765	76.790	88.497
25	28.243	32.030	36.459	41.646	47.727	54.865	63.249	73.106	84.701	98.347
26	29.526	33.671	38.553	44.312	51.113	59.156	68.676	79.954	93.324	109.18
27	30.821	35.344	40.710	47.084	54.669	63.706	74.484	87.351	102.72	121.10
28	32.129	37.051	42.931	49.968	58.403	68.528	80.698	95.339	112.97	134.21
29	33.450	38.792	45.219	52.966	62.323	73.640	87.347	103.97	124.14	148.63
30	34.785	40.568	47.575	56.085	66.439	79.058	94.461	113.28	136.31	164.49
40	48.886	60.402	75.401	95.026	120.80	154.76	199.64	259.06	337.88	442.59
50	64.463	84.579	112.80	152.67	209.35	290.34	406.53	573.77	815.08	1163.9

期數	11%	12%	13%	14%	15%	16%	18%	20%	24%	28%
1	1.0000	1.0000	1.0000	1.0000	1.0000	1.0000	1.0000	1.0000	1.0000	1.0000
2	2.1100	2.1200	2.1300	2.1400	2.1500	2.1600	2.1800	2.2000	2.2400	2.2800
3	3.3421	3.3744	3.4069	3.4396	3.4725	3.5056	3.5724	3.6400	3.7776	3.9184
4	4.7097	4.7793	4.8498	4.9211	4.9934	5.0665	5.2154	5.3680	5.6842	6.0156
5	6.2278	6.3528	6.4803	6.6101	6.7424	6.8771	7.1542	7.4416	8.0484	8.6999
6	7.9129	8.1152	8.3227	8.5355	8.7537	8.9775	9.4420	9.9299	10.980	12.136
7	9.7833	10.089	10.405	10.730	11.067	11.414	12.142	12.916	14.615	16.534
8	11.859	12.300	12.757	13.233	13.727	14.240	15.327	16.499	19.123	22.163
9	14.164	14.776	15.416	16.085	16.786	17.519	19.086	20.799	24.712	29.369
10	16.722	17.549	18.420	19.337	20.304	21.321	23.521	25.959	31.643	38.593
11	19.561	20.655	21.814	23.045	24.349	25.733	28.755	32.150	40.238	50.398
12	22.713	24.133	25.650	27.271	29.002	30.850	34.931	39.581	50.895	65.510
13	26.212	28.029	29.985	32.089	34.352	36.786	42.219	48.497	64.110	84.853
14	30.095	32.393	34.883	37.581	40.505	43.672	50.818	59.196	80.496	109.61
15	34.405	37.280	40.418	43.842	47.580	51.660	60.965	72.035	100.82	141.30
16	39.190	42.753	46.672	50.980	55.717	60.925	72.939	87.442	126.01	181.87
17	44.501	48.884	53.739	59.118	65.075	71.673	87.068	105.93	157.25	233.79
18	50.396	55.750	61.725	68.394	75.836	84.141	103.74	128.12	195.99	300.25
19	56.939	63.440	70.749	78.969	88.212	98.603	123.41	154.74	244.03	385.32
20	64.203	72.052	80.947	91.025	102.44	115.38	146.63	186.69	303.60	494.21
21	72.265	81.699	92.470	104.77	118.81	134.84	174.02	225.03	377.46	633.59
22	81.214	92.503	105.49	120.44	137.63	157.41	206.34	271.03	469.06	812.00
23	91.148	104.60	120.20	138.30	159.28	183.60	244.49	326.24	582.63	1040.4
24	102.17	118.16	136.83	158.66	184.17	213.98	289.49	392.48	723.46	1332.7
25	114.41	133.33	155.62	181.87	212.79	249.21	342.60	471.98	898.09	1706.8
26	128.00	150.33	176.85	208.33	245.71	290.09	405.27	567.38	1114.6	2185.7
27	143.08	169.37	200.84	238.50	283.57	337.50	479.22	681.85	1383.1	2798.7
28	159.82	190.70	227.95	272.89	327.10	392.50	566.48	819.22	1716.1	3583.3
29	178.40	214.58	258.58	312.09	377.17	456.30	669.45	984.07	2129.0	4587.7
30	199.02	241.33	293.20	356.79	434.75	530.31	790.95	1181.9	2640.9	5873.2
40	581.83	767.09	1013.7	1342.0	1779.1	2360.8	4163.2	7343.9	22729	69377
50	1668.8	2400.0	3459.5	4994.5	7217.7	10436	21813	45497	*	*

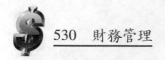

附表 3 現值利息因子

第 n 期期末 $1 的現值 $= \text{PVIF}_{i,n} = \dfrac{1}{(1+i)^n}$

期數	1%	2%	3%	4%	5%	6%	7%	8%	9%	10%
1	.9901	.9804	.9709	.9615	.9524	.9434	.9346	.9259	.9174	.9091
2	.9803	.9612	.9426	.9246	.9070	.8900	.8734	.8573	.8417	.8264
3	.9706	.9423	.9151	.8890	.8638	.8396	.8163	.7938	.7722	.7513
4	.9610	.9238	.8885	.8548	.8227	.7921	.7629	.7350	.7084	.6830
5	.9515	.9057	.8626	.8219	.7835	.7473	.7130	.6806	.6499	.6209
6	.9420	.8880	.8375	.7903	.7462	.7050	.6663	.6302	.5963	.5645
7	.9327	.8706	.8131	.7599	.7107	.6651	.6227	.5835	.5470	.5132
8	.9235	.8535	.7894	.7307	.6768	.6274	.5820	.5403	.5019	.4665
9	.9143	.8368	.7664	.7026	.6446	.5919	.5439	.5002	.4604	.4241
10	.9053	.8203	.7441	.6756	.6139	.5584	.5083	.4632	.4224	.3855
11	.8963	.8043	.7224	.6496	.5847	.5268	.4751	.4289	.3875	.3505
12	.8874	.7885	.7014	.6246	.5568	.4970	.4440	.3971	.3555	.3186
13	.8787	.7730	.6810	.6006	.5303	.4688	.4150	.3677	.3262	.2897
14	.8700	.7579	.6611	.5775	.5051	.4423	.3878	.3405	.2992	.2633
15	.8613	.7430	.6419	.5553	.4810	.4173	.3624	.3152	.2745	.2394
16	.8528	.7284	.6232	.5339	.4581	.3936	.3387	.2919	.2519	.2176
17	.8444	.7142	.6050	.5134	.4363	.3714	.3166	.2703	.2311	.1978
18	.8360	.7002	.5874	.4936	.4155	.3503	.2959	.2502	.2120	.1799
19	.8277	.6864	.5703	.4746	.3957	.3305	.2765	.2317	.1945	.1635
20	.8195	.6730	.5537	.4564	.3769	.3118	.2584	.2145	.1784	.1486
21	.8114	.6598	.5375	.4388	.3589	.2942	.2415	.1987	.1637	.1351
22	.8034	.6468	.5219	.4220	.3418	.2775	.2257	.1839	.1502	.1228
23	.7954	.6342	.5067	.4057	.3256	.2618	.2109	.1703	.1378	.1117
24	.7876	.6217	.4919	.3901	.3101	.2470	.1971	.1577	.1264	.1015
25	.7798	.6095	.4776	.3751	.2953	.2330	.1842	.1460	.1160	.0923
26	.7720	.5976	.4637	.3607	.2812	.2198	.1722	.1352	.1064	.0839
27	.7644	.5859	.4502	.3468	.2678	.2074	.1609	.1252	.0976	.0763
28	.7568	.5744	.4371	.3335	.2551	.1956	.1504	.1159	.0895	.0693
29	.7493	.5631	.4243	.3207	.2429	.1846	.1406	.1073	.0822	.0630
30	.7419	.5521	.4120	.3083	.2314	.1741	.1314	.0994	.0754	.0573
40	.6717	.4529	.3066	.2083	.1420	.0972	.0668	.0460	.0318	.0221
50	.6080	.3715	.2281	.1407	.0872	.0543	.0339	.0213	.0134	.0085

期數	11%	12%	13%	14%	15%	16%	18%	20%	24%	28%
1	.9009	.8929	.8850	.8772	.8696	.8621	.8475	.8333	.8065	.7813
2	.8116	.7972	.7831	.7695	.7561	.7432	.7182	.6944	.6504	.6104
3	.7312	.7118	.6931	.6750	.6575	.6407	.6086	.5787	.5245	.4768
4	.6587	.6355	.6133	.5921	.5718	.5523	.5158	.4823	.4230	.3725
5	.5935	.5674	.5428	.5194	.4972	.4761	.4371	.4019	.3411	.2910
6	.5346	.5066	.4803	.4556	.4323	.4104	.3704	.3349	.2751	.2274
7	.4817	.4523	.4251	.3996	.3759	.3538	.3139	.2791	.2218	.1776
8	.4339	.4039	.3762	.3506	.3269	.3050	.2660	.2326	.1789	.1388
9	.3909	.3606	.3329	.3075	.2843	.2630	.2255	.1938	.1443	.1084
10	.3522	.3220	.2946	.2697	.2472	.2267	.1911	.1615	.1164	.0847
11	.3173	.2875	.2607	.2366	.2149	.1954	.1619	.1346	.0938	.0662
12	.2858	.2567	.2307	.2076	.1869	.1685	.1372	.1122	.0757	.0517
13	.2575	.2292	.2042	.1821	.1625	.1452	.1163	.0935	.0610	.0404
14	.2320	.2046	.1807	.1597	.1413	.1252	.0985	.0779	.0492	.0316
15	.2090	.1827	.1599	.1401	.1229	.1079	.0835	.0649	.0397	.0247
16	.1883	.1631	.1415	.1229	.1069	.0930	.0708	.0541	.0320	.0193
17	.1696	.1456	.1252	.1078	.0929	.0802	.0600	.0451	.0258	.0150
18	.1528	.1300	.1108	.0946	.0808	.0691	.0508	.0376	.0208	.0118
19	.1377	.1161	.0981	.0829	.0703	.0596	.0431	.0313	.0168	.0092
20	.1240	.1037	.0868	.0728	.0611	.0514	.0365	.0261	.0135	.0072
21	.1117	.0926	.0768	.0638	.0531	.0443	.0309	.0217	.0109	.0056
22	.1007	.0826	.0680	.0560	.0462	.0382	.0262	.0181	.0088	.0044
23	.0907	.0738	.0601	.0491	.0402	.0329	.0222	.0151	.0071	.0034
24	.0817	.0659	.0532	.0431	.0349	.0284	.0188	.0126	.0057	.0027
25	.0736	.0588	.0471	.0378	.0304	.0245	.0160	.0105	.0046	.0021
26	.0663	.0525	.0417	.0331	.0264	.0211	.0135	.0087	.0037	.0016
27	.0597	.0469	.0369	.0291	.0230	.0182	.0115	.0073	.0030	.0013
28	.0538	.0419	.0326	.0255	.0200	.0157	.0097	.0061	.0024	.0010
29	.0485	.0374	.0289	.0224	.0174	.0135	.0082	.0051	.0020	.0008
30	.0437	.0334	.0256	.0196	.0151	.0116	.0070	.0042	.0016	.0006
40	.0154	.0107	.0075	.0053	.0037	.0026	.0013	.0007	.0002	.0001
50	.0054	.0035	.0022	.0014	.0009	.0006	.0003	.0001	*	*

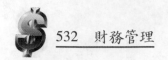 普通年金現值利息因子

n 期間每期期末年金 $1 的現值 $= PVIFA_{i,n} = \sum_{t=1}^{n} \dfrac{1}{(1+i)^t}$

期數	1%	2%	3%	4%	5%	6%	7%	8%	9%	10%
1	0.9901	0.9804	0.9709	0.9615	0.9524	0.9434	0.9346	0.9259	0.9174	0.9091
2	1.9704	1.9416	1.9135	1.8861	1.8594	1.8334	1.8080	1.7833	1.7591	1.7355
3	2.9410	2.8839	2.8286	2.7751	2.7232	2.6730	2.6243	2.5771	2.5313	2.4869
4	3.9020	3.8077	3.7171	3.6299	3.5460	3.4651	3.3872	3.3121	3.2397	3.1699
5	4.8534	4.7135	4.5797	4.4518	4.3295	4.2124	4.1002	3.9927	3.8897	3.7908
6	5.7955	5.6014	5.4172	5.2421	5.0757	4.9173	4.7665	4.6229	4.4859	4.3553
7	6.7282	6.4720	6.2303	6.0021	5.7864	5.5824	5.3893	5.2064	5.0330	4.8684
8	7.6517	7.3255	7.0197	6.7327	6.4632	6.2098	5.9713	5.7466	5.5348	5.3349
9	8.5660	8.1622	7.7861	7.4353	7.1078	6.8017	6.5152	6.2469	5.9952	5.7590
10	9.4713	8.9826	8.5302	8.1109	7.7217	7.3601	7.0236	6.7101	6.4177	6.1446
11	10.3676	9.7868	9.2526	8.7605	8.3064	7.8869	7.4987	7.1390	6.8052	6.4951
12	11.2551	10.5753	9.9540	9.3851	8.8633	8.3838	7.9427	7.5361	7.1607	6.8137
13	12.1337	11.3484	10.6350	9.9856	9.3936	8.8527	8.3577	7.9038	7.4869	7.1034
14	13.0037	12.1062	11.2961	10.5631	9.8986	9.2950	8.7455	8.2442	7.7862	7.3667
15	13.8651	12.8493	11.9379	11.1184	10.3797	9.7122	9.1079	8.5595	8.0607	7.6061
16	14.7179	13.5777	12.5611	11.6523	10.8378	10.1059	9.4466	8.8514	8.3126	7.8237
17	15.5623	14.2919	13.1661	12.1657	11.2741	10.4773	9.7632	9.1216	8.5436	8.0216
18	16.3983	14.9920	13.7535	12.6593	11.6896	10.8276	10.0591	9.3719	8.7556	8.2014
19	17.2260	15.6785	14.3238	13.1339	12.0853	11.1581	10.3356	9.6036	8.9501	8.3649
20	18.0456	16.3514	14.8775	13.5903	12.4622	11.4699	10.5940	9.8181	9.1285	8.5136
21	18.8570	17.0112	15.4150	14.0292	12.8212	11.7641	10.8355	10.0168	9.2922	8.6487
22	19.6604	17.6580	15.9369	14.4511	13.1630	12.0416	11.0612	10.2007	9.4424	8.7715
23	20.4558	18.2922	16.4436	14.8568	13.4886	12.3034	11.2722	10.3711	9.5802	8.8832
24	21.2434	18.9139	16.9355	15.2470	13.7986	12.5504	11.4693	10.5288	9.7066	8.9847
25	22.0232	19.5235	17.4131	15.6221	14.0939	12.7834	11.6536	10.6748	9.8226	9.0770
26	22.7952	20.1210	17.8768	15.9828	14.3752	13.0032	11.8258	10.8100	9.9290	9.1609
27	23.5596	20.7069	18.3270	16.3296	14.6430	13.2105	11.9867	10.9352	10.0266	9.2372
28	24.3164	21.2813	18.7641	16.6631	14.8981	13.4062	12.1371	11.0511	10.1161	9.3066
29	25.0658	21.8444	19.1885	16.9837	15.1411	13.5907	12.2777	11.1584	10.1983	9.3696
30	25.8077	22.3965	19.6004	17.2920	15.3725	13.7648	12.4090	11.2578	10.2737	9.4269
40	32.8347	27.3555	23.1148	19.7928	17.1591	15.0463	13.3317	11.9246	10.7574	9.7791
50	39.1961	31.4236	25.7298	21.4822	18.2559	15.7619	13.8007	12.2335	10.9617	9.9148

期數	11%	12%	13%	14%	15%	16%	18%	20%	24%	28%
1	0.9009	0.8929	0.8850	0.8772	0.8696	0.8621	0.8475	0.8333	0.8065	0.7813
2	1.7125	1.6901	1.6681	1.6467	1.6257	1.6052	1.5656	1.5278	1.4568	1.3916
3	2.4437	2.4018	2.3612	2.3216	2.2832	2.2459	2.1743	2.1065	1.9813	1.8684
4	3.1024	3.0373	2.9745	2.9137	2.8550	2.7982	2.6901	2.5887	2.4043	2.2410
5	3.6959	3.6048	3.5172	3.4331	3.3522	3.2743	3.1272	2.9906	2.7454	2.5320
6	4.2305	4.1114	3.9975	3.8887	3.7845	3.6847	3.4976	3.3255	3.0205	2.7594
7	4.7122	4.5638	4.4226	4.2883	4.1604	4.0386	3.8115	3.6046	3.2423	2.9370
8	5.1461	4.9676	4.7988	4.6389	4.4873	4.3436	4.0776	3.8372	3.4212	3.0758
9	5.5370	5.3282	5.1317	4.9464	4.7716	4.6065	4.3030	4.0310	3.5655	3.1842
10	5.8892	5.6502	5.4262	5.2161	5.0188	4.8332	4.4941	4.1925	3.6819	3.2689
11	6.2065	5.9377	5.6869	5.4527	5.2337	5.0286	4.6560	4.3271	3.7757	3.3351
12	6.4924	6.1944	5.9176	5.6603	5.4206	5.1971	4.7932	4.4392	3.8514	3.3868
13	6.7499	6.4235	6.1218	5.8424	5.5831	5.3423	4.9095	4.5327	3.9124	3.4272
14	6.9819	6.6282	6.3025	6.0021	5.7245	5.4675	5.0081	4.6106	3.9616	3.4587
15	7.1909	6.8109	6.4624	6.1422	5.8474	5.5755	5.0916	4.6755	4.0013	3.4834
16	7.3792	6.9740	6.6039	6.2651	5.9542	5.6685	5.1624	4.7296	4.0333	3.5026
17	7.5488	7.1196	6.7291	6.3729	6.0472	5.7487	5.2223	4.7746	4.0591	3.5177
18	7.7016	7.2497	6.8399	6.4674	6.1280	5.8178	5.2732	4.8122	4.0799	3.5294
19	7.8393	7.3658	6.9380	6.5504	6.1982	5.8775	5.3162	4.8435	4.0967	3.5386
20	7.9633	7.4694	7.0248	6.6231	6.2593	5.9288	5.3527	4.8696	4.1103	3.5458
21	8.0751	7.5620	7.1016	6.6870	6.3125	5.9731	5.3837	4.8913	4.1212	3.5514
22	8.1757	7.6446	7.1695	6.7429	6.3587	6.0113	5.4099	4.9094	4.1300	3.5558
23	8.2664	7.7184	7.2297	6.7921	6.3988	6.0442	5.4321	4.9245	4.1371	3.5592
24	8.3481	7.7843	7.2829	6.8351	6.4338	6.0726	5.4509	4.9371	4.1428	3.5619
25	8.4217	7.8431	7.3300	6.8729	6.4641	6.0971	5.4669	4.9476	4.1474	3.5640
26	8.4881	7.8957	7.3717	6.9061	6.4906	6.1182	5.4804	4.9563	4.1511	3.5656
27	8.5478	7.9426	7.4086	6.9352	6.5135	6.1364	5.4919	4.9636	4.1542	3.5669
28	8.6016	7.9844	7.4412	6.9607	6.5335	6.1520	5.5016	4.9697	4.1566	3.5679
29	8.6501	8.0218	7.4701	6.9830	6.5509	6.1656	5.5098	4.9747	4.1585	3.5687
30	8.6938	8.0552	7.4957	7.0027	6.5660	6.1772	5.5168	4.9789	4.1601	3.5693
40	8.9511	8.2438	7.6344	7.1050	6.6418	6.2335	5.5482	4.9966	4.1659	3.5712
50	9.0417	8.3045	7.6752	7.1327	6.6605	6.2463	5.5541	4.9995	4.1666	3.5714

附表 5　標準常態分配函數值

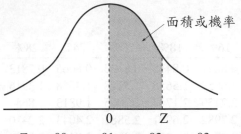

面積或機率

表內數值表示在標準常態分配曲線下平均數 (0) 與超過平均數的 Z 個標準差之間的面積或機率。例如，面積在曲線下，0 與 1.35 之間的面積等於 0.4115。

Z	.00	.01	.02	.03	.04	.05	.06	.07	.08	.09
.0	.0000	.0040	.0080	.0120	.0160	.0199	.0239	.0279	.0319	.0359
.1	.0398	.0438	.0478	.0517	.0557	.0596	.0636	.0675	.0714	.0753
.2	.0793	.0832	.0871	.0910	.0948	.0987	.1026	.1064	.1103	.1141
.3	.1179	.1217	.1255	.1293	.1331	.1368	.1406	.1443	.1480	.1517
.4	.1554	.1591	.1628	.1664	.1700	.1736	.1772	.1808	.1844	.1879
.5	.1915	.1950	.1985	.2019	.2054	.2088	.2123	.2157	.2190	.2224
.6	.2257	.2291	.2324	.2357	.2389	.2422	.2454	.2486	.2518	.2549
.7	.2580	.2612	.2642	.2673	.2704	.2734	.2764	.2794	.2823	.2852
.8	.2881	.2910	.2939	.2967	.2995	.3023	.3051	.3078	.3106	.3133
.9	.3159	.3186	.3212	.3238	.3264	.3289	.3315	.3340	.3365	.3389
1.0	.3413	.3438	.3461	.3485	.3508	.3531	.3554	.3577	.3599	.3621
1.1	.3643	.3665	.3686	.3708	.3729	.3749	.3770	.3790	.3810	.3830
1.2	.3849	.3869	.3888	.3907	.3925	.3944	.3962	.3980	.3997	.4015
1.3	.4032	.4049	.4066	.4082	.4099	.4115	.4131	.4147	.4162	.4177
1.4	.4192	.4207	.4222	.4236	.4251	.4265	.4279	.4292	.4306	.4319
1.5	.4332	.4345	.4357	.4370	.4382	.4394	.4406	.4418	.4429	.4441
1.6	.4452	.4463	.4474	.4484	.4495	.4505	.4515	.4525	.4535	.4545
1.7	.4554	.4564	.4573	.4582	.4591	.4599	.4608	.4616	.4625	.4633
1.8	.4641	.4649	.4656	.4664	.4671	.4678	.4686	.4693	.4699	.4706
1.9	.4713	.4719	.4726	.4732	.4738	.4744	.4750	.4756	.4761	.4767
2.0	.4772	.4778	.4783	.4788	.4793	.4798	.4803	.4808	.4812	.4817
2.1	.4821	.4826	.4830	.4834	.4838	.4842	.4846	.4850	.4854	.4857
2.2	.4861	.4864	.4868	.4871	.4875	.4878	.4881	.4884	.4887	.4890
2.3	.4893	.4896	.4898	.4901	.4904	.4906	.4909	.4911	.4913	.4916
2.4	.4918	.4920	.4922	.4925	.4927	.4929	.4931	.4932	.4934	.4936
2.5	.4938	.4940	.4941	.4943	.4945	.4946	.4948	.4949	.4951	.4952
2.6	.4953	.4955	.4956	.4957	.4959	.4960	.4961	.4962	.4963	.4964
2.7	.4965	.4966	.4967	.4968	.4969	.4970	.4971	.4972	.4973	.4974
2.8	.4974	.4975	.4976	.4977	.4977	.4978	.4979	.4979	.4980	.4981
2.9	.4981	.4982	.4982	.4983	.4984	.4984	.4985	.4985	.4986	.4986
3.0	.4986	.4987	.4987	.4988	.4988	.4989	.4989	.4989	.4990	.4990

索 引

七 劃

八　劃

九　劃

十　劃

十一劃

財務管理——觀念與應用　張國平／著

　　本書由經濟學的觀點出發，強調人們合作時的交易成本，藉以分析公司資本結構與控制權的改變對公司市場價值的影響，並強調事前的機會成本與個人選擇範圍大小的概念，以之澄清許多迄今仍似是而非的觀念。每章還附有取材於經典著作的案例研讀，可以幫助讀者們更加瞭解書中的內容。本書很適合大學部學生及實務界人士閱讀。

國際財務管理　劉亞秋／著

　　國際金融大環境的快速變遷，財務經理必須深諳市場才能掌握市場脈動，熟悉並持續追蹤國際財管各項重要議題的發展，才能化危機為轉機。本書內容如國際貨幣制度、與匯率相關之各種概念、國際平價條件、不同類型匯率風險的衡量等，皆為國際財務管理探討議題中較為重要者。

財務報表分析　李祖培／著

　　財務報表分析為企業經營時，運用會計資訊來作為規劃、管理、控制與決策的依據，是非常重要的一門學術。本書包含以下重要內容：比率分析、比較分析、現金流動分析、損益變動分析、損益兩平點分析與物價水準變動分析。同時，本書比率分析中的標準比率，採用財政部發佈的同業標準比率，和臺北市銀行公會聯合徵信中心發佈的同業標準比率，提供讀者研習和參考，俾能學以致用。

稅務會計　卓敏枝、盧聯生、莊傳成／著

　　本書之編寫，建立在全盤租稅架構與整體節稅理念上，係以營利事業為經，各相關稅目為緯，綜合而成一本理論與實務兼備之「稅務會計」最佳參考書籍，對研讀稅務之大專學生及企業經營管理人員，有相當之助益。再者，本書對（加值型）營業稅之申報、兩稅合一及營利事業所得稅結算申報均有詳盡之表單、說明及實例，對讀者之研習瞭解，可收事半功倍之宏效。

投資學　　伍忠賢／著

　　本書讓你具備全球股票、債券型基金經理所需的基本知識，實例取材自《工商時報》和《經濟日報》，讓你跟「實務零距離」，章末所附的個案研究，讓你「現學現用」！不僅適合大專院校教學之用，更適合經營企管碩士 (EMBA) 班使用。

期貨與選擇權　　陳能靜、吳阿秋／著

　　本書以深入淺出的方式介紹期貨及選擇權市場、價格及其交易策略，並對國內期貨市場之商品、交易、結算制度及其發展作詳盡之探討。除了作為大專相關科系用書，亦適合作為準備研究所入學考試與相關從業人員實務研修之參考用書。

貨幣銀行學——理論與實際　　謝德宗／著

　　本書特色係採取產業經濟學觀點，結合經濟、會計、法律及制度等學門，將金融理論與實際運作融為一爐，進行詮釋金融廠商決策行為，讓讀者在研讀金融機構理論的過程中，直接掌握國內金融業脈動。

商用統計學　　顏月珠／著

　　本書除了學理與方法的介紹外，特別重視應用的條件、限制與比較。全書共分十五章，章節分明、字句簡要，所介紹的理論與方法可應用於任何行業，特別是工商企業的經營與管理，不但可作為大專院校的統計學教材、投考研究所的參考用書，亦可作為工商企業及各界人士實際作業的工具。

個體經濟學——理論與應用　黃金樹／著

　　本書用語平易近人閱讀輕鬆，只要是對經濟學有基本的認識，又想更進一步瞭解個體經濟學，但同時也擔心過於艱澀的數學模型推導會成為理解阻礙者，本書提供一個完善的學習平臺，內容將個體經濟學之重要概念及要點清楚提及，從基本的消費者選擇理論、廠商行為相關理論，一直到近代經濟學發展應用最廣泛的賽局理論、不對稱資訊等理論皆有詳盡分析說明。

總體經濟學　楊雅惠／編著

　　總體經濟學是用來分析總體經濟的知識與工具，而如何利用其基本架構，來剖析經濟脈動、研判經濟本質，乃是一大課題。一般總體經濟學書籍，皆會將各理論清楚介紹，但是缺乏實際分析或是案例，本書即著眼於此，除了使用完整的邏輯架構鋪陳之外，亦在每章內文中巧妙導入臺灣之經濟實務資訊，如民生痛苦指數、國民所得統計等相關實際數據。在閱讀理論部分後，讀者可以馬上利用實際數據與實務接軌，這部分將成為讀者在日後進行經濟分析之學習基石。

國際貿易原理與政策　王騰坤／著

　　本書採取國際多元化教學目標來撰寫，除了一般國際貿易理論的架構外，輔以貿易政策執行與國際經貿組織的探討，並系統性地說明國際貿易發生的問題，從古典二分法的觀點到現代國貿理論，來進一步的認識與瞭解。

行銷管理——理論與實務　郭振鶴／著

　　本書顛覆以往傳統行銷管理教學「從國外的文化、環境介紹，進入行銷管理理論與架構」的呆板內容，而改從目前臺灣中小企業所面對的行銷管理問題著手，使學生學習後可加以實踐與應用。並採取多元化主流式行銷管理教學目標來撰寫此書，在一般行銷管理架構外，更加入市場調查方式內容、行銷責任中心制度應用、國際行銷、社會行銷、計量行銷，以達到學以致用的目的。